冶金职业技能培训丛书

烧结技能知识500问

张天启　编著
冯根生　主审

北　京
冶 金 工 业 出 版 社
2021

内 容 提 要

本书以问答的形式分别介绍了烧结发展概况和我国近期的发展目标，烧结原料种类和特性，烧结基本原理；原料工、配料工、混料工、烧结工、成品工和辅助工种等技能知识。其中技能知识方面，涉及不同工种的基础技术知识、设备性能、筹建选型参数、实操技能、安全防护、设备维护等。

本书可以作为铁矿粉烧结企业员工的培训教材，也适合钢铁冶金企业技术人员和大专院校冶金专业师生阅读参考。

图书在版编目（CIP）数据

烧结技能知识 500 问/张天启编著 . —北京：冶金工业出版社，2012.8（2021.9 重印）
（冶金职业技能培训丛书）
ISBN 978-7-5024-6003-7

Ⅰ.①烧…　Ⅱ.①张…　Ⅲ.①烧结—问题解答
Ⅳ.①TF046-44

中国版本图书馆 CIP 数据核字（2012）第 188358 号

出 版 人　苏长永
地　　址　北京市东城区嵩祝院北巷 39 号　邮编　100009　电话　（010）64027926
网　　址　www. cnmip. com. cn　电子信箱　yjcbs@ cnmip. com. cn
责任编辑　戈　兰　美术编辑　彭子赫　版式设计　孙跃红
责任校对　石　静　责任印制　李玉山
ISBN 978-7-5024-6003-7

冶金工业出版社出版发行；各地新华书店经销；北京虎彩文化传播有限公司印刷
2012 年 8 月第 1 版，2021 年 9 月第 4 次印刷
787mm×1092mm　1/16；20 印张；475 千字；292 页
78.00 元

冶金工业出版社　投稿电话　（010）64027932　投稿信箱　tougao@ cnmip. com. cn
冶金工业出版社营销中心　电话　（010）64044283　传真　（010）64027893
冶金工业出版社天猫旗舰店　yjgycbs. tmall. com
（本书如有印装质量问题，本社营销中心负责退换）

序 1

新的世纪刚刚开始，中国冶金工业就在高速发展。2002年中国已是钢铁生产的"超级"大国，其钢产总量不仅连续7年居世界之冠，而且比居第二位和第三位的美、日两国钢产量总和还高。这是国民经济高速发展对钢材需求旺盛的结果，也是冶金工业从20世纪90年代加速结构调整，特别是工艺、产品、技术、装备调整的结果。

在这良好发展势态下，我们深深地感觉到我们的人员素质还不能完全适应这一持续走强形势的要求。当前不仅需要运筹帷幄的管理决策人员，需要不断开发创新的科技人员，也需要适应这新变化的大量技术工人和技师。没有适应新流程、新装备、新产品生产的熟练技师和技工，我们即使有国际先进水平的装备，也不能规模地生产出国际先进水平的产品。为此，提高技工知识水平和操作水平需要开展系列的技能培训。

冶金工业出版社根据这一客观需要，为了配合职业技能培训，组织国内有实践经验的专家、技术人员和院校老师编写了《冶金职业技能培训丛书》，以支持各钢铁企业、中国金属学会各相关组织普及和培训工作的需要。这套丛书按照不同工种分类编辑成册，各册根据不同工种的特点，从基础知识、操作技能技巧到事故防范，采用一问一答形式分章讲解，语言简练，易读易懂易记，适合于技术工人阅读。冶金工业出版社的这一努力是希望为更好地发展冶金工业而做出的贡献。感谢编著者和出版社的辛勤劳动。

借此机会，向工作在冶金工业战线上的技术工人同志们致意，感谢你们为冶金行业发展做出的无私奉献，希望不断学习，以适应时代变化的要求。

原冶金工业部副部长
中国金属学会理事长

2003 年 6 月 18 日

序 2

钢铁工业在国民经济中占有重要的地位和作用，是国民经济的基础工业。

近年来，我国钢铁工业得到飞速发展，年钢铁产量已近七亿吨，稳居世界首位。伴随着钢铁工业的发展，炼铁原料加工技术水平不断提高，为我国炼铁生产的发展和技术进步奠定了扎实的基础。

作为高炉炼铁的主要含铁炉料——烧结矿，不仅能够实现铁矿资源高效利用的目的，同时具有品位高、强度好、冶金性能优良等特点，是高炉强化冶炼，实现优质、高产、低耗、节能、环保的基础。

烧结矿的生产不仅需要先进的技术和装备，同时需要熟练掌握基本理论、专业知识、生产技术的工程技术人员和生产操作者。注重生产操作者的专业技能知识的培训，对于推动烧结矿产量的提高、质量的改善具有重要作用。

张天启厂长根据多年生产实际经验和基本理论知识的基础，充分结合烧结工艺理论、装备条件，精心编写的《烧结技能知识500问》技能培训教材，不仅包括了烧结操作者需要掌握的基本概念、基本理论、工艺和设备知识，同时包括了分析、判断、处理、设备维护等技能内容。

该教材采用问答形式编写，图文并茂、深入浅出、通俗易懂；结合生产实际各工序环节，内容丰富翔实，重点阐述了"为什么"

和"怎么做"等烧结操作者关心的问题，实用性强，是提高烧结操作者知识水平和掌握操作技能的理想教材。

该教材的出版，解决了目前烧结行业职工技能培训教材少的问题，对于钢铁企业烧结操作者知识的普及、技能的提高具有积极作用。

在科技促进社会进步与发展的知识经济时代，该教材对于促进钢铁企业烧结矿生产水平的提高，改善高炉炼铁生产指标及企业节能减排具有重要的意义和作用。

2012 年 7 月

前　言

随着钢铁冶金科技与工程的高速发展，钢铁产业的市场竞争日趋激烈，产品质量与成本的压力逐渐加大，对钢铁冶金专业技术人员和一线操作人员的技能要求也越来越高。

针对这种现状，为满足钢铁冶金企业职业技能培训和操作人员、专业人员晋级的需要，结合当前国内烧结生产技术装配水平及生产实际需求，编写了《烧结技能知识500问》教材。

本书各章节严格按铁矿粉烧结工艺生产工序进行划分，内容包括基础理论知识、原料和成品检验质量标准、设计施工要求、设备选型、设备性能及维护、工艺技术操作要领、安全防范措施等，其中对生产过程当中遇到的通用问题产生的原因及处理方法等知识点作了重点的阐述，本书采用一问一答的形式进行编写，并力求浅显易懂，细节明确、实用性较强，便于读者查阅和掌握。

北京科技大学冯根生教授对全书进行了审阅。

在编写过程中，参考了大量的文献资料，在此对文献作者表示衷心的感谢。由于编者水平有限，书中不足之处，敬请读者批评指正。

2012 年 7 月

目　　录

1　概　述

2　烧结原料

3　原料工技能知识

5　混料工操作技能

6　烧结工技能知识

7　成品工操作技能

8 辅助工技能知识

9　指　标　计　算

1 概　述

本章主要讲述铁矿粉造块产生的原因、目的和意义，以及高炉冶炼对入炉原料的要求，最后介绍了铁矿粉造块的发展趋势和方向。

1.1　铁矿粉造块概念

1. 什么是铁矿粉造块？

答： 所谓铁矿粉造块，是将各种含铁原料，通过高温过程，制成满足高炉冶炼要求的人造块矿。目前，铁矿粉造块法主要有烧结法和球团焙烧法，所得到的块矿分别叫烧结矿和球团矿。由于烧结矿和球团矿都是经过高温过程制成的，因此又统称为熟料。

烧结是将含铁原料按要求比例配合燃料和熔剂，加水混合制粒后，平铺在烧结台车上，经点火抽风烧结的过程。在燃料燃烧产生高温和一系列物理化学反应的作用下，混合料中部分易熔物发生软化、熔化，产生一定数量的液相，液相物质润湿其他未熔化的矿石颗粒；随着温度的逐渐降低，液相物质将矿粉颗粒黏结成块，这个过程称为烧结。

球团是将高细度含铁原料，加水或黏结剂混合后造球，然后在高温下焙烧铁矿物固结再结晶。球团生产过程中，物料不仅由于滚动成球和粒子密集而发生物理性质变化（如密度、孔隙度、形状、大小和机械强度等），更重要的是发生了化学和物理化学性质变化（如化学组成、还原性、膨胀性、高温还原软化性、低温还原软化性、熔融性等），使物料的冶金性能得到改善。

2. 铁矿粉造块工艺产生的原因有哪些？

答： 早期生铁冶炼完全靠开采天然铁矿石来实现。随着钢铁工业的快速发展，天然富矿在产量和质量上都远远不能满足高炉冶炼的要求，同时由于铁矿石开采后入炉前需要制成 8~60mm 的块矿，必须经过破碎和筛分过程，就会产生大量无法入炉的矿粉。另外，由于长期的开采和消耗，能直接用来冶炼的富矿愈来愈少，人们不得不大量开采贫矿（含铁 30% 左右）用于冶炼，但贫矿直接入炉冶炼是很不经济的，所以必须经过选矿处理。经选矿后的精矿粉含铁品位提高了，但却不能直接入炉冶炼。因此，只有对粉矿和精矿粉通过人工造块焙烧后方可用于冶炼。

铁矿粉造块工艺就是在这种背景下产生的，起初的目的是为了处理矿山、冶金、化工厂废弃的含铁原料，如富矿粉、高炉炉尘、轧钢皮、均热炉渣、硫酸渣等。后来随着选矿技术的发展和人造块矿在高炉冶炼中体现出的众多特性，于是铁矿粉造块工艺逐渐发展和成熟起来，成为一种钢铁冶金生产联合企业中不可缺少的环节。

3. 铁矿粉造块有哪些意义?

　　答: 铁矿粉造块是一种人造富矿的生产过程,可以使大量的贫矿通过选矿和烧结成为能满足高炉冶炼要求的优质原料,从而使自然资源得到充分利用,有力地推动了钢铁工业的发展。

　　(1) 铁矿粉造块已不是简单地将细粒矿粉制成烧结矿、球团矿,而是在造块过程中采用一些技术生产出优质的冶炼原料。最常用的是加入 CaO 或 MgO 以提高矿石碱度改善铁矿组成;经过造块烧结制成的烧结矿和球团矿,可以改善冶炼原料的物理化学性能,具有粒度均匀、强度高、成分稳定、冶金性能好等特点。

　　(2) 烧结可以将高炉炉尘、转炉炉尘、轧钢皮、铁屑等钢铁化工的废料得到有效的利用,做到变"废"为"宝"。

　　(3) 可以去除有害杂质,主要是脱硫,可以除去 80% ~ 90%。在采取一些措施下可部分或大部分脱除锌、砷、磷、钾、钠等,这个工作在今后可能成为铁矿粉造块的研究目标。

　　生产实践证明,合理搭配使用高碱度烧结矿和球团矿,可以使高炉冶炼不加石灰石,降低炉内热消耗,从而强化高炉冶炼过程,提高冶炼效果,降低焦比,为高炉优质、高产、低耗、长寿创造了良好条件。

1.2　烧结工艺

4. 烧结生产起源何时、何地?

　　答: 烧结生产的历史已经有一个多世纪了,它起源于资本主义发展较早的英国、瑞典和德国。大约在 1870 年前后,这些国家开始使用烧结锅用来处理矿山、冶金、化工厂的废弃物。世界上第一台带式烧结机于 1910 年在美国投入使用,当时烧结面积为 $8.325m^2$,用来处理高炉炉尘,每天生产烧结矿 140t。它的出现引起了烧结生产的重大变革,从此带式烧结机得到广泛的应用。但由于钢铁工业发展缓慢,天然富矿入炉率还占很大比例,所以烧结生产的发展也不快。烧结工业的迅速发展是近几十年的事。

　　我国于 1926 年在鞍山建成 4 台 $21.63m^2$ 带式烧结机,日产量 1200t。新中国成立前,我国只有 10 台烧结机,总面积 $330m^2$,而且工艺设备落后,年产量低,烧结矿最高年产量为 24.7 万吨(1943 年)。1952 年鞍钢从苏联引进 $75m^2$ 烧结设备和技术。截止 2010 年,全国烧结矿产量 7.20 亿吨,烧结机 1200 多台,总面积约 $113km^2$。

　　目前国内已拥有 $24m^2$、$36m^2$、$50m^2$、$75m^2$、$90m^2$、$130m^2$、$182m^2$、$265m^2$、$450m^2$、$600m^2$ 等规格的带式烧结机,曹妃甸和太钢已经建成投产 $550m^2$ 和 $660m^2$ 烧结机。

　　目前国外烧结技术发展较快,工艺完善、设备先进、技术可靠、自动化程度水平高的国家有日本、法国、德国、意大利等国家。

　　现行《烧结厂设计规范》(GB 50408—2007) 规定烧结机的规模和准入标准如下:

　　(1) 大型:烧结机单机面积等于或大于 $300m^2$。

　　(2) 中型:烧结机单机面积等于或大于 $180m^2$ 至小于 $300m^2$。

　　(3) 小型:烧结机单机面积小于 $180m^2$。

（4）烧结机市场准入的使用面积应达到$180m^2$及以上。

（5）大中型烧结机应采用带式烧结机。

5. 烧结焙烧法分哪几类？

答：根据烧结过程中所用设备和供风方式不同，烧结焙烧法大致可分以下几种：

（1）鼓风烧结法 $\begin{cases} \text{堆烧（土法平地吹）} \\ \text{烧结锅} \end{cases}$

（2）抽风烧结法 $\begin{cases} \text{间歇式} \begin{cases} \text{固定盘式烧结机} \\ \text{步进式烧结机} \end{cases} \\ \text{连续式} \begin{cases} \text{环式烧结机} \\ \text{带式烧结机} \end{cases} \end{cases}$

（3）窑内烧结 $\begin{cases} \text{回转窑烧结} \\ \text{悬浮式烧结} \end{cases}$

目前广泛采用带式抽风烧结机，因为它的生产率高、原料适应性强、机械化程度高、劳动条件好，并便于大型化、自动化，世界上有90%以上的烧结矿是用这种方法生产的。间歇式抽风烧结机具有投资少、见效快、易掌握和就地取材等优点，但生产率低、劳动条件差，一些中小型企业采用这种方法。鼓风烧结、回转窑和悬浮烧结法已经被淘汰。

6. 烧结工艺发展有哪些趋势？

答：铁矿粉烧结造块技术的进步为钢铁工业的快速发展提供强有力的支撑。目前，在信息技术和控制技术的迅猛发展和广泛应用的推动下，钢铁工业向高精度、连续化、自动化、高效化快速发展。其中，我国烧结工艺的进步主要体现在以下几个方面：

（1）设备大型化。现在烧结设备逐渐向大型化发展，2000年以来，我国的铁矿造块不仅在产量上增长迅猛，在技术装备水平上也有一个大的飞跃。据中冶长天公司统计，目前我国已投产和在建单台面积$180 \sim 660m^2$的大中型烧结机163台，总面积达49350m^2；其中单台面积$300 \sim 660m^2$的大型烧结机80台，总面积达31066m^2。

我国大、中型烧结机所占的比重逐渐增加，中小型烧结机所占比重逐渐减少，我国大中型烧结机约占整个烧结面积的2/3，已占明显优势。由于烧结机大型化和现代化，烧结矿质量和环保状况得到改善，工序能耗也大幅降低。

烧结机大型化会促进烧结矿质量的提高，降低工序能耗，减少污染物排放，降低单位面积投资和运行成本。据德国报道，以$100m^2$烧结机单位面积基建费用为1计算，则$150m^2/200m^2/300m^2$烧结机，分别为0.9/0.8/0.75。据日本统计，当烧结机面积由18.8m^2增加到130m^2和500m^2时，劳动生产率[t/（人·h）]由17.2提高到43和162，烧结矿成本价格也随之降低。

（2）生产技术不断进步。主要体现在以下几个方面：

1）圆筒混合机向大型化发展，圆筒的直径和长度都在增加，这种大型的混合机都安装在地面上。

2）冷却烧结矿是目前国内外烧结技术发展趋向，原因是冷却矿经整粒工艺，满足高炉精料要求，强化高炉生产。

3）重视烧结矿的破碎和筛分。烧结矿除采用一段热破碎，经冷却后还要经过1~2次破碎和2~4次冷筛分，通过整粒后的烧结矿，粒度上限控制在40mm或50mm以下，成品中小于5mm的粒级含量均在10%以下。

4）高料层、大风量、高负压。烧结机风量一般为90~100m³/（m²·min），料层高度为500~800mm，负压为13~16kPa。有些厂料层高度超过800mm，负压高达20kPa。

5）加强混合料的点火作业。从发展的趋势看，点火器的面积日益扩大，而且大部分为二段或三段。如日本若松厂点火器分为点火、加热和保温三段，并将冷却前和烧结后的几个风箱300~400℃的热风回收至保温段。这项措施，可以改善液相结晶条件，减少热应力，从而提高烧结矿成品率，提高烧结矿强度，降低成品矿中的FeO含量，获得品质较好的烧结矿。

6）生产高碱度烧结矿。高碱度烧结矿的特点是烧结矿的黏结相是以还原性好、强度高的铁酸钙为主，从而强化烧结过程，提高烧结矿的产量和品质。

7）一批先进成熟的烧结生产技术得到全面推广：

① 建立综合原料混匀料场；

② 自动称重配料；

③ 添加生石灰；

④ 采用小球烧结；

⑤ 烧结机科学布料；

⑥ 广泛采用铺底料；

⑦ 燃料分加；

⑧ 超厚料层烧结；

⑨ 低温烧结；

⑩ 高铁低硅烧结；

⑪ 热风烧结；

⑫ 取消热矿筛；

⑬ 烧结矿整粒。

8）烧结机漏风率降低。20世纪70年代，我国烧结机漏风率在60%以上。烧结机密封一直是烧结工作者攻关的课题，先后出现弹簧压板、四连杆（重锤式）、双杠杆式、全金属柔磁性密封和摇摆涡流式等密封形式。

9）烧结烟气脱硫。钢铁联合企业烧结工序的中SO_2排放占总量的40%~60%，现在烧结工序SO_2排放强度为2.42~3.22kg/t，经过治理后的排放为0.80~2.00kg/t。

目前，烧结烟气脱硫成熟的工艺技术有20多种，但尚未有一个标准的、适合于每个企业的技术装备，均要根据每个企业的具体情况来进行选择。评价烧结烟气脱硫工艺技术设备好坏的标准是：脱硫效率、设备的寿命和作业率、投资、运行费、副产品的价值和综合利用、占地、维护和操作等因素。

（3）自动化水平不断提高。烧结生产过程的自动化水平与烧结矿产量、质量的稳定息息相关。随着工业自动化技术、信息技术和控制技术的快速发展，在硬件方面，大量的数字、智能仪表提高了信息检测的精度，先进的自动执行设备逐渐取代传统的人工操作。随着计算机软件技术和人工智能技术的应用逐渐深入，模糊控制、专家系统和神经网络在一些厂家的应用取得初步成效。

目前，先进的烧结生产从烧结配料、返矿与燃料用量、混合料水分、料槽料位、料层厚度、点火温度、台车速度，一直到烧结终点及冷却温度等，都实现了自动控制。

7. 我国烧结生产面临着哪些挑战？

答：随着建设资源节约型、环境友好型社会的要求越来越高，烧结生产在资源、环保方面面临着新的巨大挑战，今后的烧结技术发展必须要解决好如下问题：

（1）铁矿石资源问题。近年来，随着中国成为世界上最大的钢铁生产国，国内铁矿石供应缺口越来越大，铁矿石的进口规模也相应扩大，而进口价格也水涨船高。特别是2003～2008年，铁矿石进口数量增加3倍，而进口额则增加近15倍，进口额的增长远远超过了数量的增长。从总体上看，如此大的增幅不仅给钢铁企业带来巨大的经济压力，而且给烧结生产带来了很大影响，由于矿源紧张，许多钢铁厂有时处在"等米下锅"的状态，而且"吃的矿"很杂。因此，必须对各种铁矿石进行合理的配矿研究和烧结性能研究，同时对价格相对低廉的难烧结矿石（如褐铁矿等）进行研究，从而保证烧结矿的优质、高产。

（2）能源消耗问题。我国钢铁企业的能量消耗约占全国能量消耗总量的10%，作为钢铁生产重要组成部分的烧结生产，其能耗约占钢铁生产总能耗的10%～15%。烧结能耗主要包括固体燃料消耗、电力消耗、点火煤气消耗等。其中固体燃料消耗占烧结总能耗的75%～80%，电力消耗占13%～20%，点火热耗占5%～10%。当前，能源供不应求，制约了钢铁企业的可持续发展，降低了其经济效益。因此，余热回收利用、节能新设备的开发与应用等成为节能降耗的有效手段。

（3）环境保护问题。钢铁生产工序多、工艺流程长，是环境污染的"大户"，其中每吨钢耗水100～300t，产生废气10000m^3、粉尘100kg、废渣0.5t。对烧结而言，主要的污染物是烧结废气中的SO_2、NO_x、CO_2和具有生物毒性、免疫毒性和内分泌毒性的致癌物质二噁英。其中SO_2排放量占整个钢铁工业的33.26%，CO_2排放量占整个钢铁工业的10%。由于烧结废气量大，烟气含尘高，SO_2、NO_x、CO_2浓度低，后续处理成本高，给治理带来很大困难。

（4）烧结过程控制问题。从控制的角度来看，烧结过程是具有多变量、非线性、强耦合特征的工艺流程。传统的依靠人工"眼观-手动"的调节方法已经无法满足大型烧结设备的控制要求，需要更加精确和稳定的自动控制。目前新建和改建的烧结机都配备了集散控制系统，具备了基本检测和基础控制功能，进一步开发适应烧结过程特点的智能控制系统是目前需要解决的问题。

针对这些问题，必须加强对烧结过程机理的深入研究，才能从根本上提高烧结技术水平，减轻能源、环境等问题的压力，实现烧结工艺的可持续发展。

8. 我国烧结发展有哪些目标？

答：（1）提高原料混匀效率，采用人工智能，按化学成分、粒度和矿物特性进行混匀的综合控制系统技术。

（2）开发新型烧结混匀制粒设备、添加剂和超高铁（烧结矿 TFe 63% ~65%）低硅、低燃耗、高还原度烧结及提高廉价褐铁矿配加量的烧结技术和开发烧结新工艺，如烟气循环烧结法等。

（3）开发降低烧结系统阻损和漏风的技术，漏风率争取由目前的 55% ~65% 降至40% ~45%。

（4）开发烧结纵深发展且高效率的余热利用和回收钢铁厂粉尘泥渣中有用金属的技术。

（5）改进工艺设备，提高烧结机作业率技术。

（6）开发烧结烟气脱 SO_x、脱 NO_x 以及降低其过程 CO_2 量的技术和更高效率的除尘设备，效率应达到 99.9% 以上接近于零的排放。

（7）开发烧结球团人工智能，实现管控一体化技术。

烧结发展目标与球团发展目标分别如表 1-1 和表 1-2 所示。

表 1-1　烧结发展目标一览表

指 标 名 称	2010 年	2020 年
利用系数/t·(m²·h)⁻¹	1.6 ~1.9（粉矿为主）	1.7 ~2.0（粉矿为主）
	1.3 ~1.6（精矿为主）	1.4 ~1.7（精矿为主）
作业率/%	94	97 ~98
烧结矿 TFe/%	57	60
烧结矿 FeO/%	6 ~7	5 ~6
烧结矿强度/%	75	78
固体燃耗(标煤)/kg·t⁻¹	42 ~45	36 ~40

表 1-2　球团发展目标一览表

机 型	指 标 名 称	2010 年	2020 年
带式焙烧机	利用系数/t·(m²·h)⁻¹	1.2	1.4
	作业率/%	93	96 ~97
	球团矿 TFe/%	65.5	67
链箅机-回转窑	利用系数/t·(m²·h)⁻¹	12.0	14.0
	作业率/%	93	96 ~97
	球团矿 TFe/%	65	67
竖 炉	利用系数/t·(m²·h)⁻¹	6.8	7.5
	作业率/%	93	96
	球团矿 TFe/%	64	65

9. 烧结生产工艺流程有哪些？

答：带式抽风烧结过程是将混合料（铁矿粉、燃料、熔剂及返矿）配以适量的水分，混合、制粒后，铺在带式烧结机的台车上，点火后用一定负压抽风，使烧结过程自上而下地进行。烧结矿从烧结台车上卸下，经破碎、冷却、制粒、筛分，分出成品烧结矿、返矿和铺底料。图 1-1 所示为现行常用的烧结生产工艺流程。

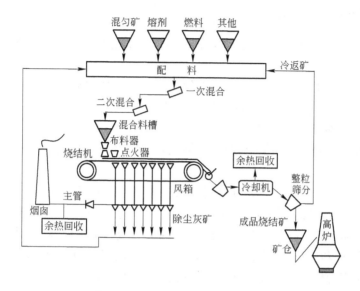

图 1-1　烧结生产工艺过程流程图

较典型的烧结生产工艺流程可分为 8 个工序系统：

（1）受料工序系统，主要包括翻车机系统、受料槽、精矿仓库、熔剂仓库、燃料仓库等，其任务是担负进厂原料的接受、运输和储存。

（2）原料准备工序系统，包括含铁原料的中和、燃料的破碎、熔剂的破碎和筛分，其任务是为配料工序准备好符合生产要求的原料、熔剂和燃料。

（3）配料工序系统，包括配料矿槽、圆盘给料机、称量设施等；按规定的烧结矿化学成分和使用的原料种类，通过计算，各原料按计算的重量进行给料，以保证混合料和烧结矿化学成分稳定及燃料量的调整。

（4）混合制粒工序系统，要包括冷热返矿圆盘、一次混合，混合料矿槽、二次混合等工序。其任务是加水润湿混合料，再用一次混合机将混合料混匀，二次混合机造成小球后预热。

（5）烧结工序系统，包括铺底料、布料、点火、烧结等。主要任务是将混合料烧结成合格的烧结矿。此部分是烧结工艺的核心，前面的工序都是准备烧结的原料，而后面的工序都是对烧结矿产品进行处理及相关的辅助工序。

（6）抽风工序系统，包括风箱、集尘管、除尘器、抽风机、烟囱等。

（7）成品处理工序系统，包括热破碎、热筛分、冷却、冷破碎、冷筛分及成品运输系统。该工序的任务在于分出 5 ~ 50mm 的成品烧结矿、10 ~ 20mm 的铺底料、小于 5mm 的冷返矿。

（8）环保除尘脱硫工序系统，主要是用电除尘器系统将烧结机尾部卸矿处、热筛、冷却、返矿及整粒系统各处扬尘点的废气经过除尘器净化和脱硫后排入大气，粉尘经过润湿后加入烧结混合料中再烧结。其任务是担负烧结生产的环境保护。

1.3　球团工艺

10. 球团生产源于何时、何地?

答：20 世纪初，各钢铁工业发达的国家都在不同程度上探讨如何处理粉矿、粉尘和细精粉的方法。

1913 年，德国人 C. A 布莱克尔斯贝克尔提出将粉矿加水或黏结剂混合后造球，然后在较低温度下焙烧固结，球团法从这时开始被提出。

1950 年，竖炉在美国投入生产使用。

1955 年，世界上第一台带式焙烧机在美国投入使用，单机面积 94m²，生产能力为 60 万吨/年。

1960 年，世界上第一套生产球团的链算机-回转窑在美国投入使用，生产能力为 30 万吨/年。链算机-回转窑最初是水泥原料的焙烧设备。现在世界上最大的链算机-回转窑单机生产能力已达到 400 万吨/年。它已成为仅次于带式焙烧机的主要球团焙烧设备。

而中国与世界发达工业国家相比，球团工业生产起步并不晚。1958 年我国高校与科研所开始球团试验室的研究和工业性试验，并发表了一批科技成果。

1959 年，鞍钢采用隧道窑进行球团矿工业试验，与美国相比仅晚 4~5 年。

1968 年后，在济钢、杭钢、承钢等八个钢铁厂先后建立十几座 8m² 竖炉。

80 年代后，又在济钢、本钢建成世界上最大的 16m² 竖炉。

自济钢发明"烘干床-导风墙"技术后，使竖炉兴旺了 30 多年，并创造出具有中国特色的炉型结构，还被引进了美国。2001 年美国关闭了最老、最大的伊利矿业竖炉厂后，从此除了中国外，世界上已基本没有竖炉了。美国关闭竖炉厂的基本原因是竖炉球团矿的品质无法与链算机-回转窑、带式焙烧机的产品相竞争。

11. 发展球团矿生产有哪些重要性?

答：(1) 由于贫铁矿被大量开采和选矿工业的发展，细磨精矿粉的产量大增。用烧结的方法处理细精矿时，透气性不好，生产率降低，而球团矿生产正需要细度较高的铁精粉。

(2) 随着高碱度烧结矿工艺的日趋成熟，需要一定比例的酸性含铁物料与之搭配。通过生产实践，酸性球团矿以其优异的物理性能和化学性能受到青睐。

按球团生产设备形式分类，有竖炉焙烧、带式机焙烧、链算机-回转窑焙烧。

按球团的理化性能和焙烧工艺不同，成品球团有氧化球团、还原性球团（金属化球团）以及综合处理的氯化焙烧球团。

目前国内生产以氧化球团矿为主。竖炉、带式焙烧机和链算机-回转窑是生产氧化球团矿的主要设备。

12. 球团矿生产的优点有哪些?

答：(1) 球团矿粒度均匀、强度高、粉末少、气孔率高（达 30% 左右）、滚动性好、比同成分的烧结矿软化温度范围窄，有利于改善高炉成渣带透气性，有利于高炉布料和煤气分布均匀合理。

（2）球团矿堆密度大，在同样冶炼强度条件下，可相对延长在炉内的停留时间，加之粒度较小，含 FeO 低，铁氧化物主要以易还原的 Fe_2O_3 形态存在，因而具有很好的还原性能。

（3）由于球团矿含铁品位高、热稳定性能好、化学成分稳定，有利于改善高炉内煤气热能和化学能的利用，促进高炉稳定顺行和降低焦比。

（4）球团矿易于贮存，在一定时期内不易风化破碎。

13. 球团矿有哪些种类？

答：球团矿有酸性氧化球团、含 MgO 球团和自熔性球团 3 种。我国高炉炼铁普遍应用的是酸性氧化球团。

（1）酸性氧化球团矿的冶金性能：

1）含铁品位高（可以达到68%），含 SiO_2 仅为 1.15%；强度好（转鼓指数在90%以上，单球抗压强度大于 2500N/个球）。

2）气孔率高，还原性能优于天然矿石，次于烧结矿。

3）高温冶金性能比烧结矿差，表现为软化温度低，软化温度区间宽，熔滴时易造成高炉煤气压差升高。

4）酸性氧化球团矿碱度 R_2 一般在 0.03~0.3。

（2）自熔性球团矿的冶金性能：自熔性球团矿分为生石灰熔剂和白云石熔剂两种。使用自熔性球团矿的高炉可以不配加或少配加烧结矿进行高炉冶炼，如美国就有使用 100% 球团矿冶炼的高炉。我国基本上不使用自熔性球团矿。

14. 我国球团矿生产现状及发展趋势如何？

答：我国球团矿生产长期存在着铁精粉粒度粗、水分大、膨润土配比偏高（平均为 25kg/t，而国外为 10kg/t 以下）的问题，严重制约着球团矿的产量、质量。

经验数据表明：每提高 1% 膨润土配比，降低 0.6%~0.7% 铁品位。

国家"十五"规划对球团矿生产提出以下三条要求：

一是在矿山生产高品位（TFe >68%）、高细度（ -0.074mm(-200 目)≥85%）的铁精粉。

二是增添润磨设备，提高精矿细度和造球物料的活性。

三是开发新型黏结剂和降低膨润土配比的技术。

国外球团工业长期以来，形成了精粉细度大于或等于 85%，膨润土配比小于 1% 的经验。

对我国发展球团矿的几点建议：

（1）鼓励用国产铁精粉生产球团矿。目前我国高炉炉料中球团矿不足，在每年进口大量球团矿的同时，却有大量国产铁精粉用于烧结，这不合理，应当鼓励用国产精粉生产球团矿。

（2）提高球团矿的品质。我国球团矿的品质比较低，品位一般在63%左右，较国际先进水平低 2%~3%。SiO_2 含量高，应努力降到 4% 以下。

（3）矿山生产球团矿。国外球团是一种商品，主要在矿山生产。而我国都是企业内部产品，没有市场竞争，这是我国球团矿的品质长期不能提高的原因之一。

（4）球团矿的生产规模化。球团矿生产要有一定的规模，过小则劳动生产率低、成本高，且不利于采用先进技术，从而难以保证质量。当前要注意的是防止"小土群"一哄而上，要说服和引导私有矿山主联合起来，集资兴建一定规模的球团矿生产基地。

15. 烧结矿与球团矿有哪些区别？

答： 烧结和球团都是铁矿粉造块的方法，但是它们的生产工艺和固熔结成块的基本原理却有很大区别，在高炉冶炼的效果也有各自的特点。

烧结与球团的区别主要表现在以下几方面：

（1）对原料粒度的要求不同。为了保证料层透气性良好，烧结要求的原料是 0～10mm 的富矿粉和返矿以及粒度较粗的精矿粉，石灰石和燃料粒度也要求在 0～3mm。球团则相反，为了满足造球的需要，无论何种原料都必须细磨，上限要求小于 0.2mm，-0.074mm（-200 目）要占 80% 以上。

（2）固结机理不同。烧结矿是靠液相固结的。为了保证烧结矿的强度，要求产生一定数量的液相，因此混合料中必须有燃料，为烧结过程提供热源。而球团矿主要依靠矿粉颗粒的高温再结晶固结，不需要产生液相，热量由焙烧炉内的燃料燃烧提供，混合料中不加燃料。

（3）成品矿的形状不同。烧结矿是形状不规则的多孔质块矿，而球团矿是形状规则的 10～25mm 的球。

（4）生产工艺不同。烧结料的混合与造球是在混合机内同时进行的，成球不完全，混合料中仍然含有相当数量未成球的小颗粒。而球团矿生产工艺中必须有专门的造球工序和设备，将全部混合料造成 8～16mm 的球，小于 8mm 的小球要筛出重新造球。

1.4 高炉炉料要求

16. 高炉对入炉料总的要求有哪些？

答：（1）铁品位高、化学成分稳定。

1）高炉入炉料含铁品位每提高 1%，焦比可降低 2%、出铁量可增加 3%。实践证明：当铁品位波动范围从 1.0% 降到 0.5%，高炉焦比可降低 1.3%，产量可增加 1.5% 左右。

2）烧结矿的 FeO 变动 1%，影响高炉焦比 1%～1.5%，影响产量 1%～1.5%。FeO 同时影响烧结矿的还原性和软熔性能。

3）烧结矿的碱度（CaO/SiO_2）在 1.2 以下，每变动 0.1，影响高炉焦比和产量 3%～3.5%。

（2）还原性能好。

烧结矿的还原性对焦比和产量的影响，烧结矿在高炉内的直接还原度增加 10%，焦比上升 8%～9%，产量下降 8%～9%。对于入炉的含铁原料来说大致有以下规律：

1）就铁的氧化物而言其还原性顺序为 $Fe_2O_3 > Fe_3O_4 > FeO$。

2）就含铁炉料种类而言天然矿石的还原性顺序为褐铁矿 > 赤铁矿 > 磁铁矿。

3）人造块矿的还原性顺序为球团矿 > 烧结矿。

　　4）炉料气孔率高，还原性好。

　　（3）合适的粒度和粒度的组成。

　　高炉内还原的实质是以焦炭燃烧后产生的还原气体去还原，这就是希望气体在炉内上升的阻力小。而炉料的粒度及组成则直接影响这种阻力的大小，粒度越均匀其阻力越小，最理想的粒度值为 10～15mm。含粉率要低，返矿含量变动 1%，影响高炉焦比 0.5%，影响高炉产量 0.5%～1%。

　　（4）足够的冷、热强度。

　　1）冷强度：是指烧结矿、球团矿在转运、装卸过程中受碰撞、耐压和耐磨的能力。一般用转鼓和抗压试验，指标越高越好。

　　2）热强度：是指球团矿在高炉内高温还原气氛下的还原粉化和还原膨胀性能。一般有国家检测标准，指标越低越好。

　　实践表明：烧结、球团转鼓指数每升高 1%，高炉产量提高 1.9%；焦炭 $M40$ 提高 1%，高炉利用系数提高 4%，燃料比下降 5.6kg/t；$M10$ 减少 0.2%，高炉利用系数提高 5%，燃料比下降 7kg/t。烧结矿的低温还原粉化率（$LTD_{-3.15}$）每提高 5%，煤气中的 CO 的利用率降低 0.5%，产量下降 1.5%，焦比上升 3kg。武钢、柳钢等企业在烧结矿表面喷洒 3‰的 $CaCl_2$ 溶液，使 $LTD_{-3.15}$ 值降低 10.8%～15%，使高炉产量提高 4.6% 左右，焦比降低 15.3kg。

　　（5）软化温度及融化温度高、软熔区间窄。

　　铁矿石荷重软化性能是指在低于 900℃、荷重 0.5～2kg/cm^2 条件下，开始收缩率在 3%～4% 时的温度。荷重软化性能对高炉冶炼过程中软熔带的形成（位置、形状、厚度）起着决定性作用。炼铁界希望铁矿石的软化温度高、软熔区间窄、煤气通过软熔带阻力小。这样可以使高炉好操作，实现高产、优质、低耗的目标。

17. 高炉精料技术包括哪些内容？

　　答：所谓精料技术就是精细加工准备的高炉原料，其内容包括：高、熟、稳、均、小、净、少、好 8 个方面。

　　（1）高：入炉矿含铁品位高，原燃料转鼓指数高，烧结矿碱度高。

　　入炉矿品位高是精料技术的核心。作用：矿品位升高 1%，焦比降 1.0%～1.5%，产量增加 1.5%～2.0%，吨铁渣量减少 30kg，允许多喷煤粉 15kg。

　　（2）熟：指熟料（烧结和球团矿）比要高。

　　（3）稳：入炉的原燃料质量和供应数量要稳定，要求含铁品位波动在 0.5% 以下，碱度波动在 0.08（倍）以下。

　　（4）均：入炉的原燃料粒度要均匀。

　　（5）小：入炉的原燃料粒度要偏小。

　　（6）净：入炉的原燃料要干净，粒度小于 5mm 占总量比例的 5% 以下，5～10mm 粒级占总量的 30% 以下，40mm 以上小于 8%。

　　（7）少：入炉的原燃料含有害杂质要少，可见表 1-3。

　　（8）好：铁矿石的冶金性能要好。指还原性、软熔温度、软熔温度区间、低温还原粉化率和膨胀率等。

表 1-3　入炉原燃料有害元素控制值

元素名称	$K_2O + Na_2O$	Zn	Pb	As	S	Cl^-
控制值/kg·t^{-1}	≤3.0	≤0.15	≤0.15	≤0.1	≤4.0	≤0.6

18. 高炉炉料结构合理化的基本原则有哪些内容？

答：据国际钢铁协会数据（见表 1-4），2010 年全年全球 66 个产钢国的粗钢产量为 14.14 亿吨，创全球粗钢产量新纪录。中国粗钢产量为 6.267 亿吨，占全球总产量的 44.3%。

表 1-4　2010 年全球十大产钢国排名　　　　　　　　　（百万吨）

排名	1	2	3	4	5	6	7	8	9	10
国家	中国	日本	美国	俄罗斯	印度	韩国	德国	乌克兰	巴西	土耳其
产量	626.7	109.6	80.6	67.0	66.8	58.5	43.8	33.6	32.8	29.0

尽管世界各国研究发展了很多新的炼铁法，如直接还原法、熔融还原法等，但是直接还原和熔融还原的产量较小，目前高炉生产的生铁仍占世界铁总产量的 95% 以上。因此高炉炼铁的技术进步和成本降低对钢铁工业的发展和国家资源的合理利用都有极其重要的意义。

周传典先生在《高炉炼铁生产技术手册》中指出："我国典型的生铁制造成本分析表明，主要原材料占生铁制造成本的 60% 左右。所谓高炉炉料结构就是高炉炉料组成的合理搭配。通过调整烧结矿、球团矿及块矿的配比，找出最理想的炉料组成，使高炉的各项技术经济指标趋于合理、生铁的成本最低。"

从理论和高炉生产的角度来看，高炉只使用单一炉料，并把熟料率提高到 100% 是合理的。然而，还没有一种理想的矿石能完全满足现代高炉强化冶炼的需要。烧结矿、球团矿和天然块矿各有其特点，就烧结矿而论，不同类型的烧结矿的性质大不相同。普通酸性烧结矿强度较好，而其还原性相对较差。高碱度烧结矿低温还原粉化性能得到改善，还原性较优。但是高炉生产也不能完全使用高碱度烧结矿，应综合考虑资源的合理利用等因素，各钢铁企业必须根据自身的铁矿石资源选择合理的炉料结构。

（1）经济效益第一的原则。炼铁企业经营的最终目标是取得最大的经济效益和满足环保要求。高炉炼铁的合理炉料结构，除了技术方面的因素之外，主要是经济效益起决定性因素。合理炉料结构的目的是为了改善冶炼指标，提高企业的经济效益。这就要求既要充分利用好本地的资源，又要对本地区资源的弊端加以控制；既要发挥本地矿的作用，又要用好外来矿。不少企业的生产实践证明，低成本不等于高效益。低成本只是企业的手段，而追求高效益才是企业的目的，在炉料问题上不能只考虑降成本，还应该从铁前的整体效益出发，考虑降低采购成本后可能会出现的问题。

（2）高炉炉渣碱度制约原则。高炉炼铁要求将炉渣碱度控制在 1.0 ~ 1.1，冶炼铸造铁时，炉渣碱度还会有所提高，主要原因是要确保炉渣有好的流动性、穿透性，较高的脱硫能力，以保证高炉生产的顺行。高炉无论以何种结构进行配料，最终总的炉渣碱度都要满足高炉正常生产的需求。

（3）充分发挥各种炉料优势的原则。高碱度烧结矿不论是产量还是质量，也不论是物理性能还是冶金性能都要比自熔性烧结矿优越得多。在这个问题上有两点需要认识清楚：

一点是高碱烧结矿应有最佳的碱度范围。大量的研究和生产实践证明,这个范围在1.80~2.30之间;另一点是高碱度烧结矿的工艺和产质量也是发展的,高碱度小球团烧结原料经过强化制粒后,料层透气性得到明显改善;如果实现燃料和熔剂分加还能使成品矿的质量得到明显改善,燃料和工序能耗降低,FeO降低,在有条件的企业,应该把生产高碱度小球团烧结矿作为合理炉料的主要部分。但是,高炉炼铁全用高碱度烧结矿,会使炉渣碱度太高,高炉生产会出现困难。所以,用高碱度烧结矿炼铁必须要搭配酸性球团矿或适当比例天然块矿。同理,块矿和其他酸性炉料与高碱度烧结矿搭配也有一个合适比例的问题。各企业应通过试验研究和工业试验来确定合适的比例。

球团矿的最大优点是含铁品位高,还原性能好。增加球团矿配比,可以有效地提高高炉炼铁入炉矿的含铁品位,同时还可以解决高碱度烧结矿给炉渣碱度造成的影响。高炉炼铁全用酸性球团矿生产时,要必须配加一定量的熔剂(石灰石、白云石等),以保证炉渣的适宜碱度。但是高炉加入石灰石会使高炉容易出现结瘤现象。

高炉实现合理的炉料结构,在缺乏熟酸性炉料的前提情况下,配入适当比例的高品位块矿,有利于提高产量和增加效益。但由于块矿毕竟是生矿,其还原性和软熔性能比球团矿或烧结矿差,过量搭配块矿必然会影响冶炼效果。合理炉料结构基础就是要求炉料自身性质较优,没有最佳的炉料质量,就不会有最佳的合理炉料结构。

19. 我国典型高炉炉料结构有哪些分类?

答:随着我国高炉炼铁原料的改善,我国高炉的炉料结构从50年代的以天然块矿为主,配加少量的酸性或低碱度的烧结矿,发展到今天的以高碱度烧结矿为主配加少量的天然块矿或球团矿。

在满足高炉对炉料综合冶金性能的要求的前提下,球团矿配多少最佳主要取决于配多少球团矿生铁成本最低。因为从高炉冶炼来说,实践已经证明,以烧结矿为主或球团矿为主都是可以的,并且在碱度平衡方面也不存在问题。

目前国内比较典型的高炉炉料结构有以下9种主要类型:

(1)宝钢型:典型的日本高炉炉料结构,酸性炉料以块矿为主、球团为辅是为了降低进口原料的单价。唐钢二铁厂基本上也属于此类型。

(2)梅山型:与澳大利亚的部分高炉炉料结构类似。酸性炉料只用天然块矿,为了提高人造富矿率,必须降低烧结矿碱度至1.6左右,同时对入炉块矿的冶金性能要求较高。

(3)包钢型:酸性炉料以球团矿为主,辅以少量天然块矿。如果人造富矿质量较好,则对天然块矿冶金性能的要求不必太高。本钢二铁厂、太钢也属此类型。

(4)鞍钢冷矿型(2000年前):酸性炉料为球团矿,配比以25%~30%为佳。由于球团矿质量较好,打破了前苏联学者认为酸性球团矿配比不宜超过20%的论点。

(5)酒钢型:酸性炉料为低碱度球团烧结矿,该炉料结构为国内首创,1999~2000年鞍钢高炉亦属此类型。存在的问题是需进一步改善酸性球团烧结矿的高温冶金性能。

(6)杭钢型:球团矿配比超过50%,故生产超高碱度烧结矿搭配入炉。

(7)原上钢一厂型:以天然块矿为主。

(8)原凌钢型:全部使用球团矿进行冶炼。

(9)原鞍钢热矿型:全部使用热自熔性烧结矿冶炼。

各种炉料结构主要有以下几种：

（1）全部自熔性烧结矿或球团矿。自熔性烧结矿（或球团矿）的强度正处于低强度槽形区，对炉透气性有影响，所以，大部分企业都停止使用这种炉料。

（2）高碱度烧结矿加低碱度烧结矿这种炉料结构在苏联和我国均有使用，但未获推行，因为低碱度烧结矿 FeO 大，还原性差，使用效果不很明显。

（3）高碱度烧结矿加酸性球团矿。这种炉料结构已基本被钢铁行业所认可，表 1-5 是对不同碱度烧结矿和碱度为 0.31 时酸性球团矿在熔滴性能搭配前后的研究结果。

表 1-5　不同比例高碱度烧结矿和酸性球团矿软熔性对比

配　比	收缩率			压差陡升 /℃	开始滴落 /℃	滴落区间	最高压差 /Pa
	10%	40%	区间				
球 10%（$R=0.31$） 矿 90%（$R=1.45$）	1085	1235	150	1260	1435	175	2205
球 30%（$R=0.31$） 矿 70%（$R=1.69$）	1150	1270	120	1350	1410	60	1176
球 50%（$R=0.31$） 矿 50%（$R=2.39$）	1005	1200	195	1320	1415	95	1617

从表 1-5 中可以看出：

1）在一定温度下，70% 烧结矿及 30% 球团矿的综合炉料，其收缩率最低。

2）压差陡升温度以 70% 烧结矿及 30% 球团矿的综合炉料为高，即开始熔化温度高，所以在相同温度下，保持有良好的透气性。

3）从最大压差分析也是 70% 烧结矿及 30% 球团矿为最低。所以，从高炉下部软熔特性出发，以 70% 烧结矿（$R=1.67$）及 30% 球团矿（$R=0.31$）的炉料结构最合理。

但是普通酸性球团矿的高温软化熔滴性和高温还原性较差，影响生产指标，所以要提高酸性球团矿的冶金性能，一些工作者提出 MgO 质酸性球团配加高碱度烧结矿效果很好。

综上所述，我们可以得到以下几点结论：

（1）由于高碱度烧结矿具有良好的冶金性能，所以它是合理炉料结构中不可缺少的主体部分。应当提高其配比，在日本、西欧及我国一些企业，已达到 70%~80%。

（2）为提高高碱度烧结矿的配比，其碱度水平就要相应的降低，否则，配比不会提高，影响高炉料柱的总体冶金性能。在日本、西欧及我国一般采用碱度 1.8~2.0。

（3）为使烧结矿能在较低碱度水平上获得充分发展的铁酸钙液相，以获得良好的冶金性能，应当使用高品位、低 SiO_2 的矿粉。

20. 国外高炉炼铁炉料结构有哪些特点？

答：目前，国内外大多数高炉炉料结构是烧结矿占 60% 以上，主要是高碱度烧结矿；球团矿占 20%~25%，主要是酸性球团矿；天然块矿占 15%~20%，主要是高品位，还原性好的矿石。

（1）日本高炉炉料结构的变化。日本高炉炉料是以高碱度烧结矿为主，其烧结矿配比保持在 75% 左右（因高碱度烧结矿有其独特优势），球团矿配比由 14% 降到 5.6%（因球团价高，还原粉化率高等原因），块矿配比由 10% 升到 21.3%（价低、品位高、冶金性能好、高炉炼铁技术成熟等）。

（2）北美高炉炉料的结构。北美洲的铁矿石是嵌布粒度极细的铁燧岩，选出的铁精粉粒度很细（-0.0572mm，即 -270 目），适用于生产球团矿。在 1981~1988 年北美高炉用球团矿的配比约在 75% 左右。使用大量酸性球团矿，高炉就不得不加入大量熔剂，同时又由于球团矿熔化温度低，还原粉化率高等缺点，造成北美高炉技术经济指标比较落后。现在北美国家也在发展超高碱度烧结矿，减少使用球团矿配比。目前，美国只有 55% 的高炉在使用配比超过 40% 球团矿，只有少数高炉在使用 100% 球团矿。

（3）西欧高炉炉料的结构。欧盟高炉炼铁球团矿用量普遍达到 20% 以上，最高达70%。瑞典的 SSAB 为实现精品战略，高炉几乎采用 100% 球团，高炉利用系数达到 3.5t/（m³·d），综合焦比 457kg/t，渣量仅为 147kg/t。欧盟高炉一般很少用生矿。

21.《高炉炼铁工艺设计规范》中对入炉原料提出哪些要求？

答：2008 年公布的《高炉炼铁工艺设计规范》（GB 50427—2008）对烧结、焦炭、球团、入炉块矿、煤粉质量均有具体要求。品位波动不大于 0.5%，碱度（R_2）波动不大于 ±0.08，品位和碱度波动达标范围不小于 80%~98%；含 FeO 不大于 9.0%，波动达标不大于 1.0%。目前一些企业达不到这个标准，严重影响了高炉正常生产。现在我国炼铁存在最大的问题就是生产不稳定，表 1-6~表 1-12 是对入炉原料的质量要求。

表 1-6 入炉原料含铁品位及熟料率要求

炉容级别/m³	1000	2000	3000	4000	5000
综合入炉品位（不低于）/%	56	58	59	59	60
熟料率（不低于）/%	85	85	85	85	85

注：不包括特殊矿。

表 1-7 烧结矿质量要求

炉容级别/m³	1000	2000	3000	4000	5000
铁分波动范围（不大于）/%	0.5	0.5	0.5	0.5	0.5
碱度波动范围（不大于）/倍	0.08	0.08	0.08	0.08	0.08
铁分和碱度波动达标率（不低于）/%	80	85	90	95	98
含 FeO（不高于）/%	9.0	8.8	8.5	8.0	8.0
FeO 波动（不大于）/%	1.0	1.0	1.0	1.0	1.0
转鼓指数 +6.3mm（不小于）/%	71	74	77	78	78

注：碱度为 CaO/SiO₂。

表 1-8　球团矿质量要求

炉容级别/m³	1000	2000	3000	4000	5000
含铁量(不低于)/%	63	63	64	64	64
含铁波动(不大于)/%	0.5	0.5	0.5	0.5	0.5
转鼓指数 +6.3mm(不小于)/%	89	89	92	92	92
耐磨指数 -0.5mm(不高于)/%	5	5	4	4	4
常温耐压强度(不小于)/N·(个球)⁻¹	2000	2000	2000	2500	2500
低温还原粉化率 +3.5mm(不小于)/%	85	85	89	89	89
膨胀率(不大于)/%	15	15	15	15	15

注：不包括特殊矿石。

表 1-9　入炉块矿质量要求

炉容级别/m³	1000	2000	3000	4000	5000
含铁量(不低于)/%	62	62	64	64	64
含铁波动(不大于)/%	0.5	0.5	0.5	0.5	0.5
抗爆裂性能(不大于)/%	—	—	1.0	1.0	1.0

表 1-10　原料粒度要求

烧 结 矿		球 团 矿		块 矿	
粒度范围/mm	5~50	粒度范围/mm	6~18	粒度范围/mm	5~30
>50mm	≤8.0%	9~18mm	≥85%	>30mm	≤10%
<5mm	≤5.0%	<6mm	≤5.0%	<5mm	≤5.0%

注：石灰石、白云石、萤石、锰矿、硅石的粒度应与块矿相同。

表 1-11　焦炭质量要求

炉容级别/m³	1000	2000	3000	4000	5000
M40(不小于)/%	78	82	84	85	86
M10(不大于)/%	8.0	7.5	7.0	6.5	6.0
反应后强度 CSR(不小于)/%	58	60	62	65	66
反应性指数 CRI(不大于)/%	28	26	25	25	25
焦炭灰分(不大于)/%	13	13	12.5	12	12
焦炭含硫(不大于)/%	0.7	0.7	0.7	0.6	0.6
焦炭粒度范围(不大于)/mm	75~20	75~25	75~25	75~25	75~30
大于上限(不大于)/%	10	10	10	10	10
小于下限(不大于)/%	8	8	8	8	8

表 1-12　喷吹煤质量要求

炉容级别/m³	1000	2000	3000	4000	5000
灰分 A_{ad}(不大于)/%	12	11	10	9	9
含硫 S_{tad}(不大于)/%	0.7	0.7	0.7	0.6	0.6

22. 原燃料质量对企业节能减排有哪些重大影响?

答：炼铁系统的能耗占企业总用能的70%，成本占60%～70%，污染物排放占70%。所以说，炼铁系统要完成企业的节能减排重任。钢铁企业用能结构有80%以上是煤炭，主要也是炼铁用焦炭和煤粉，烧结用煤量较少。2010年重点钢铁企业炼铁焦比为369kg/t、煤比为149kg/t、烧结固体燃耗为54kg/t。

钢铁企业节能思路是：首先是要减量化用能，体现出节能要从源头抓起；第二是要提高能源利用效率；第三是提高二次能源回收利用水平。减量化用能工作的重点是要降低炼铁燃料比和降低能源亏损等。目前，我国燃料比与国际先进水平的差距在50kg/t左右。差距的主要原因是，我国矿石含铁品位低，热风温度低、焦炭灰分高等造成的。精料技术对高炉生产指标的影响率在70%。在高冶炼强度和高喷煤比条件下，焦炭质量对高炉的影响率将达到35%左右。也就是说，焦炭质量已成为非常重要的因素。近年来，一些大型高炉出现失常，主要是焦炭质量恶化，高炉操作没进行及时合理的调整。影响高炉燃料比（焦比、煤比、小块焦比）的主要因素见表1-13。

表1-13 影响高炉燃料比变化的因素

项目		变动量	燃料比变化	项目		变动量	燃料比变化
入炉品位		+1.0%	-1.5%	风温	>1150℃	+100℃	-8kg/t
烧结矿 FeO		±1.0%	±1.5%		1050～1150℃	+100℃	-10kg/t
烧结矿碱度		±0.1倍	±3.0%～3.5%		950～1050℃	+100℃	-15kg/t
熟料率		+10%	-4%～-5%		950℃	+100℃	-20kg/t
烧结矿小于5mm粉末		±10%	±0.5%	顶压提高		10kPa	-0.3%～-0.5%
矿石金属化率		+10%	-5%～-6%	鼓风湿度		+1.0g/m³	+1kg/t
焦炭	M40	±1.0%	-5.0kg/t	富氧		+1.0%	-0.5%
	M10	-0.2%	-7.0kg/t	生铁含Si		+0.1%	+4%～5%
	灰分	+1.0%	+1.0%～2.0%	煤气CO₂含量		+0.5%	-10kg/t
	硫分	+0.1%	+1.5%～2.0%	渣量		+100kg/t	+40kg/t
	水分	+1.0%	+1.1%～1.3%	矿石直接还原度		+0.1%	+8%
	转鼓	+1.0%	-3.5%	炉渣碱度		+0.1倍	+3%
入炉矿石		+100kg	+6%～7%	炉顶温度		+100℃	+30kg/t
碎铁		+100kg	-20～-40kg/t	焦炭	CRS	+1%	-0.5%～1.1%
矿石含硫		+1%	+5%		CSI	+1%	-2%～3%
				烧结球团矿转鼓		+1%	-0.5%

从表1-13中可看出，M10变化-0.2%，燃料比将变化7kg/t，比焦炭的其他指标作用都大。所以，应充分关注M10的变化。

2 烧结原料

本章主要对铁矿石、熔剂、燃料以及其他冶金化工含铁回收料的具体种类、资源分布、理化性能进行介绍。

2.1 铁矿石的种类

23. 世界铁矿资源如何分布?

答：世界铁矿石资源非常丰富，估计地质储量在 8000 亿吨以上，而探明储量为 4000 多亿吨。按现有生产水平，可供应 400 年。而探明储量的 90% 分布在 10 多个国家和地区。他们依次是：俄罗斯（800 多亿吨）、巴西（680 亿吨）、中国（500 亿吨）、加拿大（360 亿吨以上）、澳大利亚（350 亿吨）、印度（175 亿吨）、美国（174 亿吨）、法国（70 亿吨）、瑞典（36 亿吨）。世界十大铁矿石生产国依次为中国、巴西、澳大利亚、俄罗斯、乌克兰、印度、美国、加拿大、南非和瑞典，10 个国家铁矿石合计产量占世界铁矿石总产量的 90%。中国为世界第一大铁矿石生产国，约占世界铁矿石总产量的 20%，但主要为低品位铁矿石，折合成金属量计算，则排在巴西和澳大利亚之后。

现在，我国 50% 以上铁矿石需要进口，仅 2010 年就进口铁矿石 6.2 亿吨以上。

24. 我国铁矿资源有哪些特点?

答：我国已探明铁矿资源的特点：
(1)"广"，遍布全国 29 个省、区、市；
(2)"贫"，平均品位仅为 32.67%；
(3)"杂"，多元素共生的复合矿石较多；
(4)"小"，多为中小型矿床，大型矿床仅占 5%；
(5)"低"，储量占资源总量的比例约 27.5%，可采储量有限。
此外，多为地下矿，开采难度大，成本高，资源税率高，钢铁企业办矿积极性不高。

25. 含铁原料有哪几种来源?

答：(1) 粉矿。开采、破碎过程中形成的 0~10mm 的铁矿石，常称为粉矿。
(2) 精矿。贫矿经过细磨精选后所得到的细粒铁矿石，常称为精矿。
(3) 冶金杂料。冶炼或其他工艺过程形成的细粒、含有价成分可回收的粉末。
(4) 烧结返矿。烧结矿在运输、破碎整粒过程中形成的小于 5mm 粒级的粉末，返回烧结。返矿的化学成分基本上与烧结矿相同。

26. 什么是铁矿石? 有多少种?

答：矿石是矿物的集合体。但是，在当前科学技术条件下，把能经济合理地提炼出金属的矿物才称为矿石。矿石的概念是相对的，例如铁元素广泛地、程度不同地分布在地壳的岩石和土壤中，有的比较集中，形成天然的富铁矿，可以直接利用来炼铁；有的比较分散，形成贫铁矿，用于冶炼既困难又不经济。

随着选矿和冶炼技术的发展，矿石的来源和范围不断扩大。如含铁较低的贫矿，经过富选也可用来炼铁；过去认为不能冶炼的攀枝花钒钛磁铁矿，已成为重要的炼铁原料。

矿石中除了用来提取金属的有用矿物外，还含有一些工业上没有提炼价值的矿物或岩石，统称为脉石。对冶炼不利的脉石矿物，应在选矿和其他处理过程中尽量去除。

自然界中含铁矿物很多，目前已经知道的有300多种，但是能作为炼铁原料的只有20多种。它们主要由一种或几种含铁矿物和脉石组成。根据含铁矿物的性质，主要有4类铁矿，即磁铁矿、赤铁矿、褐铁矿和菱铁矿。铁矿石的分类及特性见表2-1。

表2-1 铁矿石的分类及主要性能

矿石名称	化学式	理论含铁量/%	密度/t·m^{-3}	亲水性	颜色	实际含铁量/%	有害杂质	强度及还原性
磁铁矿（磁性氧化铁矿石）	Fe_3O_4 或 $FeO·Fe_2O_3$	72.4	5.2	差	黑色或灰色	45~70	S、P 高	坚硬、致密，难还原
赤铁矿（无水氧化铁矿石）	Fe_2O_3	70	4.9~5.3	较好	红色至浅灰色甚至黑色	55~60	少	较易破碎，较易还原
褐铁矿（含水氧化铁矿石）	$Fe_2O_3·H_2O$	55.2~66	2.5~5.0	好	黄褐色、暗褐色至黑色	37~50	P 高	疏松，大部分属软矿山，易还原
菱铁矿（碳酸盐铁矿石）	$FeCO_3$	48.2	3.8	差	灰色或黄褐色	30~40	少	易破碎，焙烧后最易还原

由于它们的化学成分、结晶构造及生成的地质条件不同，所以各种铁矿石具有不同的外部形态和物理特征，其烧结性能也各不相同。

27. 磁铁矿有哪些主要理化性能？

答：磁铁矿又称"黑矿"，其化学式为 Fe_3O_4，也可看做 $FeO·Fe_2O_3$，其中 Fe_2O_3 为 69%，FeO 为 31%，理论含铁量为 72.4%。磁铁矿晶体为八面体，有金属光泽，组织结构比较致密坚硬，硬度为 5.5~6.5，密度为 4.9~5.2t/m^3。一般成块状和粒状，表面颜色呈钢灰色到黑色，有黑色条痕。自然界中这种矿石分布最广，贮量丰富，贫矿较多，一般含铁在 20%~40%，含有较高的有害杂质 S、P。

磁铁矿显著特性是具有磁性，易用电磁选矿方法分选富集。

然而，地壳表层纯磁铁矿却很少见，往往被氧化成赤铁矿，成为既含 Fe_2O_3 又含 Fe_3O_4 的矿石，但仍保持原磁铁矿的晶形，这种现象称为假象化，这种矿石通常称它为假象赤铁矿石和半假象赤铁矿石。所谓假象赤铁矿，就是磁铁矿（Fe_3O_4）氧化成赤铁矿（Fe_2O_3），但它仍保留原来磁铁矿外形，所以叫假象赤铁矿。

为衡量铁矿石的氧化程度，通常用磁性率来分类：

$$磁性率 = \frac{w_{TFe}(\%)}{w_{FeO}(\%)}$$

式中 w_{TFe}——矿石中的全铁含量，%；

      w_{FeO}——矿石中的 FeO 含量，%。

$$理论磁铁矿的磁性率 = \frac{w_{TFe}(\%)}{w_{FeO}(\%)} = \frac{72.4\%}{31\%} = 2.33$$

因此，参照以上理论磁性率结果，对铁矿石进行以下分类：

磁性率等于 2.33   为纯磁铁矿石

磁性率小于 3.5   为磁铁矿石

磁性率在 3.5 ~ 7.0 之间   为半假象赤铁矿石

磁性率大于 7.0   为假象赤铁矿石

磁铁矿中主要脉石有石英、硅酸盐和碳酸盐，有时还含有少量黏土。此外，有的磁铁矿含钛（Ti）和钒（V），叫做钛磁铁矿和钒磁铁矿；也有和黄铁矿（FeS）共生的，叫做磁黄铁矿。

一般开采出来的磁铁矿石含铁量为 30% ~ 60%，当含铁量大于 45%，粒度大于 10mm，可供炼铁厂使用，粒度小于 10mm 的作烧结原料。当含铁量低于 45%，或有害杂质含量超过规定时，必须经过选矿处理，通常采用磁选法，得到高品位磁选精矿。

磁铁矿可烧性良好，因其在高温处理时氧化放热，且 FeO 易与脉石成分形成低熔点化合物，所以造块节能、结块强度好，是烧结矿的主要原料。

28. 赤铁矿有哪些主要理化性能？

答：赤铁矿俗称"红矿"，为无水氧化铁矿石，化学式为 Fe_2O_3，理论含铁量 70%，含氧量 30%。这种矿石在自然界中常成巨大矿床，从埋藏量和开采量来说，它都是工业生产的主要矿石品种。

赤铁矿的组织结构是多种多样的，由非常致密的结晶组织到很松散的粉状，晶形多为片状和板状。赤铁矿根据其外表形态及物理性质的不同可分以下几种：

（1）外表呈片状，有金属光泽，明亮如镜的叫镜矿石。

（2）外表呈细小片状，但金属光泽度不如前者的称为云母状赤铁矿。

（3）红色粉末状，没有光泽的叫红土状赤铁矿。

（4）外表形状像鱼籽，一粒一粒粘在一起的集合体，称为鱼籽状、鲕状、肾状赤铁矿。

结晶的赤铁矿外表颜色为钢灰色和铁黑色，其他为暗红色，但条痕均为暗红色。赤铁矿密度为 4.8 ~ 5.3t/m³，硬度随赤铁矿类型而不一样。结晶赤铁矿硬度为 5.5 ~ 6.0，其他形态的硬度较低。赤铁矿中硫和磷杂质的含量比磁铁矿中少。呈结晶状的赤铁矿，其颗粒内孔隙多，从而易还原和破碎。但因其铁氧化程度高而难形成低熔点化合物，所以其可烧性较差，造块时燃料消耗比磁铁矿高。

赤铁矿主要脉石分别为 SiO_2、Al_2O_3、CaO、MgO 等。

赤铁矿石在自然界中大量存在，但纯净的较少，常与磁铁矿、褐铁矿共生。

实际开采出来的赤铁矿石含量在 40% ~ 60%，含铁量大于 40%，粒度小于 10mm 的粉矿作为烧结原料。一般来说，当含铁量小于 40% 或含有杂质过多时，须经选矿处理。因天然的赤铁矿石不带磁性，一般采用重选法、磁化焙烧-磁选法、浮选法或采用联合流程来处理，处理后获得的高品位赤铁精矿作为烧结原料。

29. 褐铁矿有哪些主要理化性能？

答：褐铁矿是含结晶水的赤铁矿，化学式可用 $mFe_2O_3 \cdot nH_2O$ 表示，根据结晶水的含量不同，以及生成情况和外形的不同，可进行以下分类：

（1）水赤铁矿：$2Fe_2O_3 \cdot H_2O$；

（2）针赤铁矿：$Fe_2O_3 \cdot H_2O$；

（3）水针铁矿：$3Fe_2O_3 \cdot 4H_2O$；

（4）褐铁矿：$2Fe_2O_3 \cdot 3H_2O$；

（5）黄针铁矿：$Fe_2O_3 \cdot 2H_2O$；

（6）黄赭石：$Fe_2O_3 \cdot 3H_2O$。

自然界中褐铁矿绝大部分含铁矿物以 $2Fe_2O_3 \cdot 3H_2O$ 的形式存在。褐铁矿的富矿很少，一般含铁量在 37%~55%，含有害杂质硫、磷、砷较高。

褐铁矿的外观为黄褐色、暗褐色至黑色，呈黄色或褐色条痕，密度为 $3.0 \sim 4.2t/m^3$，硬度为 1~4，褐铁矿是由其他铁矿石风化而成，其结构松软、密度较小、吸水强。

褐铁矿因含结晶水和气孔多，所以烧结时收缩性很大，使产品质量降低，只有延长高温处理时间，产品强度才可相应提高，但会导致燃料消耗增大，加工成本提高。

褐铁矿含铁量低于 35% 时，需进行选矿。目前主要采用重力选矿和磁化焙烧-磁选法。

30. 菱铁矿有哪些主要理化性能？

答：菱铁矿为碳酸盐铁矿石，化学式为 $FeCO_3$，理论含铁量为 48.20%，FeO 为62.1%，CO_2 为 37.9%。

自然界中常见的是坚硬致密的菱铁矿，外表颜色为灰色和黄褐色，风化后变为深褐色，条痕为灰色或带黄色，玻璃光泽。密度为 $3.8t/m^3$，硬度为 3.5~4.0，无磁性，含硫低，但含磷高，脉石含碱性氧化物。

菱铁矿石在氧化带不稳定，易分解氧化成褐铁矿石，覆盖在菱铁矿矿层的表面。在自然界中分布较广的为黏土质菱铁矿石，它的夹杂物为黏土和泥沙。

菱铁矿常夹杂有镁、锰和钙等碳酸盐，菱铁矿石一般含铁在 30%~40% 之间，但经焙烧后，因分解释放出 CO_2，使其含铁量显著增加，矿石也变得多孔、易破碎以及还原性良好。但在烧结时，因收缩量大，导致产品强度降低和设备生产能力降低，燃料消耗也因碳酸盐分解而增加。

自然界中有工业开采价值的菱铁矿比上述三种矿石都少，其含铁量在 30%~40%。但对含铁品位低的菱铁矿可用重选法和磁化焙烧-磁选联合法，也可用磁选-浮选联合法处理。

2.2 铁矿石的评价

铁矿石质量的好坏，与高炉冶炼进程及技术经济指标有着密切的关系。决定铁矿石质量的主要因素是化学成分、物理性质及其冶金性能。优质的铁矿石应该含铁量高，脉石与有害杂质少，化学成分稳定，粒度均匀，具有良好的还原性、熔滴性及较高的机械强度。

31. 铁矿石品位（含铁量）含义是什么?

答： 铁矿石品位即含铁量，用 TFe 表示。它是评价铁矿石质量的主要指标，决定着铁矿石的开采价值和入炉前的处理工艺。含铁量愈高，生产出的烧结矿含铁量也高，经济价值就愈高，铁矿石含铁量一般为 60% ~ 68%，当然愈高愈好。

铁矿石脉石矿物 SiO_2 应尽量低，$\dfrac{w_{Al_2O_3}}{w_{SiO_2}}$ 应控制在 0.1 ~ 0.3，CaO 和 MgO 含量高，经济价值高；有害杂质愈少愈好；还原性能和熔化性能要好。

经验表明，入炉矿石品位提高 1%，则焦比降低 2%，产量增加 3%。因为随着品位的提高，脉石数量大幅度减少，冶炼时熔剂用量和渣量相应减少，既节省热量消耗，又促进炉况顺行。

从矿山开采出来的矿石，含铁量一般在 40% ~ 65% 之间的，品位较高，经整粒后可直接入炉冶炼的称为富矿。而品位较低，不能直接入炉的叫贫矿，贫矿必须经过选矿和造块后才能入炉冶炼。

32. 矿石中脉石的成分有哪些?

答： 脉石中含有碱性脉石，如 CaO、MgO；也有酸性脉石，如 SiO_2、Al_2O_3。一般铁矿石含酸性脉石居多，即其中 SiO_2 高。

当矿石中 $\dfrac{w_{CaO}}{w_{SiO_2}}$ 的比值（称矿石碱度）接近高炉渣碱度（1.05）时，叫做自熔性矿石。

因此，矿石中 CaO 含量多，冶金价值高；相反，SiO_2 含量高，矿石的冶金价值下降。适当的 MgO 含量有利于提高烧结矿品质和改善炉渣的流动性，但过高会降低其脱硫能力和炉渣流动性。Al_2O_3 在高炉渣中为酸性氧化物，渣中浓度超过 18% ~ 22% 时，炉渣难熔，流动性差。因此，矿石中 Al_2O_3 要加以控制，一般矿石中 $\dfrac{w_{SiO_2}}{w_{Al_2O_3}}$ 的比值不小于 2 ~ 3。

包钢铁矿石中含有 CaF_2 脉石，它使熔点降低，炉渣流动性增加并腐蚀设备和污染环境；攀钢铁矿石中含有 TiO_2 脉石，它使炉渣变黏，而导致渣铁不分、炉缸堆积和生铁含硫升高等。由于这两种矿石的特性，一般当炉缸堆积、炉墙挂渣严重时，可以加入含有 CaF_2 脉石的矿石进行洗炉，相反当炉墙砖侵蚀严重时，可以加入含有 TiO_2 的矿石进行护炉。

33. 铁矿石中有害元素有哪些?

答： 铁矿石中常见有害杂质有硫、磷、砷、铅、锌、钾、钠、铜、氟等。

(1) 硫（S）是对钢铁危害最大的元素，它使钢材具有热脆性。硫几乎不熔于固态铁，而是以 FeS 形态存于晶粒接触面上，熔点低（1193℃），当钢被加热到 1150 ~ 1200℃时，FeS 被熔化，使钢材沿晶粒界面形成裂纹，即所谓的"热脆性"。

烧结和炼铁过程中可除去 90% 以上的硫。根据鞍钢经验，入炉矿石含硫每升高 0.1%，焦比升高 5%。一般规定，矿石中含 S 不大于 0.06% 为一级矿；S 不大于 0.2% 为二级矿；S 大于 0.3% 为高硫矿。要求铁矿石含 S 小于 0.3%，烧结矿含 S 不大于 0.08%。

高炉炼铁配料计算中要求每吨生铁的原燃料总含硫量要控制在 8～10kg 以下。否则，要调高炉渣碱度，提高脱硫系数，确保生铁含硫量合格。

（2）磷（P）是钢材中的有害成分，它使钢材产生"冷脆性"。在选矿和烧结中不易去除，而炼铁过程中又全部进入生铁，所以控制含磷量的唯一途径就是控制矿石的含磷量在 0.3% 以下，入炉原料允许含 P 不大于 0.2%。

（3）砷（As）在铁矿石中常以硫化合物（即毒砂 FeAsS）等形态存在，它能降低钢的机械性能和焊接性能。烧结过程只能去除小部分，它在高炉还原后溶于铁中。入炉原料允许含 As 不大于 0.07%。

（4）铜（Cu）在铁矿中主要以黄铜矿（FeCuS）等形态存在。烧结过程中不能除去铜，高炉冶炼过程中铜全部还原到生铁中。钢中含少量的铜可以改善钢的抗腐蚀性能，但含量超过 0.3% 时会降低其焊接性能并产生"热脆"现象。含量的界限为 Cu 不大于 0.2%。

（5）铅（Pb）在铁矿中常以方铅矿 PbS 形态存在，普通烧结过程不能除去铅，高炉冶炼中铅易还原并不溶于生铁中，沉在铁水下面，渗入炉底砖缝起破坏作用。冶炼含铅矿石的高炉易结瘤。含量的界限为 Pb 不大于 0.1%。

（6）锌（Zn）在铁矿石中常以闪锌矿（ZnS）形态存在，普通烧结过程不能去锌，高炉冶炼中，锌易还原并且不溶于生铁中，易挥发、破坏炉衬、导致结瘤，甚至堵塞管道。铁矿石中含量的界限为 Zn 在 0.1%～0.2%。

（7）钾（K）和钠（Na）在铁矿石中常以铝硅酸盐等形态存在，钾钠在高炉冶炼中易还原、易挥发，破坏炉衬导致结瘤，烧结过程中可以除去少部分钾钠。因此，矿石中含碱金属量必须严格控制。我国普通高炉碱金属（$K_2O + Na_2O$）入炉量限制为 K 在 0.2%～0.5%。

（8）氟（F）在冶炼过程中以 CaF 形态进入渣中。CaF 能降低炉渣的熔点，增加炉渣流动性，当铁矿石中含氟高时，炉渣在高炉内过早形成，不利于矿石还原。矿石中氟的含量不超过 1% 时对冶炼无影响，当氟含量达到 4%～5% 时，需要注意控制炉渣的流动性。另外，高温下氟挥发对耐火材料和金属构件有一定的腐蚀作用。

入炉铁矿石中的有害杂质的危害及允许含量如表 2-2 所示。

表 2-2 入炉铁矿石中有害杂质的危害及允许含量

名　称	元素符号	允许含量/%		危害及说明
硫	S	≤0.1		使钢产生"热脆"，易轧裂
磷	P	0.2～1.2	对碱性转炉生铁	磷使钢产生"冷脆"；烧结及炼铁过程皆不能除磷
		0.05～0.15	对普通铸造生铁	
		0.15～0.6	对高磷铸造生铁	
锌	Zn	<0.1		锌900℃挥发，上升后冷凝沉积于炉墙，使炉墙膨胀，破坏炉壳。烧结可除去50%～60%的锌
铅	Pb	<0.1		铅易还原，密度大，与铁分离沉于炉底，破坏砖衬，铅蒸气在上部循环累积，形成炉瘤

续表 2-2

名　称	元素符号	允许含量/%	危 害 及 说 明
铜	Cu	<0.2	少量铜可改善钢的耐腐蚀性；但铜过多使钢热脆，不易焊接和轧制；铜易还原并会进入生铁
砷	As	<0.07	砷使钢"冷脆"，不易焊接；生铁中 As<0.1%；炼优质钢时，铁中不应有砷
钾，钠	K，Na	<0.2	易挥发，在炉内循环累积，造成结瘤，降低焦炭及矿石的强度
氟	F	<2.5	氟高温下气化，腐蚀金属，危害农作物及人体，CaF_2 侵蚀破坏炉衬

34. 铁矿石中有益元素有哪些?

答：铁矿石中常共生有 Mn、Cr、Ni、Co、V、Ti、Mo 等，包头白云鄂博铁矿还含有 Nb、Ta 及稀土元素 Ce、La 等。这些元素中有的对冶炼过程不一定带来好处，但是它们却往往能改善产品（铁、钢）的某些性能，所以称有益元素。

当它们在矿石中的含量达到一定数值时，如 Mn≥5%，Cr≥0.06%，Ni≥0.2%，Co≥0.03%，V≥0.1%~0.15%，Mo≥0.3%，Cu≥0.3%，则称为复合矿石，经济价值很大，应考虑综合利用。

其中钛能改善钢的耐磨性和耐蚀性，但使炉渣性质变坏，冶炼时有90%进入炉渣，含量不超过1%时，对炉渣及冶炼过程影响不大；超过4%~5%时，使炉渣性质变坏，易结炉瘤。

35. 什么是铁矿石的还原性?

答：铁矿石还原性是指铁矿石被还原性气体 CO 或 H_2 还原的难易程度，它是评价铁矿石质量的重要指标。矿石还原性的好坏，在很大程度上影响矿石还原的速率，随即影响高炉冶炼的技术经济指标。因为还原性好的矿石，在中温区被气体还原剂还原出的铁就多，不仅可减少高温区的热量消耗，有利于降低焦比，而且还可以改善造渣过程，促进高炉稳定顺行，使高炉冶炼高产、优质。

铁矿石的还原性与矿石的矿物组成和结构、脉石成分、矿石粒度与孔隙率、矿石的软化性等有关。结构致密、气孔度低，与煤气难于接触的矿石较难还原。磁铁矿组织致密，气孔率低，最难还原；赤铁矿稍疏松，具有中等气孔度，较易还原；褐铁矿和菱铁矿加热后失去结晶水与 CO_2，气孔度大大增加，还原性很好。高碱度烧结矿和球团矿具良好的还原性。

单烧铁矿石的还原性如表 2-3 所示。

表 2-3　单烧铁矿石的还原性

矿种名称	烧结矿	进口球团	竖炉球团	澳　矿	南非矿	海南矿
RI/%	80.68	74.68	69.66	75.85	65.77	62.83
RVI/%	0.48	0.40	0.38	0.43	0.36	0.30

注：RI 指还原度指数；RVI 指还原速率指数。

36. 什么是铁矿石的软熔性?

答:矿石的软熔性是指它的软化性及熔滴性。软化性包括矿石的软化温度和软化温度区间两个方面。软化温度系指矿石在一定的荷重下加热开始变软的温度;软化温度区间系指矿石从软化开始到软化终了的温度区间。熔滴性是指矿石开始熔化到开始滴落的温度及温度区间。

高炉内矿石在下降过程中被上升煤气流不断加热升温和还原,当到达一定温度时,矿石开始软化,继而熔化、滴落,最后以铁水和渣液的状态聚积于炉缸内。在炉料从软化到开始滴落这个区间,形成了一个铁矿石与焦炭层交替分布的软熔带,其透气性很差。软熔带的形状、位置、厚薄对高炉强化冶炼和顺行有重要影响。

矿石的软熔性对软熔带的分布特性有决定性的影响,软化温度高而熔滴性好的矿石使软熔带下移、软熔带变薄,有利于降低高炉下部煤气流阻力,均匀煤气分布,促进顺行和焦比降低;而软熔温度低、软熔区间宽的矿石,使软熔带升高、变厚,既不利于 FeO 的间接还原,又恶化料柱透气性,影响冶炼过程的正常进行。

矿石的软熔性主要受脉石成分与数量、矿石还原性等影响。脉石数量少,碱性氧化物含量高,矿石易还原,含 FeO 低者,其软熔温度高,软熔区间窄,有利于高炉冶炼。

37. 什么是铁矿石的气孔率?

答:矿石的气孔率系指矿石中孔隙所占体积与它的总体积的百分比。气孔率愈高,透气性愈好,与煤气接触的表面积愈大,愈有利于还原。

矿石的气孔率分体积气孔率和面积气孔率,体积气孔率是矿石中气孔所占体积相当于矿石总体积的百分比,面积气孔率是单位矿石体积内气孔表面的绝对值。

气孔分开口和闭口两种。开口气孔对还原有利。

38. 国产铁矿石有哪些特性?

答:我国铁矿石品位一般较低,很难完全满足高炉冶炼要求,需在入炉前进行破碎、筛分、细磨、精选,得到含铁量为 60% 以上的精矿粉,铁精矿粉是选矿厂的最终产品。

对烧结过程影响较明显的铁矿粉的理化性能,主要包括矿石种类、化学成分、粒度、水分、亲水性和成球性以及软化熔融特性等。这些因素往往互相交错,从而对烧结过程表现出不同程度的影响。例如,粒度粗的磁铁矿粉较致密、成球性差、软化和熔化温度区间较窄,一般属于难烧结的精矿;而细磨磁铁矿粉较容易烧结。赤铁矿一般成球性较好,当加入大量熔剂时,熔点也较低,易于烧结;但浮选赤铁精矿又常因为难脱水,呈泥团状,使烧结产生困难。其他如褐铁矿和菱铁矿烧结时由于结晶水分解出来,不但要多耗燃料,而且影响烧结矿的强度。

脉石的类型和数量对铁矿粉的烧结也有显著的影响。例如用含 SiO_2 超过 15% 的铁矿粉生产自熔性烧结矿时强度差;但经过精选,把铁矿粉 SiO_2 含量降低到 4% 以下,又会出现烧结时液相量太少的问题,必须相应采取其他措施才能使烧结矿的强度得到保证。铁矿粉含 Al_2O_3 过多时,熔点高,难烧结。另外,铁矿粉的软化温度低,软化温度区间越宽,越容易生成液相,这种矿石的烧结性能好。

我国部分铁矿粉化学成分及粒度，熔化温度及区间，矿石主要组成，分别见表 2-4、表 2-5 和表 2-6。

表 2-4   各地铁精矿化学成分   （%）

矿 种	TFe	FeO	SiO$_2$	CaO	MgO	Al$_2$O$_3$	S	P	F	烧损	-0.074mm（-200目）
鞍钢浮选	67.14	25.70	5.24	0.36	0.44	0.30	0.024	0.01		0.80	62.46
大孤山细精矿	65.75	28.40	7.18	0.36	0.36	0.19	0.026	0.02		1.09	86.07
弓长岭	63.45	25.40	9.92	0.81	1.09	0.074	0.032	0.012		1.32	70.80
大孤山磁选	63.28	25.66	9.69	0.20	0.33		0.036	0.029		1.22	81.80
包头精粉	58.71	20.08	4.92	3.40			0.38	0.13	1.7		86.15
南 芬	61.71	26.32	12.46	0.80			0.043				77.39
迁 安	59.83	22.05	12.10	2.25			0.192				59.04
武 钢	64.65	27.66	3.44	1.10			1.03				64.91

表 2-5   各地铁精矿熔化温度及区间   （℃）

产 地	开始熔化温度	大部分熔化温度	最终熔化温度	熔化区间
包 头	1390	1500	1550	160
武 钢	1460	1560	1575	115
迁 安	1435	1480	1550	115
南 芬	1455	1490	1510	55
弓长岭	1470	1480	1490	20
大孤山	1460	1479	1495	35
	1240	1280	1490	250

表 2-6   各地铁精矿矿石主要组成   （%）

矿物名称	包钢白云鄂博富矿粉	包钢白云鄂博精矿粉	首钢迁安精矿粉	本钢南芬精矿粉	武钢精矿粉	鞍钢弓长岭精矿粉	鞍钢大孤山精矿粉
铁矿石	45	60	75~80	80	80~85	80	65
赤（褐）铁矿	45	10~15	5	2	5	3	10~15
石 英	2	2	10	10	3~5	10	15
独居石 + 氧碳铈矿	3~5	3					
白云石 + 方解石	2~3	2~3	1~2	少	3	少	2
钠闪石	5	3					
角闪石			2	3	少	3	2
霓 石	10	5~10					

39. 进口铁矿石有哪些特性？

答：进口富矿粉主要产于巴西、澳大利亚、南非和印度的矿山，均为赤铁矿、褐铁矿，各有特色，物化性能相差甚远。澳洲矿粉属于赤铁矿居多，对提高烧结矿产量效果最好，但 Al_2O_3 高，会影响炉渣流动性。巴西精矿粉品位高，对调节烧结矿品位有利，但巴西精粉晶型呈片状结构，粒度较细，成球性差。褐铁矿熔化温度低、结晶水高，影响烧结料燃烧带的厚度，同时受热易爆裂，使小球很快就粉碎，从而恶化了燃烧带的透气性，致使成品率下降，强度降低。不同进口富矿粉参见表 2-7 和表 2-8。

表 2-7 不同进口富矿粉的主要化学成分 （%）

国 别	矿 山	TFe	FeO	SiO₂	CaO	MgO	Al₂O₃	P	S	Fe₂O₃	烧损
巴 西	淡水河谷	65.79	0.38	3.73	0.07	0.07	0.80	0.037	0.01		1.50
	MBR	67.90	0.55	0.77	0.06	0.08	0.65	0.032	0.007		1.50
澳大利亚	纽曼山	62.54	0.50	5.20	—	0.16	3.96	0.09	0.006	89.1	3.20
	罗布河	57.20	0.60	6.41	0.30	1.33	2.93	0.05	0.055	93.0	9.51
印 度	塞沙果阿	63.76	1.65	3.39	0.17	0.13	2.2	0.05	0.018		3.13
	多尼马拉	64.55	0.7	4.23	1.32	2.20	—	—	0.015		3.80
南 非			65.47	0.47	4.31	0.10	0.05	1.59	0.048	0.017	—	0.73

表 2-8 不同进口富矿粉的主要物理性能

国 别	矿 山	粒度组成/%					平均粒径/mm	堆密度/t·m⁻³	H₂O/%	软熔特性/℃		
		+10mm	10~5mm	5~3mm	3~1mm	-1mm				4%	10%	区间
巴 西		3.25	41.3	16.15	13.65	25.65	4.28	2.23	5.34	1152	1329	177
澳大利亚	纽曼山	0	13.7	12.8	14.40	59.10	2.12	2.1	3.9	1055	1285	230
	罗布河	4.01	20.3	13.4	23.97	38.32	3.23	1.67	7.9	—	—	—
印 度	塞沙果阿	1.90	9.25	11.13	57.08	20.14	1.90	2.21	6.1			
	多尼马拉	5.52	20.0	4.08	25.54	44.86	2.88	2.24	2.3			
南 非		0.25	11.7	47.21	28.88	11.96	3.82	2.31	2.05	1190	1350	160

40. 烧结常用铁矿粉的高温特性有哪些？

答：所谓铁矿粉的高温特性，就是指铁矿石在烧结过程中呈现出的高温物理化学性质，它反映了铁矿石的烧结行为和作用，主要包括：同化性、液相流动性、黏结相自身强度、铁酸钙生成特性、连晶固结强度等。近年来国内外基于这一新概念的烧结优化配矿实践结果表明，掌握铁矿粉的烧结高温特性具有重要意义。

北京科技大学和中国科学院过程工程研究所等对铁矿粉的高温特性作了如下阐述。实验用的烧结常用铁矿粉成分见表 2-9。

表 2-9 典型的烧结用铁矿粉的化学成分

代 号	产 地	TFe/%	SiO₂/%	CaO/%	MgO/%	Al₂O₃/%	烧损/%	平均粒径/mm
A	巴 西	65.06	3.56	0.06	0.11	1.56	1.49	2.870
B	澳大利亚	58.21	5.01	0.06	0.14	1.47	9.56	3.850
C	澳大利亚	62.52	3.44	0.09	0.11	2.17	4.78	1.850
D	中 国	64.78	7.03	0.30	0.61	0.42	0.67	0.032

（1）同化性。同化性是指铁矿石在烧结过程中与熔剂反应而生成液相的能力，可以采用测定其最低同化温度的方法予以评价，铁矿石的最低同化温度高，则其同化性低。一般而言，同化性高的铁矿粉，在烧结过程中容易生成液相，但过高的同化性会影响烧结料层的热态透气性，故要求铁矿粉的同化性适宜。

通过实验得出，巴西铁矿粉 A 和国内铁矿粉 D 具有很高的最低同化温度，在 1350℃以上，说明其同化性很低；相反，澳大利亚铁矿粉 B 和 C 的最低同化温度仅在 1200 ~ 1250℃之间，同化性很高。

（2）液相流动性。液相流动性是指铁矿粉在烧结过程中生成的液相的流动能力，可以采用测定其流动性指数的方法予以评价。一般而言，液相流动性大的铁矿粉，其黏结周围的物料的范围也较大，但液相流动性也不能过大，否则对周围物料的黏结层厚度变薄，烧结矿易形成薄壁大孔结构，使烧结矿整体变脆，强度降低。由此可见，适宜的液相流动性才是确保烧结矿有效固结的基础。

通过实验得出，国内铁矿粉 D 的液相流动性指数较大，在 1.5 以上；澳大利亚铁矿粉 C 的液相流动性指数较小，在 0.5 以下；而巴西铁矿粉 A 和澳大利亚铁矿粉 B 的液相流动性指数居中，在 1 ~ 1.5 之间。

（3）黏结相自身强度。黏结相自身强度是指铁矿粉生成的固结未熔烧结料的液相冷凝后（形成黏相）的自身强度。确保烧结固结强度需要足够的黏结相，而黏结相自身强度亦是其非常重要的影响因素，可以通过测定试样的抗压强度予以评价。一般而言，使用黏结相自身强度高的铁矿粉，有助于提高烧结矿的固结强度。

通过实验得出，二元碱度为 2.0 时，各种铁矿粉黏结相自身强度差别较大，我国铁矿粉 D 黏结相自身强度最高，达 630N；而澳大利亚铁矿粉 B 的黏结相自身强度很低，为 171N；巴西铁矿粉 A 和澳大利亚铁矿粉 C 的黏结相自身强度均在 250 ~ 300N 之间。

（4）铁酸钙生成特性。铁酸钙生成特性是指铁矿石在烧结过程中生成复合铁酸钙矿物的能力，可以采用岩矿相分析方法予以评价。一般而言，使用铁酸钙生成性能优良的铁矿石，可以增加烧结矿中复合铁酸钙矿物的含量，从而有助于改善烧结矿的强度和还原性。

通过实验得出，各种铁矿粉的铁酸钙生成数量各不相同，且存在明显的差别。两种澳大利亚的铁矿粉的烧结矿物中铁酸钙的百分含量普遍较高；而巴西铁矿粉 A 和国内铁矿粉 D 则明显较低。

（5）连晶固结强度。连晶固结强度是指铁矿石在造块过程中靠铁矿物晶体再结晶长大而形成固相固结的能力，可以通过测定纯铁矿粉试样高温焙烧后的抗压强度予以评价。虽然连晶固结不是烧结成矿的主要机理，但铁矿粉自身产生连晶的能力也是影响烧结矿强度的一个因素。

通过实验得出，各种铁矿粉的连晶固结强度的差别仍很明显，澳大利亚铁矿粉 B 的连晶固结强度较高，达 602N；澳大利亚铁矿粉 C 的连晶固结强度较低，仅为 144N；巴西铁矿粉 A 和国内铁矿粉 D 的连晶固结强度则在 250 ~ 350N 之间。

2.3　其他含铁原料

在钢铁化工企业生产过程中，常产生许多含铁杂料，可充分回收利用作为炼铁原料。这类杂料包括冶金厂含铁粉尘，如高炉炉尘、转炉炉尘，其他含铁杂料还有轧钢皮（又称为铁鳞）、硫酸渣（又称为黄铁矿烧渣）等，如表 2-10 所示。

表 2-10 其他含铁杂料及发生量

名 称	单 位	发生量	名 称	单 位	发生量
烧结尘灰	kg/t（矿）	30～50	轧钢皮	kg/t（钢材）	20
高炉尘灰	kg/t（铁）	15～50	轧钢油泥	kg/t（钢材）	2.4
转炉尘	kg/t（钢）	20	电炉尘	kg/t（钢）	10

国内一些含铁原料的化学成分如表 2-11 所示。

表 2-11 国内一些含铁原料的化学成分 （%）

名 称	TFe	FeO	CaO	MgO	SiO$_2$	Al$_2$O$_3$	S	P	C	烧损
粗高炉灰	41.51	2.90	3.58	0.63	6.88	2.60	0.041	0.072	22.19	22.15
转炉炉尘	58.40	61.12	7.13	2.30	3.09	—	0.07	—	—	—
轧钢皮	72.40	58.02	1.50	0.03	1.45	—	0.01	—	—	0.025
硫酸渣	48.12	0.97	1.08	3.52	5.35	—	0.07	0.04	—	—

41. 高炉炉尘（俗称瓦斯灰）有哪些特性？

答：它是从高炉煤气系统中除尘器回收的，主要由矿粉、焦粉及少量熔剂组成，含铁 30%～55%，含碳 8%～20%，粒度 0～1mm。目前，高炉每炼 1t 生铁炉尘量为 30～50kg。

炉尘可作烧结原料，能节约熔剂和燃料消耗，降低生产成本。由于高炉尘亲水性较差和含碳，使用时必须提前润湿和单独配加。

42. 炼钢炉尘和钢渣有哪些特性？

答：炼钢炉尘是从转炉顶吹烟气中经除尘器回收的含铁原料，是铁水在吹炼时部分金属铁被氧化成 Fe$_2$O$_3$ 的吹出物，含铁量为 50%～70%，并含有钢渣和石灰粉末，粒度小于 0.1mm。每炼 1t 钢炉尘量达 20～50kg。湿法除尘回收时呈泥浆或泥团状，含有大量水分，黏性较大，可增加制粒效果。

钢渣有平炉与转炉钢渣两种，钢渣因 CaO 含量高，且含一定量铁，可代替部分熔剂。钢渣物理化学性质实例见表 2-12。

表 2-12 钢渣物理化学性质实例 （%）

厂 别	TFe	FeO	SiO$_2$	CaO	MgO	P	S	V$_2$O$_5$
攀 钢	13.13	16.2	5.91	45.53	7.05	0.197	0.21	2.53
马 钢	14.01	9.34	14.52	34.87	13.0	1.25	0.12	0.54

43. 轧钢皮（又称铁鳞）有哪些特性？

答：轧钢皮是轧钢生产过程中剥落下来的氧化铁皮，一般占总钢材的 2%～3%，含铁

70% ~80%，且有害杂质少、粒度粗、密度大，是很好的烧结原料。

在高温氧化气氛下发生氧化反应，并放出热量，因此，在烧结过程中可以节省燃料，又提高烧结矿含铁量。经验数据显示，配料量中轧钢氧化铁皮每增加 10kg/t，能降低 0.8kg/t 焦粉。

44. 硫酸渣有哪些特性？

答：硫酸渣是化工厂黄铁矿制硫酸的副产品，含铁量在 35% ~50%。硫酸渣有两种，一种是红色的，粒度粗（3~0.1mm），含铁低（小于 35%），主要是赤铁矿；另一种是黑色的粒度细（小于 0.1mm）、含铁高（50% 左右），主要是磁铁矿。

2.4 熔剂的特性及作用

45. 碱性熔剂有哪些种类？

答：熔剂按其性质可分为中性、碱性和酸性三类。由于铁矿石的脉石多数是酸性氧化物，如 SiO_2 和 Al_2O_3，所以普遍使用碱性熔剂。碱性熔剂是含 CaO 和 MgO 高的矿物，常用石灰石（$CaCO_3$）、白云石（$CaCO_3 \cdot MgCO_3$）、生石灰（CaO）等。

（1）石灰石：主要化学成分 $CaCO_3$，理论 CaO 含量为 56%，CO 为 44%，按其矿物结晶的不同，又分三种：白色粒状具有明显的菱形解理面的叫方解石；结晶良好、结构致密的叫大理石；青灰色、致密隐晶质叫石灰石。烧结生产中常用的是后者。我国石灰石技术标准如表 2-13 所示。

表 2-13 我国石灰石技术标准   （%）

级 别	CaO	MgO	SiO₂	不熔杂质	P₂O₅	SO₃
一 级	≥52	≤3.5	<1.75	<2.15	≤0.02	≤0.25
二 级	≥50	≤3.5	<3.00	<3.75	≤0.04	≤0.25
三 级	≥49	≤3.5	<4.00	<5.00	≤0.06	≤0.35

（2）白云石：分子式 $CaCO_3 \cdot MgCO_3$，它具有方解石和碳酸镁中间产物性质。理论 CaO 含量为 30.4%，MgO 为 21.7%，CO_2 为 47.9%。呈粗粒块状，较硬，难破碎，颜色为灰白或浅黄色，有玻璃光泽。白云石的一般组成如表 2-14 所示。

表 2-14 白云石一般组成   （%）

组 成	CaO	MgO	SiO₂	Al₂O₃	Fe₂O₃	CO₂
含 量	26~35	17~24	1~5	0.5~3.0	0.1~3.0	43~46

（3）菱镁石：分子式 $MgCO_3$，纯菱镁石理论含 MgO 为 47.6%，CO_2 为 52.4%，外表呈白黄色。

（4）生石灰：由石灰石经高温煅烧后的产品，主要成分为 CaO。理论 CaO 含量 85% 左右，易破碎。生石灰遇水后变成消石灰 $Ca(OH)_2$，其 CaO 含量为 70% ~80%，分散度大，具有黏性、密度小等特性。

（5）轻烧白云石：又称苛性白云石，由白云石原料在约 1000℃ 煅烧而成，具有洁白、强黏着力、凝固力及良好的耐火、隔热性能，适用于内外墙涂料，在建筑材料工业中可做水泥、玻璃、陶瓷的配料。

轻烧白云石主要用于炼钢、烧结，可提高钢渣的流动性，做造渣剂使用，其一般组成如表2-15所示。

表2-15　轻烧白云石一般组成　　　　　　　　　　　　　　（%）

组　成	CaO	MgO	SiO_2	Fe_2O_3	SO_2	CO_2
含　量	35~52	26~34	0.92~2.33	0.30	0.01	<0.01

46. 对碱性熔剂品质有哪些要求?

答：（1）有效熔剂性高。评价熔剂的标准是根据烧结矿碱度的要求扣除中和本身酸性氧化物所消耗的碱性成分后，所剩余的碱性氧化物的含量，叫熔剂的有效熔剂性，即碱性氧化物（CaO + MgO）愈高愈好。

$$有效熔剂性 = (w_{CaO} + w_{MgO})_{熔剂} - (w_{SiO_2})_{熔剂} \times \frac{w_{CaO} + w_{MgO}}{w_{SiO_2} + w_{Al_2O_3}}$$

当熔剂中 MgO、Al_2O_3 含量很少时，上式可以简化成：

$$有效熔剂性 = (w_{CaO} + w_{MgO})_{熔剂} - (w_{SiO_2})_{熔剂} \times \frac{w_{CaO}}{w_{SiO_2}}$$

烧结使用石灰石的 CaO 含量一般为50%~54%。白云石中（CaO + MgO）含量一般为42%~45%。生石灰 CaO 含量一般为80%~85%以上。生石灰含 CaO 过低时，除因含 SiO_2 过高外，往往因煅烧不完全而影响其氧化效果。

（2）酸性氧化物（SiO_2 + Al_2O_3）越低越好。熔剂中的酸性氧化物（SiO_2）的含量偏高会大大降低熔剂的效能。质量良好的熔剂中，Al_2O_3 和 SiO_2 总的含量一般不超过3%~3.5%。

（3）有害杂质 P、S 要低。含 S 一般为0.01%~0.08%，含 P 一般0.01%~0.03%。

（4）粒度和水分要适宜。从有利于烧结过程中各种成分之间的化学反应迅速和完全这一点来看，熔剂粒度越细越好，熔剂粒度粗，反应速度慢，生成的化合物不均匀程度大，甚至残留未反应的 CaO "白点"，对烧结矿强度有很坏的影响。但是，熔剂破碎过细，不仅提高生产成本，而且烧结料透气性变坏。

熔剂粒度控制在0~3mm 即可。生石灰进厂不含水，石灰石、白云石含水不超过3%。

47. 烧结生产加入碱性熔剂有什么作用?

答：进入高炉的矿石中脉石的主要氧化物熔点都很高，在高炉炼铁时脉石熔化是很困难的，并且消耗大量焦炭。因此必须在烧结过程中加入熔剂使难熔的脉石生成低熔点化合物，这样，既可改善炉渣的流动性，保证冶炼过程的正常进行，又可以最大限度地去除炉料中有害杂质 S、P。

烧结料中加入熔剂的作用有两个：

（1）把高炉所需要的各种熔剂加在烧结料中，制成"熔剂性"、"自熔性"或"高碱度"的烧结矿，可以大幅度地提高高炉冶炼的技术经济指标，降低焦比。鞍钢经验，加入高炉的石灰石量每减少 100kg，可增加生铁产量 5%～7%，减少焦炭消耗 30～40kg/t。

（2）烧结生产的实践表明，选择适当的熔剂品种，并合理地加以使用，能够强化烧结过程和改善烧结矿冶金性能。

48. 酸性熔剂有哪些种类?

答：随着原料结构的改变，烧结料中 SiO_2 含量降低，为保证烧结矿液相的形成，一些企业也使用酸性熔剂。酸性熔剂是含 SiO_2 高的矿物，常用主要有橄榄石、蛇纹石及硅砂。

蛇纹石是一种层状高镁、高硅矿物，其化学式为 $Mg_6(Si_4O_{10})(OH)_8$，理论 MgO 为 43.6%，SiO_2 为 43.3%，H_2O 为 13.1%。加入蛇纹石是在调节 MgO 的同时，另一个目的就是调节 SiO_2 含量。

橄榄石的化学式为 $Mg \cdot Fe_2 \cdot SiO_2$。

当含铁原料为低硅精矿时，以蛇纹石为熔剂，比用白云石加硅砂好，对烧结矿质量及烧结工艺均有利，宝钢烧结配用蛇纹石量为 3% 左右。我国东海及弋阳蛇纹石的化学成分见表 2-16。

表 2-16   蛇纹石化学成分实例   （%）

品　名	Fe_2O_3	CaO	MgO	SiO_2	Al_2O_3	S	P	Ni	Cr	烧损
东海蛇纹石	6.39	0.48	39.1	37.18	0.51	0.083	0.024	0.224	0.22	14.59
弋阳蛇纹石	8.92	0.95	36.27	36.4	0.638	0.024	0.024	0.225	0.52	13.60

注：摘自宝钢烧结试验研究组在湘钢做的试验报告。

2.5   燃料种类及特性

燃料在烧结过程中主要起发热作用和还原作用，它对烧结过程及烧结矿产量、品质影响很大。烧结生产使用的燃料分点火燃料和烧结燃料两种。

点火燃料有气体燃料、液体燃料、固体燃料。一般常采用焦炉煤气与高炉煤气的混合气体，而实际生产中不少企业只用高炉煤气点火。

烧结燃料是指混入烧结料中的固体燃料。一般采用的固体燃料主要是碎焦粉和无烟煤粉。对烧结所使用的固体燃料总的要求是：固体燃料碳含量高，挥发分、灰分、硫含量要低。

49. 固体燃料有哪些种类?

答：（1）无烟煤。煤的成分复杂，主要由有机元素 C、H、O、N、S 等组成，无烟煤是所有煤中固定碳最高，挥发分最少的煤。

生产上要求无烟煤发热量大于 25080kJ/kg（6000kcal/kg）以上，挥发分小于 8%，灰分小于 15%，硫小于 1.5%，进厂粒度小于 40mm，使用前应破碎到 0～3mm 达到 85% 以上，挥发分高的煤不宜做烧结燃料，因为它能使抽风系统挂泥结垢。烟煤绝不能在抽风烧结中使用。

（2）碎焦粉。碎焦粉是焦化厂筛分出来的或是高炉用的焦炭中筛分出来的焦炭粉末，具有固定碳高、挥发分少、含硫低等优点。焦炭硬度比无烟煤大，破碎较困难，但使用前必须破碎到 3mm 以下。

（3）无烟煤与焦粉的关系。固体燃料的燃烧性能也会影响料层高温区的温度水平和厚度。无烟煤与焦粉相比，孔隙度小得多，其反应能力和可燃性差，故用大量无烟煤代替焦粉时，烧结料层中会出现高温区温度水平下降和厚度增加的趋势，从而导致烧结垂直速度下降。如某烧结厂使用无烟煤粉代替焦粉，成品烧结矿产出量从 53.5% 下降到 41.0%。但无烟煤来源充足，价格便宜，试验证明用无烟煤粉代替 20% ~ 25% 焦粉时，对烧结矿的产量、品质没有影响。当使用无烟煤粉作燃料时，必须注意改善料层的透气性，把燃料粒度降低一些，同时还要适当增加固体燃料的总用量。

50. 液体燃料有哪些种类？

答：液体燃料发热量比固体燃料高，可完全燃烧，几乎无残渣，便于运输。国外有的企业用液体燃料，我国基本上不用。

石油是天然的液体燃料，也称原油，它基本上由 C、H、N、O、S 等元素组成。烧结厂常用的液体燃料是重油。

重油是石油加热分馏后的残留物，呈黑褐色的黏稠液体，密度 $0.9 ~ 0.96g/cm^3$，具有发热值高 $37620 ~ 45980kJ/kg$（$9000 ~ 11000kcal/kg$），黏性大等特点。

重油在烧结生产过程中常用作点火燃料。重油的黏度对油泵、喷油嘴的工作效率和耗油量都有影响。黏度太大，则油泵、喷油嘴的效率低，喷出的油速度慢，雾化不好烧不完全，影响喷油嘴使用寿命，增加耗油量。

51. 气体燃料有哪些种类？

答：气体燃料主要用于烧结料点火，包括天然气、高炉煤气、焦炉煤气和混合煤气。

（1）天然气。天然气是由地下开采出来的可燃气体，发热值很高，主要成分甲烷（CH_4）含 90% 左右，发热值 $33500 ~ 38000kJ/m^3$。

（2）高炉煤气。高炉煤气是高炉炼铁过程中产生的一种副产品。可燃成分主要是 23% ~ 30% CO，其次是 0.2% ~ 0.5% CH_4 和 1% H_2。其发热值约 $3000 ~ 3600kJ/m^3$，理论燃烧温度约为 1400 ~ 1500℃。

高炉煤气的质量较差，但产量很大，每生产 1t 生铁大约可得到 $1800m^3$ 高炉煤气。

在使用高炉煤气时，为了提高其燃烧温度，一般与高热值煤气混合使用，有时也把空气和煤气都预热到较高的温度以达到需要的燃烧温度。

高炉煤气如果与空气或氧气混合到一定比例（爆炸极限 30.8% ~ 89.5%），遇明火或 700℃ 左右的高温就会爆炸，属乙类爆炸危险级。

高炉煤气含有大量的 CO，毒性很强，吸入会立即死亡，车间 CO 的允许含量为 30 mg/m^3。另外，高炉煤气还有易燃、易爆特性。因此在使用时，应充分注意。

（3）焦炉煤气。焦炉煤气是炼焦过程的副产品，可燃成分主要是 55% ~ 60% H_2，23% ~ 28% CH_4，$16300 ~ 18500kJ/m^3$ 左右。

焦炉煤气是无色、微有臭味的有毒的气体，含有 7% 左右的 CO，焦炉煤气中的 CO 含量较高炉煤气少，但仍会造成人身中毒。

　　焦炉煤气与空气或氧气混合到一定比例（爆炸极限为 4.5% ~ 35.8%），遇明火或 650℃左右的高温就会发生强烈的爆炸，属甲类爆炸危险级。

　　1t 干煤在炼焦过程中可以得到 300 ~ 350m³（标准状态）焦炉煤气。

　　着火温度为 600 ~ 650℃，理论燃烧温度为 2150℃左右。

　　(4) 混合煤气。由焦炉煤气和高炉煤气混合而成，它的发热值大小取决于高炉、焦炉煤气的混合比例，一般发热值约 5000 ~ 10000kJ/m³。

3 原料工技能知识

本章内容主要包括：原料进厂验收、取制样、接收储存、中和混匀、燃料破碎、厂内含铁料回收处理和供料等。学习本章可结合第2章烧结原料的相关知识。

3.1 基础知识

52. 什么是生石灰的活性度、生烧和过烧？

答：（1）活性度是指生石灰水化的反应速度，即生石灰水化后用 4mol/L 的盐酸（HCl）中和的毫升数。

（2）生烧是指未分解的石灰石，它的主要成分 $CaCO_3$ 不能被水化。

（3）过烧是指石灰石在焙烧过程中，由于局部温度过高，而与硅酸盐互相熔融生成的硬块和消化慢的石灰，不能在一定的较短时间内被水化。

53. 如何计算生石灰的活性度？

答：
$$生石灰活性度 = \frac{0.112V}{GC} = \frac{0.112V}{50C}（\%）$$

式中　V——活性体积，mL；

　0.112——换算系数；

　　G——生石灰试样重，50kg；

　　C——生石灰 CaO 含量，% 。

生产上检验的活性度实际上是活性体积，更直观，但不便于比较。

54. 烧结用熔剂粒度为什么必须在 3mm 以下？

答：在烧结过程中，熔剂中的 CaO 与烧结料中的其他矿物（如 SiO_2、Fe_2O_3）反应生成新的化合物。这种氧化钙与烧结料中的其他矿物作用生成新的化合物的反应，叫 CaO 的矿化反应。

如果熔剂中的 CaO 不能同烧结矿物反应，而是以游离 CaO 的形态存在于烧结矿中（现场称作"白点"），在生产运输、贮存过程中就会与空气中的水分发生消化反应，导致烧结矿体积膨胀，引起烧结矿粉化。

CaO 矿化程度与烧结温度、熔剂粒度有关。试验证明，熔剂粒度小于 3mm 时，在 1200℃ 下焙烧 1min，矿化程度可达到 95% 以上，如果粒度提高到 3～5mm，矿化程度降到 60%，因此熔剂粒度必须在 3mm 以下。

55. 什么是"乏灰"？

答："乏灰"是指生石灰遇水发生反应，变成极细的粉面，并放出大量热。出现乏灰后，流动性能大大提高，一是会造成圆盘喷仓，影响配比稳定，甚至会使人烧伤；二是影响成球效果；三是降低料温。

56. 煤炭化验单中的符号代表什么？

答：$M_t\%$——全水分，是煤中所有内在水分和外在水分的总和，也常用 M_{ar} 表示。通常规定在 8% 以下。

$M_{ad}\%$——水分，是空气干燥基水分（M_{ad}），指煤炭在空气干燥状态下所含的水分，也可以认为是内在水分，最早国家标准上有称之为"分析基水分"的。

$A_d\%$——灰分，指煤在燃烧后留下的残渣，不是煤中矿物质总和，而是这些矿物质在化学和分解后的残余物。灰分高，说明煤中可燃成分较低，发热量就低。同时在精煤炼焦中，灰分高低决定焦炭的灰分。常用的灰分指标有空气干燥基灰分（A_{ad}）、干燥基灰分（A_d）等。也有用收到基灰分的（A_{ar}）。

$V_{daf}\%$——挥发分，指煤中有机物和部分矿物质加热分解后的产物，常使用的有空气干燥基挥发分（V_{ad}）、干燥基挥发分（V_d）、干燥无灰基挥发分（V_{daf}）和收到基挥发分（V_{ar}）。其中 V_{daf} 是煤炭分类的重要指标之一。

$FC_d\%$——固定碳，不同于元素分析的碳，是根据水分、灰分和挥发分计算出来的。$FC + A + V + M = 100$。

$S_{t,d}\%$——全硫（空气干燥基），是煤中的有害元素，包括有机硫、无机硫。1% 以下才可用于燃料。

57. 煤炭分哪几类？

答：新制定的中国煤炭分类国家标准中，首先根据煤的煤化程度，将所有煤分为褐煤、烟煤和无烟煤。新的分类国家标准对各类煤的若干特征表述如下：

（1）无烟煤（WY）：挥发分低，同其他煤相比，无烟煤埋藏年代越久，炭化程度越高，挥发分越低，结构越致密，堆密度大。表面为深褐色而有光泽，机械强度大，不易破碎，着火点很高，不容易点燃，燃烧时没有煤烟，只有很短的蓝色火焰，不结焦。它的主要成分是固定碳 40% ~95%，水分 5% ~10%，灰分 5% ~20%，挥发分小于 10%，低位发热量为 21 ~25MJ/kg。

（2）贫煤（PM）：变质程度最高的一种烟煤，不黏结或微弱黏结，燃烧时火焰短，耐烧，主要是发电燃料，也可作民用和工业锅炉的掺烧煤。

（3）贫瘦煤（PS）：黏结性较弱的高变质、低挥发分烟煤，结焦性比典型瘦煤差，单独炼焦时，生成的焦粉甚少。如在炼焦配煤中配入一定比例的这种煤，也能起到瘦化作用，这种煤也可作发电、民用及锅炉燃料。

（4）瘦煤（SM）：低挥发分的中等黏结性的炼焦用煤。焦化过程中能产生相当数量的焦质体。单独炼焦时，能得到块度大、裂纹少、抗碎强度高的焦煤，但这种焦炭的耐磨强度稍差。这种煤也可作发电和一般锅炉等燃料，也可供铁路机车使用。

（5）焦煤（JM）：中等或低挥发分的以及中等黏结或强黏结性的烟煤，加热时产生热稳定性很高的胶质体，如用来单独炼焦，能获得块度大、裂纹少、抗碎强度高的焦煤。

（6）肥煤（FM）：中等及中高挥发分的强黏结性的烟煤，加热时能产生大量的胶质体。肥煤单独炼焦时，能生成熔融性好、强度高的焦炭，其耐磨强度也比焦煤炼出的焦炭好，因而是炼焦配煤中的基础煤。但单独炼焦时，焦炭上有较多的横裂纹，而且焦根部分常有蜂焦。

（7）褐煤（HM）：褐煤水分大，挥发成分高（大于40%），密度小，含游离腐殖酸。空气中易风化碎裂，燃点低（270℃左右）。储存超过两个月就易发火自燃，堆放高度不应超过2m。主要用于发电厂的燃料，也可作化工原料。

58. 什么是煤的内在水、外在水和全水分？

答：空气的相对湿度、空气温度及煤的贮藏情况等都会影响煤中水分的含量。含在煤表面的水分通常称为外在水分。置于空气中仍留在煤内的水分称为内在水分。外在水分和内在水分的总和通常称为全水分。炼焦时的装炉煤水分为全水分，实验室水分通常为内在水分。

测定煤的水分可以换算其他分析项目的绝对干基。

59. 什么是标准煤？

答：能源的种类很多，所含的热量也各不相同，为了便于相互对比和在总量上进行研究，引入了标准煤的概念。所谓标准煤，亦称煤当量，是将应用基低位发热量为29307.6kJ/kg（即等于7000kcal/kg）的煤规定为标准煤，其他能源均参照这个热值折合成标准煤。

60. 如何折算标准煤？

答：在各种能源折算标准煤之前，首先测算各种能源的实际平均热值，再折算标准煤。平均热值也称平均发热量，是指不同种类或品种的能源实测发热量的加权平均值。

$$标准煤 = \frac{某种能源实际平均热量\left[kJ/(kg\ 或\ m^3)\right]}{29307.6\left[kJ/(kg\ 或\ m^3)\right]}$$

常用能源发热量和标煤系数如表3-1所示。

表3-1　常用能源发热量和标煤系数

能源名称	平均低位发热量 /kJ·(kg 或 m³)⁻¹	折标准煤系数 （kg 标煤）	能源名称	平均低位发热量 /kJ·(kg 或 m³)⁻¹	折标准煤系数 （kg 标煤）
原　煤	20934	0.7143	天然气	35588	1.2143
焦　炭	28470	0.9714	焦炉煤气	16746	0.5714
原　油	41868	1.4286	高炉煤气	4000	0.1365
汽　油	43124	1.4714	电	16496kW	0.5628kW
柴　油	42705	1.4571	水	7536	0.2571
无烟煤	25121	0.857	风	879	0.0300
液化气	47472	1.7143	氧　气	12560	0.4285

61. 灰分和挥发分高的燃料对烧结生产有何危害?

答: 烧结燃烧灰分高,降低燃料的热值,灰分进入烧结料降低烧结矿品位;点火燃料灰分高,在炉墙和喷嘴上变成熔渣结垢,同时熔渣还会将可燃物包裹,使燃烧不完全。

在烧结生产过程中,各种矿物进行物理化学反应,不仅需要热量,而且还要与碳及其产生的 CO 发生反应,碳量的多少直接影响烧结过程。燃料中部分挥发分在烧结过程的预热带挥发,进入烧结废气中,不能参加化学反应,这部分热量不能被利用。燃料中挥发分愈高,含碳量相对降低,不利于烧结生产。

此外,煤在燃烧过程中的挥发物会被抽入抽风系统,冷凝后使电除尘器阳极板和风机转子叶片挂泥结垢,不仅会降低除尘效率,还会使风机转子失去平稳,发生振动。因此,烧结要求煤的挥发分要小于10%,即无烟煤或焦粉。

62. 什么是烧结原料的堆密度和安息角?

答: 堆密度是指粉状物料单位体积所占的质量,单位为 t/m^3。

安息角指散料在堆放时能够保持自然稳定状态的最大角度(单边对地面的角度)。在这个角度形成后,再往上堆加这种散料,就会自然溜下,保持这个角度,只会增高,同时加大底面积。在土堆、煤堆、粮食的堆放中,经常可以看见这种现象,不同种类的散料安息角各不相同。

烧结常用物料堆密度和安息角如表3-2所示。

表3-2 烧结常用物料堆密度和安息角

物料名称	堆密度/$t \cdot m^{-3}$	安息角/(°)	物料名称	堆密度/$t \cdot m^{-3}$	安息角/(°)
石灰石	1.5~1.9	30	烧结块矿	1.7~2.0	35
生石灰	0.85~0.95	30	烧结返矿	1.4~1.6	35
无烟煤	0.8~0.95	27	富矿粉	2.4~2.9	30~35
焦 炭	0.36~0.57	30			

63. 网目的含义是什么?

答: 网目,即1in(英寸)筛网上的筛孔数,这是英国泰勒标准筛的表示方法。网目与孔径不同的标准,有不同的对应关系。化验室的筛子一般用铜合金丝制成,有一定孔径,用筛号(又称网目)表示,各种筛号规格见表3-3。

表3-3 筛孔(网目)和筛孔直径对照表

筛号/网目	10	20	40	60	80	100	120	140	200	325
直径/mm	2.00	0.83	0.42	0.25	0.18	0.15	0.125	0.105	0.074	0.042

3.2 取样和制样

64. 原燃料取制样目的和原则有哪些?

答: (1)取制样目的:为了对原料成分做出代表性的检测,如果取样方式不正确,则会对公司或供应商造成利益上的损失，也会对下道工序工艺测算造成较大误差，影响质量达标。

（2）取制样原则：公平、公正、公开。既维护公司利益，又不损害供应商利益。

65. 取样的方法有哪些？

答：取样方法有人工取样和自动取样两种。

由人工根据取样制度，在规定地点取样。人工取样比较灵活，不受取样场地限制，无须另花基建投资，但人工取样误差大，准确性差。

现代烧结厂对生产操作管理和质量管理的要求十分严格，试样的采取量大，检查项目多，要求试样代表性强，有条件时，应考虑采用专门的自动取样设备。

对人工取样可能偏析过大，或取样时有明显危险性的场合（如直接在运行中的带式输送机上取样）也应考虑自动取样。

66. 如何确定取样地点？

答：烧结厂未设混匀料场时，主要原料、熔剂和燃料的取样地点一般设在进原料储存仓库前。对于设有混匀料场时，在混匀料堆的取料带式输送机后面的转运点处应设点取样，以检验混匀效果和指导烧结生产。

当烧结原料由翻车机经带式输送机直接运入烧结厂时，可在带式输送机运输线上设自动取样点。如原料由车皮直接送进烧结厂原料仓库时，一般都在车皮或配料圆盘给料机下人工取样。烧结厂原料加工过程中物料取样点都紧靠在该原料加工的地点。混合料取样点设在二次混合以后；燃料和熔剂取样点设在破碎筛分以后；返矿的取样点应尽量满足能对单台筛子分别取样的要求，以便对筛网进行管理。

成品取样应设在成品带式输送机的转运点处。对配置多台烧结机的烧结厂，在确定取样点时应按不同的烧结生产线分别对混合料和成品进行取样检验。

取样制度与检验分析内容有关，检验分析内容不同，取样制度也不同。对影响生产操作敏感的项目取样次数应增多。

67. 铁粉取制样、收料的标准有哪些？

答：（1）取样标准。

无取样机情况下，待卸车后，从外围不定点取样（必须有监督方），不少于6点，然后再经铲车或挖掘机刨开后，再取6点（车车保证此标准）；每15车（可以少于15车）作为一个综合样（每点不少于50g，大样不少于2.5kg）。有取样机情况下，严格按取样机操作要求取样，然后编码、分样、送化验室。

（2）制样和编码。

把同一批次样品放在同一托盘内搅拌混匀（必须有监督方），用"十字缩分法"制样（不少于两次），最后将缩分好的样品（200g）烘干后研磨。由保密室编码、登记，将编码结果送技术部门解密室。化验结果出来后，由解密人员进行解密，下达化验单。编码后，取样工将研磨好的样品分成四份。一份用做分析样品，其余作为参加监督方（如技术部门、审计部门及用料单位、供应商）的封存样备查，参加联合取样人员在封存样上签字确认。

(3) 收料和检质。

1) 根据原料品种和客户名称，分品种堆放，在堆放时以满足生产实际需求，按照"存新用旧"的方针堆放，最大限度满足生产用料。

2) 收料员根据料场情况，指挥车辆卸车，卸车后，由收料员在过磅单上签字确认。

3) 在卸车的同时，要检查原料中有否杂物，严重时执行扣斤和拒收。

68. 熔剂、燃料取样及制样有哪些标准？

答：(1) 生石灰、轻烧白云石：

1) 取样：在车上或卸车过程中取样，从外围不定点取样，不少于6点。对于大户集中进厂时，要求最高不超过3车取综合样检测生过烧。

2) 制样：把同一批次样品放在同一托盘内搅拌混匀，用"十字缩分法"制样（不少于两次），然后编码、送化验室检测，不留底样。

3) 收料：用气力输送到储灰罐中。

(2) 膨润土、菱镁粉、白云石：

1) 取样：卸车后取样，不定点取样，不少于6点。

2) 制样：把同一批次样品放在同一托盘内搅拌混匀，用"十字缩分法"制样（不少于两次），然后编码、送化验室检测，保留底样。

3) 收料：集中堆放到料棚里面，袋装的要按垛存放，粉状料堆放，减少撒落料。

(3) 燃料、熔剂粒度检测：从不同点取500g样品，用3mm筛子进行筛分。

69. "十字缩分法"的操作要领有哪些？

答："十字缩分法"首先将同一批次样品放在同一托盘内搅拌混匀、造堆，然后用料铲从堆尖向下"十字"切取，分成四份，取对角两份作为下次"缩分"试样。将"缩分"后试样再进行造堆、"十字"切取。依次类推，不少于两次。直至缩分完毕，按规定重量收取试样。

70. "五方监督"指哪些部门？

答：企业要根据实际情况制定原料取、制样进行现场联合监督制度，杜绝单方取样，堵塞各种漏洞。"五方监督"是一种企业的制度，指督察、技术、供应等部门和烧结厂、供应商五方，同时在场监督取制样（其中供应部门、供应商如不在场视为弃权）。

71. 取制样和收料岗位容易出现哪些问题？

答：(1) 原料水分偏低，主要原因：一是在取样和制样过程中，如果样袋封闭不严造成水分蒸发，检测结果比实际偏低；二是冬季冻块含有大量积冰，取样时忽略此部分；三是明水扣减数量不够。

(2) 铁粉品位偏高，SiO_2偏低。主要原因：一是铁粉夹杂，并且在局部存在，取样时取不到；二是制样时，岗位人员为求速度，未用"十字缩分法"，而直接从中间部位取样，造成品位升高。

（3）岗位人员与供应商勾结，人为做假，造成实物与样品成分不符。

（4）生石灰、轻烧白云石 SiO_2 偏低、CaO 升高。主要原因：从车上取样，探尺插入深度不够，造成沉淀在车厢底部生过烧大颗粒和煤矸石等杂物取不着。

（5）样品互混。此类情况多发生于进厂原料集中时，因工作量大，忙中出错。

（6）收料时不同品种卸错位置。此类情况多发生于新工人身上或工作量大时，忙中出错。

72. 防范原燃料弄虚作假的措施有哪些？

答：（1）防范利用自制水箱通过放水和注水或提前用塑料布垫底，再用水浇铁粉（冬季最常见）等方式骗取实物数量差额的措施主要包括：1）进厂前要求司机把水放掉；2）进厂前先控水；3）取样时，夏季干湿同时取样、冬季将冻块砸开取样。

（2）防范人为掺入次质原料，特别在铁粉集中进厂的时候蒙混过关的防范措施主要包括：1）取样点数每车必须达到 12 点以上；2）必须用机械设备推开取样。

（3）防范用小恩小惠拉拢工作人员，脱其下水，然后再威胁、恐吓迫其就范的防范措施主要包括：1）摆正心态，考虑后果，不为小恩小惠所诱惑；2）坚持原则，按标准执行。

73. 取样、制样保密室有哪些规定？

答：（1）保密室由厂保卫督察部门负责管理，保密室必须整洁干净。

（2）保密室应使用暗锁，保密室不允许配备通信设施，编码人员不得携带任何移动通信设施，除操作人员外其他人员不许进入。

（3）编码员要认真填写原材料编码台账、试样交接记录等，要求字迹清楚，不得代写代签，不得涂改。

（4）严禁取样人员及化验人员与供货方出现不正当联系，严禁收取供货方好处、请吃、请喝等，违者给予考核，构成犯罪的交司法部门处理。

（5）样品密码编号、检验结果等属于公司机密，质量管理人员及编码员应保守秘密，除正常数据传递外，未经公司领导签批，不得向任何人泄漏。违者给予考核，构成犯罪的交司法部门处理。

74. 取样、制样和编码有哪些规定？

答：（1）原料进厂到达指定卸车位置后，取样制样过程执行联合取样制度，由技术、保卫、供应等部门和用料单位、供应商五方共同参加。因一方未按约定时间到达现场，视同默认其余方所抽取的样品。但技术处和用料单位及保卫部门不得默认样品，必须参加联合取样。坚决杜绝一个人单独操作。

（2）取样制样以用料单位为主，其他人员进行现场监督。取样方法必须规范、公正、有代表性。要求必须做到车车取样，车车验收。每 15 车样品（可以少于 15 车）作为一个综合样单位。

（3）参加联合取样的各单位，必须参加取样、分样、制样的全过程，直至将样品签封分送完毕为止。

（4）对所取的综合样交于保密室，保密员编码后交给取样人员进行制样。保密员编码时必须独立进行，其他人员不许参与。

（5）取样工对编制好密码的物料进行分样（大样）。样品分成四份。一份用做分析样品（小样）的制备。其余三份作为技术处、用料单位及审计处的封存样备查。参加联合取样的人员要在封存样袋上签字确认，保证样品的可追溯性。

（6）制样。对用做制备分析样品的大样先按规程进行水分的检测，然后研制成分析样品。分析样品一式四份，一份编码送往技术处化验室进行分析。其余三份作为技术处、用料单位及审计处的封存样备查。审计处可以随时对样品进行抽查。当出现质量异议时可以送往国家质检权威部门化验。制样时，相关单位如对制样结果有异议，可在送检之前提出，否则视为制样有效。

（7）要求取样工当日的操作记录于次日的 0：30 之前报送保密室，保密室登记完毕后签封盖章。操作记录包括样品的水分、细度及该批次样品的票号等数据。

（8）编码的规定。密码编制由保卫处指定的编码员负责，填写完毕后要将台账签封并加盖保卫处专用章，报审计处存放，不得随意放置。每日 8：00 之前利用网上公文将前一日密码台账传送给技术处统计员。编码要求在保密室进行，其他人员不得入内。编码人员不得将密码透露给他人。送往技术处化验室的样品由技术处和用料单位负责。

取样、制样、编码流程如图 3-1 所示。

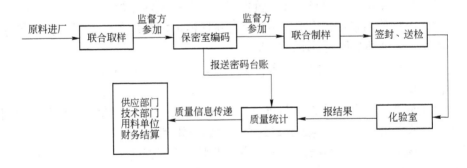

图 3-1　取样、制样、编码流程图

75. 试样检验程序有哪些?

答：（1）送往化验的试样由化验室、技术部门及用料单位的取样人员共同签封一份，作为化验室的备查样。

（2）化验室按技术标准的规定进行相关项目的分析。化验员完成检验任务后及时将检验结果利用网上公文系统传送到质量管理部门质量统计员。化验员不得延迟报数。

（3）统计员及时对密码解密并按照规定填写检验报告单，经质量管理人员审核无误签字确认后报送相关单位。

（4）技术部门要对封存样进行不定期的抽查对比，借以提高取样人员及化验人员的操作水平。对检验结果超过误差范围的，追查原因并予以考核。

76. 铁精粉取制样，水分和细度检测的操作规程有哪些规定？

答：（1）取样。铁精粉进厂方式为火运或汽运。铁粉进厂卸车后，按不规则堆的取样方法，在料堆的顶部和四周按一定的距离划分取样点。在每个取样点垂直于堆面处挖下0.3m深进行取样，每点取样不少于50g，每车取样点不少于4点，不超过15车为一个取样单元，作为一个大样，要求大样不低于2.5kg。将所取样品缩分后作为一个综合样。

（2）制样、水分及细度的检测。将所取的铁粉综合样用"十字缩分"法进行缩分，缩分后的样品不少于400g。制成两份，一份保存底样备查，另一份作为待制试样。

称取待制试样200g，准确至1.0g。或者称取100g试样，准确至0.1g，放入鼓风干燥箱中烘干或者用电炉子炒干。将干燥后的铁粉试样称重（假定为A），则水分含量为：

$$水分含量 = \frac{200 - A}{200} \times 100\%$$

或

$$水分含量 = \frac{100 - A}{100} \times 100\%$$

将作完水分的试样称取10g(准确至0.1g)，筛分前应将铁粉颗粒轻轻碾碎，然后用0.074mm(200目)标准筛筛至筛下物不落为止。并对筛上物进行称量（假定为B），则 -0.074mm(-200目)百分含量为：

$$细度含量 = \frac{10 - B}{10} \times 100\%$$

将干燥后的铁粉放入制样机中研磨为小样作为分析试样。制样时注意料缸是否干净，要避免混入杂质。分析试样一式三份：一份送往化验室进行检验分析、一份给原料站封存、一份给用料单位。

77. 烧结原料的检验分析项目有哪些？

答：包括化学成分、粒度组成和水分分析，检验对象包括进厂的主要含铁原料、钢铁厂内部产生的氧化铁皮、各种含铁粉尘等杂料，以及熔剂、燃料等。

进厂的各种原料，其主要化学成分均须抽样化验以满足操作管理及进货验收的要求。分析结果作为原料进货验收的依据，并以此指导烧结生产。在烧结厂内的原料处理过程中还对某些物料取样检验，以便为操作管理提供数据。检验对象还包括破碎后的熔剂和燃料，烧结矿返矿以及混合料。烧结原料的检验分析项目如表3-4和表3-5所示。

表3-4 主要烧结原料检验分析项目

名　称	项　目	目　的	检验分析内容
粉　矿	粒度组成 水　分 成分分析	进厂检查，原料处理，品位控制	>10mm, 10~8mm, 8~5mm, 5~3mm, 3~2mm, 2~1mm, 1~0.5mm, 0.5~0mm TFe、FeO、SiO_2、CaO、MgO、Al_2O_3、MnO、P、S、TiO_2、V_2O_5、Na_2O、K_2O、烧损
精　矿	粒度组成 水　分 成分分析	进厂检查，原料处理，品位控制	TFe、FeO、SiO_2、CaO、MgO、Al_2O_3、MnO、P、S、TiO_2、V_2O_5、Na_2O、K_2O、烧损
混匀矿	粒度组成 水　分 成分分析	操作管理	>10mm, 10~8mm, 8~5mm, 5~3mm, 3~2mm, 2~1mm, 1~0.5mm, 0.5~0.25mm, 0.25~0.125mm, 0.125~0.062mm 等 TFe、FeO、SiO_2、Al_2O_3、MgO、MnO、P、S、TiO_2、C、CaO

表 3-5　其他烧结原料检验分析项目

名　称	项　目	目　的	检验分析内容
燃　料	粒度组成 水　分 成　分	操作和质量管理	>10mm, 10~5mm, 5~3mm, 3~1mm, 1~0.5mm, 0.5~0.25mm, 0.25~0.125mm, 0.125~0mm 挥发分、S、C、灰分（CaO、SiO_2、Al_2O_3、MgO）
熔　剂	粒度组成 水　分 成　分	操作和质量管理	>10mm, 10~5mm, 5~3mm, 3~1mm, 1~0.5mm, 0.5~0.25mm, 0.25~0.125mm, 0.125~0mm CaO、MgO、SiO_2、Al_2O_3、烧损
返　矿	粒度组成 成　分	操作和质量管理	>10mm, 10~5mm, 5~3mm, 3~1mm, 1~0.5mm, 0.5~0.25mm, 0.25~0mm TFe、FeO、C、S、CaO、MgO、SiO_2、Al_2O_3
混合料	粒度组成 水　分 成　分	操作和质量管理	>10mm, 10~5mm, 5~3mm, 3~1mm, 1~0.5mm, 0.5~0.25mm, 0.25~0mm TFe、FeO、C、S

注: 1. 根据原料成分的不同，成分分析项目需相应有所增减，如有害元素砷、锡、铅、锌等视原料情况确定是否进行分析；
　　 2. 中小型厂分析的项目、内容、成分可适当减少。

78. 现场如何检测生石灰的生过烧率？

答：（1）将两次生石灰取样混匀后称重 0.5kg。
（2）放到铁盘里用冷水浇湿消化 5min。
（3）再用冷水冲净消化后的灰浆（水清为止）。
（4）将剩余部分放到电炉子上烘干后称重，所占的比例即为生过烧率。

79. 现场如何目测判断精矿粉全铁的高低？

答：（1）从精矿粉的粒度来判断。精矿粉的粒度越细，品位越高。判断精矿粉粒度的粗细，可以用拇指和食指捏住一小撮精矿粉反复撮捏，靠手感来判断粒度的粗细。
（2）也可以用颜色来判断精矿品位的高低，一般来说，颜色越深，品位越高。

80. 现场如何目测判断矿粉的水分高低？

答：矿粉经手握成团有指痕，但不沾手，料球均匀，表面反光，这时水分在 7%~8%；若料握成团抖动不散，沾手，这时矿粉的水分大于 10%；若料握不成团经轻微抖动即散，表面不反光，这时的水分小于 6%。

81. 现场如何判断熔剂含量的高低？

答：抓把熔剂放在手掌上，用另一个手掌将其压平，如被压平的表面暴露的青色颗粒多，则说明 CaO 含量很高，若很快干燥，形成一个"白圈"，说明 MgO 含量高。也可以用"水洗法"进行判断，其方法使用锹撮一点熔剂，用水冲洗，观察留在锹上的粒状溶剂，颜色等就更清楚了。

82. 原料作业区岗位人员收料、取制样注意哪些安全操作事项?

答:(1)上岗之前,必须将劳保用品穿戴齐全、规范。

(2)严禁攀登各种运行车辆,防止摔伤。

(3)在铁粉垛上取样时,要距离垛边1m以上距离,防止塌方摔伤。

(4)严禁在翻斗车卸车时取样,防止翻车砸伤。

(5)使用电炉子等带电器具完毕后,及时将电源关掉,防止触电。

(6)检测设备(研磨机、振动筛等)在使用过程中,不准离岗。

(7)操作研磨机时,应将磨具放正,压实后将密封盖盖严。

(8)研磨机在运行过程中,发现声音异常,立即关闭电源,停机检查。

(9)在做生石灰消化过程中,必须佩带橡胶手套,防止烧伤手臂。

3.3 取样设备

83. 原料自动取样机设备组成及工作原理是什么?

答:(1)设备组成。

1)取样系统:双梁大车行车机构、小车行车机构2套、齿条升降机构2套、自动缩分装置2套、螺旋取样头2套等。

2)制样系统:一级皮带输送机、缩分皮带输送机、自动集样器、锤式破碎机、样品溜管等。

3)控制系统(含以下部分):汽车自动定位系统,随机取样位置系统,取样头位置控制系统,取样过程自动控制系统及控制软件,车辆指挥系统,过程监控、数据记录和统计系统。

(2)工作原理。

待车辆进入取样平台工作范围后,由微机锁定原料,随机自动布点(≥5点),然后抽取试样(螺旋钻杆),经存料箱斗(自动控制开、关)进入输送装置,经过自动缩分取样器取样后,自动进入系统已设定好的取样桶内,多余部分进入弃料场地,整个流程时间为5min;换品种后,自动取样机待清洗完取样器后再次按照上述步骤完成下一流程。

(3)粉状原料自动取样机的分类。

根据使用需求分为一机一头、一机双头、一机多头。

84. 全自动汽车取制样机有哪些特点?

答:全自动汽车取制样系统实现了汽车进厂料采制样自动化。该系统自动完成汽车定位,随机选择取样点,自动缩分、样品粉碎、集样等全过程,无人为因素参与。所取样品有代表性,能正确反映进厂物料质量的真实性。

系统技术参数:取样方法符合《车间空气中云母粉尘卫生标准》(GB 10332—1989)、《汽车侧面碰撞的乘员保护》(GB 20071—2006)、《商品煤样采取方法》(GB 475—1996)国家标准。

(1)取样品种:煤粉、铁精粉。

（2）取样方式：龙门式螺旋钻采样和桥式螺旋钻采样。

（3）取样点数和取样位置由工控机随机确定（3～5个取样点可调）。

（4）采样深度：0～2m。

（5）适用车型：各种大、中型载重汽车。

（6）取样头到达车厢底板时，能自动弹起。

（7）工控机控制设备的运行，并具有故障报警功能。故障类型和故障点信息提示，便于维修。

（8）自动或手动打印数据、报表，并可进行网上实时传输。

（9）取样设备设有照明装置，满足夜间工作。

85. 使用自动取样机有哪些好处？

答：（1）取样点数可根据需求自由修改。

（2）取样点位置每车均随机抽取，不受人为控制，供需双方均认可。

（3）每天微机对样桶编一次号，第二天从新编制，满足保密需求。

（4）取样探头可直接取到车厢箱底，程序设定时有专用感应系统，保证取样时不会钻坏箱底。

（5）取样流程均为多部位全程监控，利于质量管理。

（6）取样、缩分过程为自动化操作，减少人为因素控制。

86. 使用自动取样机工作流程和注意事项有哪些？

答：自动取样机工作流程为：车辆自动定位→随机选择取样点→自动采样（破碎）→自动缩分集样→弃料收集系统。

当汽车运输车辆进入取样区后，定位系统对车辆所在位置进行自动检测，得到汽车车厢相关参数，并传递给主控计算机。主控计算机根据车厢参数，自动在车厢区域内生成数个随机取样点，取样点车车不同，随机性强。主控计算机控制机械取样装置在指定的取样点取样，并自动控制取制样设备自动完成样品的缩分、破碎、集样、弃料收集。计算机自动编排当天各家供方公司对应的存样桶编号，编排后的方案存在计算机中，不公开。取样前，工作人员在计算机中输入车号或供方公司代号，采样设备完成采样、制样后，会自动将样品存入与该公司对应的样品罐中。样品进行化验后，把化验结果按存样桶编号输入到计算机中，计算机会自动生成一个按供方公司对应的化验结果，并打印出来。当计算机联网时，网上任何一个终端都能看到取样的全过程和样品的各个参数。该设备能够满足汽车入厂原料的采制样工作。PLC控制系统，留有完整的通讯接口，可以跟厂方的控制中心通讯，实现远程控制，并把现场的信息传输到厂方控制中心。

主要故障点是取样螺旋钻杆因正常磨损，更换周期为3～4个月。

冬季期间，因铁粉冻块多，取样头容易弯曲损坏轴承，故冬季温度过低时暂停使用。

87. 带式截取式取样机有哪些构造？

答：该取样机适用于流量大的物料取样，如混合料和烧结矿一般采用这种取样设备，图3-2是该设备的配置示意图。

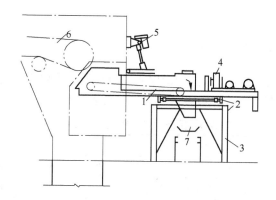

图 3-2 横向移动带式输送机截取式取样机配置示意图

1—带式截取式取样机；2—取样机横向移动小车；3—移动小车支架；4—移动小车的传动机构；
5—主带式输送机漏斗开门机构；6—主带式输送机；7—运走试样的带式输送机

88. 溜槽截取式取样机有哪些构造？

答：该取样机适用于流量不大的粉状物料取样，对焦粉、石灰石粉及返矿的取样较为适宜。图 3-3 是该设备的配置示意图。

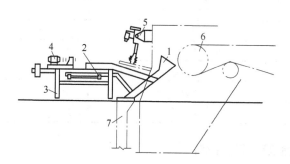

图 3-3 溜槽截取式取样机配置示意图

1—取样截取溜槽；2—取样溜槽移动小车；3—移动小车支架；4—移动小车传动机构；
5—主带式输送机漏斗开门机构；6—主带式输送机；7—试样通过溜槽

89. 带式和溜槽式取样机取样设备工作原理是什么？

答：带式取样机和溜槽式取样机的工作原理基本相同。取样机一般都设在来料皮带机头部落料口处。当接收到定时器发出的等时间间隔取样信号后，取样机作横向移动，取出与输送物料整个厚度、宽度相应的一定试料。对于成品取样机，原则上一次取样信号动作3次，取3份试样，把采取的试样由皮带机送往成品试验室。对于其他的取样机（如返矿、混合料、焦粉取样机）一次取样信号一般动作一次采取一份试样。采取到的试样经溜槽由中间皮带机运出，每一份试样分别装在旋转台上的一个料罐中。旋转台上有四个料罐，每接收一次试样，旋转台自动转动一角度（90°）。停机后等待下一次再接试样。如负荷检测器不处于接通状态，则取样机不起动。

3.4　原料验收标准

90. 国产铁矿粉入厂验收有哪些标准?

答: 我国铁矿资源大多属于磁铁矿,原矿品位较低,需要进行选矿处理,具体入厂标准可参考《烧结厂设计规范》(GB 50408—2007),见表3-6。

表3-6　国产铁精矿粉入厂验收标准　　　　　　　　　(%)

成　分		磁铁矿为主的精矿				赤铁矿为主的精矿			
TFe		≥67	≥65	≥63	≥60	≥65	≥62	≥59	≥55
		波动范围 ±0.5				波动范围 ±0.5			
SiO2	Ⅰ类	≤3	≤4	≤5	≤7	≤12	≤12	≤12	≤12
	Ⅱ类	≤6	≤8	≤10	≤13	≤8	≤10	≤13	≤15
S	Ⅰ类	≤0.10~0.19				≤0.10~0.19			
	Ⅱ类	≤0.20~0.40				≤0.20~0.40			
P	Ⅰ类	≤0.05~0.09				≤0.08~0.19			
	Ⅱ类	≤0.10~0.20				≤0.20~0.40			
Cu		≤0.10~0.20				≤0.10~0.20			
Pb		≤0.10				≤0.10			
Zn		≤0.10~0.20				≤0.10~0.20			
Sn		≤0.08				≤0.08			
As		≤0.04~0.07				≤0.04~0.07			
K2O + Na2O		≤0.25				≤0.25			
水　分	Ⅰ类	≤10				≤11			
	Ⅱ类	≤11				≤12			

91. 进口铁矿粉入厂验收有哪些标准?

答: 从国外进口的矿粉以赤铁矿为主,含有一定粒度的居多,一般是不通过选矿等加工的原矿,具体入厂验收标准可参考表3-7。

表3-7　进口矿粉入厂验收标准　　　　　　　　　　(%)

级　别	TFe	SiO2	Al2O3	S	P	Cu	As	Pb	Zn	Sn
Ⅰ类	≥54	≤6	≤3.5	≤0.2	≤0.1	≤0.2	≤0.07	≤0.1	≤0.1	≤0.08
Ⅱ类	≥50	≤10	≤6.5	≤0.3	≤0.15	≤0.2	≤0.07	≤0.1	≤0.2	≤0.08
波　动	±0.5									
粒度范围	磁铁矿、赤铁矿粒度不大于10mm,其中大于10mm部分不超过10%; 高硫矿粒度不大于8mm,其中大于8mm部分不超过5%; 褐铁矿不大于10mm									

92. 烧结熔剂入厂有哪些验收标准?

答: 现行烧结厂大部分都有生石灰和轻烧白云石焙烧设备,这里所提供的数据是进入烧结配料室的验收标准,具体参考标准(《烧结厂设计规范》(GB 50408—2007))如表 3-8 所示。

表 3-8 熔剂粉入厂验收标准 (%)

名　称	CaO	SiO$_2$	MgO	粒度 0 ~ 3mm	水分	S	P	生烧 + 过烧	活性度/mL
石灰石	≥52	≤3	≤3	≥80	<3				
白云石		≤3	≥19	≥80	<4				
生石灰	≥85	≤3.5	≤5	≥80		≤0.15	≤0.05	≤12	≥210
消石灰	>60	<3			<15				
轻烧白云石	≥52	≤3.5	≥32	≥80					

注:活性度指在 (40 ± 0.1)℃水中,50g 生石灰 10min 耗掉 4mol/L 盐酸 (HCl) 的量。

93. 烧结固体燃料入厂有哪些验收标准?

答:烧结厂使用的固体燃料基本是高炉槽下筛分的焦炭粉末和无烟煤,根据企业焦炭质量状况,具有一定差距。入厂验收标准(《烧结厂设计规范》(GB 50408—2007))可参考表 3-9。

表 3-9 固体燃料入厂验收标准 (%)

名　称		固定碳	灰　分	挥发分	S	水　分	粒度(0 ~ 25mm)
焦　粉	Ⅰ类	≥80	≤14	≤2.5	≤0.6	≤15	≥90
	Ⅱ类	≥80	≤14(波动 +4)	—	≤0.8	≤18	
无烟煤	Ⅰ类	≥75	≤13	≤10	<0.5	<6	≥90
	Ⅱ类	≥75	≤15	≤10	≤0.8	≤10	

94. 原燃料化验结果允许误差范围是多少?

原燃料化验结果允许误差范围见表 3-10。

表 3-10 原燃料化验结果允许误差范围 (%)

试样名称	对比项目	同一化验室	不同化验室
铁矿石	TFe	±0.5	±0.6
烧结矿	TFe	±0.5	±0.5
	FeO	±0.35	±0.4
焦　炭	A$_f$	±0.5	±0.7
	V$_f$	±0.5	±0.5
白　煤	A$_f$	±0.5	±0.7
	V$_f$	±0.5	±0.7
	Q$_{bw}^r$	±0.3	±0.4
白云石	CaO	±0.5	±0.6
石灰石	MgO	±0.4	±0.5
生石灰	SiO$_2$	±0.4	±0.5

注:此数据根据中国建材科学院标准样品允许误差范围确定。

95. 化验误差的分类及产生的原因是什么?

答:分析结果与真实值之间的差值称为误差。分析结果大于真实值,误差为正,分析结果小于真实值,误差为负。

根据误差性质和产生的原因,分为系统误差和偶然误差两大类。

(1) 系统误差。系统误差也叫确定误差,是由于分析过程中某些经常发生的原因造成的,对分析结果的影响比较固定,在同一条件下,重复测定时,会重复出现。系统误差产生的主要原因是:方法误差、仪器误差、试剂误差、操作误差。

(2) 偶然误差。偶然误差也叫非确定误差,产生的原因与系统误差不同,是由于一些偶然外因引起的。如环境温度、气压、湿度或振动,人为误差等。

3.5　原料接受、混匀中和

96. 原料的接受方式有哪些?

答:原料的接受方式根据其运输方式、生产规模和原料性质的不同而不同。一般大、中型烧结厂采用翻车机接受铁矿粉和块状石灰石等大宗物料,受料仓接受钢铁杂料(如高炉炉尘、轧钢皮、转炉吹出物、硫酸渣及某些辅料);对于中、小型烧结厂,受料仓也接受铁矿和熔剂。而受料仓常用的卸车设备有螺旋卸料机、刮板或链斗卸料机、手扶拉铲、翻斗车自卸等。生石灰的接受和贮存设施除了空气压缩机、袋式收尘器和接受仓外,主要设备是带有仓式泵的密封罐车,这种设施在烧结厂应用广泛。

无论采用何种接受方式,都应严格入厂原料的验收制度。原燃料的验收主要包括原燃料质量的检查、数量的验收以及保证供应的连续性。原燃料验收要以部标或厂标为准,对各种原料做好进厂记录(品种、产地、数量、成分、卸车、存放、倒运、使用都要记载清楚,并进行必要的统计分类)。只有验收合格的原料才能入厂并对准货位卸料,对存疑的原料应按取样方法取样检验。

97. 翻车机室的配置要求有哪些?

答:(1) 翻车机室的排料设备及带式输送机系统的能力均应大于翻车机最大翻卸能力,排料设备采用板式给料机、圆盘给料机和胶带给料机。板式给料机对各种物料适应性较好,应用较为普遍。

(2) 翻车机操作室的位置根据调车方式确定,当车辆由机车推送时,一般配置在翻车机车辆出口端上方,当车辆由推车器推入或从摘钩平台溜入时应设置在车辆进口端上方。操作室面对车辆进出口处,靠近车厢一侧设置大玻璃窗,玻璃窗下端离操作室平台约500mm,操作室一般应高出轨面6.5m左右,以利于观察。

(3) 为保证翻车机正常工作、检修和处理车辆掉道,应设置检修起重机。

(4) 翻车机室下部给料平台上设置检修用的单轨起重机。

(5) 为保证下料通畅,翻车机下部应设金属矿仓,仓壁倾角一般为70°。

(6) 翻车机室各层平台应设置冲洗地坪设施。

(7) 翻车机室下部各层平台设防水及排水设施,最下层平台有集水泵坑。

(8) 翻车机室车辆进出大门的宽度及高度应符合机车车辆建筑界限的规定。

（9）翻车机端部至进出口大门的距离一般不小于 4.5m，以保证一定的检修场地。

（10）严寒地区的翻车机室大门根据具体情况设置挡风、加热保温设施。

（11）翻车机室各层平台应设有通向底层的安装孔，在安装孔处设盖板及活动栏杆。

98. 翻车机有哪些类型?

答：翻车机是一种大型卸车设备，机械化程度高，有利于实现卸车作业自动化或半自动化，具有卸车效率高，生产能力大，适用于翻卸各种散状物料，在大、中型钢铁企业得到广泛应用。

翻车机分侧翻式及转子式两种，两种翻车机的性能比较见表 3-11。

表 3-11　翻车机性能比较

翻车机类型	侧翻式	三支座转子式
回转周期/s	105	42 ~ 48
最大翻转角度/(°)	160	175
卸料情况	翻转角度小，有压车板障碍	卸车干净

转子式有三种形式：一是 M2 型，因为它的缺点较多，目前已不再生产；二是 KFJ-2 型；三是经过改造的 KFJ-2A 型。侧翻式分为老式的 M6271 型与新式的 KFJ-I 型。侧翻式最大翻转角度160°，翻转角小，有压车板障碍，故不容易卸干净，而转子式最大翻转角175°，生产率较高，卸车干净。它的主要缺点是车帮损坏较为严重。

翻车机主要由转子、夹紧装置、摇臂装置、传动装置、缓冲装置等构成（见图3-4）。翻车机转子由金属构件焊接而成，两端以滚圈支承在固定于地基的滚轮上。

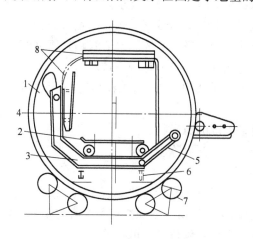

图 3-4　KFJ-2A 型翻车机构造简图

1—转子（2 个转子由 4 个圆盘用连接梁连接）；2—站台车（由 8 组滚轮和 32 个托架组成）；3—摇臂机构；4—靠帮及托梁；5—传动装置；6—缓冲装置；7—拖轮（8 组，16 个）；8—滑槽

以 KFJ-2 型翻车机为例，翻车机的工作原理是当车皮对到零位的翻车机车台上时，启动电机，带动齿轮，转子旋转，摇臂机构随之动作。当翻车机翻到8°~10°时，车皮靠向靠帮托架，翻车机转50°~70°时，站台车弹起，车皮车厢上沿被固定压车梁压紧；转到175°时停3s，然后回转到零位，车皮被推出，完成一个卸车循环作业。

为保证翻车机翻卸作业，改善操作，减少卸车作业时间，根据现场卸车线具体情况，可配置一定数量的辅助装置：

（1）重车铁牛（又称重车推送器）。重车铁牛分前牵式和后推式两种，根据地面配置的不同又分为地面式和地沟式，用来牵引或推送重车进入翻车机或摘钩平台。采用重车铁牛推送重车时，应考虑在铁牛出故障时有机车推送的可能性。

（2）摘钩平台。摘钩平台用于重车自动脱钩。平台使重车挂钩端升起脱钩后，重车自行沿斜坡进入翻车机内。

（3）推车器。推车器是将重车推入翻车机的辅助设备，当使用摘钩平台时，可不使用推车器。

（4）空车铁牛。该设备将推出翻车机或迁车台的空车推送到空车集结线。

（5）迁车台。可将单辆空车由一条线路平行移动至相邻线路。

以上设备与翻车机共同组成一个机械化的卸车系统，实现翻车机翻卸的自动化。其工作过程是重车铁牛将重车送往摘钩平台，车皮行至此平台即被摘钩分节，分节的车皮靠坡道滑进翻车机，在止挡器的作用下对位。此时，翻车机开始工作。翻完的空车皮回到零位后，推车装置动作，将车皮推出，进入溜车线，可安置牵引台车，将车皮运到侧面空车线路。

99. 翻车机工的操作步骤有哪些？

答：（1）开机前的准备：

1）开机前按照"设备点检表"要求，对有关设备进行认真检查。

2）检查连接螺钉是否紧固，安全装置是否齐全，各轴承、轴瓦润滑是否良好。

3）检查减速机的油量和油脂是否符合要求。

4）检查翻车机的抱闸、电铃、信号灯极限开关是否齐全、良好。

5）检查电流表的指数是否正确，各控制电器线路是否良好。

6）检查各种钢丝绳有无损坏，受力是否一致。

7）检查料仓以及仓算有无杂物和人，矿槽内是否有不同品种的原料，如有应处理后才能翻车。

8）检查清除运转设备周围的障碍物。

9）有除尘设备的岗位，先开启除尘设备。

（2）正常操作：

1）接到翻车的通知后，联络工给运输机车开车（绿灯）信号，车皮进入翻车机，对好货位，等其他车皮退出翻车机厂房，变绿灯信号为红灯信号，按操作箱上按钮。

2）联络工给信号后，操作台绿灯亮，电铃响。

3）司机看到操作台绿灯亮、信号铃响后，按信号按钮，等车间铃响，方可启动翻车。

4）司机按正向启动按钮，翻车机开始转动，等转到175°，极限开关自动跳闸，翻车机停止转动。

5）翻车机回转时，司机按反转按钮，翻车机开始由175°反转到零位时，极限开关自动闭合，停车。

6）运转时如果发生事故，应及时切断任何一个事故开关；发现翻车机位置不正时，正转按正转微动按钮，反转按反转微动按钮即可。

7) 卸完的空车皮回到零位后，推车装置动作，将车皮推出，进入溜车线。

8) 停车后要切断事故开关，停车必须停在零位。

（3）异常操作：

1) 发生跑车事故时，严禁切断事故开关，应立即按动反转按钮，让车体和正常情况一样回转到 40°~50° 之间，停机后进行处理。

2) 当车皮一头掉到箅子上时，应立即停车处理，绝不允许反转。

3) 检修完试车时，翻车机应逐步翻到最大角度，避免抱闸失灵造成跑车事故，试车回到零位时，也应逐渐回到零位。

4) 翻车机回到零位时应减速，而未减速时，要立即停车，以免勒断钢丝绳及碰坏小车腿。

100. 翻车机操作过程中应注意哪些事项?

答：（1）试空车时锁钩必须锁死。

（2）车皮送到翻车机平台时，必须将车皮打到合适位置，否则严禁翻车。

（3）车皮在平台上对到合适位置后，应将待车皮退出翻车机 3m 以外。

（4）翻车机接到联络工允许进车信号后，方可操作，否则严禁翻车。

（5）翻车机在运转过程中突然掉闸应及时切断电源，检查问题，经修理后再翻车。

（6）翻车机翻车时必须注意，杂物不准落到托轮与轨道之间。

（7）必须注意锁钩上升与下降是否良好。

（8）加强翻车机设备部件的点巡检、润滑和保养等工作，出现故障要及时处理。

翻车机常见故障及处理如表 3-12 所示。

表 3-12 翻车机常见故障及处理

故　障	原　因	处 理 方 法
跑　车	抱闸失灵，断绳，减速机齿轮打坏，传动轴断裂等	抱闸失灵，不要切断事故开关，马上按反转按钮，让车回到 40° 处理
钩下不来	(1) 滑道有杂物； (2) 动力绳、平衡绳太紧； (3) 卷扬润滑不好	(1) 清理杂物； (2) 稍松钢丝绳； (3) 注意加油
断　绳	(1) 钢绳长时间老化； (2) 润滑部位缺油； (3) 绳轮里夹上东西； (4) 绳子互相背在一起	(1) 勤检查； (2) 勤加油； (3) 定期更换； (4) 定期加油维护
车皮落道	动力绳、提升绳断、爪钩没有锁好	把钢绳在落道的轴上绕两圈。钢绳要偏落道反方向一边，用天车吊起来，当车轮离开地面后，自己调整就会上道
锁钩上下不灵	(1) 锁钩滑道有杂物； (2) 压板螺钉松动，阻板磨损； (3) 滑轮轴承坏	检查哪根钢丝绳不紧，就是哪根锁钩有问题，然后进行处理
跑　钩	副卷扬棘轮齿打坏，千斤钩磨损或打坏，棘轮齿曲线轴断，曲线划道磨损或开裂，曲线轮或曲线轮连杆断裂，铜套磨损，千斤钩弹簧断	发现跑钩时，不要向下翻，马上回停到 30°~40°，找出跑钩原因，进行处理
撞　钩	钩低于规定标准，底座销子断	提钩

101. 受料矿仓的结构和设计要求有哪些？

答：受料仓用来接受钢铁厂杂料（如高炉灰、轧钢皮、转炉吹出物、硫酸渣、锰矿粉及某些辅助原料），对于中、小钢铁厂，受料仓也接受铁矿石和熔剂。

（1）受料仓的结构形式及排料设备。

对于块状物料，如高炉块矿、石灰石块、白云石块等，受料仓采用带衬板的钢筋混凝土结构，仓壁倾角为60°左右。排矿装置采用扇形阀门或电振给料机。对于粉状物料，如富矿粉、精矿、煤粉等，采用圆锥形金属仓斗，仓壁倾角70°左右，用圆盘给料机排料。对于水分大、粒度细、易黏结的物料，为防止堵料，可采用指数曲线形式的料仓（见图3-5）。

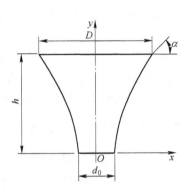

图 3-5　指数曲线料仓示意图

（2）受料仓的配置。

1）受料仓要考虑适用于铁路车辆卸料，或同时适用于汽车卸料。

2）中、小钢铁厂，受料仓也接受铁矿石和熔剂。受料仓的长度应根据卸料能力及车辆长度的倍数来决定，铁路车辆长度约为14m，故用于铁路车辆卸料的受料仓一般跨度为7m，其跨数应为偶数。

3）受料仓的两端应设梯子间和安装孔。

4）受料仓应有房盖及雨搭。地面设半墙，汽车卸料一侧应有300～500mm高的钢筋混凝土挡墙，以防卸料汽车滑入料仓。

5）受料仓下部应设检修用单轨起重机。

6）房盖下应设喷水雾设施，以抑制卸料时扬尘，排料部位应考虑密封及通风除尘。

7）受料仓上部应有值班人员休息室。

8）受料仓与轨道之间的空隙应设置栅条，以免积料，减少清扫工作量，料仓上方都应设格栅，以防止操作人员跌入及特大块物料落进料仓。

9）受料仓地下部分较深，应有排水及通风设施。

10）受料仓轨面标高应适当高出周围地面（一般高出350mm）并设排水沟，以防止水灌入。

11）地下部分应有洒水清扫地坪或水冲地坪设施。采用自卸汽车的受料仓配置图见图3-6。

102. 烧结生产原料的准备有哪些经验？

答：（1）管理思路：原料是烧结生产的基础，为保证烧结过程顺利进行，实现计算机控制，获得优质高产的烧结矿，必须精心准备，使烧结用料供应充足，成分稳定，粒度适宜。为此，要做好原料的接受、贮存、中和混匀、破碎、筛分等各项准备工作。

（2）检验存放标准：通过不同运输方式进入烧结厂的原料，都应严格检查验收制度。进厂原料一律按有关规定、合同进行验收，如来料的品种、品名、产地、数量、理化性能等。只有验收合格的原料才能入厂和卸料，并按固定位置、按品种分堆分仓（槽）存放，

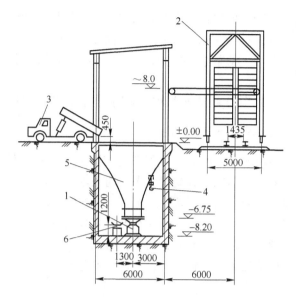

图 3-6　采用链斗卸车机及自卸汽车的受料仓配置图

1—圆盘给料机；2—链斗卸车机；3—自卸汽车；4—单轨小车；5—指数曲线钢料仓；6—带式输送机

防止原料混料，更不许夹带大块杂物。

（3）贮存标准：烧结使用的原料数量大，品种多，理化性质差异大，进料不均衡。因此，为了保证烧结生产连续稳定进行，应贮存足够数量的原料并进行必要的中和。外运来的各种原料通常可存放在特定的原料场地或原料仓库。目前我国新建烧结厂都设置了原料场，原料场的大小根据其生产规模、原料基地的远近，运输条件及原料种类等因素决定，一般应保证 1 个月的原料贮备。同时，应加强原料的中和与混匀，使配料用的各种原料，特别是矿粉的化学成分波动应尽量缩小。

（4）中和标准：中和作业可在原料场地或原料仓库进行。一般采用的是平铺直取法。在原料仓库中和时，通常是借助于移动漏矿皮带车和桥式起重机抓斗，将来料在指定地段逐层铺放，当铺到一定高度后，再用抓斗自上而下垂直取料来完成。中和效果将随着中和次数的增多而改善。

（5）重点强调：燃料水分对破碎效果影响较大，一般进厂燃料水分均在 10% 以上，如果下雨或下雪，水分还会增加，当达到 16% 以上，破碎机无法正常工作，为此，原料场地必须建储存大棚，以此克服水分过大影响，燃料大棚容积根据生产能力和料场大小来确定。

103. 烧结原料混匀中和的意义有哪些？

答：烧结原料混匀的意义在于：

（1）使原料化学成分稳定，提高烧结和高炉生产的产量和质量，降低燃料消耗。实践表明：矿粉 TFe 波动 1%，则烧结矿 TFe 波动 1% ~ 1.4%。与此同时，由于矿粉中 SiO_2 波动较大，又会引起烧结矿碱度的波动。如国外有的烧结厂使用混匀原料后，烧结机产量提高 7% ~ 15%，燃料消耗降低 15%，高炉增产 10% ~ 15%。我国首钢对精矿粉进行混匀，使含铁量波动由 ±2.5% 降低到 +1.0%，结果烧结矿合格率和一级品率分别提高 23% 和 53%，高炉利用系数提高 10%，焦比降低 10%，效果非常显著。

（2）使具有不同的矿物组成矿粉相搭配，可以改善烧结料的性能。

（3）可使质量低劣的矿石（包括氧化铁皮、高炉灰、转炉渣等工业废料）与质量优良的主要冶炼原料混合均匀，成为合格的烧结料，这既充分利用了资源，又降低了冶炼成本，还减轻了环境污染。

（4）稳定原料质量，有利于实现烧结和炼铁生产的自动化，促进技术进步。

104. 原料场混匀中和的原则和方法有哪些？

答：原料混匀手段多种多样，但混匀原则却是相同的，即"平铺直取"。先将来料按顺序一薄层一薄层地往复重叠铺成一定高度和大小的条堆，矿堆可高达 10～15m。然后再沿料堆横断面一个截面一个截面地垂直切取运出。这样在铺料时，成分波动的原料被分成若干重叠的料层，每层成分虽然不一样，但在料堆高度方向高低成分的原料相叠加后，其成分就趋于均匀了。所铺料层越薄，成分越均匀；料堆越高，堆积的层数越多，其混匀程度越高；在取料时，每次都切取到各料层的料，进行着各层料的互相拌和，从而使原料在每一截面上实现混匀。

混匀铺料方法主要有两种，即"人"字形堆料法和混合（又称菱形）堆料法，如图 3-7 所示。前者是按来料顺序在混匀料场上堆"屋脊"形的条堆，直堆至预定的高度。但这种堆法容易产生粒度偏析。为了提高混匀效果，有的厂采用混合堆料法，即第一层铺成若干小"人"字形断面的条堆，第二层开始，将料填入第一层条堆构成的沟中，形成菱形断面条堆，逐层上堆，直至堆顶。

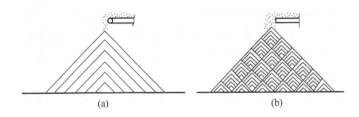

图 3-7 原料混匀的铺料方法
（a）条堆人字形断面；（b）条堆菱形人字形断面

南京钢铁公司堆取料场如图 3-8 所示。

混匀堆积要求：（1）堆积时严禁中间断料。（2）故障停机后，恢复堆料时，仍以原地点、原方向、原切出量进行堆积。（3）堆积临近结束时，应据配料槽内残存量和混堆料机的位置修正切出量，避免中间断料。

国外对原料的管理很严格。日本的烧结厂尽管使用多种矿石，由于重视原料的管理工作，中和后的矿粉化学成分波动范围达到：TFe ＜ ±0.05%，SiO_2 ＜ ±0.03%，

图 3-8 南京钢铁公司堆取料场图片

$(SiO_2 + Al_2O_3) < ±0.05\%$，烧结矿碱度波动值不超过 0.03。

我国主要大中型烧结厂，矿粉品位波动在 $1\% \sim 2\%$；大部分中小型企业铁料更为复杂，品位波动更大，SiO_2 波动高达 $3\% \sim 6\%$。由此可见原料混匀中和的重要性。有条件的企业均建设了机械化程度很高的堆取中和料场，采用专门的堆取料机完成。

大型堆取料场投资上亿元，是中小型企业可望而不可及的。但是中小型企业也可以采用挖掘机、铲车造垛，然后垂直切取。

对于原料成分波动范围，国外一般要求 TFe 的波动不大于 $±0.3\%$，SiO_2 的波动不大于 $±0.2\%$。我国暂时没有严格的标准，但条件允许时至少应控制在 TFe 的波动不大于 $±0.5\%$、SiO_2 的波动不大于 $±0.3\%$。国外烧结厂用的混匀矿入厂条件如表 3-13 所示。

表 3-13　国外烧结厂用的混匀矿入厂条件

化学成分	允许波动范围/%			
	1	2	3	4
TFe	±0.5 ~ 0.2	±0.3	±0.2	±0.3 ~ 0.5
SiO_2	±0.2	±0.2	±0.2	±0.2
碱度	±0.03	±0.05	±0.03	±0.03 ~ 0.05

注：1~4 代表国外四家烧结厂的标准。

105. 提高混匀效率的措施有哪些?

答：(1) 有完善的中和混匀系统和科学的管理方法。一次料场要有足够的原料储量，一般应不少于一个月的用量；来料必须按品种成分和粒级分别堆放，不能混堆；对品种多、成分波动大的原料，混匀前应根据原料实际成分和配料目标值进行预配料。

(2) 混匀料场矿堆应不少于两堆，一堆一取，交替进行。每堆应不少于 $7 \sim 10$ 天的用量。铺料要匀、薄，层数尽量多；另外，取料时，应从料堆端部全断面切取，避免不均匀取料。

(3) 根据物料水分、粒度、成分波动大小和原料品种的不同，合理安排不同料在料堆中的分布位置，以减小沿料堆横切面方向的波动。如水分高、粒度大的物料不应最后入堆；杂料（如锰矿粉、炉尘等）应堆置在料堆横断面的中部；品位较高的原料堆置在起始层；品位相差很大的几种原料组合在一起等，均可减小出料成分的波动范围。

(4) 由于料堆端部原料成分波动大，影响混匀矿质量，故除采用合理方法以减少端部料成分变化外，应将端部料除去，返回一料场循环使用。

(5) 矿山开采、输送、装卸、破碎筛分直至入炉或进入烧结配料前，均应遵循"平铺直取"的原则，以逐步减小矿石成分的波动范围。

(6) 对于块矿，要先破碎、筛分和分级后再混匀。要严格控制原料粒度和水分，以免因粒度和水分变化而引起铺料偏析影响混匀效果。

106. 可否简要例举国外原料准备情况?

答：进行原料中和混匀，力求达到烧结矿成分的稳定，是现代高炉获得高生产率、低能耗、生铁质量稳定的重要手段。因此，国外建造的烧结厂，除了采用冷矿工艺、设置储矿能力较大的原料堆存场外，几乎都配备有相当规模的中和混匀设施。

日本钢铁厂多数是填海造地建工厂，尽管地皮相当昂贵，但原料中和混匀场却为钢铁厂总占地的 15% 左右。如川崎公司建立了大型贮矿场，并在混匀料场安装了防止矿石布料偏析装置；新日铁公司对原料场采用了综合控制系统，可按原料的化学成分、粒度和矿物特性进行混匀。

前苏联现有和新建企业中普遍采用中的混匀设施。近几年，一些老钢铁厂如马钢、扎波罗中钢铁厂等都在采取技改措施，改造和完善原料中和混匀设施。乌克兰日丹诺夫钢铁公司的露天矿场装设了 3KT-5a 型电铲，用来混合原料。

德国蒂森钢铁公司施韦尔根厂生产的烧结矿质量一直在世界上保持领先地位，其主要措施之一是原料准备好。该厂有混匀料堆 6 堆，每堆容量 14 万吨，用电子计算机配矿，严格控制料堆成分。

107. 如何对烧结原料进行管理？

答：烧结生产历来是以原料为基础的，要保证烧结矿优质高产必须从加强原料的管理开始。

（1）严格料场和料仓（槽）存取料管理和严格按技术内控标准和购入合同检查、验收原料的质量。

凡新入厂的原料要按固定位置，按品种分堆分放，严禁乱堆。一般有以下 5 项制度：1）多点卸料；2）限额存料；3）消除堆尖；4）抓斗混匀；5）多点抓料；6）凡进厂的原料应具有化学成分化验单和物理性质检验单。

（2）狠抓原料的中和混匀，使各种原料的化学成分的波动尽量缩小。原料在中和时应注意以下几点：1）平铺料时，必须从一端到另一端整齐均匀地条铺。2）抓取料时，必须按指定的料堆从一端到另一端切取使用，不得平抓或乱抓。3）中和效果将随着中和次数的增多而改善。

现在大部分企业都用平铺直取的方法中和原料，或者单独使用。国外对原料管理很严格，波动范围能控制为：Fe 不大于 ±0.05%，SiO_2 不大于 ±0.03%，烧结矿碱度波动不超过 0.03。

108. 原料场接受原料方式有哪几种？

答：根据烧结厂所用原料来源及生产规模的不同，原料接受方式大致分为 4 种：

（1）处在沿海地区并主要使用进口原料的大型烧结厂，其所需原料用大型专用货舱运输。因此，应有专门的卸料码头和大型、高效的卸料机，卸下的原料由皮带机运至原料场。卸料机一般为门式，有卷扬滑车、绳索滑车、抓斗滑车和水平牵引式卸料车等。

（2）距选矿厂较远的内陆大型烧结厂可采用翻车机接受精、富矿粉和块状石灰石等原料。来自冶金厂的高炉灰、轧钢皮、碎焦及无烟煤、消石灰等辅助原料，以及少量的外来原料则用受料槽接收，受料槽的容积能满足 10h 烧结用料量即可。受料槽常用螺旋卸料机卸料。生石灰可采用密封罐车或风动运输。

（3）中型烧结厂年产 $(1 \sim 2) \times 10^6$ t 烧结矿，可采用接受与储存合用的原料仓库。这种原料仓库的一侧采用门形刮板、桥式抓斗机或链斗式卸料机，接受全部原料。如果原料数量、品种较多时，可根据实际情况采用受料槽接收数量少和易起灰的原料。

（4）小型烧结厂年产烧结矿 2×10^5 t 以下，对原料的接受可因地制宜用简便形式。如用电动手扶拉铲和地沟胶带机联合卸车，电耙造堆，原料棚储存；或设适当形式的容积配料槽，以解决原料接受与储存问题；也可以在铁路的一侧挖一条深约2m的地沟，安装皮带机，用电动手扶拉铲直接将原料卸在皮带机上，再转运到配料矿槽或小仓库内。

109. 原料场堆料、取料的主要设备有哪些？

答： 为保证烧结生产连续稳定进行，在烧结厂必须设有良好的、具有一定规模的贮存设施，即一次料场，其作用是按品种、成分的不同分别堆放、贮存原料，保证生产的连续进行，更重要的是为了满足生产工艺的要求而进行多种原料的中和，即在二次料场（混匀料场）完成全部含铁原料的混匀作业。

大中型烧结厂一般应有连续作业的堆、取设备，如摇臂式堆料机和斗轮取料机。堆取作业不频繁的料场，可用堆取合一的斗轮式堆取料机。

（1）摇臂式堆料机。由悬臂皮带机、变幅机构、回转机构、行走机构、尾车等组成（见图3-9），其特点是设备质量轻，操作灵活，易于实现自动化控制。

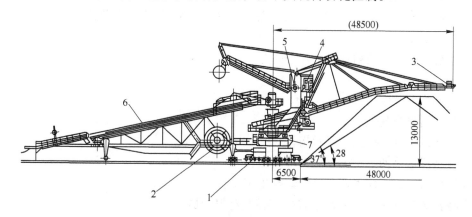

图 3-9　摇臂式堆料机

1—走行机构；2—电缆卷筒；3—悬臂皮带；4—操作室；5—变幅机构；6—尾车；7—回转机构

（2）斗轮式取料机。斗轮式取料机包括单斗轮和双斗轮。它由斗轮机构、悬臂皮带机、回转机构、变幅机构、行走机构等组成。其结构如图3-10所示。

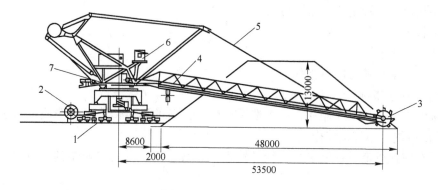

图 3-10　斗轮式取料机

1—走行机构；2—电缆卷筒；3—斗轮机构；4—悬臂皮带；5—变幅机构；6—操作室；7—回转机构

110. 摇臂式堆料机技术操作规程有哪些?

答:(1)摇臂式堆料机技术操作要求如下:

1)一般堆料常用的作业方式有两种:定点堆料和回转堆料。定点堆料就是将臂架根据需要固定在某一高度和某一角度堆料,待物料达到要求高度后,将臂架回转另一角度下堆料;回转堆料就是臂架根据需要固定在某一高度在回转过程中堆料。定点堆料能耗低、操作简单、司机劳动强度低,一般多用定点堆料。

2)布料方式一般采用鳞状布料和棱状布料,以减少矿堆的粒度偏析。

(2)摇臂式堆料机操作步骤如下:

1)开车前的检查及准备:

① 接到主控室堆料作业指令后,首先要明确所堆物料的品种数量,按指定的料条和货位进行作业。

② 开机前,应首先检查并确认堆料机的行走和回转范围内无障碍。

③ 检查并确认机车的行走、回转、变幅、悬臂皮带机等各项设备处于良好状态,电缆卷盘上的电缆处于正常位置。

④ 检查并确认各制动器限位开关完好,灵活可靠。

2)操作程序:

① 按下总电源合闸按钮。

② 合控制电源开关。

③ 按下机车电铃按钮,以示报警。

④ 操纵行走手柄,将大车调至堆料位置。

⑤ 操纵回转、俯仰手柄,使臂架至规定位置。

⑥ 将悬臂皮带转至"启动位置",悬臂皮带启动。

⑦ 向调度室汇报堆料机启动完毕。

3)停车操作:

① 接到主控室停机指令后,待物料卸净后,方可进行后面的操作。

② 停悬臂皮带机。

③ 将悬臂转至与轨道中心线平行位置。

④ 将夹轨开关转至"夹紧"位置。

⑤ 将状态开关置于"零"位。

⑥ 切断控制电源。

⑦ 按下"总电源分断"按钮。

4)作业注意事项:

① 堆料作业时,一人操作,一人巡视,注意设备的运转情况及电缆收放情况,防止轧断、拉断电缆,不许拖缆作业。

② 机车快速行走时臂架中心线须与轨道中心线平行,堆料作业快到终点时,不许高速行车。

③ 作业中如发现异常声音,应及时停车检查,向调度室汇报,排除故障。

④ 作业中发生意外情况,应立即按"急停"按钮,切断整机电源。

111. 斗轮式取料机技术操作规程有哪些?

答:斗轮式取料机取料分为旋转分层取料方式（包括分段取料工艺和不分段取料工艺两种）和连续行走取料方式。

（1）分段取料工艺就是根据要求将料场条形物料分成几段取完,具体操作要点如下:

1）操作人员把取料机开到作业区。

2）把悬臂架的头部移动至物料堆上层（第一层）并紧靠在料堆旁。

3）顺序启动地面皮带机,悬臂皮带机,斗轮电动机,作业即开始。

4）操纵回转开关,使臂架向左（右）回转,斗轮旋转进料堆中取料。

5）当斗轮旋转出料堆取不到料（或很少）时,即停止臂架回转,回转开关复位。

6）操作行走控制开关,使取料机向前慢进一步。

7）再启动悬架回转机构,使悬架向右（左）转动,斗轮又旋进料堆中取料,待斗轮取不到料时停止臂架回转,由此反复直到取完一层。

8）把取料机后退到原处。

9）把臂架下降一层,再进行2）~8）操作,就能取完下一层的物料,由此分层的取料直到整个物料取完。

（2）不分段取料工艺也称全层取料法,就是将分段取料工艺中的给定取料长度,变成整个料堆长,臂架旋转将整个料堆每层全部取完后再转向下一层。此法适用较低较短的料堆。

要注意在回转取料作业中应避免臂架下端与料堆相撞。如果发生相撞,应把取料机后退原处把下层物料取走。

（3）连续行走取料方式就是斗轮机在行走过程中进行取料,作业效果较好,取料量稳定,但连续行走功率消耗大,一般不采用。连续行走取料方法只适用于清理正常取料范围外的小料堆。

（4）开车前的准备及注意事项:

1）对取料机周围及关键部位做一次检查,看周围是否有影响正常工作运行的障碍物,电缆卷盘装置上的电缆是否在正常工作位置。

2）接到通知必须先明确取料货位及品种。

3）在大车行走、回转、俯仰、皮带机、斗轮等机构启动运行前,必须首先按电笛示警,引起周围人员注意,确保生产安全。

斗轮取料机在取料时物料的流向是:斗轮→悬臂皮带机→地面皮带机。因此机构的动作顺序应是:

启动:地面主皮带机→悬臂皮带机→斗轮电动机。

停止:斗轮电动机→悬臂皮带机→地面主皮带机。

112. 原料仓库的中和作业注意哪些事项?

答:在仓库中进行中和通常是将来料通过移动皮带漏矿车或抓斗吊车,往复逐层铺放,然后沿料堆断面垂直切取使用。原料仓库混匀上料的主要设备是抓斗桥式起重机。桥式抓斗的工作原理是以直线合成运动方式,在固定范围内利用抓斗的开闭,卷扬机的上升和下降进行装卸或中和矿粉。生产中对抓斗吊车工的操作要求是："稳、准、快、安全、服务"。

"稳"指的是吊车在运行作业中，抓斗不能因上升产生严重的摆动。

"准"是指在稳的基础上，通过大小车的准确运行，把抓斗上升或下降到人们所需的作业位置。

"快"即在稳、准的基础上，使吊车的各种运行机构能协调配合工作，用最少的时间、最短的距离、最快的速度完成规定的作业。

"安全"是指在作业过程中，保证吊车在完好的状态下可靠地工作，不发生任何操作、设备及人身伤亡事故。

"服务"是指在了解、掌握吊车各种运行机构特点的基础上，根据物料的特性，为下道工序服务，创造良好的生产条件。比如，经常保持矿槽2/3的料位，粒度均匀，水分适宜，不混料，不空仓，不崩料等。

操作注意事项：

（1）抓斗提升时，若中途掉闸，合闸后应将料倒完，再进行操作。

（2）注意观察钢丝绳在运动中是否有卡槽、跑槽、打麻花、偏扭等异常现象。

（3）各控制器操作时必须缓慢进行，保证吊车运行平稳。

（4）要熟悉各种料的堆放位置，防止抓错料而引起混料。

（5）每抓完一种料后，抓斗内余料要倒空。

（6）当库存过低出现底料时，不能将物料直接抓进矿槽，应中和后上料，以减少物料化学成分的波动及粒度的偏析所带来的影响。

3.6　原料破碎及设备

113. 烧结过程对原料的粒度要求有哪些？

答：原料具有适宜的粒度是保证烧结高产、优质、低耗的重要因素之一。原料破碎、筛分的目的就在于从粒度上满足烧结生产对原料粒度方面的要求。

（1）矿粉粒度。一般矿粉粒度应限制在8~10mm以下。对于生产高碱度烧结矿和烧结高硫矿粉，为利于铁酸钙液相的生成和硫的去除，矿粉粒度应不大于6~8mm。粒度再小，筛分有困难，不易实现。

（2）熔剂粒度。为保证烧结过程能充分分解和矿化，熔剂的粒度应小于3mm以下。在烧结细精矿时，为减少熔剂沿料层高度方向的偏析，使烧结更加均匀，成分稳定，石灰石粒度可减小到2mm。粒度过细，会增加破碎费用，并降低料层的透气性。

（3）燃料粒度。适宜的燃料粒度要使燃烧速度与传热速度"同步"，尽可能减少燃料用量并获得所需要的燃烧层温度水平与厚度，它是根据烧结料特性通过试验确定的。一般认为燃料粒度最好为0.5~3mm，但在生产中只能控制其上限。此外燃料种类不同，适宜的粒度可能会有差别。如攀钢烧结试验指出，获得相同的生产指标，无烟煤的粒度应稍大于焦粉粒度，其最佳粒度范围，两者分别为1.0~5.0mm和0.5~4.0mm。因此，当使用两种燃料配合烧结时，要分别破碎，以免硬度较小的无烟煤产生过破碎。

（4）返矿粒度。返矿是筛分烧结矿的筛下物，由强度差的小块烧结矿和未烧透及未烧结的烧结料组成。返矿成分与烧结矿成分相近，但TFe和FeO稍低，并含有残碳。由于返矿粒度较大，孔隙较多，故加入到烧结料后，可改善料层透气性，提高垂直烧结速度。因此配加一定数量合格的返矿可强化烧结过程，但是返矿粒度对强化作用有很大影响。返矿粒度过大，对混合料润湿、成球、液相成型很不利，势必降低烧结矿的成品率和产量。相反，粒度过小，特别是小于1mm的比例过大，则会降低烧结料层的透气性。实践表明，返矿粒度在5~0mm或10~0mm时烧结指标最好，故应将返矿粒度上限控制在5~10mm。

（5）其他烧结物料粒度。

其他烧结附加料，如炉尘、轧钢皮、水淬钢渣等，一般粒度都不大，但往往混有砖石等夹杂物，在入厂前应筛除干净，使之小于10mm，以利配料操作与混匀。

综上所述，熔剂破碎的技术操作标准是小于3mm的部分应达到90%以上；燃料细碎的技术操作标准是煤粉小于3mm的部分大于85%，焦粉小于3mm的部分大于85%。

114. 熔剂的破碎、筛分流程有哪些?

答：烧结生产对熔剂的粒度要求0~3mm的含量应大于90%。现在一般熔剂的破碎工作都在矿山和熔剂焙烧厂进行，但也有的熔剂进厂粒度上限值超过40mm的熔剂，所以需要在烧结厂内进行破碎与筛分。图3-11和图3-12所示为常用的两种熔剂破碎筛分流程。

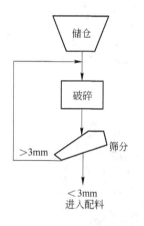

图3-11 熔剂破碎筛分流程A

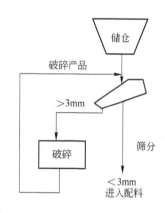

图3-12 熔剂破碎筛分流程B

流程A为一段破碎与筛分组成闭路流程，筛下为合格产品，筛上物返回，与原矿一起破碎筛分。流程B原矿首先经过预先筛分分出合格的粒级，筛上物进入破碎机破碎后返回，与原矿一起进行筛分。

两种流程比较，流程B只有当给矿中0~3mm的含量较多（大于40%）时才使用，但因筛孔小，特别是含泥质的矿石筛分效率低。此外，给矿中大块多，筛内磨损加快。而且石灰石原矿中0~3mm的含量一般较少（10%~20%），在这种情况下进行预先筛分，减轻破碎机负荷作用不大。所以目前烧结厂多采用流程A破碎熔剂。

熔剂破碎的常用设备有锤式破碎机和反击式破碎机。

115. 锤式破碎机工作原理是什么?

答：目前烧结厂石灰石、生石灰和白云石的破碎广泛使用锤式破碎机。其最大给矿粒度可达 80mm，破碎比（原料粒度与产品粒度的比值）在 10~15 之间，小于 80mm 的熔剂可以直接破碎至 3mm 以下。

（1）优点是：破碎比大，生产效率高。缺点是：工作部分易磨损，箅条易堵塞（特别是水分含量较高时），破碎过程噪声大、粉尘多等。

（2）结构及工作原理：按转子旋转方向，分为可逆式与不可逆式两种：可逆式的转子的旋转方向可以改变，其优点是提高了锤子寿命和破碎机的作业率。

锤式破碎机由镶有衬板的机罩、迎料板、箅条和转子等部分组成（见图 3-13），上下部机罩分别有进料口和出料口。转子是由轴和固定在轴上的圆盘以及铰链在圆盘上的锤头三者构成，锤头的材质，可采用锰钢或淬火的 45 号钢。迎料板和箅条位置是可调的。

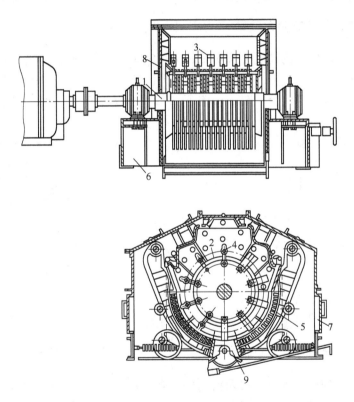

图 3-13　锤式破碎机示意图

1—主轴；2—圆盘；3—锤头；4—头杆；5—筛板；6—机座；7—检修人孔；8—机壳；9—金属捕集器

锤式破碎机的工作原理是原料进入破碎机中首先遭受到高速回转的锤头冲击而破碎，破碎后的物料从锤头处获得动能，以高速向机壳内壁破碎板和箅条冲击，受到二次破碎。小于箅条缝隙的矿石即从缝隙中漏下，然后从底部排料口排出。而较大的块在破碎板和箅条上还将受到锤子的冲击或研磨而破碎，在破碎过程中也有矿石之间的冲击破碎。

锤式破碎机的规格用转子直径 D 和长度 L 之乘积表示，即 $D \times L$。

（3）影响锤式破碎机破碎能力的因素有下列几方面：

1）设备因素。破碎机的转子长度、直径和转速是确定产量的主要因素。直径大、长度增加、转速快，破碎产量就高。而锤头与算条间的距离愈小，产品粒度就愈细，产量则愈低；反之，此间距愈大，产品中小于 3mm 粒级的含量愈少，影响筛子的产量，循环负荷增大。适宜间距应经常保持在 10～20mm 之间。

2）熔剂含水量。物料含水量超过一定限度后，会引起算缝堵塞，使产量降低，电耗增加。堵塞情况决定于算缝大小，算缝小时，较低的水分即发生堵塞。一般算缝为 15mm 左右，物料水分应控制在 3%～4% 以下，当超过规定水分值时，熔剂应先经烘干机干燥。但水分低于 1.5%，在破碎时易粉尘飞扬，影响环境。

3）熔剂的原始粒度。熔剂块度超过规定或粉末过多，会降低锤式破碎机的生产率及缩短锤头的寿命。

4）操作因素。保持一定的给料高度，均匀给料能使锤头和算筛磨损均一，从而提高破碎机的效率。而锤头破损后，锤头与算条间隙增大，破碎能力下降。实践证明：随着运转时间的增加，产品中小于 3mm 的含量逐渐下降，破碎效率也降低；当锤头反转时，产品中小于 3mm 的含量又增高，破碎效率也提高。因此，锤头定期换向与更新，是提高锤式破碎机产量质量的有效措施。

116. 锤式破碎机的操作步骤有哪些?

答：（1）开机前的检查与准备：

1）检查转子与各连接螺栓是否正常，如有松动应拧紧，锤头是否完整，算条弧度是否均匀，各种电线连接是否牢固可靠，电磁分离器是否良好。

2）关闭密封好各检查孔和小门。

（2）操作程序：

1）正常开、停机操作由原料集中控制室统一操作。

2）非联锁工作制时，可使用机旁的"启动"、"停止"按钮，进行单机的开停车操作。

（3）运转中的注意事项：

1）破碎机运转正常后，开动皮带机均匀给料。熔剂要连续均匀布满转子全长，电磁铁上杂物应及时处理，不允许杂物尤其是金属块进入破碎机内。停机时，应先停止给料，待锤式破碎机内的物料转空后，方可停锤式破碎机。

2）运转中发现有杂音和振动时应立即停机检查、处理。

3）在清除筛条间的堵塞料杂物时，要切断事故开关

4）注意破碎粒度的变化。及时调整折转板、算条与锤头间隙，一般折转板与锤头间隙为 3mm，算条与锤头间隙为 5mm。如有锤头磨损、筛条折断等应及时倒向或更换。更换锤头时，各排锤头重量应基本相等，特别是对应轴的锤头必须重量相等。

5）破碎机在运转时严禁调整折转板、锤头与算条间的间隙。

6）严禁两台锤式破碎机同时启动，严禁连续频繁启动，皮带跑偏时应及时调整，严重时停机处理等。

锤式破碎机常见故障的原因与排除见表 3-14。

表 3-14　锤式破碎机常见故障的原因与排除

故　障	原　因	处 理 方 法
出料粒度大	锤头，条筛磨损严重 条筛及折转板没有调整到合适的间隙	更换锤头、条筛 适当调整条筛和折转板
出料个别粒度大	条筛有短缺 折转板没有调整回去	更换或增加条筛 关闭折转
轴承温度高	轴承有磨损或装配太紧 缺油	更换或重新安装 加油
机体振动大	电机轴与转子轴不同心 轴承损坏 转子偏重、掉锤头 物料堵塞 地脚螺栓松动 检修安装时超过允许误差	重新找正 检查转子轴换新 对齐锤头，更换锤头 畅通堵料 检查紧固 重新安装

117. 反击式破碎机工作原理是什么？

答：反击式破碎机又称冲击式破碎机，是一种高效破碎设备，广泛用于各种物料的中细碎作业，烧结厂在燃料的破碎中常采用。

（1）反击式破碎机的特点是：结构简单，生产效率高，破碎比很大（一般 30～40，最大 150），耗电量少，适应性强，对中硬性、脆性和潮湿的物料均可破碎，维护方便。但板锤磨损严重，寿命短。

（2）反击式破碎机的结构及工作原理如下所述：

反击式破碎机由机壳、转子和反击板组成，如图 3-14 所示。

反击式破碎机主要靠冲击方式破碎。当物料落到反时针方向旋转的转子上时，就会被转子的板锤冲击，而在转子和反击板之间反复碰撞（包括物料间的碰撞）而破碎，直到破碎的物料粒度小于板锤与反击板之间的间隙时，才从下面排矿口排出。调节反击板下缘与板锤间的间隙，可调节产品粒度的大小。

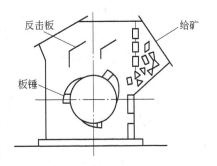

图 3-14　反击式破碎机构造简图

反击式破碎机的规格也用转子直径 D 和长度 L 之乘积表示，即 $D \times L$。

118. 反击式破碎机的操作步骤有哪些？

答：（1）开机前的检查与准备：

1）开机前对各连接部位、电动机、传动皮带等有关设备进行点检。

2）将各检查孔关闭密封好。

3）进行人工盘车数次。

（2）操作程序：

1）检查完毕，情况正常，关好机体的各个小门，由电工将配电盘上的选择开关转至手动位置，将机旁操作箱上的事故开关合上，即可按操作箱上的启动按钮，破碎机随之启动，待机器运转正常后可开始均匀加料，停机时按停止按钮，并切断事故开关。

2）启动时，破碎机运转正常后，将电磁站的选择开关打在自动位置，然后把电磁分离器开关和事故开关闭合，方可与原料集中控制室联系，参加联锁起动；停机时，切断电磁分离器开关和事故开关，并清理电磁分离器上的废钢铁等；系统需要手动时，将电磁站选择开关打到手动位置。

3）反击式破碎机启动前，先联系启动除尘风机。

（3）运转中的注意事项：

1）严禁非破碎物进入破碎机内，特别是金属物进入破碎机内。

2）在清除筛条间的堵塞杂物时，要切断事故开关。

3）加料时要连续均匀布满转子全长，停机后应检查筛条是否有堵塞现象，并及时清理反击板。

4）停机前首先停止给料，把机内物料转空后，方可停机。

反击式破碎机常见故障、原因及处理方法见表3-15。

表3-15　反击式破碎机常见故障、原因及处理方法

故　障	原　因	处　理　方　法
转子不动和机内卡料	（1）机内有大块和积料； （2）转子发生窜动； （3）板锤螺钉松动； （4）锤体移位发生无间隙磨损	（1）切断事故开关； （2）打开封闭门清除； （3）处理杂物积料并及时检查调整； （4）进行盘车使转子有回转自身惯性力
堵料嘴	有大块或杂物	清　理
皮带脱落	三角带松、轮盘不正	停机调整

119. 烧结固体燃料的破碎流程有哪些？

答：烧结厂所用的固体燃料有碎焦和无烟煤，其破碎流程是根据进厂燃料粒度和性质来确定的。当粒度小于25mm时，可采用一段四辊破碎机开路破碎流程（见图3-15）；如果粒度大于25mm时，应考虑两段开路破碎流程（见图3-16）。

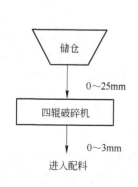

图3-15　燃料破碎流程 A

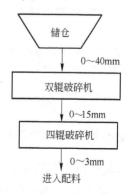

图3-16　燃料破碎流程 B

我国烧结用煤或焦粉的来料都含有相当高的水分（>10%），采用筛分作业时，筛孔易堵，会降低筛分效率。因此，固体燃料破碎一般都不设筛分，除非含有大量 0～3mm 粒度的粉末。燃料破碎的常用设备有双光辊破碎机和四辊破碎机。

120. 双辊破碎、四辊破碎机室的配置应考虑哪些事项？

答：（1）当设置多台辊式破碎机，用一条带式输送机进料时，辊式破碎机前应设分配矿仓，其贮存时间以 1h 左右为宜，仓壁倾角不小于 60°，必要时仓壁上设置振动器。

（2）辊式破碎机给料用的带式输送机应与辊轴中心线垂直布置。

（3）为使辊面在长度方向的磨损尽可能均匀一致，给料带式输送机宽度应大于辊子长度，使给料宽度与辊子长度相近。带速应不大于 0.8m/s，并采用平型上托辊。

（4）给料带式输送机应设除铁器。

（5）为便于检修，辊式破碎机应尽可能布置于标高 ±0.00m 平面。当所在地区地下水位较高时，尚需将辊式破碎机下的排料带式输送机布置在地面上，而将辊式破碎机布置在较高的平台上。

四辊破碎机室配置如图 3-17 所示，双辊破碎机室配置如图 3-18 所示。

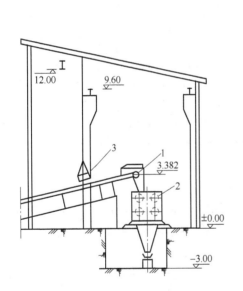

图 3-17　四辊破碎机室配置图

1—带式输送机；2—四辊破碎机；3—除铁器

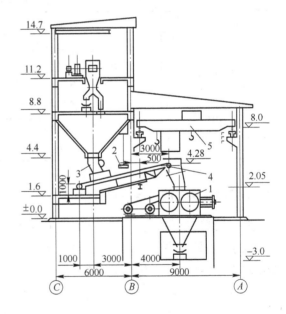

图 3-18　双辊破碎机室配置图

1—双光辊破碎机；2—电磁分离器；3—手动闸板阀；
4—带式输送机；5—电动桥式起重机

121. 四辊破碎机构造及工作原理是什么？

答：四辊破碎机广泛用于烧结厂燃料的破碎，在燃料粒度小于 25mm 时，能一次破碎到小于 3mm 的粒度，不需筛分，破碎系统简单，操作维护方便，其缺点是破碎粒度比较小（3～4mm），产量较低，辊皮磨损不均匀，生产能力受给料粒度影响较大，粒度愈大产量愈低。燃料粒度大于 25mm 时不能进入四辊破碎机破碎，须用对辊（或反击式、锤式）破碎机预先粗碎，否则，上辊咬不住大块，不仅加剧对辊皮的磨损，还使产质量降低。

四辊破碎机结构如图 3-19 所示。它主要由机架、调整装置、传动装置、防护罩以及两对反向转动的光面辊组成，上下两对辊中各有一个主动辊和一个被动辊，下主动辊通过皮带传送带动上辊，被动辊的轴承座可以移动，两辊间隙借助带有弹簧的调整丝杆来调整。一般上面两辊间隙为 8～12mm，下面两辊间隙不大于 3mm。为了张紧传送皮带，在连接轴的大小皮带轮之间，有一个压轮。在主动辊的一端，通过联动节与减速机、电动机相连接。机架上还装有走刀机构，用来车削四辊辊皮，当辊皮磨损后，不用拆卸就可以车辊，从而减少停车时间。

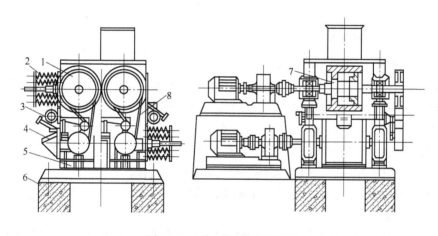

图 3-19　四辊破碎机结构简图

1—传动轮；2—弹簧；3—车辊刀架；4—观察孔；5—机架；6—基础；7—破碎辊；8—传动带

四辊破碎机的破碎原理是辊子的传动把物料带入两辊子的空隙内，在两个相对反向转动的辊子间物料受挤压、磨剥而破碎。

四辊破碎机的规格用辊子的直径和长度来表示，如 900×700 四辊破碎机，是指辊子直径为 900mm，辊子的长度为 700mm。

122. 影响四辊破碎机产质量的因素及措施有哪些?

答：（1）燃料粒度的影响：

粒度愈大，产量愈低。即使给料粒度都小于 25mm，产量仍随 25～3mm 这一粒级含量增加而明显降低。燃料粒度大于 25mm，不允许进入破碎机，否则，上辊咬不住大块，不仅磨损辊皮，而且引起产品质量和产量的降低。目前，有用沿上辊长度方向堆焊条状硬质合金来提高入破碎机燃料粒度的上限，收到了一定效果。

（2）燃料水分的影响：

燃料特别潮湿的情况下，会发生黏辊现象，降低破碎的质量和产量。此时要求适当减少给料量。对水分要求一般应不大于 6%。

（3）辊面和辊距的影响：

在四辊破碎机使用过程中，必须经常检查辊面，及时调整辊距（一般上辊间隙 8～

10mm，下辊间隙 0～3mm），才能保证破碎质量。破碎机的辊面容易被磨损成条沟，而且磨损得不均匀，需要定期对辊面进行车削。

（4）给料量及其均匀性的影响：

四辊破碎机的关键指标就是产量和粒度。在其他条件相同的情况下，当四辊的产量增加时，其产品质量就要下降（即小于 3mm 部分减少）。因此，为了保证产品质量，应按照设备定额给料。同时要保证给料沿辊长均匀。为了保证产品质量，常常采取如下措施：

1）降低燃料的给料粒度；

2）清除大块物料；

3）稳定给料量，延长四辊作业时间；

4）严格执行车辊制度；

5）利用电磁铁提前剔除铁器。

123. 四辊破碎机技术操作规程有哪些？

答：（1）四辊破碎机的操作步骤：

1）开车前对照点检表对电器、各润滑部位、连接部位、弹簧等设备进行逐一检查。

2）根据要求，将电磁站选择开关选在自动或手动或车削的位置上，起动前应先盘车，并将除尘风机风门关闭，待运转正常后，再将风机门慢慢打开。

3）联锁起动时，当听到预告音响 50s 后，将电磁分离器开关与事故开关调在"零"位，并通知原料集中控制室，随着系统设备起动而自动运转。

4）四辊破碎机起动之后，调整丝杆弹簧，确认压力一致、上下辊间隙适当时，开动皮带机给料进行破碎。

5）停止生产时，应先停止皮带机给料，然后松开调整丝杆弹簧，待辊内无料后，方可将控制开关调回零位，切断事故开关，破碎机停止运转，拉掉电磁分离器的开关，清理电磁铁上吸的杂物。

6）非联锁工作制时，可使用机旁的"启动"、"停止"按钮，进行单机开停车操作。

（2）四辊破碎机操作时的注意事项：

1）四辊未正常起动前，不得往机内给料，停机前先停止给料，待料下完后，才能停四辊破碎机。轴承温度不得超过 60℃。

2）四辊破碎机起动时，应先起动下主动辊，待运转正常后，再起动上主动辊，四辊破碎机运转正常后再给料，给料要均匀。

3）给料要均匀，保证沿辊子全长均匀分布，给料量要控制在 20～25t/h，电机电流控制在 50～55A 之间。

4）四辊间隙要经常调整，调整间隙时应缓慢，由松到紧，并保证两辊中心线平行，上辊间隙 8～10mm，下辊间隙 3mm。

5）料流中大块杂物要及时检出，破碎物水分大时，应适当减少给料量，电磁分离器上的杂物要及时清理。

6）辊子被大块挤住或有金属物进入辊内，应停机处理，不得在运转中处理。处理时应拉开事故开关或切断电源。

7）下辊辊皮表面要保持平滑，根据磨损情况定期车辊。上辊要经常检查堆焊磨损部分，发现咬不住料时要及时堆焊。

四辊破碎机常见故障、原因与处理方法见表 3-16。

表 3-16 四辊破碎机常见故障、原因与处理方法

故　障	原　　因	处 理 方 法
四辊堵料	（1）辊子间隙过小，对辊来料粒度粗，辊皮咬不住物料，造成下辊不能排矿； （2）给料量太大、太湿	（1）调整间隙并恢复给料破碎； （2）对粗破碎要把关，注意物料水分，给矿量要适当
四辊声音异常	（1）接手打滑； （2）辊皮或辊皮穿心丝杆窜动； （3）轴承无油； （4）辊子间有夹杂物； （5）弹簧橡皮垫损坏	（1）更换接手； （2）将辊皮固定到位，拧紧穿心丝杆并焊死； （3）加油或更换轴承； （4）停止上料，清除夹杂物； （5）更换橡皮垫
破碎粒度不合格	（1）辊皮磨损严重，辊子间隙过大； （2）内衬板与辊皮间隙过大； （3）给料量超过规定； （4）弹簧丝杆松动。辊子间压力变小，粒度变粗	（1）定期车辊，调整辊间隙； （2）调整内衬板与辊皮间隙； （3）调整给料量； （4）拧紧弹簧丝

124. 四辊破碎机的车削步骤有哪些？

答：（1）当辊子需要车削时取下保护罩，将车削装置安装在机架上，再将皮带及张紧轮取下，把链子挂到链轮上，注意辊子链不得太松。

（2）将上辊电动机变为低速旋转（480r/min）。

（3）全部装好后，先用手将链轮转动二三转，认为安装正确安全及使用可靠时，再用电动机传动。

（4）在车削前必须使辊子轴承座固定，使调整杆拉住轴承。

（5）车削时下主动辊电动机停机，利用上主动辊电动机传动，车对角线的下主动辊，然后将滑板重新装在刀架的另一面，把链条从下主动辊倒至下被动辊，将电机反转，再车削对角线位置的下被动辊。

（6）车削时使用 T30K4 硬质合金钢。

为了保证破碎粒度达到小于 3mm，下辊间隙得小于 2mm，因而易磨损。要想达到粒度要求，必须及时车削。

上辊间隙较大，起中碎作用，因而磨损没有下辊厉害，磨损厉害时可以焊补一些钢筋棍或硬质合金棍。

125. 双光辊破碎机技术操作要点有哪些？

答：双辊破碎机是四辊破碎机前，燃料粗破工序，加工粒度不大于 15mm。

（1）在生产工艺正常情况下，燃料经预筛分后把 0~3mm 的送往二次配料，把小于 15mm 的送往四辊破碎机，大于 15mm 的进入双辊破碎机。

（2）在事故状况下，燃料经手动翻板短路进入四辊破碎机。

（3）正常给料量 12~15t/h，破碎燃料水分大或粒度较大时，应适当减少给料量。给料中有大于 40mm 的物料及杂物要及时检出。电磁分离器上的杂物每班至少清理一次。

（4）下料时物料必须沿辊子全长均匀分布，以提高生产率及保护辊面，运转中若发现不平稳、不正常或有物料撞击声，必须停机检查，查明原因，及时排除故障。

（5）给料时要在设备运转正常后方可给料，停机时应先停止给料，待设备内无料方可停机。

（6）操作中要经常检查破碎粒度，及时调整辊间间隙和给料量，保证出料粒度小于15mm。

（7）检查辊皮破损情况，发现问题及时汇报处理。

（8）检查各部位料嘴，保证料流畅通。

126. 煤粉预筛分节能潜力有多大？

答：如果原煤或焦粉中含有大量 0～3mm 粒度的粉末，直接进入四辊破碎机时，不仅增加四辊破碎机的工作时间和耗电，而且使破碎产品中含有大量 0～0.5mm 的过碎部分，降低了煤粉的利用率。

采用振动筛对原煤进行预筛分即可消除上述弊端。

鞍钢实验表明，当原煤中含 0～3mm 粒度部分为 48%，经振动筛筛出 3～0mm 部分 38%，四辊破碎时间从每天的 36 台时降至 22.5 台时，年节电 13.4 万千瓦时。破碎后煤粉中 0～0.5mm 粒级由 25.25% 降低到 19% 时，每吨烧结矿燃耗降低 2.8kg/t。

3.7 皮带运输机性能

127. 皮带运输机的结构、作用和类型有哪些？

答：（1）皮带运输机的作用和类型。皮带运输机是一种连续运输散碎物料的机械，具有高效、结构简单、工作可靠、操作方便和物料适应性强等优点。

皮带运输机不但可以单独作业，进行工艺操作上的少量物料转运，而且可以以数条运输机相连，组成系列运输线，运载大量物料，其运输距离可以几米、几十米、几百米到几万米。皮带运输机类型很多，有通用固定式、轻型固定式、移动式和钢丝牵引式等，其中通用固定式皮带运输机应用最为广泛，约占皮带运输机的90%以上，以符号"D"表示。

（2）皮带运输机的结构。固定式皮带运输机的构造如图3-20所示，主要包括承载牵引力机构（无端的皮带）、支撑装置（上下托辊组）、增面改向装置（包括张紧滚筒、张

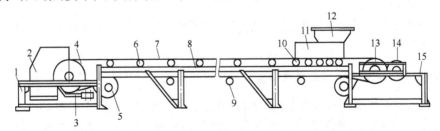

图 3-20 固定式皮带运输机示意图
1—头轮架；2—头罩、漏斗；3—清扫器；4—头部传动辊筒；5—改向辊筒；6—上托辊；
7—运输皮带；8—中间架；9—下托辊；10—缓冲托辊；11—导料栏板；
12—给料漏斗；13—尾部改向辊筒；14—拉紧装置；15—尾轮架

紧小车、张紧重锤或张紧丝杆)、受料及排料装置(装卸料斗等)、驱动装置(包括电动机、传动机构及传动滚筒)、安全装置(制动器等)、清扫装置及机架等,移动式的还有走行机构。

1)驱动装置:皮带运输机的驱动装置由电动机、减速机、联轴节等组成。一般选用JO_2及JO_3型系列电机,当功率大于100kW时,采用JS型电动机较合适。配套的减速机一般采用JZQ型减速机,功率大时可选用ZHQ型减速机。

2)传动辊筒:传动辊筒分为钢板滚筒和铸铁辊筒,其表面分为光面、包胶和铸胶面三种。在环境比较干燥地方可采用光面辊筒,环境潮湿消耗功率又大、容易打滑的地方采取胶面辊筒。

3)改向辊筒:改向辊筒也分为钢板和铸铁两种,主要用于180°、90°及小于45°的改向。用于180°的改向辊筒一般为尾轮或"垂直拉紧"。用于90°改向辊筒一般为垂直拉紧装置,用于小于45°的改向辊筒一般为增面轮。

4)托辊和托辊架:分为无缝钢管、陶瓷、尼龙和橡胶托辊等。上托辊架一般为槽型,采用三个托辊组合,下托辊均为平型托辊。

下托辊的间距一般为3m。为了减少物料对皮带的冲击作用,在受料端的下部选用缓冲托辊。运送特大块度物料时,应选用重型缓冲托辊。

5)拉紧装置:拉紧装置是为了使皮带保持一定的张紧状态,以防因皮带太松引起打滑。拉紧装置分为螺旋式、车式、垂直式三种。

① 螺旋式拉紧装置是靠尾部的螺杆来实现的,它适用于长度较小(小于80m)、功率不大的运输机上。一般按皮带长度的1%选择拉紧行程,分500mm和800mm两种。

② 车式拉紧装置适用于皮带机较长、功率较大的情况,它的结构简单,工作可靠,可优先选用。

③ 垂直拉紧装置仅适用于在采用拉紧装置有困难的场所,它的优点是利用皮带机在走廊空间位置,便于布置。缺点是改向辊筒多而且物料容易落入运输带与拉紧辊筒之间而损坏皮带。

6)清扫器:皮带运输机的工作面常常黏附着一些物料,特别是当物料的湿度和黏度很大时更为严重,为了清除这些物料,在传动辊筒式增面轮之前安装清扫器。清扫器有弹簧式、重锤式和轮式等多种。在皮带机尾轮辊筒之前的非工作面上也设有清扫器。

7)制动装置:皮带运输机的倾角大于4°时,为了防止带负荷停车时发生逆转事故,应安装制动装置。这种装置有带式逆止器、滚柱逆止器和电磁闸瓦式制动器三种。

128. 皮带运输机跑偏的原因和调整方法有哪些?

答:(1)皮带运输机跑偏的原因有以下几种:

1)皮带尾部漏斗黏料,下料不正。
2)尾部漏斗挡皮过宽或安装不正。
3)掉托辊或托辊不转。
4)尾轮或增面轮不正或黏料。
5)皮带张紧装置调整不适当或掉道。
6)皮带接头不正,或皮带机架严重变形。

（2）皮带跑偏处理调整方法：

1）检查头尾轮、增面轮及上下托辊是否黏料，若黏料立即立即清除；检查挡皮是否适当，若过宽要割去一部分至适当为止；托辊是否完好，若有不转的或缺托辊，要及时更换、补齐。张紧装置是否适当，可用管钳调节尾部张紧装置，至皮带走正为止。

2）上层皮带向行人走廊一侧跑偏时，将可移动的托辊支架顺皮带运转方向移动。

3）下层皮带跑偏时，用扳手移动下托辊吊挂位置，移动的方向与调上托辊的方向一样，视尾轮为头轮。

129. 皮带运输机打滑的原因和处理方法有哪些？

答：（1）打滑原因：皮带过载，皮带里层有泥水或皮带松弛。

（2）处理办法：皮带过载必须通知控制室办理停电手续，上皮带打滑将过载部分物料卸下。运转中皮带打滑应立即切断事故开关，防止皮带磨断，处理时严禁用脚踩皮带。处理皮带打滑，必须有三人在场，一人指挥，一人守住事故开关，一人用松香给料器，以高压风往头轮里吹松香。无松香时，往头轮送沥青或草袋也可，必须确认无误。两次启动，间隙时间不少于1min，以免烧坏马达。若张紧装置松动时，调整张紧装置。

皮带运输机出现划伤等问题时要迅速查明原因，排除隐患，将其缝合、修补。

130. 皮带运输机的安全防护有哪些？

答：皮带运输机在冶金企业中广泛应用，皮带造成的伤害事故也时有发生。皮带传动的危险部位是皮带与皮带轮的结合处。其安全防护措施有：

（1）皮带及皮带轮系统要安装安全防护罩。

（2）安装在过道及上空的皮带传动必须加挡板防护，以防皮带断裂伤人及其他事故的发生。

（3）皮带两侧必须安装跑偏报警装置和紧急停车的拉绳开关。

（4）较长的皮带在适当位置安装皮带过桥，避免岗位工横跨皮带。

（5）皮带尾轮容易落进粉料，随着尾轮运转，清除非常困难和危险。很多工伤案例显示，由于岗位工清理尾轮落料，被绞掉胳膊。我们通过现场经验，"发明"了尾轮接料盒，具体做法如下：使用200mm以上的槽钢，或用钢板焊接一个300mm宽、同皮带架长度、沿长度方向焊50mm两条边沿，即形成了像槽钢一样的钢件。然后将它安装在皮带尾轮滚筒前方的皮带架上，离尾轮滚筒20~30mm。这样卷入尾轮的粉料就会落入"接料盒"中，岗位工用铁锹或耙子清除。

131. 皮带刮料器挡皮使用窍门有哪些？

答：皮带工生产中时常为防止皮带黏料，调节刮料器挡皮，如果处理不善，会引发事故。这里介绍的是皮带工多年总结的经验，值得借鉴。

首先，皮带一旦黏料、返料严重，立即更换挡皮，不允许再紧，否则皮带表面与刮料皮中的帆布接触后，轻者磨去皮带胶面，重者使皮带开胶、起皮甚至撕裂。其次，经验不足的工人往往认为刮料皮越紧越不撒料、返料，但这种现象只是暂时的，一旦将皮带胶皮磨去，即使天天更换新刮料皮也无济于事。最好是刮料皮与皮带形成一种若即若离的状态。另外，绝不能新旧皮带混用，要保持刮料皮与皮带胶面的平行，不允许存在角度。

132. 如何避免皮带运输机的伤害？

答：皮带运输机伤害事故主要原因是人的不安全行为造成的。如不停机清扫、不经联系就起动设备、运行中处理故障、从运行中的皮带上跨越等，都可导致意外事故的发生。

预防皮带机伤害事故，一方面要完善皮带运输机的安全防护装置（如皮带机的防跑偏、打滑和紧急停车等），另一方面要严格规范人的作业行为，具体是：

（1）严禁在皮带机运转过程中从事注油、检修、清扫、检查等作业。

（2）作业人员的工作服应穿戴整齐，避免被旋转的机器卷入。

（3）起动皮带时应先发出警报信号，经确认无异常时方可起动。

（4）在作业人员停机注油、检修、清扫、检查时，应在电源开关处挂上"注油、检修"等标志，并锁上电源箱。

（5）严禁在皮带上行走，跨越皮带时必须走安全桥。

（6）皮带机停止运行时，要从起始端向最末端，依次停转，待全线停机后方可清理皮带上物料等。起动皮带机时，必须起动最末端的，依次起动，最后起动起始端。

（7）必须由指定人员调节皮带的拉紧装置。

（8）室外皮带机在大风天气应停止运转，且必须对其采取加固措施。

（9）对在停电或紧急停止运转时有滑动、倒转可能性的皮带机，要设有特别标志。在更换托辊时，要注意相互之间的配合，不要把手放在靠近皮带与托辊架的结合部，并严格执行停送电确认制。严禁皮带运转时扫卫生和处理皮带故障，在调整皮带跑偏时操作人员要衣扣整齐，女工须将长发挽入帽内。

133. 输送带上盖胶、下盖胶和边缘胶出现异常磨损原因和处理方法有哪些？

答：输送带上盖胶异常磨损原因和处理方法有：

（1）挡板的长度不合适所致。应将挡板长度调整放长，直到输送带上的物料稳定为止。

（2）挡板开度不合适所致。挡板开度应该是输送带宽度的 2/3 ~ 3/4，块状物料时应窄一些。挡板最好是对着运行方向呈扇形，并能调整开度大小。

（3）输送带和挡板的间隔不合适。先把挡板的输送带运行方向一侧与输送带相接触，之后慢慢加大间隔到适当的位置，以减少挡板对输送带的啃伤。

（4）挡板的材质不合适所致。挡板材质过硬，或者使用旧输送带而帆布露出，以致直接与输送带接触，应更换成合适的橡胶挡板。

（5）投料方向不合适，即物料落下的方向与输送带运行方向不同，以致产生横向力，使输送带跑偏或受损伤。应调整投料方向。

（6）物料的投料角度和落差不合适所致。应减少角度，使物料落在输送带上不弹跳。落差大而输送带受到很大冲击时，应加补铁板、铁棍、链条等，以减小投料时的速度。

（7）物料的投放速度不对所致。由于物料的投放速度和输送带的速度调整得不好，物料落在输送带上的瞬间打滑，由此磨损上盖胶时，要调整投料速度，使之与输送带速度一致。

（8）返回辊不干净，不转动或没调整好，由此上盖胶全长发生异常磨损，应采用如下方法：安装清扫器；清洗输送带；在返回辊上安装橡皮套；修理或更换返回辊。

输送带下盖胶异常磨损原因和处理方法有：

（1）输送带在驱动辊筒上打滑所致。应检查张力是否正常，并适当加大张力。另外，为了防止打滑，在驱动辊筒上安装橡皮套或使用压紧辊筒来增大包角。

（2）下托辊过于倾斜所致。应加以调整使之与输送带方向成直角，误差不要超过2°。

（3）托辊转动不良所致。应搞好维修，加强润滑。

（4）托辊及辊筒表面状态不良所致。托辊和辊筒破损，有附着物，或者胶面带轮上的螺钉突出时，要进行修理，还要安装清除附着物的挡板。

输送带边缘胶异常磨损原因和处理方法有：

（1）输送带边胶在辊筒上或其附近打折或者弯曲所致。首先要检查输送带是否跑偏，并进行修理，加大机体横方向余量。

（2）头部辊筒前的第一成槽托辊离头部辊筒过近或过高所至，需要调整托辊位置。

134. 皮带运输机上、下托辊如何维护？

答：应严格遵守托辊的管理及涂黄油的规定。这样做可以保护输送带，减少施加于输送带的张力。检查托辊时，应清除附在托辊表面上的异物，特别是注意下托辊，附着物有时会导致输送带跑偏，造成带边损伤。同样损坏了的和不转动的托辊会导致带子的局部磨损及跑偏。因此，损坏了的和经修理不转动的托辊，就必须及时更新托辊。

注油不能过量，一旦过量，漏到输送带上的黄油和润滑油就会使不耐油的橡胶变软膨胀脱层剥落。上托辊的位置不同及倾斜弯曲部位（曲率半径）设置不当，会使带子产生异常屈挠疲劳，从而使带子背面磨损及纵裂，引起皱纹。托辊隆起时，往往会使带子在运行中浮动而洒落被运物料，导致带子损伤，所以必须及时校正。如能进行定期检查管理，可以防止事故发生，这样不仅能合理使用输送带，也同时减少托辊的消耗，降低能耗，降低成本。

135. 皮带运输机生产中检查项目有哪些？

答：定期检查输送带本身故障并及时处理，是防止发生意外事故和提高胶带使用寿命的重要措施，输送带的检查包括上下表面损伤、带边损伤、带芯骨架损伤和接头，首先应检查的是接头部位，看是否有脱扣、开胶、分层、开口、位移、偏斜等现象。发现的破损现象即使较小，也应在未扩大之前尽早的进行简单的部分修补，当破损相当大时，应立即停车进行彻底修补，或者先进行紧急修补，再尽快进行大修，破损严重时则必须更换。

4 配料工技能知识

本章内容适用岗位范围主要包括：配料工所属设备开停操作、计算调整、跑盘校验、设备维护、安全管控等。

4.1 基础知识

136. 什么是烧结配料？

答： 烧结配料是将各种准备好的烧结原料，按配料计算所确定的配比和烧结机生产所需要的数量，利用配料称量设备准确地配合到一起，组成烧结混合料的作业流程。它是整个烧结工艺中一个重要环节，与烧结矿的产量、质量有着密切的关系。

137. 配料的目的和要求有哪些？

答： 为了获得化学成分和物理性能稳定，以及满足高炉炼铁要求的烧结矿，并使烧结料具有足够的透气性，以获得较高的烧结生产率，必须把各种物料根据烧结过程的要求和烧结矿品质的要求进行精确的配料。

138. 配料方法有哪些？

答： 配料的精确性在很大程度上取决于所采用的配料方法。目前有两种配料方法，即容积配料法和重量配料法。

（1）容积配料法是假设在物料堆积密度一定的情况下，借助于给料设备控制其容积，达到配料所要求的添加比例。为了增加其精确性，经常辅助以重量检查。

该法的优点是设备简单，操作方便，因此一些中小企业仍有不少采用此法。但由于物料的堆积密度随粒度和湿度等因素的变化而发生波动，致使配料产生较大误差。

（2）重量配料法是按原料的重量来配料，它借助于电子皮带秤和调速圆盘给料机，通过自动调节系统来实现。

与容积配料法相比，重量配料法易实现自动配料，精确度高。生产实践证明，重量配料法精确度能达到1.0%以下，而容积配料法精确度为5%。我国近期新建的大型厂多采用重量配料法。

139. 集中配料与分散配料有哪些优缺点？

答： 集中配料是把准备好的各种烧结原料全部集中到配料室配料，分散配料则是把烧结原料分为若干类，各类原料在不同的地方配料。集中配料与分散配料的比较，集中配料有如下优点：

（1）配料准确。在系统起动和停机时或改变配比时不会发生配比紊乱。各种原料集中在配料室配料时，配料仓位置差异对配料的影响可以借助计算机通过延迟处理使各矿仓的排料量设定值能按矿仓位置的先后顺序给出（见图4-1），从而使配料系统在顺序起动、停机或改变配比时不发生紊乱。

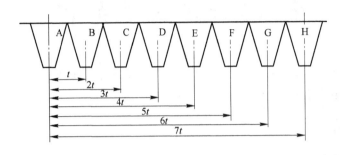

图4-1　配料延时处理示意图

（2）便于操作管理，利于实现配料自动化。

（3）配合料的输送设备少，有利于提高作业率。

分散配料时，矿仓位置的差异对配料带来的影响不易消除，当配料系统与烧结系统的生产不平衡时往往引起配比紊乱。新建烧结厂一般采用集中配料方式。

140. 什么是混匀矿、配合料、混合料和烧结料？

答：混匀矿指理化性能不一的原料经配料、堆积混匀后达到预计的理化性能均一的原料。

配合料是指配料室配出来的料，可以不含外加料（冷、热返矿、高炉炉尘、铁屑等），也可含外加料。

混合料是指含铁原料、熔剂、固体燃料和添加水经过圆筒混合机混合并制粒后的产品。

烧结料是指铺在烧结机台车上准备烧结的混合料，烧结料和混合料没有严格的区别。

141. 什么是烧结矿碱度？碱度可分为几种？

答：烧结矿碱度指烧结矿中碱性氧化物（$CaO + MgO$）与酸性氧化物（$SiO_2 + Al_2O_3$）的比值，用 R 表示。

碱度根据所要求氧化物不同，可分为以下3种：

四元碱度　$R_4 = (CaO + MgO)/(SiO_2 + Al_2O_3)$

三元碱度　$R_3 = (CaO + MgO)/SiO_2$

二元碱度　$R = CaO/SiO_2$

在生产中，我们所提的碱度是二元碱度。当烧结矿碱度（CaO/SiO_2）为1.6以上时，即为高碱度烧结矿。

142. 烧结原料的烧损率、残存量和水分的含义是什么？

答：配100kg干混合料烧不出100kg烧结矿，主要原因是各种物料在烧结过程中都有不同程度的烧损，烧损部分多数以气态形式逸出，所以烧结矿量就小于100kg。

物料的烧损率是指物料（干料）在烧结状态的高温下（1200~1400℃）灼烧后失去的重量对于物料试样重量的百分数。

物料的残存量是指物料经过烧结排出水分和烧损后的残存物量。

烧结原料的水分含量是指原料中物理水含量的百分数，即将一定的原料（100~200g）加热至150℃，恒温1h，已蒸发的水分重量占试样重量的百分比。

一些物料的烧损值如表4-1所示。

表4-1 一些物料的烧损值 （%）

品 名	铁精粉	外 矿	生石灰	白云石	返 矿	高炉重力灰	焦 粉
烧 损	-0.5~1.7	3~20	9~20	42~46	1.0~2.0	25~35	80~85

注：1. 返矿中随着残炭和游离 CaO 量不同，烧损不同；

2. 高炉重力除尘灰中含有大量炭，产生第二次燃烧；

3. 生石灰和白云石中有碳酸盐分解产生 CO_2；

4. 烧损不是固定的，要通过实验确定。

143. 什么是原料结构的优化？

答：众所周知，料层透气性是影响烧结过程稳定进行的重要因素，直接关系到烧结料层厚度的提高，而料层厚度又是影响烧结矿产量、质量、能耗等指标的重要因素，因此要使料层透气性增加，必须达到合理的原料结构，即原料结构优化。

所谓原料结构优化，也就是在一定时期和一定资源的条件下，合理搭配各种含铁原料，在烧结矿质量最大限度满足高炉需要的前提下，使炼铁获得最佳的经济效益。因此原料结构的优化，应当在保证烧结矿质量满足高炉需要的前提下，首先考虑对烧结料层透气性的影响，也就是参加配料的各种原料要有利于混合料造球。

研究表明：高的烧结机利用系数只有混合料中粗矿粉比例较高，且 0.1~1.0mm 的原料有限时才能达到。

制定原料结构的原则是：核颗粒的比例应达到混合料配比的30%（不包括返矿）左右，且尽可能使用两种或两种以上的富矿粉，因为任何一种富矿粉不管其烧结基础特性多么优越，烧结指标都难达到最优。因此相对合理的原料结构为：30%左右的赤铁矿（限制富矿粉配比提高的原因大多数是 Al_2O_3 偏高）+40%左右的细磨磁铁矿精粉。

144. 烧结生产为什么加白云石粉？

答：烧结生产中加白云石粉（或菱镁粉）的目的是提高烧结矿的 MgO 含量。其所起的作用如下：

（1）炉渣中含适量的 MgO 能改善炉渣的流动性和提高稳定性，一般认为炉渣中保持10%左右的 MgO 有利于高炉冶炼操作。

（2）烧结料中添加一定数量的 MgO，可以阻碍 $2CaO \cdot SiO_2$ 的形成，并抑制其晶形转变，这不仅对提高烧结矿强度有良好的作用，而且由于 MgO 的加入生成钙镁橄榄石，而阻碍了难还原的铁橄榄石的形成，使烧结矿的还原性得到提高。

（3）根据当地资源成分的不同，一般要求烧结矿中含 MgO 在 2.0%~3.5% 之间。

145. 燃料粒度控制多少合适?

答：每吨烧结矿所耗热能中，80% 来自混合料中的固体燃料，节约能耗，必须提高固体燃料的利用率，改善燃料在混合料中的分布状况，采用适宜的燃料粒度组成。

不同的燃料，不同的矿粉，不同的料层厚度，要求的燃料粒度也不同，烧结很细的精粉时，随燃料粒度降低，生产率不断提高，但当燃料粒度小于 2mm 以后，生产率不再上升，甚至有下降的趋势。反之，烧结粉矿为 8~0mm 时，燃料粒度可适当放大到 5mm，对烧结过程有较好的影响；但对烧结细精矿粉为主时，合适的燃料粒度 3~0mm 应占 80% 以上。

宝钢烧结的焦粉粒度小于 3mm 的占 80%，小于 0.125mm 的不超过 20%，平均粒度 1.5mm。

4.2　配料计算

146. 配料计算的理论依据有哪些?

答：烧结原料数量大，品种多，粒度及化学性质极不均一，配料计算首先计算混匀矿粉成分，然后再进行烧结配料计算。

(1) 混匀矿成分计算目前广泛采用的是定配比法和线性规划法。

定配比法是根据现场或者试验配矿经验，在已知各种含铁原料的配比，保证各原料配比之和为 100% 的条件下，求出混匀矿的技术经济指标。该法适用于在已知原料成分及其配比的基础上进行人工调整。

线性规划法是在未知矿种配比，并求各混匀矿成本最低的条件下的一种有效的方法。利用线性规划法对原料进行预处理可扩大原料的寻求范围，更有力地加强原料厂的管理。面对多种含铁原料，用户可根据生产或试验要求的混匀矿相关指标来确定目标函数。通常是将混匀矿成本最低定为目标函数，对其化学成分的要求进行范围限制，然后进行配矿方案的调优。由于未涉及熔剂和燃料配比，减少了调优的约束条件，调优更迅速。

(2) 烧结配料计算目前普遍采用的是定配比计算法和简单理论计算法。

定配比计算法是根据现场或者试验的配料经验，在已知混匀矿、熔剂以及燃料的配比，保证各配比之和为 100% 的条件下，求出烧结矿的技术经济指标。

简单理论计算法是指采用传统的配料计算辅以一定修正项的数学模型，根据"质量守恒"原理，按不同成分的平衡列出一系列的方程，然后求解。可实现由已知的原料成分和规定的烧结矿成分计算所需的原料配比。这种方法计算简单，速度快，适用于原料种类较少的情况，一般未知原料配比不多于 4 种。不过配料计算一般都是在通过混匀配矿计算以后，因此原料种数较少，所以非常适用此计算方法。

147. 配料计算的基本原则是什么?

答：(1) 原、燃材料的化学成分必须具有代表性。

(2) 选取的经验数据要切实可行。

(3) 一些生产数据（如自循环返矿、高炉槽下返矿等）要由生产实际情况确定。

(4) 遵循"质量守恒"原理。

（5）配料计算要准确无误。

（6）配比在生产中使用时要考虑水分等因素。

（7）配比一经使用，要在生产实践中总结经验，及时调整。

148. 配料计算前的准备工作包括哪些？

答：（1）确定所使用的原燃材料厂家以及具有代表性的化学成分。

（2）分析前一班成品矿的化学成分、波动情况及生产情况，检验前一班所选取的生产经验数据是否适合。

（3）高炉冶炼要求烧结矿的成分，询问高炉炉渣碱度和 Al_2O_3 和 MgO 化验情况。

（4）原料的贮存和供应量。

149. 如何进行现场配料计算？

答：（1）原料数据的收集与分析。进行配料计算首先收集具有代表性原料成分，并进行分析，确认原料成分的可行性，确定部分原料的配比、经验数据。

（2）配料计算方法。烧结配料计算，就是在一定的用料计划下，根据已知的原料成分和规定的烧结矿成分，确定合适的配料比例。一般烧结矿的含铁量取决于原料品位，烧结矿碱度主要取决于高炉冶炼的需要，烧结过程燃料的配比主要通过试验或生产实践确定。

烧结配料计算总是要遵循"质量守恒"的原理。一般按不同成分的平衡，列出一系列方程式，然后求解。

1）按 Fe 平衡可列方程式（以单位重量烧结矿计）。

2）按碱度平衡可列方程式。

3）按 MgO 平衡可列方程式。

4）按烧结过程中的失氧量可列方程式。

我们通常将1）~3）方法分别或同时运用于生产配料计算，而方法4）只有设计时使用。但是在生产现场我们最经常使用的还是碱度平衡计算法。

（3）部分原料配比的确定。生产中常常根据实际情况确定一部分配比小的物料，如高炉槽下返矿、自循环返矿、高炉重力灰、焦粉等的配比。

150. 简单理论配料计算法举例。

答：这种方法适用于生产过程简单的配比调整。在首次烧结机投产时，配料计算要根据高炉对烧结矿质量的要求，分别作 TFe、MgO、R 的平衡计算。现在虽然有电脑配料计算模板，但是作为配料工操作技能的一项重要内容，要求每位配料工都必须会熟练手工笔算。

为了方便计算，将所需的原料成分、配比，带入烧结矿中的成分，烧损剩余量等以表格对应的形式列在同一表中。这样，计算起来便于各数值的对应，会避免错误，增加计算速度。

例：已知原料成分见表 4-2 和表 4-3，根据生产实际情况确定部分原料配比（见表 4-4）如下：自循环返矿18%，球团返矿5%，槽下返矿8%，白云石粉5%，焦粉4%，求碱度为 1.67 时，铁粉和生石灰的配比。设铁粉配比为 $A\%$，生石灰为 $B\%$。

表 4-2 原料化学成分 （％）

名　称	TFe	CaO	MgO	SiO₂	烧 损	水 分
铁精粉	66.45			5.86	0.80	6.5
球团返矿	61.33	2.95	1.62	6.06	1.80	3
槽下返矿	58.63	8.67	1.60	6.19	1.80	3
机烧返矿	56.31	11.05	1.43	6.22	1.80	3
冶金白灰		75.83	3.16	3.87	16.0	4
白云石粉		31.28	17.20	2.75	42.50	3

注：各物料烧损根据化验室检测输入，各单位使用原料情况不同，烧损也不同。

表 4-3 焦粉工业分析 （％）

化 学 成 分					灰分中成分			
水 分	灰 分	挥发分	固定碳	S	CaO	MgO	SiO₂	Al₂O₃
6	17.53	3.09	77.60	0.54	6.86	5.73	51.26	33.78

注：焦粉带入烧结矿物的成分主要是固定碳和灰分，根据多年生产经验，焦粉烧损可100%等同于固定碳数值，SiO₂ 可100%等同于灰分数值。即本计算中焦粉烧损按77.60%，SiO₂ 按17.53%带入，其他成分可忽略不计。

表 4-4 配料计算平衡表

原料名称	化学成分/%			干配比 /%	带入烧结矿成分/%			残存率 /%	残存量 /%
	TFe	CaO	SiO₂		TFe	CaO	SiO₂		
铁精粉	66.45	—	5.86	A(52.375)	34.80	—	3.07	99.20	51.95
球团返矿	61.33	2.95	6.06	5	3.07	0.15	0.30	98.20	4.91
槽下返矿	58.63	8.67	6.19	8	4.69	0.69	0.50	98.20	7.856
自循环返矿	56.31	11.05	6.22	18	10.14	1.99	1.12	98.20	17.676
生石灰		75.83	3.87	B(7.625)	—	5.78	0.30	84.00	6.41
白云石		31.28	2.75	5	—	1.56	0.14	57.50	2.875
焦 粉	—		17.53	4		—	0.70	22.40	0.90
总　计	—	—	—	100	52.70	10.17	6.12	—	92.57

注：1. 残存率% = 100 - 烧损值；

2. 我们经验认为焦粉残存量 = 灰分值（而灰分中我们认为100%全为 SiO₂，其他成分忽略不计）；

3. 残存量% = 烧损剩余率% × 干配比；

4. 表中 A 与 B 后括号内数据是计算结果，放在这里便于对应参考。

计算过程（根据碱度平衡和配比之和，可列出以下两个方程式）如下：

（1）方程式一：

$$R = \frac{各种原料带入烧结矿中\ CaO\ 之和（\%）}{各种原料带入烧结矿中\ SiO_2\ 之和（\%）}$$

（2）方程式二：

$$各种原料的干配比之和 = 100$$

（3）各种原料带入烧结矿中 CaO 单项计算：

$$球团返矿带入烧结矿中\ CaO\ 量 = 2.95 × 5\% = 0.1475$$

$$槽下返矿带入烧结矿中\ CaO\ 量 = 8.67 × 8\% = 0.6936$$

$$自循环返矿带入烧结矿中 CaO 量 = 11.05 \times 18\% = 1.989$$

$$生石灰带入烧结矿中 CaO 量 = 75.83 \times B\% = 0.7583B$$

$$白云石带入烧结矿中 CaO 量 = 31.28 \times 5\% = 1.564$$

（4）各种原料带入烧结矿中 SiO_2 单项计算：

$$铁精粉带入烧结矿中 SiO_2 量 = 5.86 \times A\% = 0.0586A$$

$$球团返矿带入烧结矿中 SiO_2 量 = 6.06 \times 5\% = 0.303$$

$$槽下返矿带入烧结矿中 SiO_2 量 = 6.19 \times 8\% = 0.4952$$

$$自循环返矿带入烧结矿中 SiO_2 量 = 6.22 \times 18\% = 1.1196$$

$$生石灰带入烧结矿中 SiO_2 量 = 3.87 \times B\% = 0.0387B$$

$$白云石带入烧结矿中 SiO_2 量 = 2.75 \times 5\% = 0.1375$$

$$焦粉带入烧结矿中 SiO_2 量 = 17.53 \times 4\% = 0.7012$$

（5）把各种原料带入烧结矿中 CaO 和 SiO_2 量计算结果带入方程式一：

$$R = \frac{0.1475 + 0.6936 + 1.989 + 0.7583B + 1.564 + 0.048}{0.0586A + 0.303 + 0.4952 + 1.1196 + 0.0387B + 0.1375 + 0.7012} = 1.67$$

即

$$R = \frac{4.4421 + 0.7583B}{0.0586A + 0.0387B + 2.7565} = 1.67$$

即得

$$4.4421 + 0.7583B = 1.67 \times (0.0586A + 0.0387B + 2.7565)$$

即得

$$0.6936B = 0.0979A + 0.1613 \tag{1}$$

由方程式二可知

$$A + 5 + 8 + 18 + B + 5 + 4 = 100 \tag{2}$$

由式（1）、式（2）可得： $A = 52.375$ $B = 7.625$

配料计算到此，不能草草的参加生产配料，要用反推法验算一下是否达到要求，所以将各种物料配比带入前面表格（表4-3）中，验算一下碱度是否为1.80，但是验算所得的结果（TFe = 52.7%，CaO = 10.17%，SiO_2 = 6.12%），并不是烧结矿的化验结果，还需要进行烧损量折合。

（6）烧结矿各成分计算：

$$烧结矿各成分 = \frac{各种成分计算结果}{残存量}$$

烧结料中有部分物质在烧结过程中燃烧生成气体逸出，所以100kg干烧结料烧结后，要小于100kg，这部分叫烧损剩余量（也就是未经过筛分的烧结矿）。

由前面表格中，得知烧结矿计算成分和烧损剩余量。烧结矿实际成分等于烧结矿计算成分除以残存量（即92.57%）。

例如，本计算中烧结矿化学成分约为下列数值，如果原料成分具有代表性，配料准确，与化验室检验结果相同。

TFe = 56.92，CaO = 10.99，SiO_2 = 6.61，R = 1.662。

上述公式为手工计算，是配料工必须扎实掌握的基本功。现在随着电子计算机的普及，Excel 表格电算化已经得到广泛应用，下面列出用 Excel 表格设置公式的配料自动验算表（表4-5）。

表4-5 烧结机配料自动公式测算表　　　　　　　　　　　　（%）

序号	料　种	水分	烧损	TFe	SiO$_2$	CaO	干配比	残存量/%	TFe带入量	SiO$_2$带入量	CaO带入量
1	铁精粉	0	0.8	66.45	5.86	0	52.38	51.96	34.80	3.07	0
2	球　返	0	1.8	61.33	6.06	2.95	5.00	4.91	3.07	0.30	0.15
3	高炉返矿	0	1.8	58.63	6.19	8.67	8.00	7.86	4.69	0.50	0.69
4	自　返	0	1.8	56.31	6.22	11.05	18.00	17.68	10.14	1.12	1.99
5	白云石粉	0	42.5	0	2.75	31.28	5.00	2.88	0	0.14	1.56
6	焦　粉	0	77.6	0	17.53	0	4.00	0.90	0	0.70	0
7	生石灰	0	16	0	3.87	75.83	7.62	6.40	0	0.30	5.78
合　计							100.0	92.57	52.70	6.12	10.17
烧结矿成分				TFe	SiO$_2$	CaO	R				
				56.92	6.61	10.99	1.662				

注：表中各物料品种、水分、烧损、TFe、SiO$_2$、CaO、配比均为手工输入，其他为公式设置，只需输入相关数据，计算机将自动计算出烧结矿成分、碱度。公式设置为：

残存值 = (100 − 烧损) × 对应配比 ÷ 100（下同）；

TFe(%) 带入量 = TFe × 对应配比 ÷ 100（下同）；

SiO$_2$(%) 带入量 = SiO$_2$ × 对应配比 ÷ 100（下同）；

CaO(%) 带入量 = CaO × 对应配比 ÷ 100（下同）；

烧结矿各成分 = 对应带入量 ÷ 总残存；

R = (CaO/残存) ÷ (SiO$_2$/残存)。

151. 可否举例说明烧结配料碱度调整快速计算公式及应用？

答：生石灰调整是烧结生产过程中最常见的实操问题。为方便员工操作，依据 CaO 有效钙平衡法快速准确计算出结果整理出如下公式，以供配料工参考：

（1）适用两种物料配比发生变化：

$$生石灰配比差(\%) = \frac{配比调整值 × (\Sigma SiO_2 差值 × R - \Sigma CaO 差值)}{CaO 有效生石灰}$$

例1：已知铁精粉 SiO$_2$ 为 4.5%、CaO 为 0.28%，配比为 60%，槽下返矿 SiO$_2$ 为 5.5%，CaO 为 10%，配比为 13%，原烧结矿碱度为 2.0 倍，生石灰中有效钙 68%，现将铁精粉配比上调 3%，槽下返矿配比下调 3%，如碱度不变情况下，生石灰应调整多少？

解：根据公式推出：

生石灰配比差(%) = 3 × {(4.5 − 5.5) × 2.0 − (0.28 − 10)} ÷ 68 = 0.34%

则在碱度不变情况下，生石灰配比应上调 0.34%，给定物料配比找齐。

同理，如果将槽下返矿配比上调 3%，铁粉下调 3%，则计算式为：

生石灰配比差(%) = 3 × {(5.5 − 4.5) × 2.0 − (10 − 0.28)} ÷ 68 = −0.34%

也就是在碱度不变上调 3% 槽下返矿，白灰配比应下调 0.34%，给定物料配比找齐。

（2）适用碱度变化调整：

$$生石灰配比差(\%) = \frac{R(新) \times SiO_2 矿 - CaO 矿}{CaO 有效(新)} \times 100$$

例2：已知原烧结矿碱度为2.0倍，SiO_2 为5.5%，CaO 为11%，生石灰成分 SiO_2 为3.0%，CaO 为80%，根据生产需求现将碱度上调到2.1倍，问生石灰应调整多少？

解：根据公式推出：

生石灰配比差(%) = (2.1 × 5.5 - 11) ÷ (80 - 2.1 × 3.0) × 100 = 0.75%

则碱度上调到2.1倍后，生石灰应上调0.75%，给定物料配比找齐。

（3）适用生石灰成分变化：

$$生石灰配比差(\%) = \frac{原配比 \times CaO 有效(原)}{CaO 有效(新)} - 原配比$$

例3：已知原烧结矿碱度为2.0倍，生石灰成分 SiO_2 为3.0%，CaO 为80%，配比8%，新进厂生石灰成分为 SiO_2 为2.0%，CaO 为85%，问碱度不变情况下生石灰应调整多少？

解：根据公式推出：

生石灰配比差(%) = {8 × (80 - 2.0 × 3.0) ÷ (85 - 2.0 × 2.0)} - 8 = - 0.69%

则碱度不变情况下，生石灰应下调0.69%，给定物料配比找齐。

152. 配料计算为什么以干基为准？

答：配料计算都是以干基为准。因为各种原料水分不一，且波动大，不能成为固定值，另外化学成分都是以干基为准进行化验的。

4.3 技能知识

153. 配比总和为什么要保持100%？

答：因配料是按100%湿料进行配料的，若上料配比总和达不到100%，就会影响配料的准确性和物料消耗的真实性。

规程规定：总配比为(100±5)%。

154. 什么叫料批？如何计算各种物料小时料量和单班总料量？

答：料批就是每米配料皮带上的配料量，单位为 kg/m。

每小时上料量（t）=60(min) × 料批(kg/m) × 配料皮带速度(m/min)/1000kg

某种物料每小时上料量 =60(min) × 料批(kg/m) × 这种物料的配比(%) × 配料皮带速度(m/min)/1000kg

本班总上料量 =每小时上料量之和（t）

155. 烧结工艺对配料作业有什么要求？

答：（1）达到考核指标要求，如 TFe、碱度的稳定。

（2）达到高炉对杂质和化合物的要求，如 S、P、MgO、Al_2O_3、SiO_2、Na_2O 等。

（3）满足烧结的烧结性能和燃料要求，如各种原料搭配合理，煤粉的用量适当。

（4）根据供料情况合理利用资源，要考虑成本、烧成、质量，以及杂矿粉、铁屑、转炉渣配用等。

156. 配料工艺技术操作要点有哪些?

答：即使配料计算准确无误，如果没有精心操作，烧结矿的化学成分也是难以保证的。生产上，配料工艺操作要点如下：

（1）正常操作：

1）严格按配料单准确配料，圆盘给料机闸门开口度要保持适度，闸门开口的高度要保持稳定，保证下料稳定。我国企业对各种原料实际下料量与配料重量的允许误差：在运料皮带上精矿不大于 ±0.5kg/m；粉矿不大于 ±0.2kg/m；冶金副产品或杂矿不大于 ±0.3kg/m；熔剂或燃料不大于 ±0.1kg/m；配料总量不大于 ±1.0kg/m，使配合料的化学成分合乎规定标准。

2）配碳量要达到最佳值，保证烧结燃耗低，烧结矿中 FeO 含量低。

3）密切注意各种原料的配比量，发现短缺等异常情况时应及时查明原因并处理。

4）在成分、水分波动较大时，根据实际情况做适当调整，确保配合矿成分稳定。配料比变更时，应在短时间内调整完成。

5）同一种原料的配料仓必须轮流使用，以防堵料、水分波动等现象发生。

6）某一种原料因设备故障或其他原因造成断料或下料不正常时，必须立即用同类原料代替并及时汇报，变更配料比。

7）作好上料情况与变料情况的原始记录。

（2）异常操作：

1）在电子秤不准确、误差超过规定范围时，可采用人工跑盘称料，增加称料频次。

2）在微机出现故障不能自动控制时，应采用手动操作。

3）当出现紧急状况，采取应急操作后，要马上通知有关部门立即处理。应急操作不可长时间使用，岗位工应做好记录，在交班时要核算出各种物料的使用量、上班时间参数，并作好原始记录。

157. 影响配料准确性的因素有哪些?

答：（1）原料条件的影响。原料条件的稳定性、原料粒度和水分等，对配料的准确性都有不同程度的影响。

1）烧结用料品种多、来源广、成分杂，若事先未经很好的混匀，其成分波动是很大的。在此情况下，即使采用重量法配料，烧结矿成分也难以稳定在允许范围。

2）原料粒度的变化会使堆积密度发生变化，特别是当原料粒度变化范围大时，会使圆盘给料机在不同时间的下料量出现偏差。当采用容积配料时，影响更大。

3）原料水分的波动，不仅影响堆积密度，还影响圆盘给料的均匀性，使配料的准确性变差。当原料水分提高时，物料在矿槽内经常产生"崩料"、"悬料"现象，破坏了配料的连续性和准确性。

（2）设备状况的影响。设备性能的好坏对保证均匀给料、准确称量是很重要的。

1）安装给料机时，如果圆盘中心与料仓中心不吻合，或盘面不水平，就会使圆盘各个方向下料不均匀，时多时少。

2）盘面的粗糙程度影响与物料间的摩擦力。盘面光滑时，会出现物料打滑现象，下料时有时无，特别是物料含水分高时，其摩擦系数更小，配料的误差更大。

3）电子皮带秤的精度、配料皮带的速度等都会影响配料的质量。

（3）操作因素的影响。操作不当和失职同样会影响配料作业。

1）生产过程中，矿槽料位不断变化，将引起物料静压力变化。随着物料静压力的下降，物料给出量减少，因此，矿槽内存料量的变化会破坏圆盘给料的均匀性；所以，在料槽中应装设料位计，料线低时就发出信号，指挥进料系统自动进料，以保持料位的稳定。

2）当原料中有大块物料或杂物时，会使料流不畅，以至堵塞圆盘的出料闸门。

3）对于热返矿来说，热返矿在配料计算中视为常数，当烧结操作失常，产生返矿恶性循环时，对配料的准确性将会带来极大的影响。

4）外加料的影响：如冷返矿、高炉炉尘、水封刮板泥、铁屑等若添加不当、添加不匀，都会带来严重的影响。

5）配料操作人员的技术水平对配料准确性的影响就更大了。

为克服上述因素的影响，必须加强对原料和设备的管理，做到勤观察、勤分析、勤称量、勤调整。

158. 配料室的"五勤一准"操作内容是什么？

答："五勤"即勤检查、勤联系、勤分析判断、勤计算调整、勤总结交流；"一准"即配料准确。

（1）"勤检查"即随时观察原料粒度、颜色、水分、给料量的情况。

（2）"勤联系"即经常与内外控、抓斗吊、返矿、烧结机、分析化验等岗位取得联系。

（3）"勤分析判断"即经常分析判断原料成分、给料量、配比与烧结矿的情况，不断提高分析能力与操作水平。

（4）"勤计算调整"即根据分析判断情况，及时进行计算调整。

（5）"勤总结交流"即及时总结当班配料的经验教训，并毫不保留的向下一班交流。

（6）"配料准确"，其总的含义应该是：水分稳定、粒度均匀、下料精确、给料连续、判断准确、调整及时、成分合格。

159. 配料工跑盘的技术要求有哪些？

答：（1）跑盘要求两人操作，一人放盘，一人取盘。

（2）铁精粉等高配比原料需用1m盘检测，熔剂和燃料用1m盘或半米盘检测。

（3）跑盘前需清理干净盘底黏料。

（4）跑盘要在下料比较稳的瞬间放盘。

（5）跑盘时要求把盘放在皮带中间，保证物料全部接住。

（6）每种物料检测不低于3盘，然后称量取平均数。

160. 烧结矿成分与配料计算值发生偏差的原因及措施有哪些？

答：（1）偏差原因很多，主要有以下方面：

1）计算有错误或计算所依据的原料成分没代表性。

2）原料成分发生变化。

3）给料设备下料量误差大。

4）操作不稳定，特别是交接班时，必须实行统一操作。

5）取样缺乏代表性。

6）化验出现误差。

（2）要分析烧结矿成分波动的真实原因应从下面几点入手：

1）验算配比是否正确。

2）检查下料量是否超过规定误差范围。

3）原料化学成分是否发生了变化。

4）正确分析烧结矿化验结果以及变化的总趋势。

5）供料系统有无混料现象。

6）上一班和本班的原料情况。

7）上一班和本班的操作方法。

161. 烧结矿成分发生波动如何调整？

答：生产过程中，由于各种原因，会发生烧结矿实际成分与配料计算值出现偏差的问题。烧结矿成分的波动类型、原因以及调整措施见表4-6。

表4-6　烧结矿成分的波动类型、原因及调整措施

类型	烧结矿成分波动				原因分析	调整措施
	TFe	CaO	SiO_2	CaO/SiO_2		
1	+	√	−	+	铁料品位升高	减少高品位矿或增加低品位矿
2	+	√	+	−	铁料品位下降	增加高品位矿或减少低品位矿
3	+	−	+	−	铁料下料量增加或铁料水分减少或熔剂下料量减少	减少含铁料或增加熔剂
4	√	+	√	+	熔剂CaO升高，或CaO含量较高的原料配比偏大	验算熔剂配比，检查熔剂料流或减少熔剂配比
5	−	+		+	熔剂下料量增加	减少熔剂配比
6	−	MgO+	−	+	白云石配比变大或流量变大	适当减少白云石配比或流量
7	√	MgO−	√	+	白云石中MgO含量下降或混入石灰石	取样化验，调整配料比
8	√	−	√	−	熔剂CaO降低	增加熔剂配比

注：√表示正常；＋表示升高；−表示降低；

一般质量事故分析举例：

（1）铁偏低或偏高的主要原因是：

1）含铁原料品位不稳定。当品位变高时，烧结矿的Fe上升，SiO_2下降，CaO正常。当品位变低时，烧结矿的Fe下降，SiO_2上升，CaO正常。

2）含铁原料的下料量不稳。当下料量大时，烧结矿Fe上升，SiO_2稍上，CaO下降。当下料量小时，烧结矿Fe下降，SiO_2稍下，CaO上升。

3）含铁原料水分波动。相当于下料量的变化，即水分增加或减少相当于下料量的减少或增大。

4）熔剂用量的高低。增加熔剂用量则 Fe 降低。

（2）碱度偏高或偏低的原因主要是：

1）含铁料品位偏高或偏低。品位高时烧结矿的铁上升，SiO_2 下降，CaO 正常，使得碱度上升。品位低时，烧结矿的铁下降，SiO_2 上升，CaO 正常，使得碱度下降。

2）熔剂下料量的大小的影响。下料量大时相当于配比高，SiO_2 稍低，Fe 下降，CaO 上升，碱度上升。下料量小时相当于配比低，SiO_2 稍低，Fe 上升，CaO 下降，碱度下降。

3）含铁原料下料量大小的影响。下料量大时，Fe 上升，SiO_2 稍升高，CaO 下降，碱度下降。下料量小时 Fe 下降，SiO_2 稍降，CaO 上升，碱度上升。

4）熔剂中 CaO 高低的影响。CaO 高，SiO_2 变动不大，造成碱度上升。CaO 下降，SiO_2 变动不大，造成碱度下降。

5）熔剂中混有其他原料时，会造成 CaO 大幅度下降，碱度下降。

6）熔剂水分变化时相当于配比或下料量的变化。

要根据分析质量波动的主要原因，采取相应措施进行调整。

162. 配料调整注意哪些问题？

答：（1）滞后现象：配料比或给料量调整后有滞后现象，取样时要到第二、第三个样才能反映出来。例如烧结矿要求 $TFe = (50 + 1)\%$，第一次的化验样 $TFe = 49.2\%$，偏低。调整时有两种措施，一是把配料的计算铁调至 50%，当第二次化验铁升高至 49.5% 时，说明铁品位已调至正常。如果再调整的话，烧结矿的铁就会出格。第二种措施是把配料的计算铁调至 50.8%，但时间要严格控制在从配料到成品烧成的时间的 2/3，随后就恢复到按铁 50% 的计算进行正常操作。

（2）兼顾其他成分的变化：调整铁分时，要注意碱度等的变化。如铁分正常，碱度低时，调整时除增加石灰石用量外，还要适当调高铁分。又如烧结矿的碱度和铁分偏高时，可以用低铁原料置换高铁原料。因为低铁原料的 SiO_2 含量高，故可以不增加或少增加熔剂的用量。

（3）返矿的影响：在返矿不参加配料的工艺中，当烧结操作失常，产生返矿恶性循环时，返矿量大幅度增加会造成烧结矿的铁分降低以及碱度的暂时偏低。当烧结过程恢复正常时，又会向相反方向发展。

（4）除尘器放灰的影响：为保护环境，烧结厂都采用除尘器收集扬尘点的灰尘。除尘灰尘一般都是直接卸到混合料皮带上，作为烧结的原料。这些灰尘含 SiO_2 较高，CaO 较低，因此放灰时，必然会使烧结矿碱度降低。所以，除尘器放灰时，应适当增加熔剂的配比，使烧结矿碱度符合。

163. 碱度波动调整采取哪些方法？

答：（1）在碱度变动时，采取以下方法：

1）前后照应调整法：一般来说，从配料到成品化验出结果，需要 3 个多小时，机上冷却循环时间更长。所以，配料调整就是要综合考虑前一班烧结矿成分的变化情况，原料情况以及岗位工分析的结果进行调整。

特别是新配比调整后，要根据台车机速、带冷机速、皮带速度以及机返仓位估计一下新配比后的机返何时进入配料，这时，就要再调整一次配比。

2）微量调整法：配料调整后，当化验结果接近正常值上限时，要往下调，接近正常值下限时，要往上调。如：要求 $R = 1.90 \pm 0.1$，化验结果为 1.98 时，要往下调，以免超标。结果为 1.90 时，要往上调。

3）大加大减法：在生产时，常常会出现碱度长时间偏低或偏高情况。这时，为了尽快稳定碱度，我们常采用大加大减的方法，如：碱度连续偏低，这时所使用的机返的碱度也比较低，要果断地加大熔剂配比，循环一段时间后，一般针对返矿循环情况，调为正常配比。

（2）烧结碱度预测。

1）工作中要做到"三清"，即清楚本厂工艺流程；清楚上班生产情况，班中配比使用情况，是否有断料、错料、混料，设备运转是否正常；清楚本班各料仓和成分，以便估算何时能用到另一成分的原料。

2）掌握烧结矿和原料成分的变化趋势，确定本班基准配比，即在接班后，要及时准确地分析上班的烧结矿成分和所使用的生石灰配比情况，确认 SiO_2 变化趋势，并找出上班的基准配比，然后结合本班所使用原料成分，确定本班调整生石灰配比的趋势。另外，在这里还要注意，上班所使用的配比是什么变化趋势，即上升或下降，也就是说本班接班后的生石灰配比基础是高还是低，以便做适当的调整。

3）坚持"低 SiO_2 高控 R，高 SiO_2 低控 R"的原则。即我们在生产中，如果所使用的原料成分中 SiO_2 比较低时，那么就要将碱度控制在略高于中限碱度的趋势下，以防 SiO_2 从低突然上升，CaO 变化跟不上，导致低废。同样，在原料成分 SiO_2 比较高的情况下，就要将碱度控制在略低于中限碱度的趋势下，以防 SiO_2 突然下降，CaO 变化跟不上，出现高废。

4）估算上班的实际残存量和本班的实际残存，进一步进行 SiO_2 和 CaO 的估算。

164. 稳定配比的措施有哪些？

答：（1）加强原料的管理，保证其物理化学性质稳定。
（2）加强配料设备的维护和检修，定修时及时校秤。
（3）保证矿槽仓位一定，提高流量稳定。
（4）选好圆盘下料跑盘点，减少给料误差。
（5）实行自动化配料。
（6）加强配料工责任心，避免人为事故。

165. 烧结原料水分对烧结生产有什么影响？

答：烧结原料水分过高、过低或波动都会对烧结生产带来影响：
（1）烧结原料水分过高，如精矿粉，容易成团粘矿槽，影响配料的准确性，影响混合料的均匀性，烧结机尾断面产生"花脸"，影响烧结矿的产量和质量。
（2）烧结原料水分过低，如混合矿和返矿粉尘大影响配料操作，物料得不到提前润湿，在一次、二次混合机加水润湿不透，影响制粒效果，烧结矿的产量和质量也会受到影响。

（3）烧结原料水分波动，将会引起配料的波动。因为配料是按百分之百的湿料配入，按干料进行计算的，各种原料的水分都是假定不变的，若原料水分发生波动，必然会引起配料的波动，也会对混合料水分稳定带来影响。

生产中应根据多年生产实践，总结适宜的原料水分。各厂原料不同，适宜的水分也会不一样。太钢烧结厂控制的水分是：精矿粉水分低于8%，富矿粉及杂矿粉水分低于6%，熔剂和燃料水分低于4%。

166. 如何保证皮带电子秤的准确度？

答：（1）为了自动校准皮带秤，秤架及周围必须清理干净，两边的挡板不能压在皮带上。

（2）小皮带运转不能跑偏，否则易损坏皮带，影响计量的准确度。

（3）换皮带或换前后轮时，一定不要踩在皮带中间的上方，否则会踩坏称重传感器。

（4）换轮时，卸测重传感器的螺丝即可，其余部件不能动。

（5）换上新皮带时，小皮带要空转10min进行自动校准，然后才能下料使用。

167. 烧结混合料中加入生石灰应注意哪些问题？

答：（1）在烧结以前，生石灰要充分消化，尽量采取高活性、消化快的生石灰，粒度上限小于3mm。

（2）配料皮带上，应该有足够的精矿粉或其他含铁料作为"垫底料"，在料面划沟，均匀加水（最好加热水），达到生石灰颗粒均匀湿透，充分消化，避免皮带上黏料。

（3）运输及储存过程中，避免雨淋，受潮消化，失去CaO的强化作用。因为：一是提前消化起不到提高混合料温度的作用；二是配入的CaO量减少，要保证原生石灰配入的CaO量，就必须增加配比；三是容易喷仓，出现灼伤眼睛事故。

168. 配料开机生产主要步骤和配料操作的注意事项有哪些？

答：（1）配料系统主要操作步骤：

1）开机前的准备工作：检查各圆盘给料机、配料皮带秤、皮带机等所属设备，以及各安全装置是否完好，设备运转部位是否有人或障碍物；检查矿槽存料是否在2/3左右。

2）开机操作：集中联锁控制时，接到开机信号，合上事故开关，由集中控制集中起动。非联锁控制时，接到开机信号，合上事故开关，即可按顺序起动有关皮带机，再开启所用原料的配料皮带秤，最后开启相应的圆盘给料机。

3）停机操作：集中联锁控制时，正常情况下由集中控制正常停机，有紧急事故时，应立即切断事故开关。

需要手动时，把操作台上的转换开关打到手动位置即可进行手动操作。

4）按要求输入上料量、配比等参数，并利用自动计算公式检测碱度是否在控制范围内。

（2）配料操作的注意事项：

1）随时检查下料量是否符合要求，根据原料粒度、水分及时调整。

2）运转中随时注意圆盘料槽的黏料、卡料情况，保证下料畅通均匀。

3）及时向备料组反映各种原料的水分、粒度杂物等的变化。

4）运转中应经常注意设备声音，如有不正常声响及时停机检查处理。

5）应注意检查电机轴承的温度，不得超过55℃。

6）如果圆盘在运转中突然停止，应详细检查，确认无问题或故障排除后，方可重新起动。如再次起动不了，不得再继续启动，应查出原因后进行处理。

配料系统在生产中常出现的故障与处理方法见表4-7。

表4-7 配料系统常见故障的原因与处理方法

故 障	原 因	处 理 方 法
矿槽堵料	物料水分过大	矿槽存料不宜过多，开动振动器处理
圆盘爬行、横轴断裂、闸门坏	料中有大块杂物卡住	检查排除异物、更换闸门
电机声响不正常，开不起来	负荷大；选择开关、事故开关位置不对或接触不良	找电工检查处理
减速机轴承温度高、有杂音	齿轮啮合不正，缺油；轴承间隙小，横轴缺油	检查加油、调整间隙
皮带打滑跑偏	拉紧失灵，皮带松；皮带有水，下料偏；头尾轮黏料	检查处理

169. 配料室安全危险源点有哪些？防范措施是什么？

答：烧结厂配料室设备较多，原料品种较多，生产操作过程中存在安全隐患，如果提前预防，就能起到一定效果。配料室危险源点主要有：

（1）皮带绞伤。

（2）生石灰粉和除尘灰喷伤或灼伤（眼睛、皮肤）。

（3）捅料摔伤或铁器击伤。

（4）清理矿槽摔伤或落入仓内掩埋。

（5）跑盘绞伤，摔倒。

（6）更换托辊绞伤。

（7）微机室电伤。

（8）误操作，绞伤。

具体防范措施：

（1）皮带尾轮加装防护网，尾轮增加扫料器。

（2）劳保穿戴齐全、尤其是防护眼镜及口罩。

（3）料仓口增加操作（检修）平台。

（4）清理矿槽必须系安全带并有专人监护。

（5）跑盘必须精力集中，双人操作。

　　（6）更换托辊必须停机操作。

　　（7）微机室配电盘禁止非专业人操作。

　　（8）开机前必须确认，否则不准开机。

170. 矿槽及料仓的黏料清理作业应采取哪些安全措施?

　　答：矿槽及料仓仓壁容易黏料，进行清仓作业时，为防止可能发生的积料塌落、上部落物及下部设备运转造成的砸伤、掩埋、窒息、绞伤等人身事故，应作如下安全规定：

　　（1）清理作业前，将仓上工序的皮带机及仓下工序的圆盘给料机停止运行（包括切断事故开关、挂检修牌）。如果上道皮带机不能停运，应将上口加挡板封闭。

　　（2）料仓上面及周围 1m 范围内堆放物品应清理干净，仓前拉设警戒线。

　　（3）清理作业时，上面进料口及下部圆盘必须设监护。下仓人员不得少于两人。

　　（4）清理前，下仓人员必须戴好安全帽，系好安全带、安全绳。进出料仓要使用安全梯。

　　（5）清仓时，仓内照明必须使用安全电压。

　　（6）下仓时，必须用散料将料仓下部悬空部分填平，只留 1m 黏料高度。

　　（7）清仓作业时，要从上往下层层清理，严禁从下部采用掏窑的办法清理。当清理人员将所留 1m 料位清理时，应停止清理，仓内人员必须撤出，起动圆盘放料，直至待清黏料漏出 1m 时，继续派人清理，循环进行。

171. 冬季生产配料室有哪些防冻措施?

　　答：（1）岗位必须有暖气（汽暖、水暖），使用汽暖如停产必须将水放净，使用水暖保证水系统正常循环。

　　（2）水系统必须做保温。

　　（3）停产时，生产用水必须长流水。

　　（4）停产时，生石灰消化器内必须清理干净。

　　（5）停产时，料仓顶部要苫盖保温。

　　（6）储气罐排水阀保持微开，防止存水冻结。

4.4　设备性能及维护

172. 配料设备包括哪些?

　　答：配料室根据设计的不同，分为地上式和地下式。有的企业还设计了一次预配料室。但是不论采取何种配料室形式，配料设备基本相同，主要设备设施有：储料矿槽、圆盘给料机、叶轮给料机、电振给料机、星型给料机、电子皮带秤、生石灰消化器、皮带运输机、除尘器、气力输送系统、热水泵站等。

173. 配料仓贮存量如何确定?

　　答：为保证向烧结机连续供料，各种原料在配料仓内都有一定的贮存时间，其贮存时间根据原料处理设备的运行和检修情况决定。一般各种物料均不小于 8h。各种原料的贮存时间可参照表4-8确定。

表4-8　各种原料贮存时间

原料名称	考虑因素	贮存时间/h
混匀矿	考虑混匀矿取料机、带式输送机发生故障及换料时间	6~8
粉矿	配料室设在原料仓内时,考虑抓斗能力及检修	4~6
精矿	配料室不在原料仓内时,应考虑原料仓设备检修及原料仓至配料室带式输送机的检修	8
熔剂	熔剂在料场加工时,考虑料场加工设备定期检修	10
熔剂	熔剂在烧结厂加工时,考虑破碎筛分系统与烧结机作业率的差异与破碎筛分设备的检修	>8
燃料	破碎筛分设备检修及与烧结机作业率的差异	>8
生石灰、烧结冷返矿及冶金厂杂料	考虑配料仓的配置要求以及来料情况	视具体情况决定
高炉返矿	带式输送机运输时考虑烧结与炼铁作业率的差异	10~12

决定混匀料配料仓的贮存时间,应考虑混匀料场向配料室供矿的条件及混匀取料机突然发生故障时造成的影响,对混匀料场设备计划检修或故障时间较长造成的影响可不考虑,出现该情况时由贮料场的直拨运输系统临时向配料室供料。

174. 确定配料室料仓个数的原则有哪些?

答:(1)某一配料设备发生故障时不致使配料作业中断。当某一物料配料仓为单个时,应设有备用料仓。

(2)考虑混匀料的料仓个数时,除考虑混匀料给料系统的作业率外,并应考虑贮料场直拨供应单品种矿的贮存量。

(3)无混匀料场时,料仓个数应考虑原、燃料的品种,并且保证备用仓。

(4)大宗原料的料仓个数应与排矿和称量设备的能力相适应。

(5)尽量减少矿仓料位波动对配料带来的影响。

随着外矿品种的增加,一般无混匀料场的企业含铁原料的料仓不应少于6个,燃料仓不少于2个,熔剂生石灰和白云石仓各可设2个或1个料仓设2台排料设备,返矿仓可设2个,其他钢铁厂返料可根据品种设3~5个。

175. 料仓防堵措施有哪些?

答:潮湿物料容易堵塞料仓,必须采取防堵塞措施。根据物料黏性大小,料仓下部采用不同的结构形式以防止堵塞。对黏性大的物料,如精矿、黏性大的粉矿等,料仓可设计成三段式活动料仓,并在活动部分装设振动器,如图4-2(a)所示。

对黏性较小的粉矿,料仓上部可设计成带突然扩散形的两段式结构,并在仓壁设置振动器,如图4-2(b)所示。对于消石灰、燃料等物料,可以直接在一般的金属矿仓壁上设置振动器,如图4-2(c)所示。如矿仓容积较大,可设计成指数曲线形料仓防止堵塞。

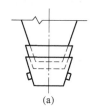
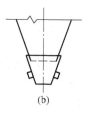

图 4-2 贮存黏性物料的料仓结构

（a）三段式仓；（b）两段式仓；（c）普通料仓

176. 圆盘给料机的构成及工作原理是什么?

答: 圆盘给矿机是细粒物料常用的给矿设备, 给矿粒度范围是 50～0mm。优点是给料均匀准确、调整容易、运转平稳可靠、管理方便。但构造比其他细粒物料给矿设备复杂, 价格较高。

圆盘给矿机因其传动机构封闭的形式不同, 分为封闭式与敞开式两种。与敞开式比较, 封闭式有负荷大、检修周期长等优点, 大型烧结厂采用较多, 但其有设备重、价格高、制造困难等缺点。中小型烧结厂一般采用设备较轻便于制造的敞开式圆盘给矿机, 缺点是物料水分及料层高度波动时容易影响给料波动, 进而影响配料的准确性。

圆盘给矿机的构造如图 4-3 所示。其工作原理是传动部分带动圆盘旋转, 使圆盘与

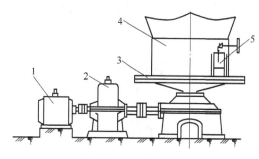

图 4-3 圆盘给料机构造

1—电动机；2—减速器；3—圆盘；4—套筒；5—闸门

物料间的摩擦力矩, 克服料与料间和料与矿槽漏斗套筒内壁的摩擦阻力矩, 使料与圆盘一起旋转, 由漏斗套筒的蜗牛形切力处闸门排出。通过调节闸门和电机转速, 可调节料流的大小。

圆盘给矿机的全套装置分为两部分, 即上部的套筒与下部的圆盘及其底座。套筒部分由料斗、套筒和可调的卸料阀组成。圆盘部分由电动机经减速机、伞齿轮带动圆盘竖轴转动。

圆盘套筒有蜗牛式与直筒式两种。蜗牛式套筒下料均匀准确, 对熔剂、燃料等尤其适合, 但对水分含量较大的精矿、富矿而言, 下料量波动较大, 常常出现堵料现象。混合料的给料圆盘, 由于混合料含有返矿, 磨损较快, 故改成铸石衬板后, 使用周期提高 3 倍。

177. 配料系统给料形式有哪些?

答: 给料设备的形式种类较多, 采用什么样的给料设备取决于技术经济分析的结果, 在大型烧结设备中常用的是圆盘给料机和电子皮带秤。

（1）普通圆盘给料机。

这是用于容积式配料的主要设备。根据物料的容积, 借助圆盘控制给出物料的容积量, 从而达到配合料所要求的添加比例。由于各种物料的容积随着粒度和温度的不同而发

生波动，因此，这种配料设备所采用的容积配料法配料精度低，满足不了现代化烧结厂对配料精度的要求。

（2）调速圆盘 + 电子皮带秤。

调速圆盘 + 电子皮带秤是一种比较简易的重量配料设备，它由一台带调速电机的圆盘给料机和一台电子皮带秤组成，如图 4-4 所示。

（3）定量圆盘给料机 + 计量皮带秤。

这是一种将普通圆盘给料机与计量皮带秤进行组合的一种能够满足精确配料要求的定量式配料设备。圆盘和计量皮带秤共用一套驱动装置，一般由可调速电机拖动，通过电机调速来调节给料机的给料量。在驱动装置中设有能力转换离合器，给料机可具有大小两种给料能力。驱动装置还可用晶闸管调速的直流电机或变频调速的交流电机来拖动。这两种电机调速范围大，可省去传动装置中的大小能力转换离合器。但这两种调速电机电气部分投资大。

定量式圆盘给料机配料准确，提高了产品质量，改善了劳动条件，而且便于配料自动化。给料机本体与计量胶带机共用一套驱动装置，结构紧凑，占空间少；给料机与计量胶带机同时运转，被称量的物料在两设备上同步运动，增加了计量的准确性。目前，我国新建的大型烧结厂均采用这种定量式圆盘给料机。定量圆盘给料机如图 4-5 所示。

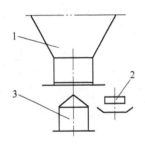

图 4-4　调速圆盘 + 电子皮带秤示意图

1—料仓；2—电子皮带秤；3—调速圆盘

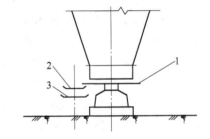

图 4-5　定量圆盘给料机示意图

1—圆盘给料机；2—电子皮带秤；3—带式输送机

（4）定量螺旋给料机。

定量螺旋给料机示于图 4-6。该机常用于配料量少的粉状细粒料，如生石灰的给料。当物料的给料量变动幅度较大时，给料机也可设计成具有两种给料能力的结构形式，用能力转换离合器变换给料能力。驱动电机常用调速电机，给料量大时为避免单筒尺寸过大，常制成双筒并列螺旋。

（5）胶带给料机 + 电子皮带秤。

这是将电子皮带秤直接安装在原料矿槽出料口，利用皮带上胶面的摩擦作用，将原料拖出到混料皮带。该系统调节方便，工作可靠，适用于黏性不大的中等粒度以下的均匀粒度物料的给料，给料较均匀，给料距离较长，在配置上有较大的灵活性；但不能承受较大料柱的压力，由于胶带材质的限制，不宜用于多棱角或温度过高的物料。电子皮带秤如图 4-7 所示。

178. 螺旋给料机设备性能有哪些？

答：螺旋给料机直接从料仓底部出口接料，由带有螺旋状叶片的转轴在箱体内旋转，

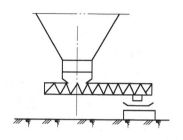

图 4-6 定量螺旋给料机示意图

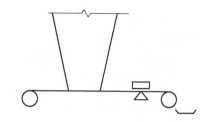

图 4-7 电子皮带秤示意图

带动物料前进，通过调节螺旋的转速改变输送量。

螺旋给料机本体由箱体、螺旋体、链轮等组成，由传动装置通过链轮、链条带动旋转。螺旋叶片用 16Mn 钢板焊接，如图 4-8 所示。

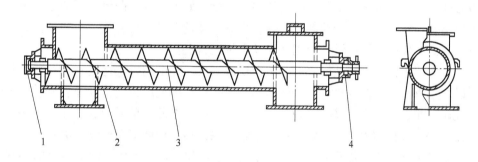

图 4-8 螺旋给料机示意图

1，4—轴承；2—箱体；3—螺旋体

179. 斗式提升机的设备性能有哪些？

答：斗式提升机是垂直提升物料的设备，在烧结厂有时用于石灰石破碎系统，提升破碎后的石灰石，与筛子组成闭路系统，这样可以减少占地面积。但斗的磨损严重，常断链，维修量较大。斗式提升机有三种类型：

（1）D 型和 HL 型：特点为快速离心卸料，适用于粉状或小块状的无磨琢或半磨琢性的物料，如煤、砂、水泥、白灰、小块石灰石等。D 型斗式提升机输送的物料温度不得超过 60℃，如采用耐热胶带，允许到 150℃；HL 型斗式提升机允许输送温度较高的物料。这两种提升机还有两种常用料斗。一种是深圆底型料斗，它适用于输送干燥的松散物料；另一种是浅圆底型料斗，它适于输送易结块的，难于抛出的物料。

（2）PL 型斗式提升机：它是采用慢速重力卸料，适用于输送块状的、密度较大的磨琢性物料。如块煤、碎石、矿石等，被输送物料温度在 250℃ 以下。

180. 叶轮式给矿机的设备性能有哪些？

答：叶轮式给矿机又称星形给料机，多用于粉状物料（见图 4-9），常用于配料室生石灰给料和除尘器排灰，其生产能力按下式计算：

$$Q = 60ZAL\gamma n_0 K$$

式中 Q——生产能力，t/h；

      Z——叶轮格数；

      A——每格截面积（图中阴影部分），m²；

      L——轮轴工作长度，m；

      γ——物料堆密度，t/m³；

      n_0——叶轮转数；r/min；

      K——生产能系数，一般取 0.8。

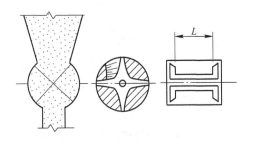

图 4-9   叶轮式给矿机示意图

181. 电子皮带秤的组成及工作原理是什么？

答：电子皮带秤用于皮带运输机输送固体散粒性物料的计量上，可直接显示皮带运输机的瞬时送料量，也可累计某段时间内的物料总量，如果与自动调节器配合还可进行输料量的自动调节，实现自动定量给料。此外，它具有计量准确、反应快、灵敏度高、体积小等优点，因此在烧结厂被广泛地应用在自动重量配料上。

电子皮带秤由秤框、传感器、测速头及仪表组成。秤框用以决定物料的有效称量，传感器用以测量重量并转换成电量信号输出，测速头用以测量皮带轮传动速度并转换成频率信号，仪表由测速、放大、显示、积分、分频、计数、电源等单元组成，用以对物料重量进行直接显示及总量的累计，并输出物料重量的电流信号作调节器的输入信号。

电子皮带秤基本工作原理如下：按一定速度运转的皮带机有效称量段上的物料重量 P，通过秤框作用于传感器上，同时通过测速头，输出频率信号，经测速单元转换为直流电压 U 输入到传感器，经传感器转换成 ΔU 电压信号输出，电压信号 ΔU 通过仪表放大后转换成 $0 \sim 10mA$ 的直流电 I_0 信号输出，I_0 变化反映了有效称量段上物料重量及皮带速度的变化，并通过显示仪表及计数器，直接显示物料重量的瞬时值及累计总量，从而达到电子皮带秤的称量及计算目的。电子皮带秤原理图示于图 4-10。

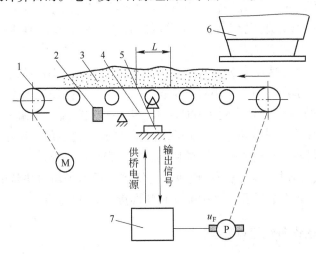

图 4-10   电子皮带秤原理图

1—皮带运输机；2—平衡锤；3—物料；4—秤架；5—传感器（压头）；6—给料口；7—显示仪表

该设备灵敏度高，精度在 1.5% 左右，不受皮带拉力的影响。由于采用电动滚筒作为传动装置，电子皮带秤灵敏、准确、结构简单，运行可靠，维护量小，经久耐用，便于实现自动化。

182. 核子秤的组成及工作原理是什么?

答：电子皮带秤是采用压力传感器及速度传感器与微机组成的接触式的自动称量设备，其动态精度可达 1.5%。但由于是接触式的，它要受皮带颠簸、超载、滚轮偏心、皮带张力变化和刚度变化等因素影响，又由于采用的是压力传感器，其器件本身的精度受温度影响较大，且不适合于工作在高温度、高粉尘、强腐蚀等恶劣环境中。实际使用证明，现有通用电子皮带秤的动态运行准确度没有保证，使用中需不断地对电子秤进行调整，否则会产生系统偏差。由于它需要经常校正、维护和维修，给计量工作带来繁重的负担，并且不能保证长期稳定、可靠地工作。

核子秤由于采用非接触式测量技术，并充分利用现代计算机及电子学的最新成果，它克服了传统电子秤的缺点。其特点如下：

（1）根据 γ 射线穿过物料时其强度按指数规律衰减的原理，对输送机上传送的各种物料累积重量、流量进行非接触式在线测量。

（2）不受皮带磨损、张力、振动、跑偏、冲击等因素影响，能长期稳定、可靠地工作。

（3）利用高新技术和特殊工艺制造的传感器具有极高灵敏度，可在高温、多尘、强电磁干扰、强腐蚀等恶劣环境下可靠运行。

（4）除皮带输送机外，还适用于电子秤不能应用的场合，如螺旋、刮板、链板、链斗等各式输送机。

（5）测量秤架安装只需很少的空间，不需要对原设备进行改造。

（6）系统高智能化，操作非常简单，安装标定后，全部维护工作可由按键完成，正常工作下可无人值守。

（7）可用标准吸收校验板方便地对系统精度进行检测。

（8）可随时显示物料重量、负荷、流量，自动打印在某一时刻的累积量。

（9）具有漂移补偿及源衰减补偿功能，系统长时间运行稳定可靠。

（10）由于放射源的强度低，同时系统具有可靠的防护措施，这就保证了在秤架之外的放射剂量远低于国家公众人员防护标准。

核子秤的基本配置包括秤体、信号传输通道等。秤体部分包含 γ 射线输出器、γ 射线传感器、传感器套筒、前置放大器、秤架、V/F 变送器、放射源防护罩等；主机部分包含开关电源、CPU 板、各种信号输入输出接口、打印机等；

核子秤的工作原理：核子秤是利用被测物料对同位素辐射源发出 γ 射线的吸收原理制造的一种新型计量仪器，射线通过物质时，由于被物质吸收和散射，其辐射强度减弱，减弱的幅度遵循一定规律，同时，放射线对惰性气体有激励作用，使气体电离产生电流。通过测定电离电流即可得知射线衰减程度，亦可推知被测物的厚度和质量，从而计算出物料的累积重量、流量等参数。

γ 射线输出器输出的 γ 射线，穿过物料到达传感器。物料对 γ 射线具有衰减作用，物

料厚处透过的 γ 射线少，物料薄处透过的 γ 射线多，γ 射线传感器根据所接收到 γ 射线的多少发出相应的电信号，由具有高放大倍率和高稳定性的前置放大器进行放大，放大后的传感器信号经 V/F 转换连同皮带的速度信号一起送入计算机中进行计算，得到皮带运料的各种有用的计量参数。

183. 如何对皮带秤进行日常维护?

答：使用好配料秤，使之长期准确可靠的工作，日常维护工作是不可缺少的。

（1）常检验秤架状态，秤架上的积料，各托辊表面及头尾轮表面黏料应及时清除，否则会产生偏差和皮带跑偏。

（2）秤架上所有的托辊应滚动自如，尤其是称量柜托辊及称量柜前后的各个过渡托辊有卡死不转的，应及时更换。

（3）各润滑部位应定期加油，使其处于良好的工作状态。

（4）皮带如有磨损严重，或划坏的情况发生时，应及时更换。

（5）最好能每天空秤进行一次自动校正零点操作，确保可以消除一些固有的偏差。

（6）定期检查系统接线和接地状况。

（7）更换仪表、皮带、传感器或称量柜托辊时，必须进行校秤工作。

（8）在检修时，必须将保险螺杆向下旋，使称量框脱离传感器，使传感器不再受力。

184. 各种给料设备使用范围及优缺点有哪些?

答：给料设备种类很多，烧结厂常用的给料设备及优缺点列于表4-9。

表 4-9 常用给料设备状况比较

名 称	给料粒度范围/mm	优 缺 点
圆盘给料机	50 ~ 0	优点：给料均匀准确，调整容易，运转平稳可靠，管理方便 缺点：设备较复杂，价格较贵
圆辊给料机	细粒、粉状	优点：给料量大，设备较轻、耗电量少，给料面较宽且较均匀 缺点：只适宜给细粒物料
板式给料机	400 ~ 0	优点：排料粒度大，能承受矿仓中料柱压力，给料均匀可靠 缺点：设备笨重，价格高
槽式给料机	350 ~ 0	优点：给料均匀，不易堵塞 缺点：槽底磨损严重
螺旋给料机	粉 状	优点：密封性好，给料均匀 缺点：磨损较快
胶带给料机	350 ~ 0	优点：给料均匀，给料距离较长，配置灵活 缺点：不能承受较大料柱的压力，物料粒度大胶带磨损严重

名　称	给料粒度范围/mm	优　缺　点
摆式给料机	小　块	优点：构造简单，价格便宜，管理方便 缺点：工作准确性较差，给料不连续，计量较困难
电振给料机	100～0.6	优点：设备轻，结构简单，给料量易调节，占地面积及高度小 缺点：第一次安装调整困难，输送黏性物料容易堵矿仓口
叶轮给料机	粉　状	优点：密封性好 缺点：给料量小

185. 生石灰高压气力输送系统有哪些特点和注意事项？

答：气力输送系统有以下特点：

（1）需要空气量少，低压输送时(2.9～6.9)×10⁴Pa 混合比为 2～10，高压输送时，混合比为 20～200。

（2）因风量小，输送管径小，分离器结构简单，仓式泵风量为 5～18m³/min；袋式收尘器为 8～40m²/min。设备小，建设费用低。

（3）节省劳力，可自动控制，事故少，维修工作量小。

（4）输送采用密闭系统，环境保护好。

（5）可远距离输送，达到 500m 以上。

气力输送注意事项主要有以下几点：

（1）严格控制料位，防止淤料损坏除尘器；

（2）管道接口必须绑牢，防止喷灰伤人。

（3）输送过程中，严禁靠近管道，防止管道断裂伤人。

（4）助吹阀保证正常。

生石灰接受系统图如图 4-11 所示。

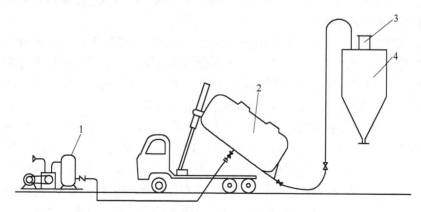

图 4-11　生石灰接受系统图

1—压力机；2—密封罐车（带仓式泵）；3—袋滤器；4—生石灰仓

186. 配料仓配置顺序的一般原则有哪些?

答:(1) 主要含铁原料的配料仓设在配合料皮带机前进方向的后面。为减少物料粘胶带,最后面的应是黏性最小的原料。

(2) 从混匀料场以皮带机送进的各种原料应配置在配料室的同一端以免运输设备相互干扰。

(3) 干燥的粉状物料及返矿,其矿仓应集中在配料室的同一侧,并位于配合料皮带机前进方向的最前方以便集中除尘,而且矿仓上部的运输设备也不会与主原料运输设备发生干扰。

(4) 燃料仓不应设在配合料皮带机前进方向的最末端,以免在转运给下一条皮带机时燃料黏在胶带上,造成燃料的流失和用量的波动。

各种原料在配料仓中的排列顺序(无热返矿时)参见图4-12。

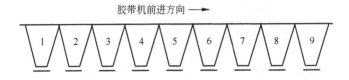

图4-12　各种原料在配料仓的排列顺序示意图

1,2—混匀矿或粉矿;3—精矿;4—石灰石;5—蛇纹石白云石;6—燃料;7—生石灰;8—返矿;9—杂料

187. 造成圆盘给料量波动的原因及防止方法有哪些?

答:(1) 除了设备的本身原因外,造成给料量波动的原因大体可分为三个主要因素:

1) 原料水分变化:在圆盘给料机的转速、闸门开口度不变的情况下,精矿水分低于9%,粉矿水分低于4.5%,下料量比较正常;精矿水分9% ~ 12%,粉矿水分4.5% ~ 6%,下料量则增大;精矿水分高于12%,粉矿水分高于6%时,下料量又减小。

原料水分含量异常时,可以采用延长称料盘(用两个称料盘连接使用)和增加称料频数的方法来提高称料的准确性。

2) 原料粒度变化:在其他条件相同的情况下,物料粒度越大,下料量越大,粒度越小,下料量则越小。所以,在操作时,一定要做到勤观察,一发现物料粒度有变化,立即进行称量检查,以便及时调整圆盘转速或闸门开口度,保证下料量准确。为了防止粒度偏析所造成的下料量波动,可以在入仓前加强中和混匀效率。

3) 矿槽压力的变化:矿槽内料位的变化容易引起矿槽压力的变化,对给料量的影响也是很大的。当矿槽满时,下料量较稳定,当料位降到三分之二时,下料量开始逐渐减小,并趋于稳定,当料位降到四分之一时,下料量又逐渐变大。尤其是矿槽料快用完时,下料量急剧增大,比满槽量的下料量增大2kg 左右。掌握矿槽料位对下料量的影响规律,无疑对提高配料的准确性是十分有利的。防止方法就是保持矿槽中料位60% ~80% 之间。因此在料槽内应设料位监测装置。

(2) 就设备本身原因来说,主要有以下三方面:

1）圆盘中心点与矿槽中心线不吻合。

2）盘面衬板磨损程度不同。

3）盘面不水平。

圆盘给料机常见故障及处理方法见表4-10。

表 4-10　圆盘给料机常见故障及处理方法

故　障	原　因	处理方法
圆盘跳动	圆盘面上的保护衬板松脱或翘起擦刮刀 有杂物或大块料卡入圆盘面和套筒之间 竖轴压力轴承磨损 伞齿轮磨损严重	处理衬板，平整、紧固、磨损的更换 清除杂物及大块物料 更换轴承 更换支撑体或伞齿轮
排料不均	闸刀松动或刮刀支座活动 带刮刀的套筒底边与圆盘面不平行 有大块料堵塞排料口 料仓粘料严重	固定闸和刮刀支座 调整更换套筒 清除大块物料 疏通料仓
减速机构有异声音及噪声	轴承损坏 减速机内缺润滑油 齿轮损坏	更换轴承 适量加油 换齿轮
机壳发热	油变质 透气孔不通	换油 疏通透气孔
传动轴跳动，联轴器发出异常噪声	传动轴瓦磨损 齿轮联轴器无油干磨 支撑体槽轴承坏 减速器机尾轴承坏 联轴器损坏	换瓦 加油 换轴承 换轴承 更换联轴器

5 混料工操作技能

本章内容主要包括：混料工所属设备开停操作、技术要求、设备维护、安全管控等。

5.1 基础知识

188. 如何将混合料进行混匀与制粒？

答：目前多数烧结厂都采用圆筒混合机进行混匀与制粒，可采用两段或一段式混合。

一段式混合是将混匀、加水润湿和制粒在同一混合机中完成。由于时间短，工艺参数难以控制，特别是在使用热返矿的情况下，制粒效果很差，所以一段式混合只适用于处理富矿粉。因为富矿粉的粒度较粗，已接近造球要求，能满足烧结过程的需要，混合的目的仅在于将各种成分混合均匀和调到适宜水分，对制粒可不作要求。此种工艺和设备简单，用料单一的中小型烧结厂有采用的。但我国矿种较复杂，细粒度料较多，除要求混匀外，还必须加强制粒，此时一段混合不能满足要求。

所以，大中型烧结厂多采用两段式混合的方法，即将配合料依次在两台混合机上进行混匀与制粒。

189. 烧结料混合的目的和原则是什么？

答：对烧结料进行混匀与造球的目的是将混合料各种成分混匀，保证烧结料物理化学性质均匀一致；获得合适的水分及最好的粒度组成，改善烧结料层的透气性，提高烧结矿的产量和质量。

混合料加入水量按照"以一混为主，配料室为辅，二混适当补充加足"的原则。配料室加水是对返矿、熔剂预加水，改善混合料成球性能。二混加水只是对一混加水不足的补充。

190. 一次、二次混合的主要作用有哪些？

答：一次混合的目的主要是混匀和加水润湿，使混合料中各成分、粒度均匀分布，并使混合料水分达到二次混合基本不加水；同时当使用热返矿时，可以将物料预热；当加入生石灰时，可使 CaO 消化。

二次混合除有继续混匀的作用外，主要任务是加强混合过程中的制粒，使细粒物料黏附在核粒子上，形成粒度大小一定的粒子。同时还有补充水分、通入蒸气预热任务，从而改善混合料粒度组成，使混合料在具有良好透气性的情况下，保持最好的水分含量和必要的料温，保证烧结料层具有良好的透气性。

一段式混合工艺在现代的烧结厂基本已不采用。国内外一些烧结厂为了强化混合制粒，甚至增加了第三次混合机。

191. 水在混合料制粒过程中有哪三种形态和作用？

答：在混合料造球过程中，水分以三种状态出现，即分子结合水（包括吸附水和薄膜水）、毛细水、重力水。分子结合水是靠电分子力形成的分子膜把颗粒紧密地粘在一起，它对物料球的强度具有决定意义。毛细水是依靠表面张力作用将粉料颗粒拢到一起来的，物料的成球速度就决定于毛细水迁移速度，毛细水在成球过程中起着主导作用。重力水处于矿粒本身的吸附与吸附力作用影响之外，在重力及压力差的作用下发生移动的自由水。重力水对矿粒具有浮力作用，不利于造球。

研究表明，细粒粉状物料的制粒是从粒子被水润湿并形成足够的毛细力后才开始的。水对烧结混合料制粒过程的作用可区分为三个阶段。

在低水量区，由于添加水被粒子表面吸附，还未能形成一定的毛细力，也就不可能有足够力使散状物料聚集成球粒。烧结料层透气性停留在低水平上，烧结过程无法进行。

随着水量增加，粒子间开始充填毛细水，在毛细力作用下，细粒粉末开始黏附在核粒子上形成黏附层，并不断长大形成准颗粒，这为制粒区。制粒区所需水量为有效制粒水（混合料总水分去除吸湿水后的剩余部分）。烧结混合料制粒在很大程度上受有效水影响。两种不同的铁精矿在这一制粒区呈现相同规律，确立了有效制粒水与制粒过程的关系，其制粒效果是受水的添加量制约的。

当水量继续增加时，过剩的水填满小球粒之间的孔隙，小球粒将会发生变形和兼并，使料层孔隙率下降，透气性恶化，这是烧结不希望的过湿区。

192. 人工如何判断烧结混合料的水分？

答：判断水分的主要方法有：观察法和烘干法。

（1）观察法：混料工要经常用小铲将混合料搓动，观察混合料的成球情况。

1）水大时，混合料"发死"易成黏团，不易成分散小球，料面有明水出现。

2）水小时，混合料松散，手握不成团，小铲搓动也不易成球。

3）水分适宜时，手握混合料感到柔和，成团，用手指轻按料团即出现裂纹散开，有小球出现。

（2）烘干法：取混合料500g放在电烘干箱内，加温至110℃，恒温至烘干，然后称量，并计算混合料的水分。

$$水分 = \frac{500g - 烘干后重量(g)}{500g} \times 100\%$$

一般将以上两种方法结合使用。现在多数企业采用先进的仪器手段检测水分，主要有中子法测水、红外线法测水及电阻法测水。

193. 混合料水分过大或过小有什么危害？

答：（1）水分过大，使混合料过湿变成泥团状，不仅浪费燃料，而且更严重的是使料层的透气性变坏，烧不透。

（2）水分过小，使混合料不能很好地成球，使烧结料层的透气性变坏，不易结块。

（3）水分过大或过小，都会影响点火效果，甚至点不着，使烧结断面出现夹生花脸，降低生产率。

194. 混合料在配料室内及皮带上加水润湿的好处有哪些?

答:(1)配料室加水:在配料室将水淋在生石灰表面,有利于生石灰消化放热,既提高料温,又能增加成球性,减少游离 CaO 的出现。最好加热水润湿,能消除包围生石灰表面的薄膜,提高消化程度。

(2)热返矿加水:热返矿加水的目的是适当降低热返矿的温度,稳定混合料的水分,有利于物料的润湿和制粒。热返矿加水的地方有两处:

1)往返矿皮带上加水,优点是使赤热的返矿不直接进入混合机,使返矿得到充分的润湿,为制粒创造了良好条件。缺点是产生大量的蒸气和粉尘,劳动环境恶劣。

2)在返矿皮带入混合机前加水,优点是热量被充分利用,提高料温,劳动环境改善。缺点是混合料均匀润湿程度较差。

195. 水的 pH 值对混合料制粒有什么影响?

答:研究证明水的 pH 值对混合料制粒影响很大,当加入水的 pH 值为 7 时,润湿最差。水的 pH 值尽可能地向大或向小的方向发展,有利于提高混合料的润湿性,也有利于提高制粒效果。因此,用预先磁化的水和炼钢污泥水,对混合料制粒效果比较明显。

地下水和炼钢污泥水都可以用于混合制粒,但它们对混合制粒的效果有所不同,如表5-1 所示。

表 5-1　两种水对混合料制粒效果

用水种类	pH 值	混合料粒度不小于 3mm	
		现场湿筛分/%	烘干后筛分/%
地下水	8.53	79	52.95
炼钢污泥水	12.09	85	54.04

196. 对烧结料预热的目的是什么? 有几种方法?

答:对烧结料进行预热的目的是使烧结料温度提高到烧结条件下的露点温度(一般在65℃左右)以上,防止气流中的水汽凝结,减轻或消除过湿层的不利影响,达到强化烧结的目的。

目前预热烧结料有以下几种方法:

(1)用热返矿预热:一般能将混合料温度提高到 55 ~ 75℃。

(2)用生石灰预热:在正常用量下料温一般能提高 10 ~ 15℃。

(3)用蒸汽预热:热能利用率低,一般仅为 35% ~ 45%,单独使用不经济。

(4)用热风和烧结废气预热:在使用细精矿的条件下,这种方法与常温混合料相比,垂直烧结速度加快了 20%。

(5)用热水预热:一般在配料室和一混加入热水,将混合料温度提高到 25 ~ 35℃。

以上各种预热方法单独使用,效果均不好,要综合使用。

197. 混合料混匀与制粒的原理有哪些?

答：进入混合机的配合料，由于混合机转动时产生离心力和摩擦力的作用，将其带到一定高度，当物料本身的重力超过离心力时便下落。这样物料多次往返运动后，各组分互相掺和，达到混匀要求；与此同时，喷洒适量水分使混合料润湿，在水的表面张力作用下，细粒物料聚集成团粒，并跟随混合机转动而受到各种机械力的作用，团粒在不断的滚动中被压实和长大，最后成为具有一定粒度的混合料。

物料在圆筒混合机中有三种运动状态，即翻动、滚动、滑动。翻动对混匀有利，滚动对造球有利，滑动对造球、混匀都不起作用。

198. 原料品质对混匀与制粒有哪些影响?

答：（1）原料本身的性质，如黏结性、粒度与粒度组成、表面形态、密度等都影响混匀和制粒效果。

黏结性和亲水性强的物料易于制粒，但难于混匀。一般情况，铁矿物的制粒性能由易到难依次是褐铁矿、赤铁矿、磁铁矿。含泥质的铁矿物易成球。

粒度差别大的物料，在混合时易产生偏析，故难于混匀，也难于制粒。为此，混合料中大粒级应尽量减少。另外，在粒度相同的情况下，多棱角和形状不规则的物料比球形表面光滑的物料易于制粒，且制粒小球的强度高。

物料中各组分之间密度相差悬殊时，由于随混合机旋转时被带到的高度不同，密度大的物料上升高度小，密度小的物料则相反，在混合时就会因密度差异而形成层状分布，因而也不利于混匀和制粒。

（2）不同的烧结混合料最适宜的水分含量是不一样的（见图5-1）。最适宜的制粒水分与原料的亲水性、气孔率和粒度的大小有关。一般情况下，致密坚硬的磁铁矿最小，为6%~10%；赤铁矿居中，为8%~12%；表面松散多孔的褐铁矿最高为14%~18%；当配合料粒度小，又配加高炉灰、生石灰时，水分可再大些。考虑到烧结过程中过湿带的影响，一般混合料中实际含水量的控制比最适宜水分约低

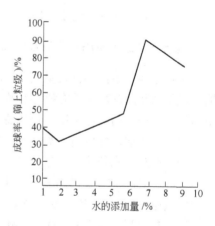

图5-1 烧结料含水量与成球率的关系

1%~2%。同时混合料制粒时，适宜的水分波动范围不能太大，应严格控制在±0.5%以内，否则，将对混合料的成球效果和透气性产生不利影响。国内许多烧结厂把一次混合料水分波动范围限制在±0.4%，而二次混合水分波动限制在±0.3%。

烧结料的水分必须严格控制，图5-1示出了某种铁精矿烧结料含水量与成球率的关系。从图中看出，这种烧结料的适宜水量为7%，当水分波动范围超过±0.5%时，成球率显著降低。

199. 返矿质量、数量对混匀制粒及烧结过程有哪些影响?

答：返矿的质量主要指粒度、含碳量和温度。粗粒返矿具有疏松多孔的结构，可成为

混合料的造球核心，在细精矿混合时更为突出。但返矿粒度过大，冷却和润湿较困难，易产生粒度偏析，影响烧结料的混匀和制粒，成品率相应下降。返矿粒度过小，往往是未烧透的生料，含碳高，起不了造球核心的作用，使混合料粒度组成波动，透气性变差，生产率下降。

热返矿温度高，有利于混合料预热，但不利于制粒。

实验研究表明，随着返矿添加量的增加，烧结矿的强度和产量都得到提高。当返矿添加量超过一定限度时，大量的返矿会使混合料的均匀和制粒效果变差，水和碳波动大，透气性过好，又会反过来影响燃烧层温度达不到烧结时的必需温度。其结果使烧结矿强度变坏、生产率降低。同时，还必须看到，返矿是烧结生产的循环物，它的增加就意味着烧结生产率的降低。换句话说，烧结料中添加的返矿超过一定数量后，透气性及垂直烧结速度的任何增加都不能补偿烧结矿成品率的减少。

合适的返矿添加量，由于原料的性质不同而有差别。一般来说，烧结以细磨精矿为主要的原料时，返矿量可多加一些，可达 30% ~ 40%；烧结以粗粒富矿粉为主要的原料时，返矿量可少些，一般返矿加入量小于 30%。

返矿的加入对烧结生产的影响，还与返矿本身的粒度组成有关。一般说来，返矿中 1 ~ 0mm 的粒级应小于 20%，返矿的粒度上限不应超过烧结料中矿粉的最大粒度（10mm）。某厂实践证明，将返矿粒度由 20 ~ 0mm 降至 10 ~ 0mm 时，烧结矿产量增加 21%。

综上，适宜的返矿粒度上限应控制在 5 ~ 6mm。一般情况下返矿用量不超过 30%。

200. 混合制粒过程中添加生石灰等物质对改善透气性有何作用？

答：在生产中往混合料里加入消石灰、生石灰、皂土、水玻璃、亚硫酸盐溶液、氯化钠、氯化钙及丙烯酸酯等有机黏结物质，对改善混合料的透气性有良好的作用。这些微粒添加物是一种表面活性物质，可以提高混合料的亲水性，在许多场合下都具有胶凝性能。因此混合料的成球性可借此类添加物的作用而大大提高。

如生石灰打水消化后，呈粒度极细的消石灰 $Ca(OH)_2$ 胶体颗粒，其表面能选择地吸收溶液中的 Ca^{2+} 离子，在其周围又相应地聚集一群电性相反的 OH^- 离子，构成了胶体颗粒的扩散层，使 $Ca(OH)_2$ 胶团持有大量的水，构成一定厚度的水化膜。由于这些广泛分散在混合料内强亲水性 $Ca(OH)_2$ 颗粒持有的能力远大于铁矿等物料，将夺取矿石颗粒间的表面水分，使矿石颗粒向消石灰颗粒靠近，把矿石等物料联系起来形成小球。含有 $Ca(OH)_2$ 的小球，由于消石灰胶体颗粒具有大的比表面，可以吸附和持有大量的水分而不失去物料的疏散性和透性，即可增大混合料的最大湿容度。

例如使用细磨铁精矿加入 6% 消石灰，混合料的最大分子湿容量的绝对值增大 4.5%，最大毛细湿容量增大 13%。因此，在烧结过程中料层内少量的冷凝水，将为这些胶体颗粒所吸附和持有，即不会引起料球的破坏，亦不会堵塞料球间的气孔，使烧结料仍保持良好的透气性。含有消石灰胶体颗粒的料球强度高。这是因为，它不像单纯铁精矿制成的料球完全靠毛细力维持，一旦失去水分很容易碎裂；消石灰颗粒在受热干燥过程中收缩，使其周围的固体颗粒进一步靠近，产生分子结合力，料球强度反而有所提高。同时由于胶体颗粒持有水分的能力强，受热时水分蒸发不如单纯铁矿物那样猛烈，料球的热稳定性好，料球不易炸裂。这也是加消石灰料层透气性提高的原因之一。

加入的生石灰,在混合料遇水时消化,能放出大量热量,其反应如下:

$$CaO + H_2O \longrightarrow Ca(OH)_2 + 64.8kJ$$

每克摩尔 CaO 消化放热 64.8kJ。如果生石灰含 CaO 85%,当加入量为 5% 时,设混合料的平均比热容为 1.0kJ/(kg·℃),则放出的消化热全部被利用后,理论上可以提高料温 50℃ 左右。实际生产中由于热量不可能全部利用,料温可提 10~15℃。由于料温的提高。可使烧结过程水气冷凝大大减少,减少过湿现象,从而提高了料层的透气性。此外,在添加熔剂生产熔剂性烧结矿时,更易生成熔点低、流动性好,易凝结的液相,它可以降低烧结带的温度和厚度,从而提高了烧结速度。

应该指出,烧结料中配加生石灰和消石灰对烧结过程是有利的,但用量要适宜,如果用量过高除不经济外,还会使料层过分疏散,混合料体积密度降低,料球强度反而变坏。

5.2 设备性能和维护

201. 圆筒混合机的构造有哪些?

答: 圆筒混合机主要由筒体装置、传动装置、托轮、挡轮装置、洒水装置、头尾溜槽及支架、保护罩、润滑系统等部分组成。一次混合和二次混合除筒体内构造和洒水装置设置有所不同外,其余结构形式完全相同,如图 5-2 所示。

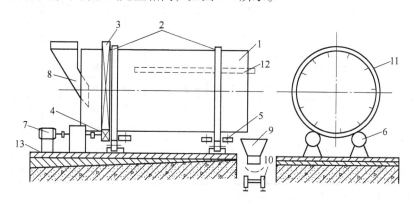

图 5-2　圆筒混合机简图

1—筒体;2—滚圈;3—传动齿圈;4—传动小齿轮;5—挡轮;6—托轮;7—传动机构;
8—给料溜槽;9—出料溜槽;10—输送带;11—衬板;12—给水管;13—钢板垫

圆筒混合机安装有 1.5°~3° 的倾斜角度,使筒体入料口与卸料口中心产生高度差,物料在混合的同时受到物料重力的分力作用而不断向前运动。整个筒体通过两个滚圈坐落在前后两组托轮装置上,可以自由转动。在前托轮组(位于卸料端)基础座上装有一组挡轮,挡轮和滚圈侧面接触,承受筒体下滑力,约束了筒体轴向窜动。传动装置安装在筒体侧面基础座上,通过传动小齿轮和筒体装置上的大齿圈啮合使筒体转动。混合机的传动装置还带有微动辅助传动,用于安装维修驱动筒体时的微转动。给混合料加水润湿主要在一次混合中完成,所以一次混合机的洒水管贯穿整个筒体,洒水管上每隔一定间距安装一个喷嘴,沿长度方向均匀喷水;二次混合机只在给料端伸入长度较短的水管,作水分微调。

圆筒混合机的工作过程是，皮带输送机直接或通过给料漏斗不断将混合料输入筒体内，随着圆筒转动，筒内混合料连续地被带到一定高度后向下抛落翻滚，并沿筒体向前移动，形成螺旋状运动，从头至尾，经多次循环，完成混匀、制粒和适量加水，然后到达尾部经溜槽排出。

为了防止筒体磨损和黏料，提高混合制粒效果，一些厂家将混合机镶嵌了特制的耐磨衬板和扬料板，效果较好。主要有复合耐磨陶瓷橡胶衬板（CWRL）、稀土含油尼龙花纹衬板、聚氯乙烯高分子衬板及耐磨橡胶衬板。各种衬板都能起到耐磨黏料少的作用，但都存在着不足之处，耐磨橡胶衬板遇高温易变形，高分子衬板易局部磨透，稀土含油衬板重量大，复合耐磨陶瓷衬板陶瓷易碎。

一次圆筒和二次圆筒混合机有关技术参数见表5-2和表5-3。

表 5-2　一次圆筒混合机有关技术参数

规格/m×m	总重量/t	生产能力/t·h⁻¹	转速/r·min⁻¹	倾角/(°)	填充率/%	功率/kW	筒体 板厚/mm	筒体 材质	筒体 重量/t
ϕ3×12	95.70	450~580	7	2.5	3.78~15.76	250	20/25/40	Q235-B	27.64
ϕ3.2×12	103.6	500	7	2	—	400	20/28/40	Q235-A	25.94
ϕ3.2×13	124.6	500~600	7	2.5	14.00	400	20/30/40	Q235-A	33.57
ϕ3.2×14	120.0	500~630	7	2.5	—	400	20/30/50	Q235-B	52.91
ϕ3.4×12	148.6	380~460	7	2		450	20/28/50	Q235-A	58.40
ϕ3.5×16	190.6	450	7	2	11	450	22/40/56	Q235-B	68.5
ϕ3.6×13	182.3	600	7	2	14	500	22/40/56	Q235-B	78.5
ϕ3.6×14	195.2	590~660	7	2	12.8~14.5	500	20/30/40/56	Q345-B	77.3
ϕ3.6×16	192.1	600~780	7~8	2.5	9.2~13.6	560	30/40/56	Q235-A	90.67
ϕ3.8×15	209.4	750~850	6.5	2.5	11.9~14.3	800	22/30/56	Q235-B	89.9
ϕ4.0×18	251.1	650	6	1.8	13	710	22/28/42/60	Q345-A	108.6
ϕ4.0×20	280.45	450	7	2		450	22/28/42/60	Q345-B	113.5
ϕ4.4×20	305.5	900	6	2.5	9.66~11.5	900	22/32/40/60	Q345-B	133.6

注：以上是朝阳重型机器有限公司实际产品型号。

表 5-3　二次圆筒混合机有关技术参数

规格/m×m	总重量/t	生产能力/t·h⁻¹	转速/r·min⁻¹	倾角/(°)	填充率/%	功率/kW	筒体 板厚/mm	筒体 材质	筒体 重量/t
ϕ3×12	90.803	280	7	1.5		215	20/25/40	Q235-A	25.29
ϕ3.2×13	119.43	220~260	8	1.3		400	25/30/40/50	Q235-A	53.51
ϕ3.2×14	124.07	280~320	6.5~8	1.5	9.64~14.4	315	25/30/40/50	Q235-A	54.51
ϕ3.4×14	149.25	330		1.5		400	22/28/50	Q235-B	62.24
ϕ3.5×13	114.69	300~380	8.5	1.5		400	20/30/35	Q235-A	26.86
ϕ3.5×15	160.25	280	5~8	1.5	13.57	400	20/28/40	Q235-B	36.55
ϕ3.5×16	165.00	450	7	1.5	15	450	20/28/40/60	Q235-A	75.55

规格/m×m	总重量/t	生产能力/t·h⁻¹	转速/r·min⁻¹	倾角/(°)	填充率/%	功率/kW	筒 体		
							板厚/mm	材质	重量/t
$\phi3.6\times13$	147.81	490~680	5~8	1.5	15	400	20/28/40	Q235-B	33.85
$\phi3.6\times15$	153.21	400	6.5	1.5	11	500	20/28/40	Q235-A	38.27
$\phi3.8\times16$	184.22	520~660	7	1.8		560	22/28/40/60	Q235-A	82.32
$\phi3.8\times18$	182.67	400~510	7	1.5	10.5~14	560	22/28/40/60	Q235-A	84.83
$\phi4.0\times18$	276.77	500~600	6.5~8.5	1.25	12.45~16.27	710	22/28/42/60	Q345-B	108.6
$\phi4.0\times20$	238.09	680	7	1.9	11	800	22/28/40/60	Q235-A	115.0
$\phi4.2\times18$	277.88	690~800	6.5	1.6	12	800	22/28/40/60	Q235-A	115.7
$\phi4.4\times18$	294.64	650~780	6	1.8	9.9~11.9	800	22/30/40/60	Q345-B	129.2
$\phi4.4\times24.5$	375.50	890~1060	6.5	2.5	9~10.7	1120	22/32/40/60	Q345-B	181.12
$\phi4.4\times24$	374.31	850~950	6.5	2	10.7~12.16	1000	22/32/40/60	Q345-B	181.1

注：以上是朝阳重型机器有限公司实际产品型号。

202. 大型圆筒混合机采用哪些新技术?

答：随着烧结机的大型化，圆筒混合机规格也大型化了，宝钢二次圆筒混合机筒体直径已达 5.1m，长度达 24.5m。应用的新技术主要有如下几个方面：

（1）整体锻造滚圈。中小型圆筒混合机均采用铸造滚圈，国外一些公司认为铸造滚圈已不能很好地满足大型圆筒支承强度要求，改用锻造滚圈保证质量，提高强度和使用寿命，应用效果良好。但大型滚圈整体锻造有一定难度，如筒体直径为 5.1m 的圆筒混合机，其滚圈外径达 5.74m，由于其开口度小，就是在压力为 10^5kN 的水压机上，也无法直接锻制，所以制造上必须采用特殊工艺，国外就是用体外锻造法解决这一问题的。

（2）滚圈和筒体直接焊接技术。直接焊接方法改变了以往滚圈松套和用螺栓连接的方式，加强了筒体刚性，保证滚圈和托轮、齿轮和齿圈较理想的接触，为减小磨损、提高运转平稳性创造了有利条件。

（3）筒体焊缝退火处理和探伤检查。小型混合机筒体整体入炉进行热处理容易实施。但大型筒体受加热炉限制很难实现整体热处理，如何消除焊接应力，成为大型筒体的一个棘手问题。红外履带加热技术可以在圆筒焊缝上分部进行热处理操作，其成功应用较好地解决了这一问题。此外，焊后对焊缝进行超声波探伤或放射线照相检查，消除焊接隐患，使大型筒体质量有了保障。

（4）铺设耐磨衬板。在混合机内铺设耐磨衬板，能有效缓解给料冲击振动，降低噪声，减轻因混合料在入口处黏结造成的倒流现象和向外散料，也有效地保护了筒体。

（5）钢丝绳吊挂洒水管。这种洒水装置解决了因跨度大洒水管变形严重、强度不足、水流不畅等问题，安装调整方便，使用可靠，对落料撞击有较好的缓冲，是大型圆筒混合机较为理想的洒水装置。

（6）集中喷油润滑。采用特殊润滑油品，利用集中喷油润滑装置定时向滚圈与托轮、挡轮接触部位，齿圈齿轮啮合部位均匀喷油润滑，始终保持在接触部位间形成一层抗压油膜，能有效地消除磨损现象，减轻运转振动噪音。

（7）中硬齿面减速器。这种减速器能满足大型混合机重载传动要求，减少传动事故率和维修量，为安全连续生产，提高作业率创造了条件。

（8）采用柔性传动。其传动方式是小齿轮装置悬挂在筒体大齿圈上，随大齿圈而变化，始终保持两者间的良好啮合，克服因大齿圈安装误差和筒体变形等引起的啮合不良问题。

（9）黏结料清理装置。圆筒混合机一般都存在筒内物料黏结问题，不及时清理，会愈来愈厚。这样，一是减小了有效直径，影响生产率和混合效果；二是加重运行负荷。长时间这样运行黏结固实，清理十分困难。针对这一问题，一些生产厂曾试用过螺旋刮刀清料装置，这种装置头尾分别支撑在给、卸料端支架上，贯穿筒体长度的转动轴上装有螺旋状刮刀，工作时和筒体反向回转，刮刀和筒内壁之间的距离等于设计料衬的厚度，多余结料即刮去。该装置在中、小型圆筒混合机上应用较为成熟，大型混合机跨度太大，转轴强度、刚度很难保证，应用中还存在一些问题，需进一步完善。

宝钢的圆筒混合机应用了上述前7项新技术，效果良好。1号机投产以来，一直运转正常，但仍反映出如下几方面问题：投产初期，齿轮齿圈接触状况不好，达不到设计要求，主减速器内齿轮过早产生点蚀；给料口散落料现象严重，洒水管防护不当，产生水管磨损且有过多物料堆积。针对这些问题，2号机采取了一些相应措施，完善了大齿圈安装要求，提高了主减速器内齿轮的齿面硬度，结构上有所改进；给料溜槽内增设了橡胶密封装置；修改了洒水管防护形式，把钢板防护改为橡胶板防护。2号机投产后的生产证明，这些措施达到了预期效果。

203. 混合机的旋向如何确定？依据是什么？

答：面对混合机的出料口观看，圆筒顺时针旋转，传动装置在左侧的为左传动；相反，圆筒逆时针旋转，传动装置在右侧的为右传动。订货时，要注明左或右，否则按右传动供货。

选择传动方式的依据，混合机的出料口排料方向必须与皮带运动方向一致。目的是防止堵料、压皮带。

采用混合机小齿轮挑动大齿轮省力，压动费劲。

204. 什么是混烧比？

答：混合机的容积（m^3）与烧结机的有效面积（m^2）之比称为混烧比（m^3/m^2）。

混烧比是衡量混合机制粒能力的一个重要的参数，混烧比愈大混合制粒能力愈大，相反愈小。老烧结厂混烧比一般都小于1，现在新建烧结厂混烧比在1以上，有个别的厂大于1.5。

205. 圆筒混合机充填率的含义是什么？

答：填充率是混合料在筒内占的容积与混合机容积的百分比或混合料的平均横截面积与圆筒截面之比（参见图5-3）。

混合机填充率对产量、混匀和制粒效果均有很大影响。填充率过大，转速混合时间不变时，虽能提高产量，但此时料层增厚，混合料运动状态发生变化，破坏了本来较为适宜的运动轨迹，对混匀和制粒产生不良影响；填充率过小，生产率低不能满足产量需要。填充率的确定必须和转速协同考虑，使两者搭配合理，以获得适宜的物料运动，才能提高混匀和制粒效率。

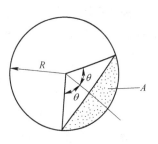

图 5-3 筒内物料横截面积及 θ 角

实质上，圆筒内混合料运动状态是惯性力、重力及物料间相互作用力等因素综合作用的结果。

一般认为一次混合机的充填率为 15% 左右而二次混合比一次混合的充填率要低些。

206. 圆筒混合机倾角和混合制粒时间如何确定?

答: 为了保证烧结料的混匀和制粒效果，混合过程必须应有足够的时间。20 世纪 70 年代初以前，世界各国的混合制粒时间大部分为 2.5～3.5min，即一次混合 1min，二次混合 1.5～2.5min。国外最近新建厂则大都把混合时间延长至 4.5～5min 或更长。生产实践证明，混合制粒时间在 5min 之前效果最明显。但日本釜石厂的混合时间长达 9min。

混合作业大都采用圆筒混合机，其混合时间可按下式计算:

$$T = \frac{L}{0.105R \times n \times \tan\alpha}$$

式中　T——混合时间，min;

　　　　L——混合机长度，m;

　　　　R——圆筒混合机半径，m;

　　　　n——圆筒混合机转速，r/min;

　　　　α——圆筒混合机倾角，(°)。

由上式可以看出，混合时间与混合机长、转速和倾角有关。增加混合机长度，无疑可延长混合制粒时间，有利于混匀和制粒。混合机的转速决定着物料在圆筒内的运动状态。转速太小，筒体所产生的离心力作用较小，物料难以达到一定高度，形成堆积状态，所以混合制粒效率都低；但转速过大，则筒体产生的离心力作用过大，使物料紧贴于筒壁上，致使物料完全失去混匀和制粒作用（图 5-4）。

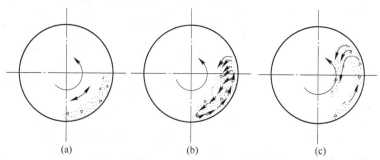

图 5-4　不同转速下圆筒内混合料的运动状态

(a) 转速太低，运动呈"滑动"状; (b) 转速适宜，运动呈正常"抛落"状;

(c) 转速太高，运动呈"瀑布"状

混合机转速决定着物料在圆筒内的运动状态。混合机的临界转速指物料在混合机内随滚筒旋转方向转动不脱落的速度，一般用 $n_\text{临}$ 表示，单位 r/min，计算公式如下：

$$n_\text{临} = \frac{30}{\sqrt{R}}$$

式中，R 为圆筒混合机有效半径。一次混合机转速为临界转速的 0.2 ~ 0.3 倍；二次混合机转速为临界转速的 0.25 ~ 0.35 倍。

混合机倾角决定着物料在混合机内的停留时间。一般情况下，一次混合机倾角在 2.0° ~ 2.5° 之间，二次混合机倾角 1.5° 左右。

当倾角一定，增加混合机的长度，能增加物料在混合机内的混合时间，有利于混匀与制粒。目前，最大混合机长度为 23 ~ 25m，直径 4 ~ 5m，制粒时间可达 4 ~ 5min。

207. 圆筒混合机加水方式和位置如何确定？

答：混合料加水润湿的主要目的是促进细粒料成球，成球好坏与加水数量和加水位置的多少有关。水分过小，物料不能滚动成球。但水分过大，既影响混匀，也不利于制粒，而且在烧结过程中，容易发生下层料过湿的现象，严重影响料层透气性。

混合机加水的方式和位置具体要求如下：

（1）必须实行混合料水分阶段控制，明确混匀段和加水段。一次混合机进料端必须保证足够的无水混匀距离，一般为 2 ~ 3m。然后加水开始，加水应由一次混合机全部完成，即尽可能在一次混合机使混合料充分润湿，把水量加到接近烧结料适宜的水分含量，为二混制粒创造条件，一混控制在 90% 以上，二混内补充 10% 以下或者不加水，使二混有充裕时间制粒。

（2）将水喷在滚动着混合料的料面上，防止混合料水分不匀和圆筒内壁粘料，同时水量分布应是进料端给水量多于出料端，距出料口三分之一处起不再加水。

（3）混合机内加水时，还必须注意加水的位置、角度和进出口端的水量。加水时应重视喷水质量，要使水成雾状直接喷在料面上，如图 5-5 所示 A 处。如果将水喷在混合机筒底 B 处，将造成混合料水分不均和圆筒内壁黏料。同时水量分布应是进料端给水量多于出料端，并力求均匀稳定，如图 5-6(b) 所示。而图 5-6(a) 所示则相反，是不对的。

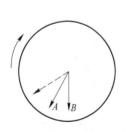

图 5-5　混合料加水示意图

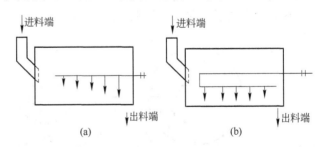

(a)　　　　　　　　(b)

图 5-6　混合料加水管示意图

通常最适宜的制粒水分与烧结料的适宜水分较为接近。实验结果表明，烧结最佳水分值比混合料最佳制粒水分值低 0.5% ~ 1.0%。

掌握混合料水分还要考虑气象因素，冬季水分蒸发较少，水分可控制下限，而夏季水分蒸发较快，就应该控制在上限。

208. 圆筒混合机筒体装置结构有哪些?

答：筒体装置是圆筒混合机的主体，由筒体、滚圈、大齿圈、筒体内附件等组成，如图 5-7 所示。

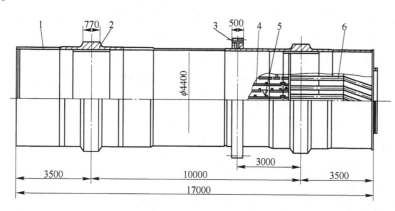

图 5-7 混合机筒体装置

1—筒体；2—滚圈；3—大齿圈；4,6—衬板；5—扬料板

（1）筒体。

筒体是承接混合料并进行混匀和制粒的圆筒状容器，是混合机最主要也是制造难度最大的部件。筒体的两个主要参数是筒体内径和长度。筒体多为直筒型，但也有把进料端部一段设计成锥形的，目的是防止向筒外散料和快速输送物料进入混合。

筒体是用厚度不等的几段等内径筒节对焊而成。每段筒节为一短圆筒，用普通钢板卷制拼焊而成。小直径筒节可用一块钢板卷成，轴向只有一条拼接焊缝；大直径筒节因受轧制钢板长度限制，需由 2 至 2 块钢板拼焊，轴向焊缝条数增多，从强度角度考虑，相邻筒节的轴向焊缝必须沿圆周均匀错开布置，一般错开 90°或 180°。

筒节厚度主要根据刚度条件及经验确定，当然也必须有足够的强度。由于在不同部位的筒节。其作用和受力不同，因而刚度要求不同，所需板厚也就不同。与滚圈有连接关系的筒节，装有支承大齿圈的筒节必须有足够大的刚度，只有这样才能保证整个筒体的刚性，使滚圈和托轮、挡轮具有良好的接触，齿轮与齿圈应有较高的啮合精度，使整个混合机运转平稳。其他如头尾筒节、中间连接筒节可适当减小板厚。宝钢一次混合机筒体分别采用了 60mm、40mm、32mm、22mm 等四种厚度规格的钢板。

混合机筒体装置如图 5-7 所示。

（2）滚圈。

滚圈是筒体的支承件。圆筒混合机一般只设两个滚圈，滚圈间距根据筒体最佳受力条件和结构布置情况确定。

滚圈分铸造滚圈和锻造滚圈两种。铸造滚圈的材质多选用 ZQ230～450，滚圈截面为箱形或矩形，在重量相同时，箱形滚圈较矩形有大得多的断面模量和刚度，因而工作应力较小，但因截面形状复杂，铸造时易产生缺陷和冷缩裂纹，反而使安全可靠性降低，所以大型铸造滚圈多为实心矩形断面。锻造滚圈的材质选用中碳锻钢，采用实心梯形截面。大型混合机的滚圈，锻件或铸件哪一种更合适，现在的观点不尽相同。

（3）大齿圈。

大齿圈是筒体转动的传动件。为使传动啮合准确，大齿圈应安装在筒体变形较小处，一般尽可能靠近上滚圈，有的则直接连接在滚圈上。大齿圈一般为铸钢件，为便于安装制造，采用对半剖分，铰配螺栓连接。大齿圈参数选择应注意以下几点：

1）取偶数齿，并使剖分面在齿谷处，这样能保证齿形完整，对强度影响小。

2）选较大模数，圆筒混合机工作时，筒内物料偏斜，提升下落，造成筒体振动，使齿轮齿圈承受冲击动载荷；大型筒体由于制造安装误差，运行中的变形以及齿圈本身的制造及安装误差等多方面因素造成齿轮齿圈接触不良，引起偏载；大型齿轮啮合部都采用较大侧隙，必然存在瞬时冲击；工作中圆筒内的黏结料层加厚，加大了传动负荷。以上诸多方面的原因，决定了齿轮载荷的不稳定性。为确保在各种情况下的安全生产，所以在按正常传动计算出的模数基础上，应适当放大模数值。

3）齿圈直径的确定，应考虑安装齿圈必需的操作空间。

（4）筒体内附件。

附件主要包括各类衬板和扬料板。衬板的作用是防止筒体磨损，扬料板则是为强化混合。

209. 圆筒混合机拖轮装置结构有哪些?

答：托轮装置是混合机筒体装置的支承部件，承受整个筒体装置和筒内混合料重量，以及工作运转负荷，并传递到基础。圆筒混合机一般只设前、后两对托轮，从横断面看，每对托轮对称布置在滚圈垂直中心线两侧，左右夹角各30°。后托轮组安装在同一底座上，见图5-8，前托轮组连同挡轮装置共用一底座。

每个托轮装置又由托轮、轴、轴承、轴承座等组成。

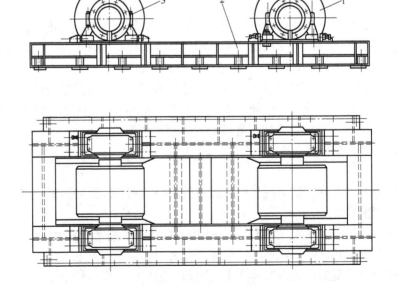

图5-8 后托轮组装置
1—托轮组装置；2—底座；3—轴承座

托轮采用中碳锻钢，经过调质处理，表面硬度略高于滚圈。托轮的直径和宽度依据和滚圈的接触强度确定。滚圈和托轮的直径比一般为 3.5~4。为适应筒体窜动及正常安装误差，保持与滚圈的有效接触，托轮宽度比滚圈宽度大约 10~20mm。托轮轴承受很大的弯曲载荷，为保证强度，除选用较好的材质外，结构设计上采取了相应措施，如避免轴上开键槽，托轮与轴采用过盈配合连接，托轮两侧面加工出卸荷槽轴向定位设置专门定位套，轴经过渡处采用大圆弧等。这些措施能有效地减缓应力集中，提高轴的疲劳强度。因轴与托轮配合段较长，为了便于安装，把该段设计为小阶梯状，可使过盈装配行程缩短一半。

托轮支撑具有重载大跨度特点，故选用球面滚子轴承，并采用前侧轴承固定，后侧轴承游动的结构，以适应受载后轴的变形和运转中相关件可能产生的不同热胀冷缩量，补偿制造安装误差，保持运转灵活。当轴承内径达 $\phi300mm$ 以上时，最好选用锥形内孔轴承，以方便装拆。

210. 圆筒混合机挡轮装置结构有哪些？

答： 挡轮装置是筒体轴向定位的装置，承受因筒体倾斜安装产生的轴向力和其他附加轴向力，并通过底座传递给地基。圆筒混合机设一对挡轮，分别置于排料端滚圈的前后侧，可限制筒体前后两个方向的窜动。正常情况下，只有前挡轮和滚圈侧面接触而被带着转动，后挡轮和滚圈间有约 10mm 间隙，见图 5-9。但当托轮轴线与滚圈轴线不平行而有

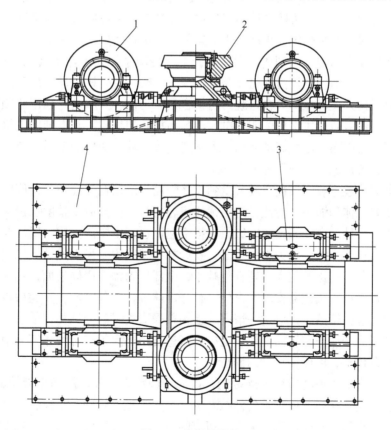

图 5-9　前托轮组装置

1—托轮装置；2—挡轮装置；3—轴承装置；4—底座

附加力产生时，筒体也有向后窜动的可能，所以成对设置挡轮是必要的。

挡轮装置由挡轮、轴承、支承轴等组成。

挡轮为铸钢件，其直径根据与滚圈的接触强度确定，接触面为锥形面。为提高挡轮表面的接触强度和抗磨能力，挡轮加工后进行高频表面淬火，淬硬层为2mm左右，硬度控制在HRC 35～40，不要过高，以防啃蚀滚圈。

挡轮轴承应能同时承受径向和轴向作用力，通常采用双列圆锥滚子轴承，也有用双列球面滚子轴承和止推轴承的组合形式，分别承受径向和轴向力。

支撑轴与挡轮轴为整体铸造，克服了分离式结构因装配间隙造成的挡轮偏摆，减小了装配工作量，但这种结构轴根部尺寸有很大突变，易产生铸造缺陷，出现应力集中，此处又作用着较大弯矩，因而是强度薄弱部位。为此，应尽可能加大根部过渡圆弧半径，减小应力集中，或通过提高材质和热处理要求来提高强度等级。

前后挡轮装置的支撑台体用前后两根拉杆相连接，使下滑力分散传递，改善了连接螺栓受力，加强了连接的可靠性。

211. 圆筒混合机传动装置结构有哪些？

答：传动装置是传递运动和动力、驱动筒体转动的装置。大型圆筒混合机的传动装置具有传递功率大，速比大的特点。为满足安装维修需要，避免主电动机非生产性频繁起动，通常还设有辅助传动，可驱动筒体正反向缓慢转动，并按要求准确停位。

混合机一般采用的是固定式传动，小齿轮装置固定在底座上。正常生产时，由主电机拖动筒体以额定速度回转，爪型离合器脱离，辅助传动系统处于停止状态。安装检修时，爪型离合器接合，由辅助电机拖动筒体缓慢转动，此时，主电机随动。爪型离合器手动操作板上设置有限位开关，检测离合器脱离与接合是否到位，并和电气控制联锁，确保只有脱离到位，给出信号后，主电机才能供电起动，而接合到位时，只有辅助电机能起动。这一点非常重要，否则当主电机起动而离合器未脱离时，辅助减速器变为增速器，会使辅助电机转速过高，有造成"飞车"事故的危险。

主减速器因传递重载，安装空间又受到筒体限制，所以在保证技术性能的前提下，应尽量使结构紧凑，体积缩小。为此，选用优质齿轮材料、提高齿轮精度和齿面硬度是必要的。除此之外，设计上合理确定减速级数和搭配速比也很重要。宝钢一期混合机减速器为两级圆柱齿轮减速器，大齿轮为中硬齿面，投产初期就发生了齿面点蚀。二期改为三级减速，适当调整了各级速比，使大齿轮直径减小，全部齿轮都采用硬齿面，克服了齿面点蚀的问题。受筒体遮挡，减速器安装时只能平行移动就位，十分困难，安装后也无法像一般减速器那样整体上揭箱盖，针对这一情况，上箱盖采取立式剖分结构，使前箱盖在原位便能打开，方便了生产检查和箱内零件的更换。减速器上还附带有稀油循环润滑系统，给齿轮副和轴承强制供油，以保证良好的润滑。

与大齿圈啮合的小齿轮采用中碳锻钢，齿面表面淬火。大齿圈和小齿轮的支承型式、轴承型号和托轮装置相同，使轴承备件数减少，也便于生产管理。小齿轮轴和主减器间用鼓形齿式联轴器连接，不仅可满足传递大扭矩的要求，也可用以补偿齿轮轴变形及安装等误差造成的两轴中心线相对偏移。

212. 圆筒混合机给料装置结构有哪些?

答：圆筒混合机的给料形式有皮带给料和漏斗给料两种（图5-10）。皮带给料是把输送机头轮伸入到筒体内直接给料，给料顺畅，没有堵料问题，缺点是输送机头部占去了部分筒体长度，和漏斗给料相比，总长相等时，有效长度减少约1m。另外返回皮带黏料，若不采取措施，直接散落在给料平台上，既影响环境，又增加了清扫工作量。在自动化水平高的大型烧结厂，保证连续生产是主要的，所以多采用皮带给料。皮带给料存在问题是散料现象严重，需要在给料罩口四周增设了橡胶密封板，罩内还设置了聚乙烯导料衬板，把带出散料遮挡在罩体内并尽可能导入到筒体内。

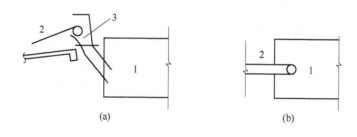

图5-10　皮带给料和漏斗给料示意图
（a）漏斗给料；（b）皮带给料
1—圆筒混合机；2—皮带给料机；3—漏斗

漏斗给料是一种间接给料方式，输送皮带机将混合料连续卸入漏斗，通过漏斗供给混合机，这种形式占用的筒体长度较小，不易造成散料，但易引起堵塞，所以漏斗应有足够大的倾斜角，一般为70°，还常在壁面上铺设不易黏料的耐磨橡胶板或振动器，即使这样，对黏性大的混合料，仍有堵料现象。

213. 圆筒混合机洒水装置结构有哪些?

答：混合料水分的添加主要是在一次混合机内完成，所以一次混合机的洒水管贯穿整个筒体，见图5-11。混合料的给水装置常用的有两种：一是在沿混合机圆筒长度方向配置洒水管，管上钻孔，给水呈注流状加至混合料中，水管开孔一般为2mm左右。另一种是由一根安装在筒体内部的水管和若干不锈钢喷嘴组成的给水装置。

一次混合机给水装置是一根通长的洒水管，洒水管上按一定的距离安装一排喷嘴，喷嘴的间距要使在圆筒长度方向给水均匀。喷嘴安装倾角应在15°~30°之间，使水洒在料面中心。整根洒水管与一根沿筒体轴向安装的钢丝绳连接，钢丝绳的一端固定在给料漏斗支架或给料带式输送机支架上，另一端固定在圆筒排料漏斗或排料操作平台上，钢丝绳上设有螺旋拉紧机构，以调节钢丝绳的紧张程度。水管防护非常重要，水管上部应设置挡板，以避免物料堵塞喷嘴，钢丝绳的外部套上胶管，以减少腐蚀和磨损。

二次混合机内只进行水分微调，洒水装置比较简单。仅设在圆筒的给料端，为了方便调节，喷嘴可分别装在不同的水管上，由单独的阀门控制给水，如图5-12所示。

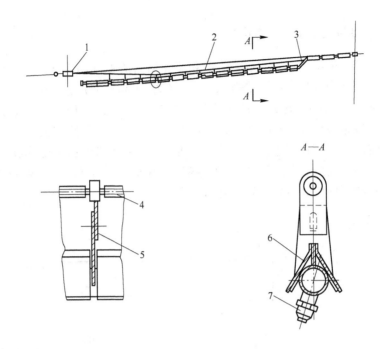

图 5-11　一次混合机加水装置

1—支撑套筒；2—钢丝绳；3—水管；4—保护胶管；5—吊柱板；6—防护橡胶板；7—喷嘴

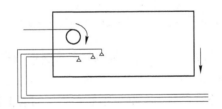

图 5-12　二次混合机给水装置

214. 混合料水分检测办法有哪些?

答：（1）中子法。中子法测量物料中的水分是基于快中子在介质中的慢化效应。当快中子与物料水分中的氢原子核碰撞时，快中子被减速（慢化）为热中子（慢中子），热中子可用 BF_3 正比计数管检测。因此，物料中含水量较高，氢核密度越大，快中子在其中慢化越显著，介质中的热中子密度越大，并且，正比计数管中探测到的热中子数与物料含水量成正比。

烧结混合料仓中子水分计的安装见图 5-13。

探头在料仓中的安装方式有插入式和反射式两种。烧结混合料仓安装中子水分计，一般用插入法。其优点是探测效率高，对被测物料的形状无严格要求，但必须保持一定的料位。

（2）红外线法。基于水对红外线光谱的吸收特性，采用红外线法测量带式输送机上物料水分。仪器装置系统如图 5-14 所示。红外线水分仪目前在国内外已广泛应用。此种仪

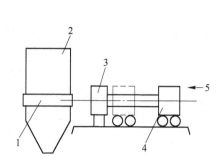

图 5-13　中子水分计的安装示意图
1—保护管；2—料仓；3—校准箱；
4—小车；5—冷却水

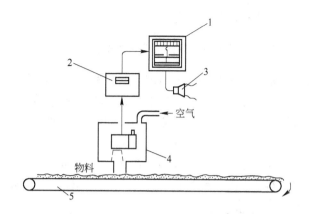

图 5-14　红外线水分仪用于胶带上原料水分的测量
1—水分记录报警仪；2—水分变换器；3—扬声器；
4—水分检测器；5—带式输送机

器的测量精度易受蒸汽影响。

215. 混合室配置时应注意哪些事项？

答： 一次混合室配置应注意的事项有：

（1）一次混合室一般应配置在 ±0.00mm 平面，如因总图布置的限制，亦可布置在高层厂房内。

（2）混合机的给料带式输送机有两种配置形式：与混合机筒体中心线呈同轴布置和呈垂直布置。同轴布置时料流畅通，漏斗不易堵。垂直布置时漏斗易堵，应尽量避免采用。

（3）混合机配置在 ±0.00mm 平面时，排料带式输送机应尽量布置在 ±0.00mm 平面上，以保证操作方便并提供良好的劳动环境。排料带式输送机的受料点应尽量设计成水平配置的形式，以免漏料散料。混合机的排料与带式输送机亦有同轴和垂直两种配置形式。同轴配置将出现地下建筑物或使厂房平台增加，应尽量避免。垂直布置可与混合机同置于一层平台上，布置简单，方便操作。

（4）混合机给料及排料漏斗角度一般应为 70°，必要时可在给料漏斗上设置振动器。

（5）混合机给料带式输送机头部、混合机排料漏斗顶部须设置竖式风道，必要时还需设置除尘设备。

（6）供润湿混合料的水在进入洒水管前必须过滤净化，以免杂物堵塞喷嘴。

（7）混合室一侧的墙上应设置过梁，方便混合机筒体进出厂房，过梁位置视总图布置的条件而定，以方便设备搬运为原则。配置胶轮传动混合机的混合室，确定检修设备时应考虑能方便整体吊装胶轮组。

二次混合室的配置应注意的事项有：

二次混合可单独配置在主厂房外的二次混合室内，亦可设在主厂房高跨的高层平台上。中、小型烧结厂如选用胶轮传动混合机，可考虑把二次混合设在主厂房内。大型烧结厂混合机采用齿轮传动，振动较大，宜单独设置二次混合室。

二次混合室配置的注意事项与一次混合室基本相同。唯因总图布置关系，二次混合室往往配置在较高的平台上。

216. 圆筒混合机的工作原理有哪些?

答: 由于配合料与筒体内壁、配合料与配合料之间有摩擦力, 借助筒体旋转离心力的作用, 将配合料带到一定的高度 (这个高度相应于物料的休止角), 然后开始向下滚动。由于筒体是倾斜的, 配合料的滚动方向与回转面成一个角度, 因此配合料就沿圆筒轴线的方向逐渐向下移动。这样反复循环, 配合料的运动轨迹就可以绘成螺旋形曲线。配合料在多次这样运动中得到混匀。在混合过程加适量的水, 由于水的表面张力及配合料的性质, 配合料在以上运动过程中滚动而造成小球, 达到混合造球的目的。

217. 圆盘造球机工作原理是什么?

答: 为了改善料层透气性, 提高烧结矿质量, 国内外相继开发出小球烧结法和球团烧结法等技术, 圆盘造球机也作为烧结厂的造球制粒设备被使用。

圆盘造球机主要由圆盘、刮刀、刮刀架、传动装置、调倾角机构和底座等组成, 见图 5-15。造球机的转速可通过改变皮带轮的直径来调整, 圆盘的倾角可以通过螺杆调节。

混合料进入造球盘内, 受到圆盘粗糙底面的提升力和物料的摩擦力作用, 在圆盘内转动时, 细颗粒物料被提升到了最高点, 从这点小料球被刮料板阻挡强迫地向下滚动, 小料球下落时, 黏附矿粉而长大, 小球不断长大后, 逐渐离开盘底, 它被圆盘提升的高度不断降低, 当粒度达到一定大小时, 生球越过圆盘边而滚出圆盘。在圆盘的成球过程中产生了分级效应, 排出的都是合格粒度的生球, 生球粒度均匀, 不需要过筛, 没有循环负荷。

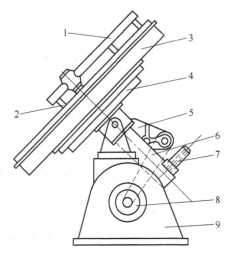

图 5-15 圆盘造球机示意图

1—刮刀架; 2—刮刀; 3—圆盘; 4—伞齿轮;
5—减速机; 6—中心轴; 7—调倾角螺杆;
8—电动机; 9—底座

218. 混合制粒机含油尼龙衬板材质和功能有哪些?

答: 高耐磨自润滑浇铸型含油尼龙是一种新型工程塑料, 属聚酰胺类高分子聚合材料, 曾被誉为 20 世纪 90 年代世界十大科研成果之一, 综合性能及使用量居五大工程塑料之首。主要原因是其自润滑性能独特, 高强耐磨、抗振减噪, 可广泛替代锡锌铜合金、铝合金、锌基合金、不锈钢等有色金属合金, 制造各种机械结构零部件, 减振耐磨的传动零部件, 尤其适合矿山、冶金、轧钢、化工橡胶、轻工、纺织机械等行业, 耐磨度比用金属件提高 2 倍以上, 最大优点是不损伤对偶件。

(1) 高耐磨自润滑含油尼龙的性能优势有:

1) 高耐磨自润滑含油尼龙属高分子聚合材料, 平均分子量在十万以上, 是普通尼龙的五倍, 所有机械性能远超过普通尼龙, 综合性能指标优于其他热塑料及工程塑料。

2）25℃时密度为1.2，制造相同体积的零件重量仅为锡锌铜合金的八分之一，便于安装和降低配件成本。

3）机械强度高，耐冲击，简支梁缺口冲击强度高达6kJ/m³，是锡锌铜合金（1.4 kJ/m³）的4倍。

4）在聚合工艺中加入精制的矿物油助剂，增加了自润滑性，降低了摩擦系数，摩擦系数是普通尼龙的三分之一，是锌铜合金的二分之一，与45号钢对磨2h磨损失重仅为锌铜合金的百分之一。

5）维卡软化点212℃，热变形温度200℃，连续耐热最高温度170℃。

6）绝缘、耐氧化、耐腐蚀、耐老化。

不同材质尼龙性能比较见表5-4。

表5-4 材质性能的比较

材质名称	拉伸强度/MPa	断裂伸长度/%	弹性模量/GPa	弯曲强度/MPa	压缩强度/MPa	硬度HB	熔点/℃	摩擦系数	冲击强度/kJ·m⁻²	连续耐热/℃
高耐磨自润滑 NZ-HA 型含油尼龙	86	40	1.9~3.2	136	125	90	240	0.1	6.5	170~230
稀土含油尼龙	75	40	1.9~3.2	80~130	110	85	230	0.1	6.5	170~230
MC 含油尼龙	70	40	1.85	78	106	82	220	0.12	6.2	170
锌铜合金	175				100	65		0.27	1.4	

（2）含油尼龙在钢铁冶金业应用范围：在制造冶金行业常用于圆筒混合机衬板，料仓、料槽、溜槽，造球盘边、盘底衬板，多辊布料器。含油尼龙耐磨性好，不黏料，冲击载荷小，节约能源。可延长设备整体寿命，保护设备系统零部件，降低维修费用，混料均匀，造球效果好，提高混合机作业率6%~12%。

（3）混合、制粒机衬板类型。改善混合料制粒效果是强化烧结过程重要措施，多少年以来，世界各国的工程技术人员一直在深入研究提高制粒的技术，取得了可喜效果。下面是河北同业冶金科技有限公司研发的逆流分级制粒造球技术用衬板同其他技术用衬板的对比情况：

1）逆流分级制粒造球衬板。通过混合机内部结构的改变，实现混合料受力状态的改变，压缩混合料运动过程"螺距"，达到延长有效混合造球时间，增加物料有效滚动路程、提高造球效果的目的；采用机内分段分级技术，实现混合料粒度的自动分级，达到大颗粒物料向外走，小颗粒物料返回造球的目的；采用新型布衬技术，彻底解决混合机根部积料，实现混合过程死料再循环，提高造球效果和混合机有用功率（图5-16）。

2）双筋混合机衬板。双筋衬板能够使料流形成合理的轨道，有效延长物料在筒体内的混匀时间提高混匀度。由于衬板有两条与筒体内轴线平行的凸起的筋，由于凸起筋的阻挡作用，物料会积存下来，形成料衬，料衬的形成不但能阻止物料与尼龙衬板的直接摩擦，有效地防止混合机内壁磨损的问题（图5-17）。

图 5-16   逆流分级制粒造球衬板   图 5-17   双筋混合机衬板

3) 平弧板加提升条衬板。由于提升条的加入，延长了造球流程。由于这种独特的强化造球设计，使得物料在衬板上滚落时，脱离角不断变化，由大变小，由小变大，沿着近似锯齿形曲线滚落。造成料球在强化造球板上比在平板上滚落的路程加长。增加了料球长大的时间，提高了造球率。提升条最显著的特点就是更换方便，节约维修费用（图 5-18）。

4) 四斜筋衬板。对于黏性不大的物料使用四斜筋衬板。这种结构形式能够使物料在衬板斜筋之间形成料衬，从而延长衬板的使用寿命（图 5-19）。

图 5-18   平弧板加提升条衬板   图 5-19   四斜筋衬板

5.3   实操知识

219. "稳定水碳"有哪些意义？

答："稳定水碳"是指烧结料的水分、固定碳含量符合烧结机的要求，且波动小。烧结料的适宜水分是保证造球、改善料层透气性的重要条件。烧结料中的固定碳是烧结过程的主要热源。减少烧结料水、碳的波动就为烧结机的稳定操作创造了条件。

因此，"稳定水碳"是稳定烧结生产的关键性措施。

220. 混合料工的操作原则和要领有哪些？

答：混合料工要遵循正确使用、经常检查、加强维护、合理润滑的原则进行操作，充分发挥混合机的混匀、制粒作用，努力提高混合机的作业率和生产能力。

操作要领：检修或长时间停机时，要将混合料转净倒空，防止由于黏料过多影响混匀制粒效果；当混合机未停稳时，不准重新启动，不准重负荷启动与运行；发现混合机入料量太大或太小时，要及时与有关岗位取得联系，力争做到料流均匀稳定；二次混合工要严格控制好水分，发现波动及时调整，并迅速通知烧结机岗位；严格控制小矿槽的存料量，一般控制在 1/2~2/3 位置，经常检查梭式布料器的布料情况，保证沿小矿槽的整个宽度均匀布料。

221. 混合机加水操作应注意什么？

答：加水的方法和位置对混料与造球的效果有很大影响。

首先，在一混将水喷在滚动着混合料的料面上，防止混合料水分不匀和圆筒内壁黏料，同时水量分布应是进料端给水量多于出料端，距出料口三分之一起不再加水。二混喷雾状水，便于造球。

其次，在一、二混的加水量对混匀与造球也有影响。一混加水目的是使混合料充分润湿，把水量加到接近烧结料适宜的水分含量，为二混制粒创造条件，一般一混加水控制在 90% 左右，二混内补充 10% 水分或不加水，使二混有充裕时间制粒。

第三，均匀喷洒比集中浇注水效果好得多。

通常最适宜的制粒水分与烧结料的适宜水分较为接近，实验结果表明，混合料最佳制粒水分值比烧结最佳水分值高 0.5%~1%。

国内外许多烧结厂把一次混合料水分波动范围限制在 ±0.4%，而二次混合料水分限制在 ±0.3%。

掌握混合料水分还要考虑气象因素，冬季水分蒸发较少，水分可控制下限，而夏季水分蒸发较快，就应该控制在上限。

222. 二次混合机通蒸汽有什么优缺点？

答：蒸汽预热是在二次混合机内通入蒸汽来提高料温。蒸汽压力愈高，预热效果愈大。实践显示，当蒸汽压力为 0.1~0.2MPa 时，可以提高料温 4.2℃，压力增至 0.3~0.4MPa 时，料温可提高 14.8℃。采用蒸气预热可以保证烧结料水分稳定。由于预热在二次混合机内进行，烧结料预热后马上进行烧结，因此，热量散失较少。

蒸汽预热的缺点是热利用效率低（一般仅为 30%~40%），主要原因是蒸汽没有渗透到料中去，仅在表面与料接触，潜能不能充分传递给混合料。

但是采用射流蒸汽预热新技术，分别在二混和烧结机泥辊上小料仓周围用射流蒸气喷头预热混合料，将料温进一步提高到 65℃以上，具体实施方法如下：

（1）在二混中蒸汽预热烧结混合料。在二混中，离滚动的混合料料花适当的距离加射流蒸汽喷头。蒸汽源（高于 0.3MPa）从射流蒸汽喷头喷出形成高速蒸气射流，射入混合料花深部，在混合料花深部，蒸汽将热量传给烧结混合料，蒸汽与烧结混合料的传热由以前的表面接触传热变成了对流传热，热效率大大提高，见下面工艺流程：

蒸汽源→汽液分离器→涡街流量计→调节阀→压力表→二次混合机内射流蒸汽喷头。

（2）在小料仓中用蒸气预热烧结混合料。在小料槽周边及料仓中间加些射流蒸汽喷头，蒸汽源（高于 0.3MPa）从射流蒸汽喷头喷出形成高速蒸汽射流射入混合料深部，在混合料深部蒸汽将热量传给烧结混合料，蒸汽与烧结混合料的传热为对流传热，热效率可高达 95%以上，见下面工艺流程：

蒸汽源→汽液分离器→涡街流量计→调节阀→压力表→小料仓周边射流蒸汽喷头。

223. 混合料粒度组成如何测定?

答: 混合制粒后,为了测定制粒效果,需要测定混合料的粒度组成。其测定方法基本上与普通矿石粒度筛分相同,但考虑到烧结料含有一定水分的影响,故需进行一定的干燥后才能进行筛分。烧结料的干燥程度应根据制粒物料在筛分时,不碎散为准则,通常都不达到完全干燥程度,只要物料层干燥后,不发生颗粒间的黏附现象,即算合乎筛分的原料。筛分后各粒级应全部烘干,然后分别称重。为了避免水分的影响,国内外有用液氮法进行测定的,但液氮程度掌握不好,也影响到测定的准确性。

根据烧结混合料粒度的特点,选用筛孔为 10、5、3 和 1mm 的四个筛子进行筛分就足够了,制粒效果一般以制粒前后大于 3mm 或 3 ~ 6mm 级别的重量比例进行比较。

224. 如何防止一次混合机"跑"干料或过湿料?

答: "跑"干料或过湿料不仅是一次混合的责任,与上下工序也有一定的责任。所以要加强联系,如加减返矿、放灰、返矿的质量及缓变料时要及时与一次混合联系,一次混合及时调整水分。返矿与配合料要做到齐头并进,一次混合工要估计来料及断料的时间,判断要准确,开闭水门要及时。要做到经常联系检查,及时判断调整。此外,一次混合工还要定期检查水眼堵塞情况。

225. 一次混合机加水量过大给下道工序和烧结产质量带来什么影响?

答: 一次混合水分过大,首先影响混合料的混匀和造球。给下道工序造成容易堵料嘴,黏皮带,皮带打滑跑偏,烧结机点不着火,返矿漏斗崩料,返矿圆盘出料口喷料,皮带撒料,严重时会造成返矿槽满,大矿槽满,致使生产恶性循环不能正常进行,对烧结产质量影响极大,烧结机烧不好,成品率低,产量下降,质量差,强度低,效率低。由于返矿增多,返矿达不到平衡,对烧结矿的化学成分稳定带来极大的影响。

226. 稳定一次混合机操作制度有哪些?

答: (1) 认真贯彻执行烧结热返矿的操作制度。烧结热返矿的配加要按规定的圆盘正常转速范围操作,若热返矿发生异常情况需增减热返矿量时,操作工要及时通知主控,主控工要了解热返矿的配加情况并记录好圆盘转速(主控设有圆盘转速信号),同时通过烧结工调整碳的配比,通知一次混合调整水分的配量。热返矿圆盘转速与下料量(kg/m)的关系应定期测定,绘成曲线图。

(2) 认真贯彻执行除尘灰的排放,打水签字制度。

(3) 认真贯彻执行水封刮板的操作制度。要求水封刮板不得随意停机,若遇特殊情况要停机时,需汇报作业长同意方可停机。

227. 一次混合机技术操作要点和标准有哪些?

答: (1) 技术操作要点有:

1) 混合机启动前必须请示烧结主控室,待接到允许启动指令后方可开机。

2）经常与配料室等岗位联系，掌握料批、物料配比、粒度组成，物料亲水性等参数及变化情况；返矿数量与质量等情况，及时调整确保水分适中。

3）经常观察混合料水分大小，杜绝跑稀、跑干现象。一次加水控制加水总量的90%左右，发现混合料水分异常，应及时进行调整。

4）混合机加水由人工方式控制；观察料头料尾，参考水分监测仪及生产过程时间，在30秒内将水分调整适宜。

5）根据水分分析仪显示数据控制混合料水分，并结合人工判断。混合料水分人工判断混合料水分方法：可通过铁铲接料，轻轻筛动观察成球大小及料面湿润情况；必要时可用手试料，借助于手的感觉，补助目测的不足。

6）正常生产时，缓冲矿槽料位均控制在1/3以下，岗位人员根据仓壁黏料情况及时疏通和清理。

7）无论何种原因停机，都必须检查加水阀门和蒸气阀门是否关闭。

8）检修时间及时清理滚筒内黏料。

（2）技术操作标准：水分7.3%±0.3%，温度高于70℃，杜绝"跑"干料和过湿料。

228. 二次混合机技术操作要点和标准有哪些？

答：（1）水分的控制：

1）取样观察，根据光泽、成球性、判断水分大小。

2）若水分过大，关闭补充水门，并通知一混看火工。

3）若水分过小，加大补充水，并通知一混看火工。

4）正常情况，水分调整幅度不宜过大。

5）二混岗位工人及时与取样工联系，掌握水分情况。

6）定期检查加水管水眼是否有堵塞现象。

（2）料温控制。为了强化烧结过程，采用通蒸汽预热烧结料，提高料温的方法，来防止烧结过程中水分转移再凝结形成的过湿层。

1）为防止水气的再凝结形成过湿层，同时避免蒸汽浪费，降低蒸汽消耗，掌握料温不宜过高，在蒸汽压力正常的情况下，应掌握在60~70℃。

2）料温过低时（小于50℃），及时查明原因，一方面加大蒸汽量，另一方面检查蒸汽管是否堵塞，并组织处理。

3）及时与取样工联系，掌握料温情况。

（3）梭式布料器和矿槽存料量控制：

1）为减少烧结机的铺料偏析，梭式布料器必须确保正常运转，严禁定点下料。

2）梭式布料器发生故障时，要立即向作业长汇报，由机修车间组织检修，为维持生产，由调度批准，方准定点下料。

3）二混岗位要严格控制小矿槽的存料量，保持相对稳定，一般应保持在1/2~2/3的范围内，严禁出现空仓或顶仓现象。

（4）技术操作标准：

1）水分7.5%±0.2%，料温高于60℃，严禁跑干料或过湿料，杜绝小矿槽顶仓或空仓。

2）制粒机转速根据生产需求调整，以满足混合料小球粒度满足工艺需求：0.5～3mm 占15%左右、3～5mm 小球占45%左右、5～10mm 占25%左右、5～10mm 占5%左右。

229. 混合料矿槽操作对烧结生产有什么影响？

答：在实际生产操作中，混合料矿槽的正常存料量应稳定在矿槽容积的 1/3～1/2 范围内。存量太少，容易造成烧结机给料不足，降低产量；存料过多，又容易造成水分波动，小球受到挤压，并且水分蒸发使小球变得松散，特别是在含有生石灰或者消石灰时，混合料在矿槽内停留时间过长，其中一部分生石灰吸水消化，引起水分降低，小球破碎，并容易发生崩料现象，当烧结机突然停车时，还会迫使上料皮带带负荷停车，易造成设备事故。

230. 影响一次混合机加水量的主要因素有哪些？

答：（1）物料的原始水分影响。大多数企业精矿粉，水分一般在8%左右或8.5%以上，平常也有波动，若遇雨季波动更甚。进口矿水分一般在4%，由于长途运输和储存，物料经常发干。综合矿粉一般水分为6%，由于不提前打水润湿和打水不匀，也引起物料发干。生石灰打水不匀影响更大。其他外加料如水封刮板泥、除尘灰等对原始水分的稳定更为不利。通过计算原始水分每波动 ±1%，一次混合补加水量波动 ±3.7t/h。

（2）配料室料批增减的影响。料批增加，一次混合补加水量必然减少，若调整不及时就会造成水分波动。经计算发现配料室料批增减 10kg/m，一次混合补加水量减增 2.1t/h。

（3）热返矿的影响。热返矿不含水，需要加水达到规定要求，当其发生变动时，一次混合补加水量也要发生变动。

（4）缓变料及料头料尾的影响。

（5）物料性质的影响。物料的粒度大，比表面积小，需加水分少，如富矿粉。物料的粒度细，比表面积大，如精矿粉，需加水大；物料的亲水性强，表面松散多孔的需加水分大，组织致密的需加水分少。赤铁矿、磁铁矿比较致密，亲水性差，褐铁矿结构比较松散，亲水性好。

（6）季节不同加水量也不同。夏季水分蒸发快，加水多一些，冬季水分蒸发慢，水分稍少一些，春秋季节加水要适中。

（7）经常检查除尘灰的水分，排放是否均匀。

231. 混合机开机前的准备工作有哪些？

答：开机前，严格遵守混合机通用开停机规程，主要对下列位置和部件进行认真检查：

（1）检查并清除圆筒内衬板上滞留的一切钢铁件，如角钢、衬板压条、钢管、钢棍等。

（2）检查衬板有否螺栓松动、掉螺栓、衬板翘起、压条开焊脱落等，并对出现的问题及时处理。

（3）检查水管、阀门、喷头是否齐全、严密；水压水温是否在要求之内，各闸阀是否处于关闭状态。发现喷头堵塞，要及时清理。

（4）检查减速机、电机地角螺栓是否松动，联轴器是否安全连接。

（5）检查设备周围有无非本岗人员和障碍物。

（6）检查润滑油站油温是否正常，各润滑点的润滑情况是否良好。

（7）检查混合机内存料情况，判断是否先开慢传装置，将料排出，禁止重负荷启车。

（8）检查进出料口是否畅通，如不畅通应清理干净。

（9）检查皮带断电拉绳是否在复位状态。

（10）检查岗位安全装置、室内外照明、信号装置、操作按钮是否齐全完好。

（11）检查工作制开关是否处于"自动"位置。

232. 混合机开、停机操作步骤有哪些？

答：（1）开机操作，实施开机检查无误后，联系上下道工序准备开机。

1）远程自动：由主控室联锁控制，本地先启动油泵，待开机铃响后，逆流程启车。

2）远程手动：需远程手动开机时，本地先启动油泵，待开机铃响后，逆流程延时启车。

3）本地手动：单体试车或其他特殊情况时，将工作制开关置于现场"手动"位置，由机旁进行开机操作。开机顺序：启动油泵→混料皮带（逆料流）→混合机。

（2）停机操作：

1）远程自动：需要停料时，由主控室控制，开机铃响后，顺料流逐台延时停机（油泵不停）。

2）远程手动：需远程手动停机时，由配料主控室控制，顺料流逐台延时停机（油泵不停）。

3）本地手动：设备不在联锁状态下，由现场进行停机操作，停机顺序与开机顺序相反。

（3）紧急停机操作：发生故障或事故，现场应立即停机，挂上禁止启动牌，及时汇报配料主控室。

（4）微动机构仅限于检修或长时间停机时使用，使用时合上爪形离合器，由机旁进行手动操作，将混合筒旋转。正常生产时，爪形离合器打开，使微动电机和减速机脱离。

233. 混合机润滑油站操作内容有哪些？

答：（1）自动操作：稀油润滑（滚面润滑）自动设定时间为 240min 喷吹一次（1min），间隔 240min；干油站（齿圈润滑）自动设定时间为 480min 喷吹一次（1min），间隔 480min。

（2）手动操作：如需调整喷油次数，同时按下 S、R 按键，通过调整"三角"符号确定喷油次数，按 R 键确认；如选择时间，再双按 S、R 按键，通过调整"三角"符号确定喷油时间再按 R 键确认。

234. 混料工生产过程要注意哪些安全事项？

答：（1）上岗前必须将劳保用品穿戴齐全，严禁穿长身大衣上岗。

（2）开机前检查安全防护装置是否齐全有效，设备周围是否有人或障碍物。

（3）禁止用湿手操作、用湿布擦拭、用水冲刷电器，以防触电。

（4）严禁在设备转动部位擦拭和加油，清扫巡视设备时精力要集中。

（5）观察混合料水分和制粒效果时，脚下要踩稳，要靠在安全护栏上。

（6）清理筒体内壁黏料必须停机，进入筒体内清理黏料，必须提前用大锤振动筒皮，捅上部黏料不要站在正下方。

（7）给大齿圈加油时必须精神集中，用木棍，严禁用铁器。

（8）严禁横跨、乘坐运转中的皮带，严禁运送其他物品或在停转皮带上休息。

（9）冬季期间，岗位蒸气较大，注意岗位积冰及时清理防止滑倒摔伤。

（10）处理故障和检修时，严格执行停电挂牌制度，谁挂牌、谁摘牌。进入筒体清理黏料必须使用安全照明。

235. 清除圆筒混料机内的黏料时应采取哪些安全措施？

答：清除圆筒混料机内的黏料时，为防止可能发生的积料塌落，圆筒转动，水、气突然喷出所造成的砸伤、烧伤等意外事故，一般要采取如下安全措施：

（1）参加作业人员必须穿戴好工作服、安全帽、工作鞋、手套等安全防护用品。

（2）在圆筒内作业，必须使用36V低压灯作照明。

（3）采取以下措施后，方可进入圆筒内作业：

1）切断事故开关、挂上检修牌，并派专人看守；

2）用木楔在圆筒齿圈处卡死，防止筒体转动；

3）停止混料机进出口设备运转；

4）关闭进水、进汽阀门。

（4）用大锤敲击筒体外壁时，必须确认筒内人员已撤出。

（5）清除黏料必须从出料口处开始，顺序由上至下，由外向内进行。在上部黏料未消除前，不得进入内部清理，以防止上部黏料塌落。

236. 对混料机维护要求有哪些？

答：（1）设备维护规程：

1）经常检查电机，减速机，大小齿轮，托轮，挡轮等的运转情况，定期加油，电机及轴承的温度应小于60℃。

2）经常检查各部位螺丝有无松动现象。

3）经常观察减速机传动部位及油轮是否运转平稳，挡轮是否工作可靠。

4）筒体混合料量过大，不准强行启动，必须先打慢转。筒体内壁黏料太多时，必须停机进行处理。

5）检查偶合器的运行状态是否良好，油位是否正常。

6）停机检修时，必须检查一次筒内衬板紧固和磨损情况及时处理。

7）经常保持设备及环境无积灰、无积料，设备传动部位不准打水。

8）如发现机体有较大的振动和窜动，或异常声响，应立即停机检查、处理。

（2）常见故障及排除方法见表5-5。

表 5-5 混合机常见故障及处理方法

故障特征	原 因	排 除 方 法
筒体上窜或下窜 （易引起挡轮螺栓断）	（1）拖轮位置变位，地脚螺栓松动产生轴向力； （2）托轮与滚圈偏磨而滚圈偏摆度较大； （3）中间传动齿轮与齿圈咬合有轴向力	（1）调整两对应托轮紧固螺栓位置； （2）同上处理或更换部件； （3）重新找正传动齿轮及紧固螺栓
振 动	（1）中间传动齿轮、齿圈渐开线破坏严重； （2）托轮和滚圈接触点腐蚀或磨损严重； （3）中间齿轮或轴承坏； （4）机架地脚螺栓松动； （5）齿圈滚圈螺栓松动； （6）滚筒内偏黏料	（1）更换部位； （2）更换磨损； （3）更换； （4）紧固； （5）找正，件紧固； （6）清除积料
圆筒托轮不转	（1）托轮轴承坏或托轮装轴承部位的轴磨损严重； （2）托轮失圆严重	（1）更换拖轮轴或轴承； （2）更换托轮体

6 烧结工技能知识

烧结作业是烧结生产的中心环节,它包括布料、点火、抽风及烧结终点的控制等主要工序,其操作的好坏直接影响烧结矿的产量与质量。

6.1 理论知识

237. 抽风烧结过程中"五带"及特征变化有哪些?

答: 由于抽风烧结过程是由料层表面开始逐渐向下进行的,因而沿料层高度方向有明显的分层现象。按照烧结料层中温度的变化和烧结过程中所发生的物理化学反应的不同,可以将正在烧结的料层从上而下分为五层(或称五带),即依次为烧结矿层、燃烧层、预热层、干燥层、过湿层。点火后五层相继出现,不断往下移动,最后全部变为烧结矿层(见图6-1)。

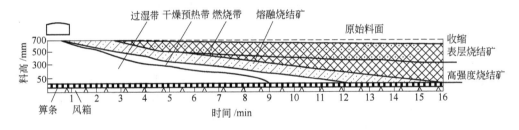

图 6-1 抽风烧结过程"五带"的分布

(1) 烧结矿层。从点火烧结开始,烧结矿层即已形成,大部分固体燃料燃烧已结束。随着燃烧层的下移和冷空气的通过,物料温度逐渐下降,熔融液相被冷却、凝固成多孔结构的烧结矿。

烧结矿层的温度在1100℃以下。

由于燃料燃烧放出的大量热和液相结晶或凝固释放的熔化潜热,被通过矿层的空气带入下部,使下部燃料继续燃烧,形成燃烧层。燃烧后的废气又将下层的烧结混合料预热,因而料层越往下,热量积蓄的越多,以至于达到很高的温度,这种积蓄热量的过程好像热风炉蓄热室格子砖蓄热一样,这种现象被称为"自动蓄热作用"。研究表明,烧结过程中自动蓄热作用的热量占烧结矿所需热量的40%左右。

烧结矿层的主要变化是:高温熔融物凝固成烧结矿,伴随着结晶和析出新矿物;同时,抽入的冷空气被预热,烧结矿被冷却,与空气接触的低价氧化物可能被再氧化。

由于抽风对成矿冷却程度不同,表层烧结矿层强度较差,其原因是烧结温度低,被抽入的冷空气快速急冷,表层矿物来不及释放能量,因此玻璃质较多。经过烧结机尾部卸矿时,表层矿物被击碎筛分而进入返矿,其厚度为40~50mm。因此为提高成矿率必须提高料层厚度，以减少此部分比例。

随着烧结矿层逐渐增厚，混合料变成多孔结构的烧结矿，使整个料层透气性变好，真空度变低。

（2）燃烧层。燃烧层又称高温带，是烧结过程中温度最高的区域，温度可达 1100 ~ 1500℃。这里除碳的燃烧、部分烧结料熔化外，还伴随着碳酸盐的分解，硫化物和磁铁矿的氧化，部分赤铁矿的热分解、还原等。该层燃料激烈燃烧，产生大量的热量，同时上部下来的空气带来热量，使烧结料层温度升高，部分烧结料熔化成液态熔体。

该层厚度为 15 ~ 50mm，其厚度宽窄决定于燃料用量、粒度、抽风量、铁矿石熔化及液相数量，对烧结产量及质量影响很大。该层过宽会影响料层透气性，导致产量低。该层过窄，烧结温度低，液相量不足，烧结矿黏结不好，导致烧结矿强度低。所以，为强化烧结过程，人们总设法减薄该层厚度。

（3）预热层。由于抽风作用，空气将燃烧层产生的高温废气带入下部料层，使混合料温度很快升高到接近固体燃料着火点（700℃），从而形成预热层。

预热层的厚度较薄，与燃烧层紧密相连，温度一般为 400 ~ 800℃。该层发生的主要变化有：部分结晶水、碳酸盐分解，硫化物、高价铁氧化物分解、氧化，部分铁氧化物还原以及固相反应等，但没有液相生成。

（4）干燥层。从预热层进入下层烧结料的热废气迅速将物料加热到 100℃ 以上，因此烧结料中水分激烈蒸发，这一区域称为干燥层。

但是，在实际烧结过程中预热层与干燥层难于截然分开，因此有时统称干燥预热层，总共厚度只有 20 ~ 40mm。干燥预热层虽然很薄，但由于水分激烈蒸发，成球性差的物料团粒易被破坏，使整个料层透气性变差。

（5）过湿层。过湿层也称水分冷凝层，从表层烧结料烧结开始，料层中的水分就开始蒸发成水汽。大量水汽随着废气下移，若混合料温低于"露点"温度（一般为 53 ~ 65℃）以下时，废气与冷料接触，则水蒸气凝结下来变成水，使烧结料的含水量超过适宜值而形成过湿层。

根据不同的物料，过湿层增加的冷凝水介于 1% ~ 2% 之间。但在实际烧结时，发现在烧结料下层有严重的过湿现象，这是因为在强大的气流和重力作用下烧结水分比较高，烧结料的原始结构被破坏，料层中的水分向下机械转移，特别是那些湿容量较小的物料容易发生这种现象。

水汽冷凝使得料层的透气性恶化，对烧结过程产生很大的影响。所以，必须采取措施减少或消除过湿层出现。

238. 什么是"露点"温度？消除过湿层有什么措施？

答：水蒸气分压 p_0 等于饱和蒸汽压 p 时的温度，即水蒸气冷凝成水的温度，叫"露点"温度。一般烧结"露点"温度在 53 ~ 65℃ 之间。料温高于露点可减薄过湿层厚度，提高料层透气性。消除过湿层措施主要有：

（1）预热混合料。将混合料的料温预热到"露点"以上，就可以显著的减少料层中水汽冷凝形成的过湿现象，从而可以降低过湿层对气流的阻力，改善料层的透气性，使抽过料层的空气量增加，为料层内的热交换创造良好的条件，燃烧速度加快，燃烧带厚度减薄，熔融物的冷却速度加快，阻力减小。

目前，预热混合料的方法有：

1）返矿预热；

2）生石灰预热；

3）蒸气预热；

4）热风预热。

（2）提高烧结混合料的湿容量。所有增加表面的胶体物质都能增大混合料的最大湿容量，如生石灰可以消化成极细的消石灰胶体颗粒。具有较大的比表面积，可以吸附和持有大量水分而不失去物料的松散性和透气性。

（3）低水分烧结。在保证制粒的前提下，把烧结料的水分在布入台车前尽量降低，然后在点火器前向整个料面均匀地喷入一部分水，为料重的 0.1% ~ 0.5%。这样即可保持料层下部由于大颗粒偏析而具有较好的透气性，同时上层由于表面补喷水分可增大透气性。

根据试验，当把混合料水分降至 6.5%，料面补充喷水 0.3%，产量提高 2%。

（4）提高料层的透气性，增加通过料层的风量。

239. 烧结料层中碳的燃烧有哪些特点？

答：（1）烧结料层中燃料较少而分散，按质量计燃料只占总料重的 3% ~ 5%，按体积计不到总体积的 10%；小颗粒的炭分布于大量矿粉和熔剂之中，致使空气和炭接触比较困难，为了保证完全燃烧需要较大的空气过剩系数（通常为 1.4 ~ 1.5）。

（2）燃料燃烧从料层上部向下部迁移，料层中热交换集中，燃烧速度快，燃烧层温度高。并且燃烧带较窄（15 ~ 50mm）料层中既存在氧化区又存在还原区，炭粒表面附近 CO 浓度高，O_2 浓度低；同时铁的氧化物参与了氧化还原反应，燃烧废气离开料层时还存在着自由氧等，这些燃烧特点，决定着料层的气氛；而不同的气氛组成对烧结过程将产生极大的影响。

所以，一般来说，在较低温度和氧含量较高的条件下，碳的燃烧以生成 CO_2 为主；在较高温度和氧含量较低的条件下，碳的燃烧以生成 CO 为主。烧结废气中，碳的氧化物是以 CO_2 为主，只含少量的 CO。

240. 影响料层最高温度的因素有哪些？

答：高温区的温度水平和厚度对烧结矿的产量、品质影响很大。高温区温度高生成液相多，可提高烧结矿强度；但温度过高，又会出现过熔现象，恶化烧结料层的透气性，气流阻力大，从而影响产量，同时烧结矿的还原性变差。高温区的厚度过大同样会增加气流阻力，也会造成烧结矿过熔；但厚度过小，则不能保证各种高温反应所必需的时间，当然也会影响烧结矿的产量和品质。

因此获得适宜的高温区温度水平和厚度，是改善烧结生产的重要问题。一般说来，高温区的温度和厚度，既取决于高温区的热平衡，也取决于燃料的用量、燃烧速度、传热速度和黏结相的熔点等。

（1）燃料用量的影响。当燃料用量低时，烧结各料层能达到的最高温度将由上至下逐渐降低（见图6-2）。随着燃料用量的增加，料层温度提高，由上至下温度降低的幅度减小；到配碳量为2.5%时，料层温度趋于稳定，到下层还有温度上升趋势。正常烧结操作，料层温度在1300℃以上，因此，由上至下温度升高是必然的。这就是"料层自动蓄热"的结果。

因此，厚料层操作能有效地利用料层的"自动蓄热"作用，燃料自上而下合理的负偏析是料层均匀烧结、降低燃料消耗的有效措施。

但必须注意到，由于燃料在布料时的偏析现象，使下部料层含碳量高于上部料层，造成温度不均，上下料层的温差是引起烧结矿品质不均的直接原因。

此外，增加燃料用量，也增加了高温区的厚度。这是由于燃料用量增加后，通过高温区的气流中含氧量相对降低，使燃烧速度降低，高温区厚度随之增加。并且在其他条件相同时，愈向下，高温区愈厚，温度愈高，结果烧结矿质量不均的现象更严重，上层强度差，而下层还原性不好。

（2）燃料粒度的影响。燃料粒度对高温区温度的影响如图6-3所示。

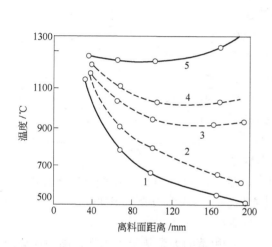

图6-2 燃料用量与各料层最高温度的关系
1~5—配碳量从0~2.5%以0.5%递增曲线

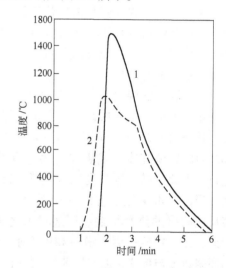

图6-3 燃料粒度对料层中最高温度的影响
1—燃料粒度为0~1mm时状况；
2—燃料粒度为3~6mm时状况

燃料粒度小，比表面积大，与空气接触条件好，燃烧速度快。因此，高温区温度水平高、厚度小；当燃料粒度增加时，可以降低燃烧速度和改善料层透气性，使燃烧层变厚和高温区温度降低。在精矿粉烧结时，适宜的焦粉粒度为0.5~3.0mm，小于0.5mm的焦粉，会降低料层的透气性，易被气流吹动而产生偏析，同时燃烧难以达到需要的高温和足够的高温保持时间。

但燃料粒度过大时会造成：1）燃料在料层中分布不均，以至于大颗粒燃料周围熔化得很厉害，而离燃料颗粒较远的物料则不能很好地烧结。2）燃烧层变宽，从而使烧结料层透气性变坏。3）布料时，容易产生偏析现象，大颗粒集中在下部，使烧结料层上下部温差较大，造成上部烧结矿强度差，下层过熔、黏车、FeO含量增加。

所以，通常要求燃料粒度为0~3mm。使用精粉比例大时，-3mm部分不小于75%，用富矿粉烧结时，-3mm部分可以适当降低。

（3）燃料性能的影响。固体燃料的燃烧性能也会影响料层高温区的温度水平和厚度。无烟煤与焦粉相比，孔隙度小得多，其反应能力和可燃性差，故用大量无烟煤代替焦粉时，烧结料层中会出现高温区温度水平下降和厚度增加的趋势，从而导致烧结垂直速度下降。如某烧结厂使用无烟煤粉代替焦粉，成品烧结矿产量从53.5%下降到41.0%。但无烟煤来源充足，价格便宜，试验证明用无烟煤粉代替20% ~25%焦粉时，对烧结矿的产量、品质没有影响。当使用无烟煤粉作燃料时，必须注意改善料层的透气性，把燃料粒度降低一些，同时还要适当增加固体燃料的总用量。

（4）返矿、熔剂用量的影响。当增加返矿用量时，由于它能减少吸热反应，有助于提高燃烧温度。在燃料用量相同的情况下，生产熔剂性烧结矿时，由于加入石灰石的分解吸热而使高温区热量降低，会导致燃烧层温度下降。

（5）燃烧速度与传热速度的影响。烧结速度一般指燃烧层中温度最高点移动速度；燃烧速度指单位时间内碳与氧反应所消耗碳的量；传热速度指气相与固相的热交换速度。

烧结过程总的速度是由燃烧速度和传热速度决定的。在低燃料条件下，燃烧速度较快，烧结速度决定于传热速度；在正常或较高燃料条件下，烧结速度决定于燃烧速度。当燃烧速度与传热速度相差大时，高温区的温度水平和厚度皆受二者的影响，如图6-4所示。在传热速度大大慢于燃烧速度情况下（区域Ⅲ）这时上部的大量热量不能用于提高下部燃料的燃烧速度，燃烧和传热过程不能"同步"进行。因此，高温区最高温度降低，高温区厚度增大。当传热速度大大超过燃烧速度时（区域Ⅰ），燃烧反应放出的热量是在该层通过大量的空气之后，因此，二者皆使高温区增厚和温度水平降低。只有

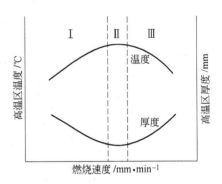

图6-4   燃烧速度与高温区速度和
高温区厚度关系

当燃烧速度与传热速度"同步"时（区域Ⅱ），上层积蓄的大量热量被用来提高的燃烧层燃料的燃烧温度，此时可以获得最高的燃烧温度和最低的高温区厚度。燃烧与传热是密切相关的，因此温度达到一定水平才能燃烧，而燃烧又放出大量热量，若传热速度过快或过慢，以至达不到燃料的着火温度时，皆会中断燃烧。所以，在实际生产中所遇到的情况，大多是燃烧与传热速度相近的。

241. 什么是垂直烧结速度？

答：垂直烧结速度是指燃烧层温度最高点的移动速度，是决定烧结矿产量的重要因素，产量同垂直烧结速度基本上成正比关系。但是，当烧结速度过快时，因不能保证烧结料进行物理化学反应必需的高温保持时间，会使烧结矿强度下降，从而影响烧结矿的成品率。因此，只有成品率不降低或是降低不多的情况下，提高垂直烧结速度才是有利的。

烧结料层中温度最高点的移动速度，实际上反映了燃烧层的下移速度和传热速度。实验证明，当烧结配料中碳量较低时（3% ~4%）烧结过程的总速度由传热速度决定；当配碳适宜和较高时，烧结过程的总速度取决于碳的燃烧速度。而碳的燃烧速度与供氧强度、化学反应速度有关。提高通过料层的风量，一方面供氧充足，使碳燃烧加快，另一方面增

加风量可改善气流与物料之间的传热条件。因此，凡是增加通过料层风量，都可加快垂直烧结速度。

此外，烧结料的性质也影响传热速度，具有热熔量大、导热性好、粒度小及化学反应吸热量大的烧结料，其烧结速度变小。但在混合料中配入水分和石灰石后，虽然增加了吸热反应，但同时又改善了料层透气性，料层风量增大，总的结果是使高温区的移动速度加快。

242. 什么是料层的透气性？对烧结过程有何影响？

答： 料层的透气性指铺在烧结机上的混合料，在一定的料层厚度和负压的情况下，单位烧结面积每分钟通过的风量。

烧结料层的透气性有两种表示方法：

（1）在一定的真空度下，按单位时间内通过单位面积烧结料层的气体流量表示。显然当抽风面积一定时，单位时间内通过料层的气体量愈多，透气性愈好。

（2）在一定的料层厚度和抽风量不变的条件下，透气性也可以用气体通过料层时的压头损失来表示，即用真空度（负压）大小来表示。显然条件一定时，真空度（负压）愈高，表明透气性愈差。

料层透气性对烧结过程有以下影响：

（1）料层的透气性直接决定生产率，改善料层透气性是强化烧结过程，提高烧结机生产率的关键。

（2）透气性差，负压升高，燃烧产物不能及时有效地通过料层而被抽走，炉膛呈正压，使点火器周围冒火，热损失增加。透气性差，点火的穿透能力降低，也会使混合料中的碳难以燃烧，恶化烧结过程的进行，垂直烧结速度减慢，产量下降。

243. 水分在烧结过程中有哪些作用？

答：（1）制粒作用。混合料加入适当的水分，水在混合料粒子间产生毛细力，在混合料的滚动过程中互相接触而靠紧，制成小球粒，可以改善料层的透气性。

（2）导热作用。由于烧结料中有水分存在，改善了烧结料的导热性，料层中的热交换条件良好，这就有利于把燃烧层限制在较窄的范围内，减少了烧结过程中料层的阻力，同时保证了在燃料消耗较少的情况下获得必要的高温［水的导热系数为 $126\sim419kJ/(m^2\cdot h\cdot ℃)$，而矿石的导热系数为 $0.63kJ/(m^2\cdot h\cdot ℃)$］。

（3）润滑作用。水分子覆盖在矿粉颗粒表面，起类似润滑剂的作用，可降低表面粗糙度，减少气流阻力。

（4）助燃作用。固体燃料在完全干燥的混合料中燃烧缓慢，因为根据 CO 和 C 的燃烧机理，要求火焰中有一定含量的 H^+ 和 OH^- 离子，这样才有利于燃料的燃烧。所以，混合料中适当加湿在一切情况下都是必要的。

当然，从热平衡的观点看，去除水分要消耗热量，另外水分不能过多，否则会使混合料变成泥浆，不仅浪费燃料，而且使料层透气性变坏。因此，烧结料中水分必须控制在一个适宜的范围内。混合料的适宜水分是根据原料的性质和粒度组成来确定的。一般来说，物料粒度越细，比表面积越大，所需适宜水分越高。此外，适宜的水分与原料类型有关，致密的磁铁矿烧结时适宜的水量为 6% ~9% ，而表面松散多孔的褐铁矿烧结时所需水量要高些。

244. 什么是氧化钙的矿化（即烧结矿"白点"产生原因）？

答： 生产熔剂性烧结矿时，不仅要求添加的石灰石完全分解，而且分解产物 CaO 与矿石中的某些矿物（如 Fe_2O_3 、SiO_2 等）应很好的化合生成新矿物，称为 CaO 的矿化。这就是说不希望在烧结矿中存在着游离态的 CaO （称为白点），否则游离的 CaO 与水发生消化反应，生成 $Ca(OH)_2$ ，其体积膨胀一倍，致使烧结矿粉化。

矿化程度与烧结温度、石灰石粒度、矿粉粒度有关。温度愈高，粒度愈小则矿化程度愈高。实验表明，在同一温度下，石灰石粒度对矿化作用影响最大。石灰石粒度 0~1mm ，温度在 1250℃ 的条件下，CaO 的矿化程度可达 85% ~95% ；当石灰石粒度在 0~3mm 时，CaO 的矿化程度仅为 55% ~74% 。

温度对矿化作用的影响很大。当温度为 1200℃ ，石灰石粒度虽然小于 0.6mm ，CaO 矿化程度不超过 50% ；但是，当温度升高到 1350℃ 时，石灰石粒度增大到 1.7~3.0mm ，而矿化程度接近 100% 。但温度过高会使烧结矿过熔，对烧结矿的还原性不利，应尽量避免。

矿石或精矿粒度对 CaO 矿化作用影响也很大。当粒度为 0~0.2mm 的磁铁精矿粉与 0~3mm 的石灰石混合后，在温度 1300℃ 实验持续 1min ，CaO 几乎完全矿化。如果矿粉粒度增大，则矿化作用大为降低，如磁铁矿的上限粒度到 6mm ，CaO 矿化作用下降到 87% 。由此可知，烧结时石灰石的适宜粒度与矿石粒度有关，当用细磨精矿粉时，石灰石的粒度可适当粗些（一般 0~3mm ），而对粗粒度粉矿烧结时石灰石的粒度应小些（一般 0~1mm ）。

245. 什么是固相反应？有哪些特点？

答： 20 世纪初，一般认为"物质不是液态则不发生反应"。后来证明，无液态存在也能发生化学反应，在一定条件下，固相之间也发生反应。固相反应广泛应用在矿石烧结、粉末冶金、陶瓷水泥和耐火材料等。

所谓固相反应是指物料在没有融化前，两种固体在他们接触面上发生的反应，生成新的低熔点化合物或共熔体的过程。固相反应是液相生成的基础，其反应机理是离子扩散。反应产物也是固体，其特点如下：

（1）固相反应开始进行的温度远低于反应物的熔点或它们的低共熔点。

（2）固相反应只能进行放热的化学反应。

（3）固相反应速度与颗粒半径的平方成反比。

（4）反应最初产物只有一个，与反应物的数量比例无关。

246. 固相反应在烧结过程中有哪些作用？

答： 固相反应的发生保证了在原始烧结料中所没有的易熔物质的形成。当这种反应进行得足够快时，就能形成较多的易熔物，其结果就能获得高强度的烧结矿。因此，在烧结矿的生产中应尽量创造条件使固相反应得到充分发展。

247. 什么是液相反应？

答：在烧结过程中，由于燃料燃烧放出大量热，当其温度超过固相反应的温度时，就有低熔点化合物和低熔点共融物生成，如 $2FeO \cdot SiO_2$ 和 $CaO \cdot Fe_2O_3$ 等。矿物的熔点低，首先熔化，较早形成液体，称液相。由于液相的存在，固体颗粒被一层液相所包围，在液相表面张力的作用下，使颗粒互相靠紧。因此，烧结料密度增加、空隙缩小、颗粒变形、冷凝时颗粒质点重新排列，生成具有一定强度的烧结矿。随着烧结过程的发展，烧结温度迅速提高，初期形成的液相不断扩大，与此同时，又形成新的化合物继续熔化；液相量不断增加，使液相区进一步扩大，各液相区互相合并连通成为黏结相。

因此，对烧结矿粉来说属于液相型烧结，也就是说烧结过程中，液相生成是烧结料固结成型的基础。液相的组成、性质和数量在很大程度上决定了烧结矿的产量和品质。

248. 液相的形成有哪些过程？

答：由于烧结原料粒度较粗，微观结构不均匀，而且反应时间短，从500℃加热到1000℃通常不超过3min。因此，反应体系为不均匀体系，液相反应达不到平衡状态，液相形成过程为：

（1）初生液相。在固相反应所生成的原先不存在的新生的低熔点化合物处，随着温度升高而首先出现初期液相。

（2）低熔点化合物加速形成。这是由于温度升高和初期液相的促进作用，在熔化时一部分分解成简单化合物，一部分熔化成液相。

（3）液相扩展。使烧结料中高熔点矿物熔点降低，大颗粒矿粉周边被熔融，形成低共熔混合物液相。

（4）液相反应。液相中的成分在高温下进行置换、氧化还原反应，液相产生气泡，推动炭粒到气流中燃烧。

（5）液相同化。通过液相的黏性和塑性流动传热，使烧结过程温度和成分均匀化，趋近于相图上稳定的成分位置。

249. 液相生成在烧结过程中起到哪些作用？

答：（1）能够润湿未熔的矿粒表面，产生一定的表面张力，将矿粒拉紧，使其冷凝后具有强度。

（2）液相是烧结矿的黏结相，它将未熔的固体颗粒粘结成块，保证烧结矿具有一定的强度。

（3）液相具有一定的流动性，可进行黏性或塑性流动传热，使高温熔融带的温度和成分均匀，使液相反应后的烧结矿化学成分均匀化。

（4）能够从液相中得到烧结料中所没有的新生矿物，新生矿物有利于改善烧结矿的还原性和强度。

液相数量多少为最佳还有待于进一步研究，一般认为应该具有50%~70%的固体颗粒不熔，以保证高温带的透气性，而且要求液相黏度低和具有良好的润湿性。

250. 防止正硅酸钙（2CaO·SiO$_2$）粉化的措施有哪些？

答：正硅酸钙 2CaO·SiO$_2$（简写 C$_2$S）熔化温度是 2130℃，是该体系化合物熔点最高的。正硅酸钙熔点虽高，但它却是固相反应的最初产物，它的存在将影响烧结矿的强度。因为正硅酸钙从 675℃ 开始至完全冷却，始终伴随着 β-2CaO·SiO$_2$ 向 γ-2CaO·SiO$_2$ 的晶形转化，反应激烈，体积膨胀 10%，导致烧结矿在冷却时自行粉碎。严重时，使烧结矿粉化成粉末。

防止粉化的措施有：

（1）使用粒度较小的石灰石、焦粉、矿粉，加强混合作业，改善 CaO 与 Fe$_2$O$_3$ 的接触，尽量避免石灰石和燃料的偏析。

（2）提高烧结矿的碱度。实践证明当烧结矿碱度提高到 2.5 以上时，剩余的 CaO 有助于形成 3CaO·SiO$_2$ 和铁酸钙。当铁酸钙中的 2CaO·SiO$_2$ 含量不超过 20% 时，铁酸钙能稳定 β-2CaO·SiO$_2$ 晶形。此外，添加少量 MgO、Al$_2$O$_3$ 和 Mn$_2$O$_3$ 对 β-2CaO·SiO$_2$ 晶形转变也有稳定作用。

（3）在 β-2CaO·SiO$_2$ 晶体中，加入少量的磷、硼、铬等元素以取代或填隙方式形成固熔体，可以使其稳定。

（4）燃料用量要低，严格控制烧结料层的温度不能过高。

251. 烧结矿主要矿物组成及对烧结矿质量的影响有哪些？

答：所谓烧结矿的质量，主要是指它的还原性和强度的好坏，研究单体矿物的还原性和强度，可以在一定程度上帮助我们分析烧结矿的矿物组成对它的质量影响。烧结矿是烧结过程的最终产物，是许多种矿物的复合体，主要矿物组成如图 6-5 所示。

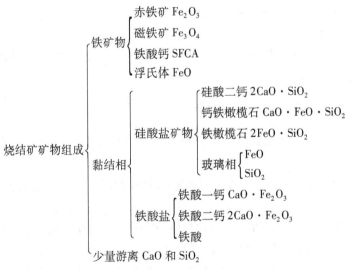

图 6-5　烧结矿矿物组成

对某一烧结矿来说，上述矿物不一定全部都有，而且数量也不相等。磁铁矿和浮氏体是各种烧结矿的主要含铁矿物，非铁矿物以硅酸盐类矿物为主。

研究结果见表6-1，表中还原率为1g试样在700℃，用1.8L/min发生炉煤气还原15min；烧结矿强度是在常温下测定的各种矿物机械强度。

表6-1 烧结矿主要矿物的性质

矿物名称		熔化温度/℃	抗压强度/MPa	还原率/%
磁铁矿 Fe_3O_4		1590	3.69	26.7
赤铁矿 Fe_2O_3		1536（1566）	2.67	49.9
$CaO_x \cdot FeO_{2x} \cdot SiO_2$	$x=0.25$	1160	2.65	21
	$x=0.50$	1140	5.66	27
	$x=1.00$	1208	2.33	6.6
玻璃相	$x=1.0$		0.46	3.1
	$x=1.5$		1.02	1.2
铁酸钙 $yCaO \cdot Fe_2O_3$	$y=1$	1216	3.76	40.1
	$y=2$	1436	1.42	28.5
铁橄榄石 $2FeO \cdot SiO_2$		1205	2.00	1.0

从表6-1中可以看到：

（1）在还原性方面：

1）还原性最好的矿物是赤铁矿（Fe_2O_3）和铁酸钙（$CaO \cdot Fe_2O_3$）；

2）还原性较好的矿物是铁酸二钙（$2CaO \cdot Fe_2O_3$）；

3）还原性一般的矿物是磁铁矿（Fe_3O_4）、钙铁橄榄石（$x=0.25/0.5$）；

4）还原性差的矿物是玻璃相；

5）还原性最差的矿物是铁橄榄石（$2FeO \cdot SiO_2$）。

（2）在抗压强度方面：

1）强度最好的矿物是钙铁橄榄石（$x=0.5$），磁铁矿和铁酸钙（$CaO \cdot Fe_2O_3$）。

2）强度较好的矿物是赤铁矿和钙铁橄榄石（$x=0.25/1.0$）；

3）强度一般的矿物是铁橄榄石（$2FeO \cdot SiO_2$），铁酸二钙（$2CaO \cdot Fe_2O_3$）；

4）强度最差的矿物是玻璃质。

252. 高碱度烧结矿由哪些矿物组成？其优点有哪些？

答：（1）高碱度烧结矿的矿物组成如图6-6所示，不同碱度对矿物组成的影响见表6-2。

高碱度烧结矿主要矿物组成
- 磁铁矿
- 铁酸钙
  - $CaO \cdot Fe_2O_3$
  - $2CaO \cdot Fe_2O_3$
- 硅酸二钙 β-$2CaO \cdot SiO_2$
- 硅酸三钙 $3CaO \cdot SiO_2$

图6-6 高碱度烧结矿矿物组成

表 6-2　不同碱度对矿物组成的影响

碱度 CaO/SiO$_2$	矿物组成/%								气孔率 /%
	磁铁矿	赤铁矿	铁酸钙	铁酸二钙	钙铁橄榄石	玻璃质	硅酸钙	铁橄榄石	
0.24	69.6	0.59	—	—	0.96	8.8	—	1.60	25.0
0.81	68.0	3.01	—	—	10.5	13.4	—	2.53	26.7
1.31	50.7	8.70	12.7	—	10.8	14.5	1.03	—	31.2
2.20	44.0	0.46	31.6	1.84	12.9	7.74	1.10	—	36.8
2.95	36.5	0.30	39.3	2.00	11.5	6.51	2.87	—	38.1
3.93	27.3	0.57	48.2	5.50	11.6	5.10	1.58	—	41.1
4.91	20.1	2.20	52.5	6.02	10.1	5.14	2.31	—	44.6

（2）高碱度烧结矿的优点为：

1）机械强度好。生产高碱度烧结矿时，加入大量的熔剂，因而使烧结矿的矿物组成发生了本质的变化，黏结相以强度好的铁酸钙为主，同时，铁酸钙呈针状和树枝状交织结构，从而大大提高烧结矿的强度。本钢的研究表明，烧结矿的强度和碱度几乎成直线关系。

2）还原性好。高碱度烧结矿的液相是以还原性良好的铁酸钙代替还原性不好的铁橄榄石，并且结构细小密集，从而决定了高碱度烧结矿具有良好的还原性。

3）低温还原粉化率降低。

4）软化开始温度升高，软化终了温度有所下降，软化区间变窄，软融性能得到改善。

5）烧结矿的粒度趋向均匀，10～40mm 粒级明显增多。

6）含硫率降低。

253. 什么是铁酸钙理论？发展铁酸钙液相需要什么条件？

答："铁酸钙"系指高碱度烧结矿主要矿物黏结相，包括 CaO-Fe$_2$O$_3$ 二元系的化合物（如 2CaO·Fe$_2$O$_3$、CaO·Fe$_2$O$_3$、CaO·2Fe$_2$O$_3$），也包括 CaO-Al$_2$O$_3$-Fe$_2$O$_3$ 三元系和 CaO-Al$_2$O$_3$-SiO$_2$-Fe$_2$O$_3$ 四元系的化合物。在铁烧结矿中所产生的铁酸钙通常含有一些 Al$_2$O$_3$ 和 SiO$_2$，因而称之为"钙、铝、硅、铁酸钙"用 SFCA 表示。

铁酸钙是强度高、还原性好的黏结相。在生产熔剂性烧结矿时，都有可能产生这个体系的化合物，特别是高铁低硅矿粉生产的高碱度烧结矿主要依靠铁酸钙作为黏结相。铁酸钙是固相反应的最初产物，从 500～700℃ 开始，Fe$_2$O$_3$ 和 CaO 形成铁酸钙，温度升高，反应速度大大加快。因此研究认为烧结过程形成铁酸钙体系的液相不需要高温，就能获得足够的液相，以还原性良好的铁酸钙黏结相代替还原性不好的铁酸钙橄榄石和钙铁橄榄石，大大改善烧结矿的强度和还原性，这就是"铁酸钙理论"。

在生产实践证明，当燃料适宜时，碱度小于 1.0 的烧结矿中几乎不存在铁酸钙；只有高碱度烧结矿生产时，铁酸钙液相才能起到主要作用。这是因为：

（1）铁酸钙自身的强度和还原性都很好。

（2）铁酸钙是固相反应的最初产物，熔点低生成速度快，超过正硅酸钙的生成速度，能使烧结矿中的游离 CaO 和正硅酸钙减少，提高烧结矿强度。

（3）由于铁酸钙能在较低温度下通过固相反应，减少 Fe$_2$O$_3$ 和 Fe$_3$O$_4$ 的分解和还原，从而抑制铁橄榄石的形式，改善烧结矿的还原性。

发展铁酸钙液相需要以下条件：

（1）生产高碱度烧结矿。因为只有当形成黏结相时有过剩的 CaO 量，才能与 Fe_2O_3 作用形成铁酸钙为主的黏结相。

（2）强氧化性气氛。可阻止 Fe_2O_3 的还原，减少 FeO 含量，从而防止生成铁橄榄石液相，使铁酸钙液相起到主要黏结作用。

（3）低烧结温度。高温下铁酸钙会发生剧烈分解，因此，低温烧结对发展铁酸钙液相有利。

254. 燃料用量对烧结矿矿物组成有哪些影响？

答： 烧结矿的矿物组成是随着烧结料中固定碳的不同用量而变化的，图 6-7 是烧结非熔剂性赤铁矿时，矿物组成的变化。当燃料量过少时（含碳 3.5% ~ 4%），不能保证赤铁矿充分还原和分解。原生及次生赤铁矿增加，晶粒细小，赤铁矿结晶程度差，料层中液相少，铁橄榄石和钙铁橄榄石含量少，甚至仅呈固相反应。这种橄榄石分布在磁铁矿和石英接触处，不起连接作用。黏结相主要是玻璃质、孔洞多，烧结矿强度低，这就是燃料不足时，非熔剂性烧结矿强度差的原因之一。在正常燃料用量情况下，烧结矿矿物主要由磁铁矿和铁橄榄石组成，

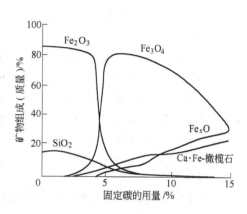

图 6-7　烧结矿矿物组成与固定碳的关系

含有少量的浮氏体。原生赤铁矿及石英、磁铁矿结晶程度高，黏结相主要为钙铁橄榄石，孔洞少，烧结矿强度提高。当燃料用量高时（>7%），浮氏体和橄榄石增多，磁铁矿相应减少，还可能出现金属铁，烧结矿因过熔造成大孔薄壁或气孔很少的烧结矿，烧结矿的产量、品质都不好。

255. 碱度高低对烧结矿矿物组成有哪些影响？

答： 烧结矿的碱度与其矿物组成有很大关系，见图 6-8。

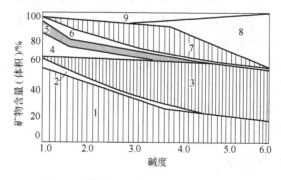

图 6-8　烧结矿矿物组成与碱度的关系

1—磁铁矿（有少量浮氏体）；2—赤铁矿；3—铁酸钙；4—钙铁橄榄石；5—玻璃体；6—硅灰石；
7—硅酸二钙；8—硅酸三钙；9—游离氧化钙、石英及其他硅酸盐矿物

（1）碱度不大于 1.0 的酸性烧结矿。主要矿物为磁铁矿、少量浮氏体和赤铁矿。黏结相矿物主要为铁橄榄石、钙铁橄榄石、玻璃质及少量钙铁辉石等。磁铁矿多为自形晶或半自形晶及少数他形晶，与黏结相矿物形成均匀的粒状结构，局部也有形成斑状结构。这类烧结矿中主要黏结相矿物冷却时无粉化现象。

（2）碱度为 1.0 ~ 2.4 之间的熔剂性烧结矿。主要铁矿物与上一种基本相同。黏结相矿物主要为钙铁橄榄石及少量的硅酸一钙、硅酸二钙及玻璃质等。随着碱度升高，硅酸二钙、硅灰石及铁酸钙均有明显地增加，而钙铁榄石和玻璃质明显减少。磁铁矿多为自形晶、半自形晶及他形晶，它们被钙铁橄榄石和少量玻璃质、硅酸钙及铁酸钙所黏结。这类黏结相矿物强度较差，所以烧结矿强度也较差，随着碱度的提高，烧结矿主要黏结相矿物中有细小硅酸二钙的析晶，冷却时有 β 型向 γ 型的相变，造成烧结矿的严重粉化，影响烧结矿的产质量。

（3）碱度在 3.0 以上的高碱度烧结矿。烧结矿中几乎不含钙铁橄榄石和玻璃质。矿物组成比较简单，主要有 $CaO \cdot Fe_2O_3$，$2CaO \cdot Fe_2O_3$，其次 $2CaO \cdot SiO_2$、$3CaO \cdot SiO_2$ 和磁铁矿。随着碱度的提高，铁酸钙和硅酸三钙有明显的增加，而磁铁矿明显地减少。磁铁矿以熔融残余他形晶为主，晶粒细小，与铁酸钙形成熔融结构，局部也有与铁酸钙、硅酸三钙等形成粒状交织结构。这类烧结矿中的主要矿物机械强度和还原性均较好，且因过剩的 CaO 有稳定 $β\text{-}2CaO \cdot SiO_2$ 的作用，所以烧结矿不粉化。

256. MgO 含量对烧结矿矿物组成有哪些影响？

答：在配料中添加部分白云石，随着 MgO 含量的增加，烧结矿的粉化明显下降，使烧结矿强度大为改善，这是因为烧结料中含 MgO 时形成了新的黏结相矿物。如钙镁橄榄石（$CaO \cdot MgO \cdot SiO_2$）、镁蔷薇辉石（$3CaO \cdot MgO \cdot SiO_2$）等，这些矿物熔点较高，但其混合物在 1400℃ 可以熔融，烧结矿中的 MgO 有稳定 $β\text{-}2CaO \cdot SiO_2$ 的作用。因此，适当添加白云石作熔剂可以提高烧结矿强度，减少粉化，也提高了还原性。这是因为 MgO 阻碍或减少了难还原的铁橄榄石、钙铁橄榄石的形成。

257. Al₂O₃ 含量对烧结矿矿物组成有哪些影响？

答：烧结矿中 Al_2O_3 大多会引起烧结矿还原粉化性能恶化，使高炉透气性变差，炉渣黏度增加，放渣困难，一般控制高炉炉渣 Al_2O_3 含量为 12% ~ 15%，以保证炉渣的流动性，故烧结矿中的 Al_2O_3 含量应小于 2.1%。

但原料中少量的 Al_2O_3 对烧结矿的性质起良好作用，Al_2O_3 增加时能降低烧结料熔化温度，生成铝酸钙和铁酸钙的固溶体（$CaO \cdot Al_2O_3\text{-}CaO \cdot Fe_2O_3$）。当其中 Al_2O_3 为 11% 时具有较低的熔点（1200℃），同时 Al_2O_3 增加表面张力，降低烧结液相黏度，促进氧离子扩散，有利于烧结矿的氧化。

258. 什么是烧结矿的宏观结构？

答：宏观结构指烧结矿的外部特征，肉眼能看得见孔隙的大小、孔隙的分布状态和孔壁的厚壁等。烧结矿的宏观结构可分以下四种：

（1）疏松多孔、薄壁结构。疏松多孔薄壁的烧结矿强度差、易破损、粉末多，但易还原。这种结构的烧结矿，一般是在配碳低、液相量少、液相黏度小的情况下出现。

（2）中孔、厚壁结构。中孔厚壁结构的烧结矿强度高、粉末少，还原性一般。这种结构的烧结矿是我们所希望的，一般是在配碳适当、液相量充分的情况下出现。

（3）大孔、厚壁结构。大孔厚壁结构的烧结矿强度较好，但还原性差。

（4）大孔、薄壁结构。当配碳过高、过熔时，常出现大孔薄壁结构的烧结矿，其强度、还原性都差。

烧结矿的宏观结构还可分为：

（1）粗孔蜂窝状结构。有熔融的光滑表面，由于燃料用量大，液相生成量多；燃料用量更高时，则成为气孔度很小的石头状体。

（2）微孔海绵状结构。燃料用量适宜，液相量为30%左右，液相黏度较大，这种结构强度高，还原性好。若黏度小时则易形成强度低的粗孔结构。

（3）松散状结构。燃料用量低，液相数量少，烧结料颗粒仅点接触黏结，所以烧结矿强度低。

259. 什么是烧结矿的微观结构？

答：微观结构指借助于显微镜观察矿物的结晶情况、含铁矿物与液相矿物数量和分布情况、微气孔的种类、数量及分布情况，单个相的界面种类和大小等。

下面是熔剂性烧结矿常见的微观结构。

（1）粒状结构（见图6-9）。当熔融体冷却时磁铁矿首先析晶出来，形成完好的自形晶粒状结构，这种磁铁矿也可以是烧结矿配料中的磁铁矿再结晶而产生的。有时由于熔融体冷却速度过快，则析晶出来的磁铁矿为半自形晶和他形晶粒状结构分布均匀，烧结矿强度较好。

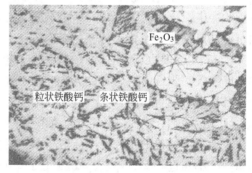

图6-9　熔剂烧结矿粒状铁酸钙分布图

通常磁铁矿晶体中心部分是被熔融的原始精矿粉颗粒，而外部是从熔融体中结晶出来的。即在原始精矿周围又包上薄薄一层磁铁矿。

（2）共晶结构。磁铁矿呈圆点状存在于橄榄石的晶体中，磁铁矿圆点状晶体是 Fe_3O_4-$Ca_xFe_{(2-x)}SiO_4$ 系统共晶部分形成的。磁铁矿呈圆点状存在于硅酸二钙晶体中，这些矿物共生，是 Fe_3O_4-Ca_2SiO_4 系统共晶区形成的。

赤铁矿呈细粒状晶体分布在硅酸盐晶体中，是 Fe_3O_4-$Ca_xFe_{(2-x)}SiO_4$ 系统共晶体被氧化而形成的。

（3）斑状结构。烧结矿中含铁矿物与细粒黏结相组成斑状结构，强度较好。

（4）骸晶结构。早期结晶的含铁矿物晶粒发育不完全，只形成骨架，中间由黏结相充填，可看到含铁矿物结晶外形和边缘呈骸晶结构。这是强度差的一种结构。

（5）交织结构（见图6-10）。即针状铁酸钙，含铁矿物与黏结相矿物（或同一种矿物晶体）彼此发展或交叉生长，这种结构强度最好。高品位和高碱度烧结矿中，此种结构较多。

（6）熔蚀结构（见图6-11）。烧结矿中磁铁矿多为熔蚀残余他形晶，晶粒较小，多为浑圆状，与黏结相形成熔融结构，在熔剂性液相量高的烧结矿中常见，含铁矿物与黏结相接触紧密，强度最好。

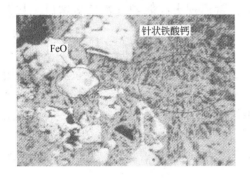
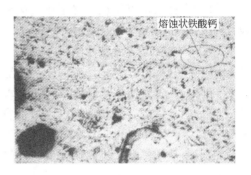

图6-10　熔剂烧结矿针状铁酸钙分布图　　　　图6-11　熔剂烧结矿熔蚀铁酸钙分布图

260. 烧结过程中能去除哪些有害杂质？

答：（1）硫是钢铁的主要杂质，高炉冶炼过程中虽能去硫，但要消耗掉20倍的焦炭，炼钢中去硫，比炼铁更困难。所以只有在烧结过程中采取一切办法去除硫，生产实践证明，烧结过程能去除90%以上的硫。

（2）铁矿石中的氟给烧结、炼铁生产会带来极大的危害。氟的去除途径：改进选矿工艺，除去铁矿脉石中的萤石。烧结过程去氟，一般为20%，最多可去氟50%。

（3）使用含碱金属（钾、钠）的铁矿石、烧结矿炼铁时，由于碱金属在高炉内循环积蓄，数量增加，成为高炉结瘤、降低焦炭强度及炉墙受侵蚀的重要因素，并使高炉难于操作。在烧结过程中钾钠等化合物基本不能去除，继而又转到烧结矿中。为达到每吨生铁的碱负荷不超过2kg的要求，我国进行了在烧结料加入 $CaCl_2$ 排除钠的研究，实验证明，碱金属排出率与配加的 $CaCl_2$ 有关。加入 $CaCl_2$ 愈多，排碱率愈高，可以排除钾、钠 50%~60%，K 的排出率高于 Na 的排出率。

（4）在正常燃料用量情况下，加入 2%~3% 的 $CaCl_2$ 可以去除烧结料中 70% 的锌、80% 的铜、90% 的铅。

261. 影响烧结过程中脱硫效果的因素有哪些？

答：从脱硫反应分析可知，烧结过程去硫基本上是氧化反应，是气流中氧向硫化物扩散吸附和反应产生 SO_2 的扩散过程。因此影响去硫效果的因素有以下几点：

（1）燃料的用量。燃料用量多，料层温度高，有助于硫化物的分解和氧化，但燃料用量过多、液相增多、恶化扩散条件不利于脱硫。燃料用量低，硫化物分解和氧化不充分，脱硫条件变坏。

（2）矿石粒度。粒度小，矿石的比表面积大，有利于去硫反应的进行。但粒度过小，料层透气性变坏，不利于硫的氧化和扩散。

（3）烧结碱度和熔剂性质。增加熔剂用量，降低烧结温度，对脱硫效果不利，而加入白云石粉和石灰石粉能分解出 CO_2，脱硫效果增强。

（4）矿粉中硫的存在形式，对脱硫效果也有影响。

（5）返矿用量及操作因素。

6.2　设备性能及维护

262. 铺底料矿仓设计参数如何确定？

答：（1）贮存时间。铺底料仓的贮存时间原则上应等于烧结时间、冷却时间、烧结矿整粒系统分出铺底料的时间以及输送时间之和，但烧结主厂房配置中，铺底料矿仓上下口标高与混合料矿仓占有的标高及烧结机头部给料装置的配置有关，铺底料贮存时间往往不能与上述计算时间之和相等。此外，当采用鼓风冷却时，冷却时间长，按上述计算，则铺底料仓贮存时间过长，故应综合比较确定。一般情况下铺底料仓贮存时间可考虑为40～80min。

（2）矿仓结构。铺底料仓由上、下两部分组成，为焊接钢结构，矿仓内应设置衬板或焊有角钢形成料衬以防磨损。

上部矿仓用两个测力传感器和两个销轴支撑在厂房的梁上，或通过法兰直接固定在梁上，前者应装限位装置，以防矿仓平移。

下部矿仓支撑在烧结机骨架上，底部有扇形闸门调节排料量。

（3）排料设施。扇形闸门开闭度由手动式蜗轮减速器及其传动机构调节。扇形闸门排出的铺底料通过其下部的摆动漏斗布于烧结机台车上。

摆动漏斗由轴承支撑在烧结机骨架上，漏斗的前端装有衬板以防磨损，漏斗系偏心支撑，略偏向圆辊给矿机一侧，可前后摆动，当台车黏矿或箅条翘起时，漏斗向台车前进方向摆动，待异物通过后由设在漏斗后面的平衡锤使其复位。

铺底料的厚度由设在漏斗排料口的平板闸门调节。

263. 往烧结机混合料矿仓给料方式有哪些？

答：（1）带式输送机给料。这种给料方式是固定点给料，称直接给料。矿仓内料面呈锥形，混合料粒度在仓内会发生偏析，且料柱压力也不均匀。直接给料再经圆辊给料机布料的效果见表6-3和表6-4。

表6-3　直接给料、圆辊给料机布料效果（一）

台车上取样位置	粒度组成/%						含碳量/%	含铁量/%
	>10mm	10～7mm	7～5mm	5～3mm	3～2mm	2～0mm		
左	13.15	23.52	15.67	21.94	12.03	13.69	3.59	42.35
中	14.18	17.67	14.71	22.16	14.04	17.24	3.99	42.09
右	34.20	26.11	10.83	10.89	6.83	11.14	3.01	43.65

表6-4 直接给料、圆辊给料机布料效果（二）

台车上取样位置	粒度组成/%						含碳量/%	含铁量/%
	>10mm	10~7mm	7~5mm	5~3mm	3~2mm	2~0mm		
上	4.24	10.31	16.26	24.25	14.88	30.07	5.49	39.69
中	4.46	12.46	16.01	23.43	14.84	28.94	5.41	39.95
下	18.01	18.60	16.80	18.31	9.93	18.35	4.68	41.29
含碳量/%	2.41	1.95	2.17	3.97	4.70	5.82		
含铁量/%	47.92	45.45	45.57	40.75	37.46	39.26		

表6-3 和表6-4 中数据表明，混合料沿台车宽度方向的粒度和成分分布是不均匀的。

（2）梭式布料器给料。采用梭式布料器往混合料矿仓给料，矿仓料面较平，料柱压力均匀，可防止混合料粒度在仓内的偏析。表6-5 列出了用梭式布料器给料、圆辊给矿机布料的效果。

表6-5 梭式布料器给料、圆辊给矿机布料效果

台车上取样位置	粒度组成/%				台车上取样位置	粒度组成/%			
	>10mm	10~3mm	3~1mm	1~0mm		>10mm	10~3mm	3~1mm	1~0mm
左	9.29	33.20	30.87	26.04	上	3.48	31.71	33.67	31.14
中	10.25	34.73	28.93	26.09	中	8.62	34.75	29.30	27.33
右	9.69	36.67	28.08	27.56	下	17.03	36.46	24.91	21.60

从表6-6 可看出，采用梭式布料器给料能满足布料均匀、粒度分布合理的要求，设计中应尽量采用这种给料方式。梭式布料器示意见图6-12，技术参数见表6-6。

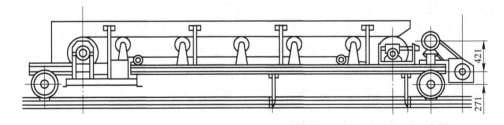

图6-12 梭式布料机示意图

表6-6 梭式布料器的技术参数

序号	项目	单位	参数		
			1	2	3
1	运转量	t/h	210	350	1220
2	带宽	mm	1000	1000	2000
3	头尾轮中心距	mm	5000	8700	10000
4	带速	m/s	1.0	1.0	1.333
5	布料机行走速度	m/s	≈0.142	≈0.1	0.1
6	布料机移动速度	m/s	2800	2800	6400
7	行走电机功率	kW	5/3	3	5.5
8	传动电机功率	kW	5.5	5.5	22

264. 混合料矿仓设计参数如何确定?

答:（1）贮存时间。对混合料矿仓无料位自动控制功能的烧结厂,矿仓容积的确定应保证在烧结机突然停机时混合料系统带式输送机上的料能全部装入矿仓,同时也能保证混合料系统带式输送机短时断料时不影响烧结机生产。一般情况下混合料矿仓储量为烧结机最大产量时 $8 \sim 15 \mathrm{min}$ 的用料量,但矿仓容积不宜过大,以免损坏小球,降低混合料透气性。

对混合料矿仓具有料位自动控制功能的烧结厂,矿仓贮存时间可适当缩短,如矿仓装有中子水分计,贮存时间 T 可按下式确定:

$$T = 0.6T_1$$

式中 T_1——包括混合时间在内的混合料从配料室至混合料矿仓的输送时间,可按 $9\mathrm{min}$ 左右考虑。

（2）矿仓结构。混合料矿仓为焊接钢结构,其仓壁倾角一般不小于 $70°$。小型烧结机矿仓排料口较小,容易堵料,仓壁宜作成指数曲线形状。

混合料矿仓分为上、下两部分,设有测力传感器的上部矿仓通过四个测力传感器（或两个测力传感器和两个销轴支点）支撑在厂房的梁上,矿仓的下部结构支撑在烧结机骨架上,为烧结机的一个组成部分。为防止矿仓振动,在上部结构的四角装有止振器。未设测力传感器的上部矿仓用法兰固定在厂房梁上。

下部矿仓下端设有调节闸门以配合圆辊给料机控制排料量。

265. 烧结厂原料矿仓料位测量装置有哪些?

答:烧结厂的原料、燃料、熔剂、混合料、铺底料等矿仓的料位需要测量和控制。常用的料位测量仪有下列几种:

（1）压磁式测力称重仪。压磁式测力称重仪的传感器精确度较低,但能在恶劣环境下可靠工作,多用于返矿仓、原料仓及铺底料仓的料位测量和控制。

（2）电阻应变式称重仪。电阻应变式称重仪传感器输出信号小,过载能力和对恶劣环境的适应能力不如压磁式。

（3）电容式料位计。电容式料位计有整体型和分离型两种。这种料位计可用作除尘器灰斗及各种矿仓的料位开关。

（4）γ 射线料位计。放射性同位素 $^{60}\mathrm{Co}$ 和 $^{137}\mathrm{Cs}$ 产生的 γ 射线具有穿透物质的能力,所以用此种同位素料位计能在真空、高压密闭容器中,对高温、高黏性、剧毒、强腐蚀的固态、液态介质进行非接触式测量。烧结厂的除尘器灰斗料位测量可采用这种料位计。

（5）重锤式料位计。重锤式料位计是利用重锤在升降过程中与物料接触时位移的长度来测定料位高度。仪表的输出信号可供指示、记录、控制装置配套用并附高、低料位输出信号接点。

配料仓用的重锤式料位计有两种安装方式:一种安装在料仓顶部按预先确定的时间定时探测料位。当探极被物料埋住达一定拉力时就发出警报信号（重锤可用三根铁链,这样可以增加接触面,不容易埋入粉料中）。另一种安装方式是,料位计安装在卸料车上,用于带式输送机的卸料控制。此种安装方式料位计的用量可减少，料位计测量位置好，不会造成误测。

266. 烧结机布料设备有哪些形式，规格型号有哪些？

答： 烧结布料设备主要有梭式布料机、圆辊布料机、宽皮带布料机、反射板、辊式布料器。现在大部分企业均采用梭式布料机＋圆辊布料机＋辊式布料器联合布料系统。

（1）圆辊布料机。圆辊布料机又称泥辊，可单独用于烧结机的布料。它由圆辊、清扫装置和驱动装置组成，圆辊外表衬以不锈钢板，以便于清除黏料。在圆辊排料侧的相反方向设有清扫装置，给料机由调速电机驱动，其转速要求与烧结机和冷却机同步，一般调速范围为 1 : 3。

给料量的调节是通过调节圆辊布料机转速和位于给料机上方的扇形闸门开闭度来实现的。当要求调节量大时，调节扇形闸门开闭度；要求调节量较小时，调节圆辊布料机转速。

为了防止停机时自然落料，圆辊布料机中心线与混合料矿仓中心线要向台车前进方向错开少量距离，如图 6-13 所示。

圆辊布料机的选择计算内容包括其直径、长度、转速和驱动电机功率。

1）直径。圆辊的直径，按生产能力只需 1m，为了便于检修时更换衬板，要适当加大圆辊的直径。过大的直径

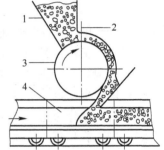

图 6-13　圆辊布料机示意图
1—小矿槽；2—闸门；
3—圆辊；4—台车

会增加布料落差，破坏料层的透气性。大型烧结机的圆辊给料机直径通常为 1.25 ~ 1.5m。

2）长度。圆辊的长度要与烧结机台车的宽度相配合，随台车宽度而变化。表 6-7 列出了圆辊给料机圆辊长度、直径与台车宽度的关系。

表 6-7　圆辊的长度、直径与台车宽度的关系（参考值）

台车宽度/m	台车顶面宽度/m	台车炉箅面宽度/m	圆辊长度/m	圆辊直径/m	电机功率/kW
3	3.09	2.96	3.04	1.0 ~ 1.3	7.5
4	4.09	3.96	4.04	1.2 ~ 1.4	11 ~ 15
5	5.13	5.0	5.08	1.3 ~ 1.5	18.5

（2）宽皮带布料机。宽皮带布料机由头轮、尾轮、托辊、输送带、清扫装置和驱动装置组成。布料机由调速电机驱动，其转速要求与烧结机和冷却机同步。

给料量的调节是通过调节宽皮带给料机转速，靠输送带胶面与混合料的摩擦力，通过调整混合料矿槽的扇形闸门开闭度来实现的。

宽皮带给料机的选择计算内容包括其输送带宽度、框架长度、转速和驱动电机功率。

其优点是布料均匀；缺点是尖角杂物容易划伤输送带，事故率较高。

（3）反射板。反射板设在圆辊布料机的下部，它的作用是把圆辊布料机给出的料经反射板的斜面滚到台车上，在一定程度上起到布料的作用。其合适的倾角可以使燃料和混合

料的粒度沿料层高度方向作有益偏析。

反射板的合适角度要根据混合料的性质来选择。角度小时，混合料的冲力小，铺料松散，料层透气性好，上下部粒度均匀，但易黏料，操作费劲，照顾不到即出现拉沟现象。角度大时，混合料的冲力大，料易砸实，影响透气性。反射板的倾角一般为 45°~52°。

为了适应各厂具体情况和便于调节，有的将反射板倾角设计为可调的。欲保持反射板的布料效果，须使其表面不黏料，现在设计的大、中型烧结机的反射板多带有自动清扫器，在运行过程中可定期清扫反射板。

（4）辊式布料器。现在大部分烧结厂都采用辊式布料器代替反射板布料，辊式布料器是由 5~9 个辊子组成的布料设备，设计辊式布料器时应注意选择适宜的辊子转速和安装角度，否则会影响布料效果。黏性大的物料不宜选用辊式布料器。九辊布料器的布料效果参见表 6-8。

表 6-8　九辊布料器的布料效果

台车上取样点		左				中				右			
		上	中	下	平均	上	中	下	平均	上	中	下	平均
粒度分布 /%	0~3	57.1	47.8	45.1	50.0	62.5	51.0	52.5	55.3	61.3	50.6	44.4	52.1
	3~5	25.4	24.0	23.3	24.2	23.8	25.5	20.2	23.2	24.0	24.6	22.2	23.6
	>5	17.5	28.3	31.8	25.8	13.8	23.0	27.3	21.4	14.6	24.7	33.3	24.2

（5）梭式布料机实质就是带小车的给料皮带机。它主要由运输带、移动小车以及小车传动装置和皮带传动装置组成。靠小车的往复运动，混合料不是直接卸入料槽，而是经梭式布料机均匀布于料槽中，使料槽内料面平整，做到布料均匀。

一般将梭式布料机放置烧结机混合料槽上，与台车前进方向呈 90°角。小车行走距离与料槽宽度一致。

（6）松料器。由于布料作业的好坏严重影响烧结矿的产质量，国内外都在积极研究改进布料的措施。如在反射板下面安装松料器，即在料层的中部水平方向装一排直径约 40mm 的钢管，间距 200mm 左右，铺料时把钢管埋上，台车行走时钢管从料层中退出，在台车中形成一排松散的条带，减轻料层的压实程度，改善料层的透气性。图 6-14 为装有松料器透气棒的布料系统示意图。

267. 烧结机料层厚度测量装置有哪些？

答：烧结机台车料层厚度的检测方法有接触式和非接触式两种。接触式料层厚度计主要是浮筒式，非接触式料层厚度计主要是超声波式。

浮筒式层厚计通过浮筒将检测到的层厚变化经传动杆传至发信器，发信器发出与料层厚度变化成

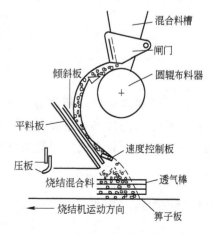

图 6-14　安装透气棒的布料装置

比例的直流信号，经电子线路将信号处理后送显
示仪表，同时还输出一个标准信号供控制用。

这种层厚计的缺点是，需要耐高温的浮筒，
带动浮筒的连杆有时因圆辊下料不好造成堆料
时，可能变形或损坏。

超声波料位计是用压电晶体作探头发出超声
波，超声波遇到两相界面时被反射回来，又被探
头所接收。根据超声波往返需要的时间而测出料
层厚度。图 6-15 为超声波料位计用于烧结层厚测
量的安装示意图。

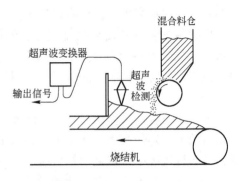

图 6-15　超声波料位计用于
烧结层厚测量示意图

268. 点火装置的作用、规格型号有哪些？

答：点火装置的作用是使台车表层一定厚度的混合料被干燥、预热、点火和保温，一
般点火装置可分为点火炉、点火保温炉及预热点火炉三种。

（1）点火保温炉。点火保温炉由点火段和保温段两部分组成，点火段设有烧嘴，保温
段有的设有烧嘴，有的没有设置烧嘴，点火段和保温段中间设有隔墙。按烧嘴安装部位的
不同，可以分为顶燃式和侧燃式两种结构形式。国内烧结厂一般不采用侧燃式点火保温
炉。图 6-16 是顶燃式点火保温炉的典型结构图。

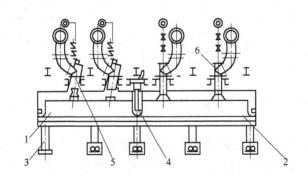

图 6-16　顶燃式点火保温炉
1—点火段；2—保温段；3—钢结构；4—中间隔墙；
5—点火段烧嘴；6—保温段烧嘴

（2）预热点火炉。预热点火炉由预热段和点火段组成，它在下列两种情况下采
用：一种是对高温点火爆裂严重的混合料，例如褐铁矿、氧化锰矿等；另一种是缺少
高发热值煤气而只有低发热量煤气的烧结厂。预热点火炉也有顶燃式和侧燃式两种结
构形式。

269. 烧嘴构造、类型有哪些？

答：点火保温炉和预热点火炉可采用喷头混合型烧嘴和煤气平焰型烧嘴。

（1）喷头混合型烧嘴。这种烧嘴（见图6-17和图6-18）的特点是在烧嘴的煤气喷口处，空气和煤气开始部分预混。将其煤气管径增大，可燃烧混合煤气，空气冷热均可。如使用热空气，烧嘴外面须包裹一层隔热材料。

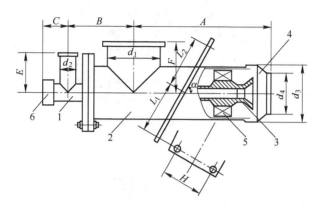

图 6-17 混合型烧嘴（混合煤气）

1—煤气管；2—空气管；3—煤气喷口；4—烧嘴喷头；5—空气旋流片；6—观察孔

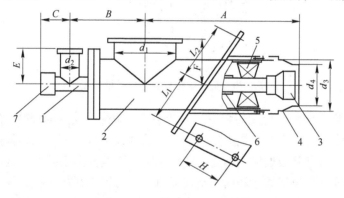

图 6-18 混合型烧嘴（焦炉煤气）

1—煤气管；2—空气管；3—煤气喷口；4—烧嘴喷头；5—空气旋流叶片；6—套护管；7—观察孔

燃烧焦炉煤气时，空气与煤气的体积比大，可达(8~9)/1。燃烧混合煤气时，空气与煤气的体积比一般为(2~3)/1。大型烧结机的点火保温炉还设有启动烧嘴和引火烧嘴。

（2）煤气平焰型烧嘴。煤气平焰型点火烧嘴结构见图6-19。其侧壁开有很多小孔，煤

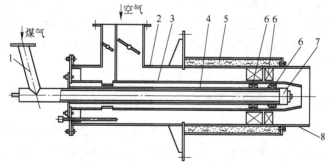

图 6-19 煤气平焰型点火烧嘴结构图

1—煤气管；2—二次空气管；3—一次空气管；4—伸缩管；5—保温材料；6—旋流片；7—煤气喷头；8—空气喷头

气通过小孔能造成与空气同方向旋转，煤气与空气在烧嘴出口处相遇后，边混合边燃烧。

此外，还有一种用于保温炉的类平焰型保温段烧嘴，这种烧嘴的结构见图6-20。

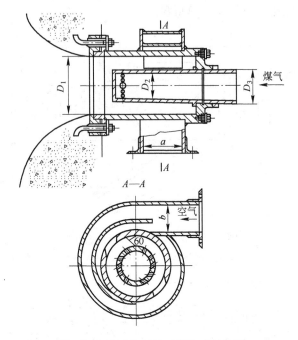

图6-20 类平焰型保温段烧嘴结构图

（3）与新型点火炉配合使用的烧嘴。与新型点火炉配合使用的烧嘴有线式烧嘴、面燃式烧嘴和多缝式烧嘴三种。线式烧嘴是一个有效长度大于台车宽度的整体烧嘴，为了使煤气分布均匀和防止台车侧板处供热不足，整个烧嘴被隔板分隔成几段，烧嘴的下部是用耐热钢制成，分隔成一个煤气通道和两个空气通道，下部钻有很多小孔，煤气小孔与空气小孔成90°夹角，靠边部的小孔孔径比中间的小孔孔径稍大而精密。煤气和空气分别从各个小孔内喷出，以90°夹角相混而燃烧。这种烧嘴由于孔径小而孔较密，因此能形成短火焰带状高温区。

面燃式烧嘴是内混式烧嘴，混合好的空气和煤气从一条缝中喷出而形成带状高温区。为了混合，在缝隙中装有高孔隙度的耐火物或耐热金属构件，因此它要求煤气含尘量要小于$50mg/m^3$，粒径小于$0.15mm$。

多缝式烧嘴是几个旋风筒组合在一起形成一个烧嘴块，再由几个烧嘴块组成整个烧嘴。煤气从中心管流出与周围的强旋流的空气混合在耐热钢的长槽中燃烧，在较窄的长形槽中，形成带状高温区。

270. 点火炉结构如何？施工有哪些要求？

答：（1）点火炉的结构。点火器炉体采用带锚固的复合型整体浇注结构，以提高砌体的整体性，减少热损失，延长炉体寿命。炉顶为吊挂式结构，两端墙设置型钢组合件支撑，两侧墙用型钢组合件支撑。炉体砌筑的最外层包有厚度为6mm的Q235B钢板，四周用型钢组成框架结构，炉顶设槽钢组合件横梁，用于吊挂炉顶耐火材料和烧嘴。

炉顶设三排烧嘴，每排烧嘴都是垂直安装，三排烧嘴平行布置，第一排 10 个，第二排 9 个，第三排 10 个，使火焰沿炉宽方向均匀分布。

点火器为整体移动式，安装在行走装置上，便于进行检修和更换，为保证点火效果，点火器留有一定长度的保温段。

（2）GD 型高炉煤气点火炉施工要求：

1）吊装点火炉钢构，并符合钢结构制作按照标准 GBJ 236—1982。

2）在钢构两侧平台上堆码侧墙预制块，要求如下：

①预制块内侧距离 4220 ± 3mm，并以烧结台车中心分中，块与块之间留有 10mm 间隙，并用耐火纤维毡填实。

②预制块外有预埋钢耳环与炉壳钢壁焊接固定。

③预制块与炉壳之间用保温纤维毡填实。

3）吊装预制梁（端梁、顶梁及烧嘴梁），要求如下：

①调整预制梁上方挂钩螺栓，使各梁与台车上沿距离 500mm，且与上沿平行，公差为 3 ~ 5mm。

②各梁之间留有 10mm 间隙并用耐火纤维毡填实。

4）按图纸要求，安装烧嘴。

5）用散装浇注料整体填平封顶，注意浇注料不能埋住挂钩螺栓。

6）待炉体附件装配完后，按厂家提供的烘炉曲线烤炉。

（3）点火炉预制块和预制梁材质及制造工艺。

用 Al_2O_3 大于 65% 的浇注料→注模捣打成型→自然干燥脱水→进烘房作 800℃ 以上烘烤→检验→合格后出厂。

271. 预热炉功能、施工有哪些要求？

答：（1）WSD 型双预热炉功能。在烧结厂房外设预热炉一座，在预热炉端部装有两套高炉煤气烧嘴并设有燃烧室，在燃烧室与换热器之间设有花格墙并在两侧设有掺冷风管。其燃烧的烟气经过一台空气预热器，将点火器的助燃空气预热到 300 ~ 400℃ 左右，一台煤气预热器将高炉煤气预热到 250 ~ 300℃ 左右。然后烟气通过一个高温烟道调节阀，经烟管进入钢板管烟囱排入大气。

预热炉设置在烧结车间平面上，便于进行检修和更换。

空气煤气预热器设有旁通管道，以便维修换热器时点火器还能维持生产。

该炉为落地式钢结构外壳，内衬耐火砖通道式炉型，外形尺寸 9130mm × 2930mm × 3565mm，内部结构有燃烧室、换热器室和烟气室。

（2）施工要求为：

1）在高于地平面 200mm 的混凝土基础上安装钢结构炉壳，要求符合钢结构制作按照标准 GBJ 236—1982。

2）在燃烧室和烟气室底部砌筑重质耐火砖，在换热器室底部填有 165mm 厚耐火纤维棉。

3）炉四壁按图内砌 LE-48 重质耐火砖，外砌 NG-1.0 轻质保温砖和预制烧嘴砖。

4）燃烧室和换热器室之间按图砌筑厚度为 232mm 的隔火花墙。

5）吊装燃烧室和烟气室上部的封顶盖板（封顶盖板为磷酸盐捣制的预制件）。

6）吊装换热器，并用散装浇注料填平封顶。

7）安装附件后，按厂家烤炉工艺曲线做整体烘炉。

（3）说明。

1）以上砌筑过程，按工艺炉砌筑施工及验收标准 GBJ 211—1983 执行。

2）采用标准型 $T_{2.3}$ 砖砌筑，墙砖灰缝不大于 3mm，底砖灰缝不大于 4mm，烟气室灰缝不大于 5mm，并沿长度方向留有平均每米 4～5mm 膨胀缝 2～3 道。

272. 点火炉烘炉操作的目的和要求有哪些？

答：（1）烘炉的主要作用是排除衬体中的游离水、化学结合水和获得高温使用性能。烘炉不当，造成水分排除不畅通，使衬体产生裂纹，降低强度，严重时甚至引起衬体剥落断裂。

（2）烘炉时必须保证烘烤时间，并严格按照烘烤曲线（见图 6-21）的要求进行升温操作。测温点位置要有代表性。热电偶位置应设在温度最高、升温较快部位。同时热电偶热端面应与衬体工作面平齐或缩进 5mm 左右，这样才能较真实地代表衬体温度。

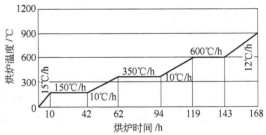

图 6-21   点火炉烘炉曲线图

（3）烘炉时厂家有条件最好制作烘烤器，用高热值煤气（焦炉煤气、液化气、天然气）、柴油或热电等。这些热源使用方便，容易控制烘烤温度，遵守烘炉曲线，能保证烘炉质量。如厂家不具备上述条件，可采用木柴做燃料，锯末为辅料，操作时可用锯末压火调节炉膛温度，在精心操作的情况下，也基本上能达到烘炉的要求，用木柴烘炉大约可烘到 400℃，到达此温度后升温可打开点火炉烧嘴，用高炉煤气继续按烘炉曲线烘烤。在以上烘炉过程中严防熄火或过热损坏衬体。

（4）衬体按烘炉曲线烘烤达到使用温度后即可投入使用。假如烘烤后不使用则应缓慢自然降温，不得鼓冷风。若要使用时不能开大火燃烧快速升温，应以 25～35℃/h 的升温速度加热到使用温度，方可投入使用。

（5）在使用过程中，耐火浇注料衬体不得淋水，如有局部损坏可用同材质材料进行挖补。若停炉时自然降温。重新开炉时，其升温一般为 150℃/h，最高不得超过 250℃/h。

273. 烧结机漏风主要表现在哪些部位？如何减少漏风？

答：抽风机抽入的空气中，实际通过料层的风量叫烧结机有效风量，其余的不通过料层被抽风机抽入的空气叫有害风量。有害风量所占比例叫漏风率。

目前，烧结机的漏风率一般在 40%～60%。也就是说抽风消耗的电能仅有一半用于烧结，而另一半则白白浪费掉了。同时漏风裹带着的灰尘对设备造成严重的磨损。因此，堵漏风是挖掘风机潜力，提高通过料层风量的十分重要的措施。

（1）烧结机漏风主要发生在以下部位：

1）台车与台车及滑道之间的漏风，占烧结机总漏风率的 90%；

2）烧结机首、尾部风箱的漏风，达 60% ~ 70% ；

3）烧结机集气管、除尘器及导气管道的漏风；

4）箅条、栏板不全，布料不匀，台车边缘布不满料时，漏风率进一步加大。

（2）减少漏风的措施主要有：

1）采用整体栏板台车并带自落式台车间密封板；

2）在组装栏板缝隙处加密封板、管状密封件或密封填料；

3）在弹性滑道与密封板之间采用长方形橡胶密封；

4）台车之间接触处或易磨处增设衬板，并根据磨损情况更换衬板；

5）在台车栏板裂缝处涂耐热橡胶；

6）在台车两侧采用宽箅条；

7）采用新型的密封装置；

8）按技术要求检修好台车弹簧滑道；

9）定期成批更换台车和滑道，台车轮子直径应相近；

10）利用一切机会进行箅条和栏板更换；

11）清理大烟道，减少阻力，增大抽风量；

12）加强检查、堵漏风；

13）采取厚料低碳操作，加重边缘布料。

274. 弹簧压板式和四连杆（重锤）式密封装置简介。

答：减少烧结机抽风系统的漏风，对节省主抽风机电能消耗和提高烧结矿的产质量都有重要的作用。因此，必须保证烧结机头尾两端的密封性能良好。

烧结机密封多采用机头设 1 组，机尾设 1 ~ 2 组。近几年，先后出现了多种新型机头机尾密封设备，下面对弹簧压板式密封和四连杆式密封进行简单介绍。

（1）弹簧压板密封（见图 6-22）。弹簧压板式密封是早期烧结机头尾密封装置的一种，主要靠弹簧力将密封板支撑起来上下活动，与台车工作面紧密接触，达到密封效果。但因弹簧反复受冲击作用和高温影响，容易失去弹力和频繁工作断裂，造成密封板下沉，使密封效果变差，现在基本被淘汰。

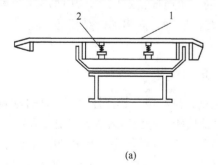
(a)

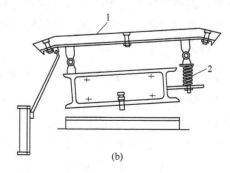
(b)

图 6-22　烧结机头尾弹簧压板式密封示意图

（a）形式 A；（b）形式 B

1—密封压板；2—弹簧

（2）四连杆重锤式密封装置（见图6-23）。四连杆密封主要通过杠杆力的作用，与双杠杆密封原理基本相同，不同之处在于内部结构不同。

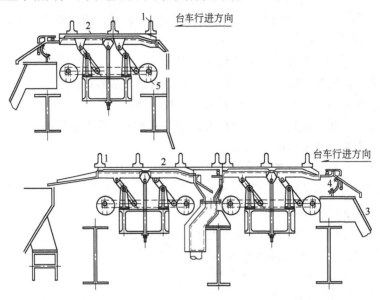

图 6-23　重锤连杆式机头机尾密封装置
1—台车；2—密封板；3—风箱；4—挠性石棉密封板；5—重锤

1）密封盖板与烧结机滑道之间存在 8mm 的间隙，形成开路漏风。

2）密封盖板与烧结机风箱采用柔性石棉板连接，石棉板与滑道两侧的漏风量非常大，石棉板容易破损，使用寿命短，并且破损后不易被发现，维修量大，密封效果差。

3）密封盖板不能够形成任意方向和角度的倾斜，当台车底梁发生塌腰变形时，漏风量巨大。

4）连杆机构在高温多尘的环境下运行时容易被卡住，使密封盖板变成固定盖板，与台车底梁形成间隙，造成大量漏风。

5）四连杆的最大弊端，有拐点的存在，配重磨损后，工作面下移，使四连杆进入拐点以下；另一种现象是，台车在运行过程中，通过烧结矿颗粒与密封板的作用力大于配重的重量，造成密封板工作面下移，使密封板工作面进入四连杆拐点以下，从而形成严重漏风。根据这一情况加大配重似乎可以解决存在的问题，但一方面增加烧结机运行阻力，另一方面磨损台车主体横梁。

275. 双杠杆式（德国鲁奇）烧结机头尾密封技术简介。

答：德国鲁奇技术具有灵敏度高，调整方便等优点，技术核心是杠杆原理，通过配重调整密封板工作面，使密封板上下活动与台车工作面紧密接触，达到密封效果（见图6-24）。

（1）密封板工作面与两个支撑点（三角支撑点）与密封槽体是刚性接触，安装有一定的间隙，在高负压状态下运行，受烧结颗粒及粉尘的冲刷，这一间隙逐渐增大，从现场实际情况看3~6个月，两条支撑点磨损成锯齿状，随着设备运行时间的增加，两条支撑点的磨损情况加剧，同时产生严重的漏风。

（2）配重的磨损难以克服，因配重是"密封"在箱体内，与高负压的风箱相连接，烧

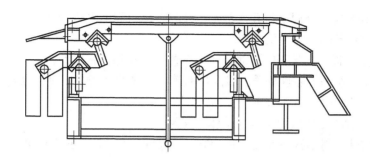

图 6-24 双杠杆式（德国鲁奇）烧结机密封示意图

结颗粒及粉尘在高负压的作用下产生旋流区，这一旋流区的产生，严重影响配重的使用寿命，安装 2~3 个月后，因配重的磨损，配重的重量逐渐降低，当配重的重量降低到一定时，密封板的重量大于配重的重量，密封板工作面产生下移，同时产生严重漏风，此时的密封板实际上处于非密封的状态，必须依靠停机时进行处理和调整，以达到较好的状态。

（3）从鞍钢 360m² 烧结机运行已经两年的时间看，每逢季度计划检修，调整烧结机头、尾密封板是一项不可缺少的工作内容，而且重点调整配重。也就是说三个月调整一次，半年要更新一次两条支撑点，如不调整，这时的烧结机密封板漏风严重，基本处于非密封状态。更严重的是，一年至一年半的时间内，需要对密封板核心部位、工作面、配重等进行彻底更新，以保证密封板良好的使用状态。

276. 全金属柔磁性密封（秦皇岛新特）结构与工作原理介绍。

答： 全金属柔磁性密封结构密封本体由本体底座、侧面 C 或 S 型密封板簧、内部弹性支撑系统、水冷却系统、密封上面板五部分组成。全金属柔磁性密封原理图见图 6-25。

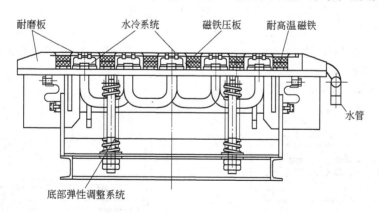

图 6-25 全金属柔磁性密封原理图

（1）本体底座用来支撑弹性侧面 C 或 S 型密封板簧、内部弹性支撑系统、水冷却系统、密封上面板。

（2）侧面 C 或 S 型密封板簧起到支撑及防止中间部分漏风的作用。内部弹性支撑系统支撑密封上面板，使面板和台车紧密接触及仿型作用。耐高温压缩弹性系统的作用，使浮动盖板能够跟踪台车的底板，保持浮动盖板和台车底板保持永久性接触，防止漏风。

（3）水冷却系统主要用来循环冷却水，及时将密封腔体内热量带走，确保磁性物质的磁性，并延长密封各部分的使用寿命。

（4）密封上面板。凸起和凹下面板间隔布置。凸起部分属硬性密封，和台车底紧密接触。凹下部分下部有高能磁性物质，吸附矿粉等，形成柔性密封。硬性密封和柔性密封相结合，形成多级迷宫密封，效果更佳。

（5）侧下面和风箱侧板焊接确保整体不漏风。

全金属柔磁性密封结构主要在济钢 $400m^2$，湘钢 $360m^2$，承钢 $360m^2$ 等新建和改造项目中应用。

277. 柔性动态（鞍山蓬达）烧结机头尾和台车滑道密封技术简介。

答：（1）烧结机头尾柔性动密封装置的设计原理。鞍山蓬达烧结机端部柔性动密封装置的设计，吸收了国内外烧结机端部密封装置的精华，克服了结构庞大、松散等不利因素，采取短小精悍、刚柔兼顾的设计思路，采用耐高温、弹性模量适中的动密封装置，即刚中有柔，柔中带刚的设计思想，同时在烧结机运行方向（纵向）、横向、垂直方向作了周密的安排，杜绝了烧结机端部三维空间的漏风（见图 6-26 ~ 图 6-29）。纵向主要采取迷宫式密封板，杜绝板之间工作间隙产生的漏风。

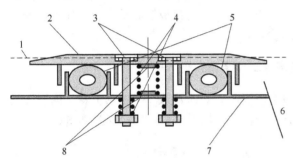

图 6-26   柔性动密封装置断面示意图

1—滑道；2—有效工作面；3—定位螺栓；4—弹簧；
5—柔性动密封；6—风箱；7—底板；8—定位环

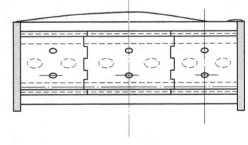

图 6-27   柔性动密封装置平面示意图

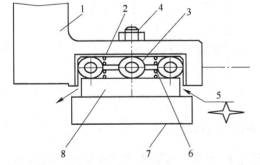

图 6-28   台车滑道柔性动密封装置横向断面示意图

1—台车体；2—空气密封盒；3—柔性密封装置；
4—原定位螺栓；5—堵住了漏风通道；
6—弹簧；7—固定滑道；8—活动游板

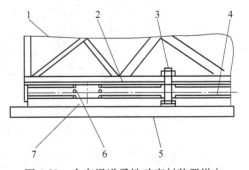

图 6-29   台车滑道柔性动密封装置纵向断面剖面示意图

1—台车体；2—空气密封盒；3—定位螺栓；
4—柔性密封装置；5—固定滑道；
6—弹簧；7—活动游板

横向板与板之间活动自如，并留有吸收膨胀的间隙，最大限度吸收台车主梁下挠产生的间隙，这就叫做上迷宫；垂直方向也采取迷宫式密封的方式，但垂直方向的技术核心是，在迷宫之间加入柔性动密封，这就叫做下迷宫之间加柔性动密封。这样使烧结机端部柔性动密封装置在同行业独树一帜。经过几年来的实际应用，完全适应各类带式烧结机的运行要求。

2001年5月在首钢矿业公司烧结厂5号烧结机安装后投入生产使用，2003年首钢矿业公司烧结厂6台烧结机全部推广使用，从首钢矿业公司烧结厂5号烧结机应用的情况看：烧结机端部柔性动密封装置，两年多的时间没有进行调整。近年在曹妃甸550m^2、承钢360m^{2}等大型烧结机上投入使用，效果很好。

（2）烧结台车滑道柔性动密封装置的设计原理。我国目前烧结机滑道密封基本采用上活动游板、下活动游板的密封方式，这种结构造成烧结机系统漏风在55%左右。

鞍山蓬达烧结机台车滑道柔性动密封装置的设计，主要采取巧、妙、精的设计思路，实现了烧结机滑道柔性动密封。采用多点的线密封变为面密封，取代刚性密封；最大范围的弹性模量，取代弹性模量小的钢板密封；点、线、面的最佳组合，完全促使活动游板与固定滑道100%的接触，完全切断活动游板与空气密封盒之间的漏风通道，在不损坏现有设备一颗螺丝，不取消一个弹簧，保留原有设备现状的情况下，杜绝加工、安装、工作时结垢、活动游板卡死的实际情况，同时增强原弹簧的工作性能。安装方便、互换性强、适应性强、施工周期短等特点。

278. 摇摆涡流式柔性（秦皇岛鸿泰）烧结机头尾密封技术简介。

答：（1）柔性动密封装置的设计原理（装置示意图如图6-30所示）。

1）摇摆：是指浮动板受到外力时在箱体内弹簧的作用下可以在一定范围内能够向任一受力方向倾斜，好比一块木板放在水里一样。换句话说，浮动板在一定范围内可以任意角度任意方向的倾斜摆动，从而实现了与台车底梁之间始终保持紧密贴合的状态。

2）涡流：是在浮动板上表面沿台车运行的垂直方向开有两道阻尼槽，可以降低当台车

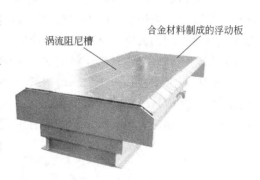

图6-30 摇摆涡流式柔性密封装置示意图

底梁有沟槽或局部出现变形漏风时，风会吹到槽的对面形成涡流，可以降低风的通过量。

3）柔性：是指当台车底梁出现挠度（塌腰）变形时，浮动板可以随着台车底梁的挠度（塌腰）变形而形成相同挠度的形变，从而确保了与台车底梁之间的紧密接触。原理是箱体内两侧弹簧的支撑力大于浮动板本身材料所需要的弹性变形的力。

（2）主要结构特点如下：

1）密封装置的上盖板采用合金材料制成，使用寿命是铸钢的数倍，并且上表面不易被划出沟槽。

2）在密封盖板上表面设有涡流阻风系统，用以降低因台车底梁被划出沟槽或局部变形而形成的漏风。

3）摇摆跟踪系统使密封盖板上表面能够形成任意方向的摆动，保证密封装置的上表面与台车底梁密切接触。

4）合理的结构设计，确保浮动密封板与台车滑道之间严密接触，没有漏风。装置与风箱之间严密接处无漏风。

5）该密封装置设有冷却系统，既保证了弹簧能够在高温下不失效，又能使密封装置降低温度，提高耐磨性，从而使该装置安全、平稳、高效、长寿命的运行，具有其他密封装置不可比拟的绝对优势。

6）结构紧凑、体积小，安装方便省时，还可以增加烧结机有效面积。

7）设备整机两年免维护。

该装置设有挠度调整系统。当台车底梁出现挠度（塌腰）变形时，可以自动适应台车底梁的变形而变形（随弯就弯），换句话说，它可以形成与台车底梁同挠度的变形，始终保持与台车底梁全面接触。2010 年秦皇岛鸿泰机械有限公司因为该产品的研发，被科技部授予"创新基金"奖励。该产品先后在武钢 3 条 450m² 烧结机、唐钢 360m² 烧结机等多家企业使用。

279. 如何测定烧结系统漏风率?

答：（1）测定漏风率的方法。测定漏风率的方法有：流量法、断面风速法、密封法、热平衡法、烟气分析法五种，前四种由于受到各自测定方法的局限未能得到普遍采用，而烟气分析法由于测定结果比较准确、可靠，在实践中得到了广泛的应用。

烟气分析法的测定方法是，取所测部位前后测点烟气成分分析结果，按物质平衡进行漏风率计算时，根据烟气中不同成分浓度的变化列出平衡方程，找出前后风量的比值和成分浓度变化之间的关系，从而间接算出漏风率。烟气分析法的测定过程：当烧结机处在正常生产状态，料面平整，操作稳定时，在布料之前把取样管放在台车算条上面，随台车移动，或把取样管固定在每一个风箱的最上部，当测定整个烧结机抽风系统的漏风率时，台车上的烟气样应按风箱位置从机头连续地取到机尾。当取样管相继经过各个风箱时，同时从台车上、风箱立管里和除尘器的前后用真空泵和球胆抽出烟气试样（见图 6-31），并用

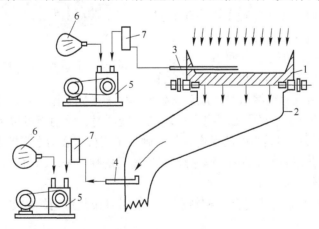

图 6-31　烟气分析法测定漏风率的装置

1—台车；2—风箱；3—炉算处烟气取样管；4—风箱弯管处烟气取样管；5—真空泵；6—装气球胆；7—干式除尘器

皮托管、压差计和温度计测出各个风箱和除尘器前后的动压、静压和烟气温度,再用气体分析仪分析烟气试样中的 O_2、CO、CO_2 的百分含量,以便进行漏风率的计算。

烧结机抽风系统漏风的测定一般是分为两段进行的。第一段是从烧结机台车至各风箱闸门后的风箱立管之间,第二段是从降尘管至主抽风机入口之间。因此,漏风率的计算也可按以上两段分段进行。

(2) 漏风率的计算。根据得到的各个不同测定部位的烟气成分、风箱立管及抽风系统管道的动压、静压和烟气温度数据即可进行分段或总漏风率的计算,一般有下面两种计算式:

1) 氧平衡计算式:

$$K_{O_2} = \frac{\varphi_{(O_2)后} - \varphi_{(O_2)前}}{\varphi_{(O_2)大气} - \varphi_{(O_2)前}} \times 100\%$$

式中 K_{O_2}——以测点前后氧含量变化求得的漏风率,%;

$\varphi_{(O_2)后}$,$\varphi_{(O_2)前}$,$\varphi_{(O_2)大气}$——所测部位前测点、后测点和大气中氧含量的体积分数,%。

氧平衡计算式是目前用得最多的计算式。因为氧是烟气中三种主要成分中的主要成分,在烧结过程中各风箱烟气的氧含量呈规律性变大,所取烟气试样中的氧含量比较稳定,可以放置较长时间再分析成分。但是,由于烧结烟气温度较高,特别是在最后几个风箱的炉箅条上取样时,取样管易氧化,影响气体分析结果。应注意的是,当抽取的烟气中氧含量浓度接近大气氧含量浓度时,气体分析中只要有百分之零点一的误差,就可能导致分析结果较大的误差,这是用氧平衡计算式计算漏风率的不足之处。

2) 碳平衡计算式:

$$K_C = \frac{\left(\dfrac{3}{11}\varphi_{(CO_2)前} + \dfrac{3}{7}\varphi_{(CO)前}\right) - \left(\dfrac{3}{11}\varphi_{(CO_2)后} + \dfrac{3}{7}\varphi_{(CO)后}\right)}{\dfrac{3}{11}\varphi_{(CO_2)前} + \dfrac{3}{7}\varphi_{(CO)前}} \times 100\%$$

式中 K_C——以测点前后碳含量变化求得的漏风率,%;

$\varphi_{(CO_2)前}$,$\varphi_{(CO)前}$——所测部位前测点烟气中二氧化碳和一氧化碳的体积分数,%;

$\varphi_{(CO_2)后}$,$\varphi_{(CO)后}$——所测部位后测点烟气中二氧化碳和一氧化碳的体积分数,%。

烧结机各风箱所测部位的漏风率取上述两种计算结果的算术平均值;各风箱所测部位的漏风率以立管中流量大小进行加权平均可得烧结机的漏风率。

单独使用任一计算式计算漏风率,都有其不足之处,而用以上两式的平均值,可互相弥补不足。

在以上漏风率的分段计算中,第一段是以风箱弯管中的烟气流量为 100% 计算的,第二段是以主抽风机入口处的烟气流量为 100% 计算的,如果要计算烧结机抽风系统的总漏风率,则要把第一段计算的漏风率折算成以主抽风机入口处烟气流量为 100% 的漏风率,再加上第二段的漏风率,即为总漏风率。

280. 烧结机主厂房的设计施工应考虑哪些原则?

答: (1) 烧结室的厂房配置,应全面考虑工艺操作要求及满足有关专业的需要。当车间分期建设时,应考虑扩建的可能性。

（2）在一个烧结室内烧结机的台数，最多不宜超过两台。对于大型烧结机，一般一个烧结室内只配置一台。

（3）烧结机中心距，根据烧结机传动装置外形尺寸、冷却形式以及检修条件而定。

（4）在保证工艺合理，操作和检修都安全方便的前提下，应尽可能降低厂房标高。但是，在确定烧结机操作平台的标高时，应考虑以下因素：

1）机尾采用热矿筛时，热矿筛的倾角一般为5°左右，筛分面积一般为烧结机面积的8%~10%。

2）机尾返矿仓一般需设在地面以上，避免置于地下，有条件时应将部分做成敞开式的，以改善操作环境。

3）通过机尾的双混合料带式输送机系统，两条带式输送机的中心距应比同规格的一般双胶带系统宽1~1.5m。

4）机尾热返矿用链板运输机运输时，应考虑双系统，为了便于链板的检修和改善操作环境，两条链板之间应留有足够的净空间。

5）烧结机基础平面和机尾散料处理方式，是影响标高的因素之一。如何处理应结合具体情况决定，这两部分散料不应作为返矿，应尽可能送至机尾热矿筛，筛出成品烧结矿，无热矿筛时直接送整粒系统。

（5）电气室、润滑站及助燃风机的设置：

1）中小型烧结机电气室应设在机头的操作平台上，面向机头的一侧与机头平台孔边的距离一般不小于2.5mm，大型烧结机应在主厂房之外单独设置电气控制室，把全厂的自控和检测集中起来，以适应全厂自动化水平的要求。

2）烧结机润滑站一般应设在机头操作平台上，因润滑设备较精密，混入灰尘容易损坏。当油泵的压力不能满足尾部润滑点的要求时，润滑站可按具体情况另行配置。大型烧结机，一般应在主厂房外单独设置主机润滑站，分系统集中自动润滑。

3）点火器的助燃风机工作时振动大、噪声强，不宜设在二次混合平台或电气室的房顶上，一般设置在±0.00mm平面或小格平台为宜。

（6）烧结室为多层配置的厂房，并且设备较多，各层平台的安装孔和其他检修条件在布置时应考虑下列因素：

1）台车的安装孔，一般设置在室内的一侧，并在同侧的±0.00mm平面设台车修理间。

2）当二次混合机设在烧结室高跨时，应考虑烧结机的传动装置与混合机可共用一个检修吊车。混合机操作平台需设通至±0.00mm平面及烧结机传动装置的安装孔。

不论二次混合机是否设在烧结室，烧结机传动装置上面的平台应留安装孔，并设活动盖板，孔内如有过梁应做成可拆卸的，便于传动装置的检修。

3）烧结室上面给料的带式输送机平台需有吊装带式输送机头轮及其传动装置的安装孔和其他设施。

4）在烧结机操作平台的两台烧结机之间应铺设一段轨道，以备检修时堆放台车，台车检修间可设在±0.00mm平面。

5）烧结机尾部各层平台应考虑设备吊装的可能。

6）当二次混合机设在烧结室时，因厂房较高，可设客货电梯，最高层通到二次混合给料平台。大型烧结机烧结室应设电梯。其他根据具体情况确定。

（7）劳动保护及安全设施：

1）烧结机操作平台除中部台车外，烧结机的头部和尾部均应设密封罩及排烟气罩；混合料带式输送机及二次混合机排料门，一般需设排气罩及排气管；混合料矿仓上面的进料口应设算板，返矿运输系统应有密封排气罩。受料点应考虑除尘；除尘器和降尘管的灰尘运输设备应该密闭，除尘器的灰尘应经湿润后方能进入下一工序。

2）各层平台之间及局部操作平台应设置楼梯，其数量及位置应按具体情况合理布置；平台上一般只设过人的走道，在不靠近设备运转部分，宽度应不小于0.8m，靠近设备运转部分应不小于1.0m；过道上净空高度，在局部最低点应不小于1.5m；平台上所有安装孔，应根据需要设保护栏杆和金属盖板。

3）室内地坪、平台、墙及楼梯上的灰尘，一般应考虑用水冲洗。

（8）烧结室的房盖和墙：

1）对于中、小型烧结机，在北方地区，烧结室一般需有房盖及墙（机尾局部可以不设墙）；在南方地区，一般需有房盖，半墙及雨搭；不论南北方地区，烧结机上面的房盖需设天窗，混合机操作平台靠点火器的一侧需设隔墙，以防止烧结过程产生的烟气、灰尘进入，恶化操作环境。

2）对于大型烧结机，因为烧结机较长，两边的温度差容易使烧结机跑偏。因此，从小格平台以上应考虑全墙封闭，小格平台的墙上开百叶窗，操作平台的墙上设采光玻璃窗，小格平台和操作平台墙边，从机头至机尾应设置算条状的通风道，使这两层平台的热量以对流的方式，由下向上从烧结室顶部排出，降低环境温度，并防止烧结机因两侧空气流动引起的温差而跑偏。烧结机上面的房盖需设天窗。图6-32为265m²烧结机室断面图。

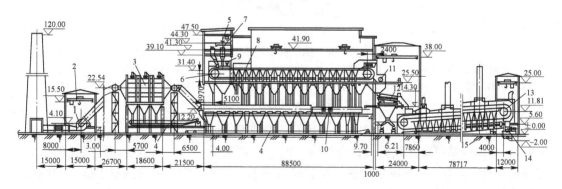

图6-32 265m² 烧结室断面图（设计）
1—离心抽风机；2—桥式起重机；3—机头电除尘；4—水封拉链机；5—带式输送机；
6—265m²烧结机；7—梭式布料器；8—点火器、保温炉；9—圆辊给料机；
10—冷风吸入阀；11—单辊破碎机；12—热矿振动筛；13—鼓风带式
冷却机；14—板式给矿机；15—冷却鼓风机

281. 风箱及降尘管的设计施工应考虑哪些原则？

答：（1）风箱长度及布置。风箱长度根据台车宽度，并结合厂房柱距而定，一般为3m及4m。台车宽2m及3m的风箱长度选3m。台车宽4m及5m的，风箱长度按4m考虑。

由于头部点火器或尾部配置需要，有时头尾的风箱长度与中部的不同。例如宝钢 450m² 烧结机共 23 个风箱，台车宽 5m，风箱的布置是头部 2 个，每个长 3m，其他 21 个每个长 4m。

（2）风箱结构。风箱结构分两种形式，一种是从台车一侧抽出烧结烟气的风箱，另一种是从台车两侧抽出烧结烟气的风箱。

台车宽度 3m 及 3m 以上时，可考虑从台车两侧抽出烧结烟气的风箱。台车宽度小于3m，一般从台车一侧抽出烧结烟气。

当风机负压较高时，应考虑风箱承受浮力的结构，另外，部分风箱温度较高有的达 400℃ 左右，风箱必须考虑承受热膨胀。宝钢烧结厂为防止风箱受膨胀及浮力，采用的结构如图 6-33 所示。

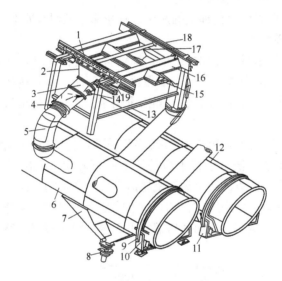

图 6-33　宝钢烧结风箱结构图

1—纵向梁；2—风箱；3—风箱支管闸门；4—伸缩管；5—风管支管；6—脱硫系统降尘管；7—灰斗；
8—双层漏灰阀；9—加强环；10—自由支撑座；11—固定支撑座；12—非脱硫系统降尘管；13—骨架；
14—支管闸门开闭机构；15—中间支撑梁；16—横梁；17—支持管；18—滑架；19—浮动防止梁

（3）单、双降尘管。选择单、双降尘管一般应遵循以下原则：

1）如果烧结原料含硫较高，烧结烟气经过高烟囱稀释后，仍不能达到国家的规定，则应选择双降尘管。一根降尘管抽取非脱硫段的烟气，另一根降尘管抽取脱硫段的烟气，经脱硫装置后，再从烟囱排放。

2）虽然烧结原料含硫不高，烧结烟气不需脱硫，但对于大型烧结机，台车宽度在 3.5m 或 3.5m 以上，亦可设两根降尘管。

（4）降尘管结构。降尘管的结构，要考虑承受热膨胀和最大负压，为保持烟气温度在露点以上，需要保温。大型烧结机降尘管沿长度方向分成三段，中段用螺栓固定，其余则设辊子支撑，受热膨胀时可向两端伸缩。各段连接处设一膨胀圈，膨胀圈用 6mm 的挠性石棉板制成管状的结构。

（5）烟气流速及降尘管直径。降尘管内烟气的流速决定于灰尘的粒度和重度，而降尘管的除尘效果则与其直径和烟气流速有关。直径大，流速小，除尘效率高。但直径过大，配置困难，造价也高。

我国一些烧结厂降尘管直径及烟气流速的情况列于表6-9。

表6-9　降尘管直径及烟气流速

烧结机规格/m²	90		130	450
降尘管直径/mm	3450	3800	4200	4300、4600、4900、5200
烟气量(工况)/m³·min⁻¹	8000	9000	12000	21000
烟气速度/m·s⁻¹	14~15	13~14	14~15	16.5（平均）

降尘管的除尘效率约为50%，如果缩小降尘管直径，势必加大烟气流速，降低降尘管的降尘效率，增加机头除尘器的负荷，加剧了主抽风机叶片的磨损。我国烧结厂以烧精矿为主，降尘管内烟气流速一般以10~15m/s为宜。

（6）风箱、降尘管的保温。国内烧结机由于漏风率较高，降尘管内烟气的温度（系指平均温度）一般都比较低，为了防止烟气中的水汽冷凝、腐蚀管道和设备，防止主抽风机转子挂泥，降尘管应加保温层，使烟气温度保持在120~150℃。

降尘管的保温层分内保温层和外保温层两种形式，内保温层要加大降尘管的直径，要求保温层的材料耐磨，必须做到与烧结机同步检修。外保温层的材料无需考虑耐磨，降尘管直径不要扩大，检修也比较方便。

内保温层厚度一般为50mm，外保温层厚度一般为100mm。

282. 水封拉链机有哪些结构特点？

答：一般烧结机大烟道下面的集灰斗采用水封拉链机卸灰较多。它是将集灰斗下的降尘管插入一个船形的水封槽内，降尘管插入水面以下100mm，水槽在卸灰斗下部位置是水平的，离开卸灰斗向两端翘起，水封槽壁上有溢流孔以保持水位稳定。在烧结机工作时，水吸入卸灰斗内1m左右（取决于抽风机的负压），从大烟道沉降下来的灰尘颗粒不断落入水中，直接沉到水封槽底部，然后由运转的拉链机刮板将它们刮走带到头部捞出，卸到返矿皮带上返回生产流程，采用水封拉链机卸灰有以下特点：

（1）保证烟道密封，使抽风系统漏风减少，提高除尘效率，减轻除尘器负荷，增加抽风机叶轮寿命，同时增大风机负压，减少返矿，提高废气温度，改善生产指标。

（2）减少甚至消除大烟道的卸灰扬尘现象，生产环境大为改善。

（3）实现连续放放，消除卸灰操作繁重的体力劳动。

（4）水封槽刮出的脱水物料直接循环使用，利于粉尘回收。

（5）较干式拉链机检修方便，使用可靠，作业率一般大于95%，而且只用一般材料，易于加工制造。

水封拉链机的结构形式可以分为下回链式与上回链式两种。上回链式的水封拉链机工作链是下行链，见图6-34。水封槽放在0m地平面下，水槽上口与地面相平。空链在水槽上面回行。我国烧结厂普遍采用这种形式。

水封拉链机的采用从根本上改善了降尘管放灰的劳动环境，解除了岗位工人繁重的体力劳动，实现了自动放灰。

水封装置在使用过程中的主要问题是：

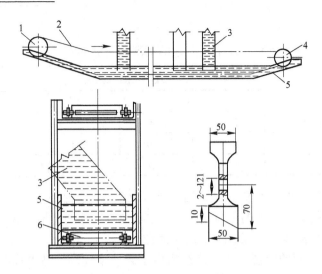

图 6-34　上回链式水封拉链机示意图
1—传动轮；2—上回链；3—排灰管；4—尾轮；5—槽体；6—刮板

（1）在水封管内，由于吸附和表面张力作用，水封管内壁黏料，严重时造成堵塞，在操作中要注意检查，每班需定时振打几次水封管的黏料部分，以保证正常运行。

（2）目前多数烧结厂没有铺底料，把小格的散料放入水封槽内。掉下的大块烧结矿和炉箅条容易卡住设备，造成设备事故，而且大块烧结矿进入返矿系统既降低了成品率，也影响了配料与混合的正常进行。因此，小格散料尽量避免放到水封槽中。

283. 机头除尘和抽风机室的配置应遵循哪些原则？

答：（1）机头除尘配置的一般原则为：

1）机头除尘器不论是采用多管除尘器还是采用电除尘器，为了获得良好的气流分布，提高除尘效率，降低阻力损失，在一般情况下应配置在烧结室（机头）的正前方。

2）为方便检修，考虑在多管除尘器上部设电动单轨或电动单梁起重机。如果采用电除尘器，供电装置放在除尘器顶部，应该考虑设置检修起重机，对顶部的供电装置进行整体更换。

（2）抽风机室配置的一般原则为：

1）抽风机室一般应配置在机头除尘器的正前方，特殊情况可放在烧结室的一侧。室内应设检修吊车及检修跨。转子的平衡工作根据附近机修车间条件确定抽风机室是否设置转子平衡台。

2）抽风机的操作室，一般应考虑隔音措施。

3）不论南北方地区，抽风机室一般需有墙体和房盖，并设天窗。

284. 烟囱烟道的设计应符合哪些原则？

答：烟囱及烟道是烧结抽风系统的主要组成部分。设计中要充分考虑烧结烟气量大，并含有 SO_2、NO_x 有害气体及一定量粉尘的特点。

（1）烟囱高度选择。烧结抽风机烟道流速一般取 12～18m/s（热烟气状态），烟囱出口流速一般为 15～20mm（热烟气状态）。

烟囱的高度根据烟囱的有效抽力和保护环境的要求确定。烟囱的有效抽力一般按全部阻力损失的 1.2~1.25 倍来考虑，但所增加的绝对值一般不超过 50Pa，以免富余能力过大，增加基建投资。

烧结厂的烟囱高度除考虑有效抽力外，还要考虑所排放的含尘有害烟气对周围环境的污染。有时环境污染成为主要考虑的因素。在已采用了铺底料和机头高效收尘工艺的情况下，烧结烟囱中所排出的含尘浓度一般都能满足国家规定的排放标准，而烟囱高度的确定主要应该考虑二氧化硫的排放量应达到国家规定的卫生标准。

运用塞顿公式进行计算，将烟囱高 100m 时二氧化硫的着地浓度当做 100%，当烟囱高度增至 160m 时，着地浓度则下降到 66%，当烟囱高度增至 200m 时，着地浓度则下降至 52%。

烟囱增高，对排放的污染物稀释有利，允许的排放量也大，但建设费用也随之上升。根据国家建委的资料，高度超过 200m 以上的烟囱，高度增加 20m，污染物的地面浓度仅降低十亿分之一，但烟囱的造价却与高度的平方成正比。因而，不宜采用 200m 以上的高烟囱。另外，对于烧结原料含硫过高的烧结厂，如果不采取脱硫或配矿措施，光靠高空稀释来使污染物的排放浓度达到国家标准是很困难的。

（2）烟道的设计应符合以下原则（烟囱烟道平面布置如图 6-35 所示）：

1）烟道截面积由烟气流量和流速决定，当烟气流量较小时，其流速可取较小值。

2）烧结厂多为几条烟道共用一个烟囱，设计时不要使所有烟道的烟气合流后进入烟囱，应该使烟气分两股进入烟囱。烟道和烟囱底部应设隔墙，避免窜烟，影响烟道及烧结降尘管检修人员的安全。

3）烟道和烟囱底部。须定期检查衬里磨损情况并清理积灰，因此烟道须设置检修门，平时用红砖砌筑。

4）烟道应避免向下坡，接至烟囱水平总烟道方向的上坡度一般为 3% 以上。

图 6-35 烟囱烟道平面布置
1—烟道；2—烟囱；3—蝶阀或插板

5）如两台以上烧结机共用一个烟囱时，在每个风机出口的支烟道上应设有检修时可以临时切断烟气的隔板或闸阀，以备在一台烧结机停机检修时，防止发生窜烟和由于烟囱负压使风机转子很难停下来的现象。

285. 带式烧结机工作原理、结构特点有哪些？

答：（1）带式烧结机的工作原理。传动装置带动的头部星轮将台车由下部轨道经头部弯道而抬到上部水平轨道，并推动前面的台车向机尾方向移动，在台车移动过程中，给料装置将铺底料和混合料装到台车上，并随着台车移动至风箱上面，即点火器下面时，同时进行点火抽风，烧结过程从此开始，当台车继续移动时，位于台车下部的风箱继续抽风，烧结过程连续进行，台车移到烧结机末尾风箱或前一个风箱时，烧结过程完毕，台车在机尾弯道处进行翻转卸料，然后进入下部轨道，靠后边的台车顶推作用而沿着水平（摆架式或水平移动式）或一定倾角（机尾固定弯道式烧结机）的运行轨道移动，当台车移至头部弯道处，被转动着的头部星轮咬入，通过头部弯道转至上部水平轨道，台车运转一周，完成一个工作循环，如此反复进行。

（2）带式烧结机的结构。我国带式烧结机主要有两种结构形式，一种是摆架式，另一种是弯道式，前者的特点是尾部有摆架（或水平移动架），用以吸收台车的热膨胀，避免台车的撞击或减少有害漏风，头部链轮与尾部链轮大小相同，尾部弯道采用三圆弧特殊曲线。后者的主要特点是在烧结机尾部采用一种固定弯道，以吸收台车的热膨胀，尾部没有链轮，回车道具有一定的斜度，弯道采用圆形曲线。

带式烧结机由烧结机本体、给料装置、点火装置、抽风除尘设备等组成。带式烧结机本体主要包括传动装置、台车、风箱（真空箱）、密封装置。

图6-36所示为带式烧结机外形图。表6-10列出了JB/T 2397—2010规定烧结机的基本参数。

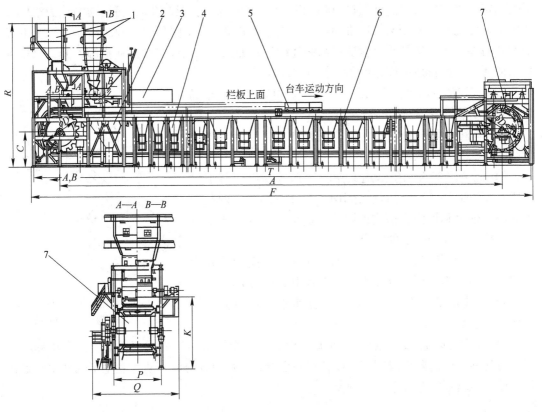

图 6-36　带式烧结机外形图

1—原料及铺底料给料装置；2—灰尘排出装置；3—点火装置；4—风箱；5—台车；6—骨架；7—驱动装置

表 6-10　JB/T 2397—2010 标准规定烧结机的基本参数

型　号	有效烧结面积/m²	台车有效尺寸（长×宽）/m×m	有效长度/m	栏板高度/mm	台车移动速度/m·min⁻¹	主抽风机负压(≥)/kPa	在下列利用系数[t/(m²·h)]时的产量/t·h⁻¹		
							1.2	1.5	1.8
SD-90	90	2.5×1	36	300	1.70~5.10	9.8	108	135	162
SD-130	130	2.5×1	52	300, 350	2.40~7.20	9.8	156	195	234
SD-180	180	3×1	60	450, 500	1.59~4.77	13.7	216	270	324
		3.5×1.5	52	450, 500	1.36~4.08	13.7	216	270	324

型　号	有效烧结面积/m²	台车有效尺寸（长×宽）/m×m	有效长度/m	栏板高度/mm	台车移动速度/m·min⁻¹	主抽风机负压(≥)/kPa	在下列利用系数[t/(m²·h)]时的产量/t·h⁻¹		
							1.2	1.5	1.8
SD-265	265	3×1	88.33	500，550	2.11~6.33	13.7	318	397.5	477
		3.5×1.5	75.75	500，550	1.81~5.43	13.7	318	397.5	477
SD-300	300	4×1.5	75	500，550	1.79~5.37	13.7	360	450	540
SD-360	360	4×1.5	90	600，650	1.40~4.20	15.7	483	604	725
SD-450	450	5×1.5	90	650，700	1.90~5.70	15.7	540	675	810
SD-600	600	5.5×1.5	120	700，750	2.70~10.8	15.7	720	900	1080

注：型号中"S"代表带式；"D"代表烧结机；数字代表有效烧结面积。

286. 烧结机台车的结构有哪些特征?

答：连续式烧结机是由许多个台车组成的一个封闭烧结带。在烧结过程中，台车在上轨道上进行装料、点火、烧结，在尾部排出烧结矿。台车在倒数第二个风箱处，排气温度达到最高值，在返回下轨道时温度下降。台车在整个工作过程中，承受本身的自重、箅条的重量、烧结矿的重量及抽风负压的作用，又要受到长时间高温的反复作用，因此产生很大的热疲劳。台车是很容易损坏的部件。又因台车造价昂贵，数量多，是烧结机最重要的组成部分，它的性能优劣直接影响烧结机的使用。

烧结机的有效烧结面积是台车的宽度与烧结机抽风段长度（即有效长度）之乘积。通常烧结机的长宽比在 12~20 之间。所以，随着烧结机面积的增大，台车的宽度也相应增加。国内生产的烧结机台车有尾部弯道式烧结机和链轮式烧结机两种。前者均为小规格的烧结机，而且基本上被淘汰了。

目前烧结机生产用的链轮式台车主要由台车体、卡轮、车轮、车轴、密封装置、栏板、隔热垫、箅条及箅条压销等组成，其结构如图 6-37 所示。

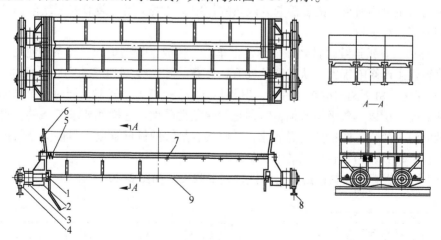

图 6-37　烧结机台车示意图

1—车轮；2—滚轮；3—台车端头；4—密封落棒；5—箅条；6—台车栏板；7—槽孔；8—轨道；9—台车本体

（1）台车体。台车的寿命主要取决于台车体的寿命。台车体损坏的主要原因是由于热循环变化及与燃烧物接触而引起的裂纹和变形。此外，高温气体对台车体的上部有强烈的烧损及气流冲刷作用。因此在选择台车体材料时，应充分考虑上述情况，材料应具有足够的机械强度、耐磨性，又要有耐高温、抗热疲劳性能。

台车体材料一般采用铸钢和球墨铸铁。日本的烧结机台车是采用球墨铸铁材料，使用效果十分理想。我国制造的台车材料亦选用了球墨铸铁。

台车体有两体装配式、三体装配式和整体结构的三种形式，如图 6-38 所示。

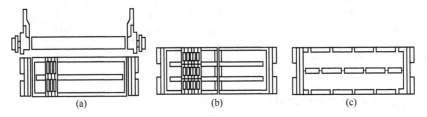

图 6-38   台车装配形式图

(a) 三体装配；(b) 二体装配；(c) 整体装配

大型烧结机台车宽度在 3.5m 以上的，大都采用三体装配结构。这种结构的台车，把温度较低的两端和温度较高的中部分开，用螺栓连接。这种结构铸造容易，便于维护及更换中间部分。宝山钢铁公司 450m² 烧结机采用 5m 宽台车，是三体装配式结构。中间本体与两端台车本体使用两组共 14 个高强度螺栓连接起来。

（2）隔热垫。为了降低台车的热应力，在台车主梁和算条间用安放隔热垫的方法，有效地阻止高温的烧结矿及算条的热量传递到台车体上。台车体的热量不仅来自高温气体的辐射、对流，而且来自与台车直接接触的算条，通常算条将其 30% ~40% 的热量传给台车体。安放隔热垫后，整个台车体温度降低，尤其是减小了主梁上部和下部的温度差，从而大大降低了由温度差产生的热应力。采用铸铁类隔热垫，大致可使台车体温度降低 150 ~200℃，台车越宽，效果越明显。隔热垫结构如图 6-39 所示。隔热垫直接插入台车体主梁上部，由它与主梁间所形成的缝隙起到隔热的作用。一根主梁上装有若干块隔热垫，其拆装需在卸掉算条后进行。

（3）算条。算条连续地排列在烧结机台车上，构成了烧结炉床。算条的使用寿命及形状，对烧结机生产影响很大。从工作条件看，算条处在温度剧烈波动之中，大约在 200 ~800℃之间变化，由于两端散热条件差，其温度还要高出 70 ~100℃。同时又有高温含尘气体冲刷和氧化，所以算条极易磨损，特别是两端尤为严重。这样就要求算条的材料能够经受住剧烈的温度变化，能抵抗高温氧化，还应具有足够的机械强度。目前算条材质采用较多的有铸铁、铸钢、铬镍合金或其他材料。

450m² 烧结机算条材料选用高铬铸铁，其形状尺寸如图 6-40 所示。

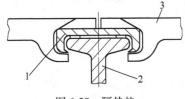

图 6-39   隔热垫

1—隔热垫；2—台车体主梁；3—算条

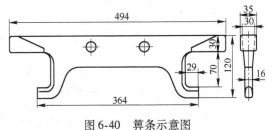

图 6-40   算条示意图

算条要求精密铸造，严格控制尺寸误差，以便于安装。另外铸后应进行退火处理，消除内应力及细化晶粒。

台车上两根算条间的缝隙为5mm，其通风面积约占总面积的13%（除去被隔热垫堵塞的部分为9%）。

（4）台车密封装置。台车与风箱之间的密封装置是烧结机的重要组成部分。运行的台车与固定的风箱之间的密封程度好坏，直接影响烧结机的生产率及能耗，风箱上台车之间的漏风大多发生在头尾部，其次是中间部分。

现在烧结机台车多采用弹簧密封装置，它是借助弹簧的作用来实现密封的。根据安装方式的不同分为上动式和下动式两种。

1）上动式（见图6-41b）。上动式密封就是把弹簧和游板装在台车弹簧槽内，而下滑板则固定地安装在风箱两侧。靠弹簧的弹力使台车上的游板与风箱上的滑板紧密接触，保证风箱与大气隔绝。当某一台车的弹性滑板失去密封作用时，可以及时更换台车，因此使用该种密封装置可以提高烧结机的密封性和作业率。目前，仍是一种较好的台车密封装置。

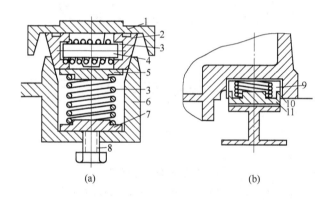

图6-41 弹簧密封装置

（a）下动式；（b）上动式

1—弹簧滑板；2，11—游板；3—弹簧；4—固定销；5—上垫；6—弹簧槽；

7—下垫；8—调整螺栓；9—弹簧；10—游板槽

2）下动式（见图6-41a）。下动式密封是将弹簧装在风箱滑道上，利用金属弹簧产生的弹力使滑道上的下滑板活动，与台车上的固定滑板之间压紧，这种装置在旧式结构烧结机上使用过。

此密封装置主要靠弹簧的作用力，因此所选择的弹簧压力（包括密封板重力），其面压一般保持在0.005~0.01MPa之间，合适的弹簧压力是0.007~0.08MPa。宝山钢铁公司为0.072MPa。

将密封装置用螺栓连接在台车体上，密封滑板通过销轴及弹簧销装在密封装置的门形框体中，由螺旋弹簧以适当的压力将其压在固定滑道上。密封滑板与滑道间由打入的润滑脂所形成的油膜保持密封。

（5）其他。台车的车轮里装有承载能力很大的双列圆锥滚子轴承，车轮表面与轨道接触的部分要进行高频淬火，以增强耐磨性。

卡轮外圆表面也要进行高频淬火处理，其内部嵌有铜合金制造的衬套。车轮与卡轮的润滑由台车自动跟踪润滑装置，通过装在台车车轮端部的油嘴定期打入润滑脂。

栏板由球墨铸铁制造。有整体栏板及分块栏板结构之分。分块栏板为防止相邻两块之间的漏风，在下栏板侧面开槽，压入特制的耐热石棉绳，有一定的效果。

287. 烧结机驱动装置有哪些特性？

答：（1）台车的运动状态。烧结机的驱动装置是使烧结台车向一定方向运动的装置。如图6-42所示，台车在上下轨道上循环移动，在驱动装置的作用下，由链轮使后面的台车推动前面的台车连续移动，链轮与台车内侧卡轮啮合，使台车上升下降，沿着弯道翻转。台车车轮间距 a，相邻两个台车的轮距 b，与链轮节距 t 之间的关系是：$a = t$；$a > b$。

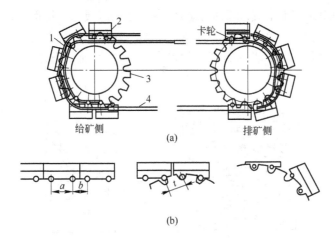

图6-42　台车运行状态
（a）台车运动状态；（b）台车尾部链轮运动状态
1—弯轨；2—台车；3—链轮；4—轨道

从链轮与卡轮开始啮合时起，相邻的台车之间便开始产生一个间隙，在上升及下降过程中，保持着随 a、b 而定的间隙，这就避免了一个台车的前端与另一个台车后端的摩擦和冲击，造成台车的损坏和变形。从链轮与卡轮分离之前起，间隙开始缩小。由于链轮齿形顶部的修削，相邻台车运行到上下平行位置时，间隙便开始减小直至消失，台车就一个紧挨着一个运动。

（2）头部驱动装置。烧结机驱动装置是由电动机、定转矩联轴器、柔性传动装置、给矿部链轮、排矿部链轮、主轴承调整装置等组成。其示意图如图6-43所示。

台车的运行是由电动机经定转矩联轴器、柔性传动装置，将其旋转力矩传递给大齿轮轴及装配于链轮体上的齿板，再推动台车来实现的。

（3）尾部链轮装置。机尾链轮为"从动轮"，与机头大小形状都相同，安装在可沿烧结机长度方向运动的并可自动调节的移动架上（见图6-44）。首尾弯道为曲率半径不等的弧形曲线，使台车在转弯后先摆平紧直线轨道的台车，以防止台车碰撞和磨损。移动架（或摆动架）既能解决的台车的热膨胀问题，也能消除台车之间的冲击及台车尾部的散料现象，大大减少了漏风。

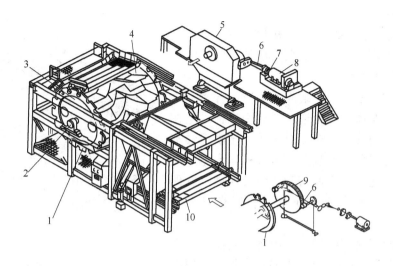

图 6-43 头部驱动装置示意图

1—链轮齿板；2—链轮轴承；3—链轮滚筒；4—除尘滚筒；5—柔性传动装置；

6—万向接手；7—定转矩联轴器；8—电动机；9—大齿轮；10—台车

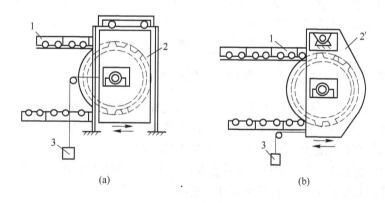

图 6-44 尾部可动结构

（a）水平移动式尾部框架；（b）摆动式尾部框架

1—台车；2—移动架；2′—摆动架；3—平衡锤

旧式烧结机尾部多是固定的，为了调整台车的热膨胀，在烧结机尾部尾弯道开始处，台车之间形成一断开处，间隙为 200mm 左右，此种结构由于台车靠自重落回到回车道上，彼此之间因冲击而发生变形，造成台车端部损坏，不能紧靠在一起，增加之漏风，同时使烧结矿从断开处落下，还需要增设专门漏斗以排出落下的烧结矿，现已基本淘汰。

288. 烧结机风箱部位包括哪些结构？

答： 风箱部包括两侧抽风式风箱、框架、滑道、给排矿部端部密封、隔板等。

（1）风箱及框架。如图 6-45 所示，风箱及框架由纵向梁、横梁、中间支撑梁等组成，分别用螺栓固定成一整体。整体框架摆放到烧结机台架的梁上，只在距离给矿部约 2/3 位置上，用螺栓将框架与骨架的梁固定起来，其余不固定，以满足能分别向给矿侧及排矿侧热伸长的要求。

风箱是普通钢板焊制的结构件，位于排矿侧的最后两个风箱，因落料量大，在风箱内部倾斜处焊上自衬用的角钢。

（2）滑道。多块滑板组成了头尾端部密封之间的防止纵向漏风用的滑道。滑板用螺栓固定在风箱框架的纵向梁上。滑板上开了很多润滑油沟槽，通过自动集中润滑装置，向滑板与台车弹性密封的滑动板之间打入润滑脂，使接触面经常保持适当的油膜，以保证台车与风箱间良好的密封性。

（3）头尾部密封装置。头尾密封是防止有害漏风的重要环节。密封的形式多种多样，主要有弹簧式密封、四连杆重锤式密封、柔性动密封、摇摆涡流式柔性等。

（4）隔板。在点火炉下面的风箱框架上设置

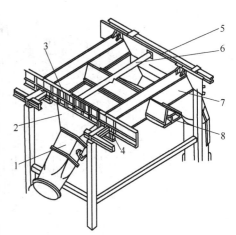

图 6-45　风箱及框架

1—风箱支管阀；2—风箱；3—纵向梁；
4—上浮防止梁；5—滑板；6—支持管；
7—横梁；8—中间支持梁

了风箱隔板，以便风箱支管阀能正确地进行废气排出量的调整。在需测温的风箱内，沿台车进行方向设置了中间隔板，使温度测量更加准确。

289. 对台车各部件材质的选择有哪些要求？性能如何？

答：（1）台车体。早期小型的烧结机，台车是由普通铸钢制成，多为整体结构。而近代大型烧结机，台车体大多采用低合金钢或球墨铸铁，且大型烧结机多数台车体设计是由三部分即两侧带车轮的部分和中间安装箅条的车体组成。

台车体的材质近代大多采用球墨铸铁，以日本 $450m^2$ 烧结机为例，其成分与性能相当于日本的 FCD45，也相当于我国的 QT450-10，抗拉强度不小于 450MPa，但伸长率不能太高，因为伸长率大于 30% 的球墨铸铁会产生塌腰，不能使用。上海宝山钢铁公司从日本引进的 $450m^2$ 烧结机台车体的化学成分质量分数为：C 3.35% ~ 3.70%、Si 2.40% ~ 2.80% 、Mn 0.5% ~ 0.9%、P 不大于 0.07%、S 不大于 0.02%、Mg 0.058% ~ 0.07%（如有稀土存在按以下控制：RE 质量分数 0.03% ~ 0.07%，Mg 质量分数 0.03% ~ 0.07%）。

金相组织：倍率 100，球化率大于 85%（日本铸造协会对角线法检验），视野数 1，铁素体含量最大 30%。

力学性能：$\delta_b \geq 450MPa$，伸长率 $\delta = 5\% \sim 12\%$，硬度（参考值）HBS = 170 ~ 295。

铸造要求：铸件不得有裂纹、缩松、气孔、缩孔等影响强度的缺陷。铸件经退火消除应力后，对关键部位进行探伤检查。

（2）栏板。大型烧结机栏板可分为上、下两层，选材大都选用与台车体相似的球墨铸铁，$450m^2$ 烧结机采用的材料为 QT400-15，其推荐的化学成分质量分数为：C 3.45% ~ 3.90%、Si 2.40% ~ 2.90%、Mn 0.2% ~ 0.4%、P 不大于 0.07%、S 不大于 0.02%、Mg 0.04% ~ 0.07%（如有稀土存在按以下控制：RE 质量分数：0.03% ~ 0.07%，Mg 质量分数 0.03% ~ 0.07%）。

力学性能：抗拉强度 $\delta_b \geqslant 400\mathrm{MPa}$，伸长率 $\delta > 12\%$，硬度 $\mathrm{HBS} = 121 \sim 195$。

金相组织：铁素体体积分数大于85%，球化率大于85%。要求进行铁素体退火处理。

（3）隔热垫。$450\mathrm{m}^2$ 烧结机上，有四种规格的隔热垫。所用材料和铸造过程都与栏板的要求完全一致。由于铸件铸出后不经加工直接投入装配，对铸件的表面粗糙度和尺寸精度都有严格的规定，在它的上面又要悬挂箅条，而箅条也是不经加工铸后直接使用的。这样，在件与件之间设计时就留有一定的空隙，使台车在翻转卸料过程中有相对的松动（滑动），产生一定的撞击，有利于缝隙间小料的去除。铸件的尺寸精度要求如图 6-46 所示，需要严格控制才能达到。铸后退火处理。

铸件表面需光洁，不允许有缩孔、裂纹、冷隔、夹渣等缺陷，对全长的挠度和弯曲控制在1mm以下。尺寸检查要求取样10%用样板检查。

（4）箅条。从箅条的工作条件来看，要求箅条的材质能够经受住激烈的温度变化、能抗高温氧化、具有足够的机械强度。目前我国箅条材质已全部改用 RTCr26Ni 系列的高铬铸铁材料，其化学成分质量分数为：C $1.4\% \sim 2.0\%$、Si $1.0\% \sim 1.4\%$、Mn $0.7\% \sim 1.0\%$、P 小于 0.03%、S 小于 0.03%、Cr $25\% \sim 28\%$、Ni $0.8\% \sim 1.2\%$。

生产 Cr26 材料箅条时，原砂如采用铬铁矿砂，不用涂料就可获得光洁表面，如用其他原砂，一般要刷（或喷）一层酒精快干涂料。

（5）车轮。每个台车由四个车轮支撑在轨道上。车轮的材质一般都是锻钢，即 55 碳钢。由于它是在一定温度条件下工作，材质要求具有较高的强度，即 $\sigma_b \geqslant 588\mathrm{MPa}$，$\sigma_s \geqslant 294\mathrm{MPa}$，轮子工作表面和轮缘处要求表面淬火 $46 \sim 51\mathrm{HRC}$，淬硬层深度要求 $2 \sim 3\mathrm{mm}$。图 6-47 为车轮零件图。

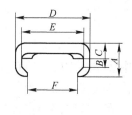

部位	允许范围/mm
A	$\begin{matrix}0\\-1.5\end{matrix}$
B	± 1
C	± 1
D	$\begin{matrix}0\\-1.5\end{matrix}$
E	± 1
F	± 1
长度	$\begin{matrix}+0.5\\-1\end{matrix}$

图 6-46　隔热垫端面尺寸公差

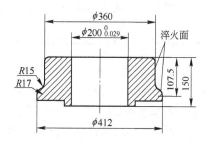

图 6-47　车轮零件图

290. 新安装的烧结机装入台车时应注意哪些事项？

答：台车的装入是在烧结机主体安装完毕后进行的。首先是向回车道装入台车，台车是通过头部弯道进入回车道的。装入时为减轻重量只装台车体即可，隔热垫、箅条、栏板和空气密封盒可暂不装上。

台车装入前应检查主传动装置的制动器是否灵活可靠。安装时，将台车沿上部轨道推入头部弯道，当链轮轮齿接触台车卡轮后，即可用人力在主传动的高速轴上进行盘车，使台车进入弯道，链轮在台车重力的作用下转动。为防止台车下落过快，可用主传动的制动器控制链轮的转动（此时制动器用人力操作）。随着链轮的转动可向弯道续入台车，但不能连续进行，保证弯道处仅有一台台车的重力作用到链轮上即可，以防止链轮转动过快，难以控制，对设备造成冲击。

回车道上装满台车后，可反向开动主传动装置并连续向头部弯道续入台车，使回车道上的台车通过尾部弯道翻转到上部。其余的台车在上部直接吊装。

在安装隔热垫时，应保证隔热垫用手推动即能装入。如装不上时应拆下来进行修磨，不可强行打入。

安装箅条时，应保证箅条沿上下左右能有微小的窜动，不得过紧。箅条紧靠一端后要保证端箅条与栏板间有 20～60mm 的间隙，否则在工作中，箅条受热后对栏板有破坏作用。对超长的箅条需进行修磨，防止热胀后使台车间产生拉缝。

台车上的密封装置是防止烧结漏风的重要部件，安装须检查以下项目：

（1）密封板能否上下灵活动作，且在工作位置状态下还能压入 8mm；

（2）密封板与密封盒间的间隙不能超过 2.5mm；

（3）密封板及密封盒不可突出台车体外；

（4）密封板的两端是否进行了倒角；

（5）密封板的工作面是否被误涂了漆。

出现这些问题都将影响该装置的正常工作。对于（1）及（2）项弊病均需将密封板从密封盒中拆出，修磨有卡痕的部位，并清除盒内的熔渣及异物等；对间隙过大者，可用火将密封盒烤热后，敲打至几乎与密封板接触，再检查灵活性无误后重新装上即可。

安装前还要检查栏板及连接台车体端部衬板的螺钉、销子等是否突出台车体外，是否漏装；车轮轴的止退螺钉是否漏装；三件台车体的连接螺栓是否被认真紧固；自动跟踪润滑用油嘴的安装位置是否正确等。

台车安装后还要检查台车之间的上栏板顶部是否错位太多。这种错位往往是由于下栏板的底部加工面被加工倾斜所致，需返修后装上使用。

291. 如何对新安装的烧结机进行单体试车？

答：烧结机的单体试车是指烧结现场系统中烧结机主机的单独空负荷试车。烧结主机中有动力驱动的部分共有四处：主传动的柔性传动装置；圆辊给料机驱动装置；原料溜槽自动清扫器的驱动装置；台车箅条清扫器驱动装置。这些部分在各自的安装中都进行了试运转检验，所以烧结机的单体试运转主要是考验烧结机主体运转性能，即主传动带动台车后的运转情况及台车的运行情况。

试运转进行之前，一定要做好充分的准备工作，要编写出详细的试运转方案，制定出试运转流程、技术保证措施、组织管理措施及安全措施。

严格审理安装工作中遗留的尾项，凡是对试运转有影响的，在试运转前一定要处理完毕。组织人员对烧结机进行清查，彻底清除烧结机各处在安装中遗留的杂物与辅助设施，检查各部是否有未紧固的连接件及漏装的零部件。检查尾部移动架平衡配重是否符合空负荷运转的要求，检查各润滑点的润滑油是否到位。

主机运行以后，要仔细观察运行情况，并做好记录。发现紧急情况及时与控制室联系，以便立即停机处理。

台车在运行过程中，如果有跑偏现象时，复查左右两侧轨道工作面标高是否相同。如果相同，可通过链轮轴承调整装置进行调整。当向带有调整装置的轴承一侧跑偏时，将调整侧轴承向烧结机尾部方向移动；当向主传动一侧跑偏时，将调整轴承向烧结机头部方向移动。轴承的移动量以 0.5mm 为单位调整，并观察台车的运行情况，直至不跑偏为止。若调整轴承效果不显著尤其是台车在回车道跑偏时，应检查尾部移动架平衡配重是否均衡。

试运转中还应检查各减速机齿轮及轴承的润滑状况是否良好，尤其是如圆辊给料机所用的减速机，采用油池飞溅润滑方式时要特别注意，因为该减速机是在 1:3 的范围内变速运转的，虽在高速运转时能使润滑油飞溅起来，但在中速及低速运转时常常不能形成飞溅。此外，高速运转时虽能飞溅，但因减速机常常用螺旋齿轮的缘故，润滑油只向其中的一侧轴承飞溅，另一侧的轴承却得不到润滑，而且除高速轴以外的各轴轴承也不能靠飞溅得到润滑，只得采用其他润滑措施予以补救。或者可以说，变速设备所用的减速机最好不采用飞溅润滑方式。

检查各轴承的温升时，如果温升过高，可能是润滑油用错。对于低速重载的传动部分，油的黏度过低；反之，对于高速低载的传动部分，油的黏度过高。换用正确的润滑油后即可恢复正常。此点对于柔性传动装置要特别注意。

在检查上述传动装置润滑状况的同时，还要检查它们的入轴端、出轴端、各端盖及两半箱体的结合面是否漏油。如有漏油应分析其产生原因予以克服。

试运转中还应特别注意各运动件与相关件之间是否有卡阻部位或异常撞击声响。如有，应及时停车检查，以免发生设备事故。尤其要检查台车栏板与给矿部台架横向拉筋之间，以及与排矿部下横梁之间是否相碰。即使不碰，它们之间的缝隙不能过小，因为在运转中，栏板的连接螺栓一旦松脱也会发生事故。

试运转要进行多次，主机要在不同的速度下做运行试验，并注意检查主传动装置各部分的温升。

292. 如何对新安装的烧结机进行整体热负荷试车？

答：整个烧结系统全部调试合格，单体试车后，开始进行热负荷试车。热负荷试车要做好以下检查和调整工作：

（1）给料系统的检查和调整。

1）原料的装入在初次向原料槽内装入原料时，应在出料闸门关闭的状态下，以最低的速度开动圆辊给料机，避免物料从高落差下落堆积后对辊的阻力过大，使圆辊给料机难于起动。在原料槽内有料的情况下，圆辊给料机起动困难时，应检查其驱动电机的设定起动转矩（指控制室的）是否与额定值适应，设定值过小是难于起动的。

2）原料给出量的调整。给出量的调整是通过改变圆辊给料机的转速和给出量调整闸门的开度进行的。转速与烧结机机速联锁并自动地改变。但互相之间的速比能通过操作室中的手动控制盘单独地改变。

运转中台车料层厚度的调整是通过料层厚度检测器和闸门的开度自动地进行。

3）原料中异物的排除。当原料中有异物或较大矿块在出料闸门处堵塞时，可在机上的给料平台处用手牵动钢绳操作异物排出闸门将异物排除。

4）原料溜槽的调整。原料溜槽能沿台车运行方向移动 200mm，以调节与圆辊给料机间的距离，反射板的倾角可在 45°～60°之间进行调节，都是通过手动进行的。工作过程中，可根据物料特性及运转状态进行调节，以便获得最佳的给料状态。

5) 自动清扫器的调整。自动清扫器设定 8min 动作一次，工作中根据黏料情况能够通过调整时间继电器而改变。

6) 原料刮板的操作。刮板的上下动作是通过手动蜗轮千斤顶进行的。工作中，通过观察台车料层厚度指标器将刮板调到适当的位置。

7) 铺底料给料阀门的操作。铺底料给料阀门的开度是根据铺底料厚度控制闸门确定，以保证物料能正常的连续供给。其操作是用手轮进行的。

在调节阀门的给料量时，当阀门下面的摆动溜槽内装满铺底料后，要注意检查铺底料是否从两侧溜槽与阀门之间的缝隙处溢出。即使只有极少量的溢出，也要焊上挡板予以堵住。要注意所焊挡板不可妨碍该溜槽在烧结机投产后所要求的"摆动"动作。

8) 铺底料厚度调整。铺底料厚度由铺底料溜槽的料层厚度调整闸门进行调节。

（2）烧结机的运转。

1) 烧结机运转前应检查各种鼓风机、抽风机、除尘器、油泵、水泵、油压装置、空气压缩机等单机及烧结机各联动系统的设备是否正常运行。集中润滑装置应在烧结机运转前 5min 起动。

2) 烧结机转动以后，在给矿部检查台车上的原料是否均匀，原料是否有偏析和表面凸凹等情况。

3) 在烧结机尾部的台车卸料处，观察原料烧结后的情况，检查是否烧透和均匀。

4) 烧结机在热负荷时，还应检查各轴承的温升，各电机的电流、电压是否在预定值内。在热负荷状态下，烧结机还可能发生跑偏，需再进行调整。

5) 风箱支管阀门的操作。当台车上没有装料时，阀门应全部关闭。台车装料后，随着台车的移动，将阀门按顺序打开。阀门的开闭由电动执行器自动操作，也可在机旁手动操作。阀的开度在烧结机运转初期需根据料层燃烧情况不断调整，直至最佳状态。

对一台新投产的烧结机来说，由于物料特性的差异，设备特点的不同，漏风程度的不同都会造成使其操作方法和其他烧结机不尽相同。要摸索和掌握抽风量、负压与料层燃烧速度之间的关系。对初次投产的烧结机，由于操作人员没有摸透特性、掌握规律，很容易发生料层烧不透、烧不匀或过烧的现象，不但造成烧结矿产量和质量下降，对设备本身也是很不利的。操作人员和生产管理人员应尽快掌握操作新设备的规律及方法，使设备尽早投入正常运转。

热负荷试车进行一段时间以后，需要停机进行全面检修。主要是考虑设备初次在热状态下工作，通过热膨胀过程可能会有一些地方的连接发生松动，检查一下各部件通过带负荷工作一段时间后是否有异常变化。检修完成以后，设备即可投入正式使用。

293. 烧结厂所用的流量检测仪表主要有哪几种？

答：（1）孔板流量计。孔板流量计是利用流体流经孔板时产生的压力差来实现流量测量的，用于烧结点火煤气流量、空气流量及蒸汽流量和个别水流量的测量。

（2）圆缺孔板流量计。当烧结点火使用未经清洗或清洗不干净的煤气时，可采用圆缺孔板流量计。但其测量精度较低，且要求管道为水平走向。

采用孔板流量计时，导压管的敷设管路应尽可能短，其长度控制在 30m（低压介质）及 50m（其他压力介质）内，管线敷设的水平坡度为 1∶10 ~ 1∶30。

（3）电磁流量计。电磁流量计用来测量各种导电液体或液-固二相介质的体积流量。被测介质必须充满管道。电磁流量计可与计算机相连，用于流量显示、记录、计算、自动调节等。

（4）涡街流量计。涡街流量计用于烧结降尘管及除尘器的风管等大管道的流量测量。

（5）均速管流量计。均速管流量计采用一根测管。用测管全压及背部静压的压差来反映管道内流体的平均流速从而测得流量。均速管流量计用于烧结机的降尘管及除尘器等除尘后的废气流量测量。

（6）超声波流量计（音响式流量计）。此种流量计是利用顺流方向的声波与逆流方向的声波产生速度差的原理来测量流体的流速的。其特点是节约能源，适合于大口径流量测量等。

（7）插入式文丘里管流量计。插入式文丘里管流量计是利用文丘里管对总的气体流量的一部分进行测量。节流部分的流量变化与总的气体流量呈一定比例关系，故可根据插入式文丘里管测得的部分流量确定总的气体流量。一般用于各种大管道的气体流量测量。

294. 海拔高度对烧结机产量有哪些影响?

答：不同海拔高度的大气压力见表6-11。

表6-11 海拔高度与大气压关系

海拔高度/m	0	200	400	600	800	1000	1200	1400	1800
大气压力/Pa	101325	98925	96525	94325	92072	89872	87713	85593	81486

抽风机的排气压力可按与大气压力相等考虑,同一抽风机用于不同海拔高度时,其排气重度与大气压力成正比,相同风量时的吸气重度、抽风机静压及轴功率也与大气压力成正比。

同一种烧结机及抽风系统，在不同大气压条件下，抽入相同风量（工作状态下）时，阻力损失与大气压成正比，故同一抽风机用于不同海拔高度的效果是：抽风量按体积计相同（工作状态下）；按重量计则与大气压成正比。因而烧结机产量也与大气压力成正比，按海拔高度零米设计的烧结抽风机用于某一海拔高度时，海拔高度每增加100m，抽风机静压、抽风机轴功率及烧结机产量大约减少1%。

在海拔1500m地区与0m地区抽风机静压相同时，因吸入气体重度相应较小，而允许抽入的风量则增加，即使这样，烧结机产量仍降低8.7%，而每吨烧结矿的电耗却增加22%，仍然不够经济合理。因此，一般情况下，不论海拔高低，均采用同种风机。考虑到不同海拔高度对烧结机产量的影响，在利用系数的选择上应注意这个问题。

抽风机静压相同，不同海拔高度时的电耗比较见表6-12。

表6-12 抽风机静压相同，不同海拔高度时的电耗比较

名 称	海拔高度/m	
	0	1500
大气压力/Pa	101325	85059
抽风机静压/Pa	12258	12258
抽风机风量（工况）/m³·min⁻¹	6500	7260
抽风机电耗/%	100	111.8
烧结矿产量/%	100	91.3
吨矿电耗/%	100	122

295. 烧结风机风量和负压如何确定?

答: (1) 烧结抽风风量必须满足:

1) 点火燃料、固体燃料的燃烧;

2) 排除烧结过程中产生的各种气体;

3) 漏入的风量。

一般单位烧结面积的适宜风量为 $(90 \pm 10)\,\mathrm{m^3}$(工况)$/(\mathrm{m^2 \cdot min})$,处理原料为褐铁矿、菱铁矿时取较大值。各种烧结机实际配备的主抽风机,风量见表6-13。

表6-13 各种烧结机单位面积风量实例

项 目	单 位	实 例				
烧结机规格	m²	50	75	90	130	450
抽风机额定风量(工况)	m³/min	4500	6500	9000	12000	21000 ×2
单位烧结面积风量(工况)	m³/(m²·min)	90	87	100	92	

(2) 烧结负压。烧结负压对耗电影响很大,必须慎重选定。负压的高低与烧结过程根据原料和操作条件,在保证产量、质量的前提下,选取适宜的负压值。

设计选用的负压一般在 10780 ~ 15680Pa 之间,现在一些企业选型都增大了负压值的选择,有的高达 21000Pa。

296. 什么是松料器、压料器?

答: 为了改善料层透气性,一些厂家都采用松料器措施。比较普遍使用的是在反射板(或布料器)下边,料层中部水平方向装一排钢管,间距 150 ~ 200mm(根据烧结面积、原料性质、钢管直径、间距不一样,攀钢使用"△"型钢条作过疏料器),铺料时把钢管埋上,台车行走,钢管从料层中退出,这样随着台车的连续运行,料层中间便形成一排松软的条带,可改善料层的透气性,这种松料器叫"E"型松料器。

另外,还有一种松料器同上面提到的不同,而是在刮料板后垂直料面安装一排或多排 $\phi 8\mathrm{mm}$ 圆钢,间距 50 ~ 100mm,插入料层深度 15mm,把料面划出许多沟槽,要根据实际情况调整插入深度,这种松料器叫"M"型松料器或叫耙沟器。

使用松料器必须经过多次调整,在烧结矿强度下降不大的情况下提高利用系数。首钢 400mm 料层厚度实验表明:安装松料器,利用系数提高9%,转鼓指数下降约1%。如德国在 $210\mathrm{m^2}$ 烧结机上用犁在台车料面上开出深 15mm 的纵沟,使烧结混合料层厚度由 320mm 提高到 450mm,烧结机生产率增加 20%,而且不会使烧结矿质量变坏。这一烧结新工艺目前仍在不断试验和改进中。

压料器指在平料后,斜向安装具有一定重量的钢板,将料面压平,避免料面过于疏松,增加表面烧结矿强度,但是不能过于压实,影响透气性。压料器重量要根据混合料透气性,原料粒度而定。

松料器、压料器有时单独使用,有时一起使用,不论如何使用,都要根据实际情况选用圆钢直径、间距、宽度、高度。

297. 烧结厂设计中应注意哪些安全防范措施？

答：（1）防机械设备事故措施有：

1）烧结机、主抽风机、单辊破碎机以及冷却机等重要设备应设有过载保护或高温保护、润滑及冷却等安全保护装置。

2）各类抓斗起重机和检修用起重机应保证与屋架下弦以及两端有足够的距离。

3）起重机、布料机以及移动带式输送机等行走设备两端应装设缓冲器及清轨器，在走行轨道的两端应设置电气限位器及机械安全挡。

4）带式输送机应根据使用的环境要求设置相应的速度检测，跑偏检测，撕裂检测、逆止器、制动器等安全保护装置。

5）在破碎设备给料的运输系统上应设有金属检测及去除装置，以保护破碎机。

（2）防机械伤害及人身坠落。烧结工厂设计中必须采取下列措施以防止机械伤害及人身坠落事故：

1）设置安全走道。生产车间厂房内必须设有安全走道，其宽度一般应大于1m，对于架设的安全走道应设有栏杆。根据冶金企业安全卫生设计方面的有关规定：设备外缘与建筑物之间的距离一般不小于1m，布置有困难时也不得小于0.8m。

2）设置楼梯。跨越带式输送机或链板机时，必须设置跨梯。露出地面的管道、流槽以及明沟等，在通过处也应设跨梯或走道。

需要经常登高检查和维修的设备应安设钢斜梯。不用钢直梯。高度超过8m的梯子，每隔5m应设置转弯平台，转弯平台垂直高度不得小于1.8m。

攀登高度超过2m的垂直走梯，必须设置直径为0.75m的弧形护笼。

钢制走道及梯子应铺设厚度大于4mm的花纹钢板或经防滑处理的钢板。

3）设置栏杆。高度在1m以上的平台、架设走道及梯子必须设置保护栏杆。

在车间内部矿仓口，安装孔、各种预留扩建孔洞以及可能有坠落危险的地方均应装设防护栏杆或加盖板（或箅板）。

厂区的沉淀池、浓缩池、水井及电缆沟出口等可能有坠落危险的洞、坑必须加设栏杆或盖板。

栏杆高度大于1.05m，栏杆下部应设高度不低于0.1m的踢脚板。需清灰的屋面应设栏杆。

4）防护罩。对传动链条、三角胶带以及联轴节等设备运转处应设有防护罩、防护栏杆或防护挡板。

对平台、过道以及梯子上方高度2.5m以内，人可能触及的高温管道，应采取隔热保护措施。带式输送机拉紧装置及烧结机附有的重锤周围应设栏杆，尾部端轮应设有防护罩。

对梭式布料器等具有往复运动的机械，有危及人身安全部位要设置保护罩或活动栏杆。

5）标志及信号。在烧结厂内的危险场所，应设置醒目的禁止、警告指令或其他相应标志。烧结烟囱高度在100m以上的，应设航空信号及航空标志。对单机运转或联锁系统设备的启动，应设置带音响的预告及启动信号。

6.3 实操知识

298. 烧结技术操作方针有哪些目的和内容？

答：烧结的技术操作方针是长期生产实践的经验总结，是统一三班操作的座右铭，是烧结技术操作的纲要，是提高烧结矿质量的强化措施。它所反映出来的问题都是烧结生产中的关键问题和薄弱环节，因此，只要认真贯彻执行技术操作方针，才能使烧结生产达到优质、高产、低耗。

烧结工的 20 字技术操作方针是："精心备料、稳定水碳、减少漏风、低碳厚料、烧透筛尽"。"精心备料"是烧结生产的前提条件；"稳定水碳"是稳定生产的关键性措施；"减少漏风"是烧结生产的保证条件；"低碳厚料"、"烧透筛尽"是生产优质、高产、低耗烧结矿的途径。

（1）"精心备料"其内容很广泛，它包括原、燃料的质量及其加工准备，以及配料、混合、造球等方面，只有做到"精心备料"，才能为烧结机提供稳定的生产条件。

（2）"稳定水碳"是指烧结料的水分、固定碳含量要符合烧结机的要求，且波动要小。烧结料的适宜水分是保证造球、改善料层透气性的重要条件。烧结料中的固定碳是烧结过程的主要热源。减少烧结料水、碳的波动就为烧结机的稳定操作创造了条件。因此，稳定水、碳是稳定烧结生产的关键性措施。

（3）"减少漏风"对抽风系统而言就是减少漏风点有害风抽入，增加从料面抽入的有效抽风量，充分利用主风机能力。对烧结机而言就是风量沿烧结机长度方向要合理分布，而沿台车宽度方向要均匀一致。主抽风机是烧结生产的心脏，而合理用风提高有效抽风量对优质、高产、低耗具有重要的意义。因此，减少漏风是烧结生产的保证措施。

（4）"低碳厚料"是指在允许的条件下，采用低配碳、厚料层的操作。该操作可以相对地减少烧结机表层低质烧结矿的数量，提高烧结矿的强度和成品率，还可以充分地利用料中的自动蓄热作用，提高热能的利用率，降低燃料消耗及 FeO 含量。因此，低碳厚料操作是获得优质、高产、低耗烧结矿的途径。

（5）"烧透筛尽"是烧结生产的目的。它体现了质量第一的思想。烧透才能保证强度高、粉末少。烧透是根本，筛尽是辅助，烧不透，也筛不尽。实际上保证了烧透，既能保证质量，产量也不会降低。相反地，不保证烧透一味的快转会适得其反，质量保不了，产量也会降低，能耗还会升高。因此"烧透筛尽"也是获得优质、高产、低耗烧结矿的途径。

烧结操作经验中的几个方面是相辅相成的，假如某一因素、某一环节控制不好，其他环节就会失调。可以肯定，随着科学技术的不断进步和生产的不断发展，烧结操作经验必将得到不断发展和完善。

299. 烧结"三点"温度和"五勤"操作的内容有哪些？

答："三点"温度即点火温度、终点温度、总管废气温度，其具体要求如下：

（1）点火温度：1050～1150℃；

（2）终点温度：≥250～300℃；

（3）总管废气温度：100~150℃。

"五勤"操作即：

（1）勤检查：检查烧结料水碳稳定、点火布料情况，机尾断面、仪表数据、台车箅条隔热垫及油站等设施是否完好；

（2）勤联系：联系上下道工序，掌握燃料粒度、原料水分、风水电气以及高炉矿比、渣碱度等；

（3）勤分析判断：根据观察检查、仪表数据、成分结果，分析原因，采取措施；

（4）勤调整：根据机尾断面、仪表数据、成分结果，勤调整水碳、点火温度、料层、机速等；

（5）勤清理：勤清理圆辊、反射板（布料辊）黏料以及活门开度，勤整理箅条栏板等。

300. 什么是烧结"终点"？如何判断和控制烧结终点？

答：简单地说烧结"终点"即烧结过程结束之点。就是控制烧结过程全部完成时台车所处的位置。准确控制终点风箱位置，是充分利用烧结机有效面积，确保优质高产和冷却效率的重要条件。如果烧结终点提前了，这时烧结面积未得到充分利用，同时使风大量从烧结机后部通过，破坏了抽风制度，降低了烧结矿产量。而烧结终点滞后时，必然造成生料增多，返矿量增加，成品率降低，此外没烧完的燃料卸入冷却机，还会继续燃烧，损坏设备，降低冷却效率。一般中小型烧结机的"终点"控制在倒数第二个风箱，大型烧结机的"终点"控制在倒数第三个风箱（机上冷却时例外）。

正确而严格地控制"终点"具有两方面的意义：一方面是充分利用烧结面积，提高产量，降低燃耗；另一方面保证得到优质的烧结矿和优质的返矿。对于无铺底料的烧结机还具有减少箅条消耗、改善机尾劳动条件和延长主风机转子使用寿命的作用。

（1）烧结终点可根据以下情况判断：

1）烧结终点判断的主要依据有：机尾末端三个风箱的温度、负压差；机尾断面的黑、红、厚、薄和灰尘大小。

2）烧结终点的标志是：风箱废气温度下降的瞬间，或者说机尾倒数第二个风箱位置的温度最高，一般为可达300℃以上。往往此风箱废气温度比倒数第三个风箱高30~40℃，比倒数第一个风箱高20~30℃；总管废气温度大于100℃。

3）从机尾矿层断面看，终点正常时，燃烧层抵达铺底料，烧结断面均匀整齐，无火苗冒出，红层部分不得超过整个断面的三分之一，无生料，粉尘少；箅条呈灰白色，卸料时摔打声音铿锵有力；终点提前时，黑色层变厚，红矿层变薄；终点延后，则相反，且红层下冒火苗，还有未烧透的生料。

4）从成品和返矿的残碳看，终点正常时，两者残碳都低而稳定，返矿中残碳小于1%；终点延后，则残碳升高，以至超出规定指标。

但是，用废气温度来判断和控制烧结终点的办法有不足之处，主要是因为台车边缘和中心的烧结速度不同以及风箱漏风，判断不十分准确。为了弥补这种不足，同时参考风箱负压，即采取双参数终点控制法，可提高判断的可靠性。负压则由前向后逐步下降，与前一个风箱比，依次约低1000Pa左右。

（2）调节烧结终点的措施为：变动机速、变动料层厚度和调节真空度。在实际生产中常用的方法是调节机速；只有料层透气性发生较大变化时，改变机速不能满足要求的情况下，才采取改变料层厚度的方法。在实际生产操作中，机速一般控制在 1.5～4m/min 为宜。为了稳定烧结操作，要求调整间隔时间不能低于 10min，每次机速调整的范围不能高于 ±0.5m/min。

301. 什么叫铺底料？它的作用是什么？

答：在混合料布料之前，先在烧结机台车的算条上铺一层厚度为 20～40mm、粒度较粗为 10～25mm 的烧结矿（或新投产时铺较粗不含燃料的混合料），这层料叫做铺底料。铺底料的作用是：

（1）将混合料与算条隔开，防止烧结时燃烧带的高温与算条直接接触，既可保证烧好烧透，又能保护算条，延长其使用寿命，提高作业率。

（2）铺底料组成过滤层，可防止粉料从炉算条缝隙被抽走，减少烟气含尘量，从而减轻除尘设备的负担，延长抽风机转子的使用寿命。

（3）防止细粒料或烧结矿堵塞与黏结算条，保持算条的有效抽风面积不变，使气流分布均匀，减小抽风阻力，加速烧结过程。

（4）有助于烧好烧透，因而返矿稳定，这为混合料水、碳、料温的稳定和粒度组成的改善创造了条件，不仅能进一步改善烧结作业条件，还能实现烧结过程的自动控制。

（5）因消除了台车黏料现象，撒料减少，劳动条件也大为改善。

铺底料是 20 世纪 70 年代发展起来的一项烧结新工艺，目前已在我国烧结生产上推广。铺底料一般是从成品烧结矿中筛分出来，通过皮带运输机送到混合料仓前专设的铺底料仓，再布到台车上。

302. 烧结机台车上的布料应满足哪些要求？

答：布混合料紧接在铺底料之后进行。台车上布料工作的好坏，直接影响烧结矿的产量和质量。合理地均匀布料是烧结生产的基本要求。

（1）布料作业应满足以下几个方面：

1）布料应连续供给，防止中断，保持料层厚度一定。

2）按规定的料层厚度，使混合料的粒度、化学成分及水分等沿台车长度和宽度方向皆均匀分布，料面应平整，保证烧结料具有均一的良好的透气性；应使料面无大的波浪和拉沟现象，特别是在台车栏板附近，避免因布料不满而形成斜坡，加重气流的边缘效应，造成风的不合理分布和浪费。

3）使混合料粒度、成分沿料层高度方向分布合理，能适应烧结过程的内在规律。最理想的布料应是：希望混合料层高度的分布由上而下粒度逐渐变粗、含碳量逐渐减少，以利于热量的利用，改善料层透气性，提高烧结矿产量。

4）保证布到台车上的料具有一定的松散性，防止产生堆积和压紧。但在烧结疏松多孔、粒度粗大、堆积密度小的烧结料，如褐铁矿粉、锰矿粉和高碱度烧结矿时，可适当压料，这可以直接在烧结机上对混合料施以 5～15Pa 的压力来实现，一般在是用挂在给料器下边的压料板或压料辊来完成，以免透气性过好，烧结和冷却速度过快而影响成型条件和强度。这些压料装置只对料层的表层或上层有效，也就是说提高点火效果能起到一些作用，但对中层或下层不起作用。

（2）影响布料的因素。布料的均匀合理性，既受混合料缓冲料槽内料位高度、料的分布状态、混合料水分、粒度组成和各组分堆积密度差异的影响，又与布料方式密切相关。

1）当缓冲料槽内料位高度波动时，因物料出口压力变化，使布于台车上的料时多时少，若混合料水分也发生大的波动，这种状况更为突出，结果沿烧结机长度方向形成波浪形料面，为此应保证 1/2~2/3 的料槽高度。

2）缓冲料槽料面是否平坦也影响布料，当混合料是定点卸于缓冲料槽形成堆尖时，则因堆尖处料多且细，四周料少且粗，就会引起下料量有多有少，从而造成料面不平，为避免这种现象，必须采用合理的布料设备。

3）若混合料水分、粒度发生大的波动，结果沿烧结机长度方向形成波浪形料面，造成料的不均匀性，影响烧结矿质量。

4）布料设备也影响布料效果。

303. 我国布料方式及对烧结生产的影响有哪些？

答：我国烧结目前采用的布料方式基本有以下五种，由于布料方式不同对烧结的生产具有一定的影响：

（1）圆辊给料机+反射板布料。这种布料方式的最大优点是工艺简单、设备事故少、运转可靠。缺点是混合料从二次混合机出口直接落到圆辊小矿槽里，料面呈尖峰状，自然偏析导致大颗粒的物料落到矿槽的边缘，较细的颗粒落在矿槽的中间。布料偏析会使沿台车宽度方向透气不均：靠台车两侧粒度较粗，透气性较好，而台车中间粒度较细，尤其是反射板经常挂料，下料忽多忽少，堆料现象严重，料面凹凸不平，因而，有的烧结厂增设了自动清料装置。

（2）梭式布料器+圆辊给料机+反射板联合布料。梭式布料机把向缓冲料槽的定点给料变为沿宽度方向的往复式直线给料，消除了料槽中料面的不平和粒度偏析现象，从而大大改善台车宽度方向布料的不均匀性。虽然第二种布料方式克服了第一种布料方式的一些缺点，但仍不够理想。

（3）梭式布料器+圆辊给料机+辊式布料器联合布料。这种布料方式使小矿槽料面平，偏析小，使混合料沿烧结机台车宽度均匀分布，料层平整。目前新设计制造的多辊辊式布料器能使混合料粒度产生偏析，多数烧结厂使用九辊辊式布料器，效果较好。

（4）梭式布料器+宽皮带给料机+辊式布料器联合布料。这是在第三种方式的基础上加以改进，宽皮带布料减少了混合料中的小球被破坏数量。

（5）梭式布料器+磁性圆辊给料机联合布料。这种布料方式是把圆辊给料机中加入永磁铁块，利用磁铁矿的磁性和物料重力的原理，使小球根据直径的大小而重力的不同，大球和磁性小的富矿颗粒逐渐脱离磁性圆辊给料机，达到混合料层高度的分布由上而下粒度逐渐变粗、含碳量逐渐减少的效果。

304. 为实现合理布料，采取哪些措施？

答：首先，要保持缓冲料槽内料位高度稳定和料面平坦。一般要求保持料槽内料面高度有 1/2 ~2/3 的料槽高。因此，烧结机为多台布置时，必须保证每台的料槽能均衡进料，最好安装料位计，实现料位的自动控制。为避免机速变化时布料时松时紧，机速和布料机转速应实行联锁控制。在布料方式上，目前普遍采用梭式布料机 + 圆辊布料机 + 多辊布料器联合布料系统。它把向缓冲料槽的定点给料变为沿宽度方向的往复式直线给料，消除料槽中料面的不平和粒度偏析现象，从而大大改善台车宽度方向布料的不均匀性。

305. 烧结料点火的目的和原则是什么?

答：烧结过程是从台车上混合料表层的燃料点火开始的。点火的目的是供给足够的热量，将表层混合料中的固体燃料点燃（固定碳着火点 700℃ 左右），并在抽风的作用下继续往下燃烧产生高温，使烧结过程自上而下进行；同时，向烧结料层表面补充一定热量，以利于表层产生熔融液相而黏结成具有一定强度的烧结矿。所以，点火的好坏直接影响烧结过程的正常进行和烧结矿质量。

在生产上适宜的点火温度原则上说应低于生成物的熔化温度，而接近物料的软化温度，所以点火温度的高低取决于烧结料的软化温度和熔化温度。一般点火表面熔融物不要超过 1/3，国内点火温度一般控制在 1050 ~1150℃。

306. 点火参数有哪些? 如何确定?

答：点火参数包括点火温度、点火时间、点火热量等。这些参数合适与否对烧结生产至关重要。

（1）点火温度。点火温度是由点火燃料发热值、点火燃料用量、过剩空气系数、混合料水分、碳含量确定。

选择适当的点火设备和热工制度以保证混合料的点火即有足够的热量，又不使料面过熔。如混合料水分小时，点火温度可低些；水分大时，提高点火温度；含碳量高时，点火温度掌握下限；当煤气不足时，点火温度不够，必须减慢台车速度，确保点火效果。一般要求点火温度控制在 1050 ~1150℃。

生产中可根据火焰情况判断点火温度高低：温度高时，火焰发亮，呈橘黄色；温度适宜时，火焰呈黄白亮色。煤气、空气比例不当，火焰发生变化，点火温度降低，如空气不足，煤气过多，火焰呈蓝色浑浊状；空气过多，煤气不足，火焰呈暗红色。

（2）点火时间。在点火温度一定时，点火时间长，点火器传给烧结料的热量多，可改善点火质量，提高表层烧结矿强度和成品率；点火时间不足，为确保表层烧结，势必提高点火温度；点火时间过长，不仅表面易于过熔，还使点火料层表面处废气含氧量降低，不利于烧结。适宜的点火时间为 1min 左右。生产中，点火器长度已定，实际点火时间受机速变动的影响。

（3）点火热量。点火热量用单位料层表面所获得的点火热量 Q（单位 kJ/m^2）作为点火制度的选择指标。国外有的资料建议此值为 $(33.6 ~56.7) \times 10^3 kJ/m^2$。在原料含结晶水多软化温度高时，$Q$ 值取上限；反之，取下限。

目前，我国多数烧结厂点火器的供热强度为 $(42 ~54.6) \times 10^3 kJ/(m^2 \cdot min)$。

（4）点火深度。为使点火热量都进入料层，更好完成点火作业，并促进表层烧结料熔融结块，必须保证有足够的点火深度，通常应达到 30 ~40mm。实际点火深度主要受料层透气性的影响,与点火器下的抽风负压有关。料层透气性好,抽风真空度适当高,点火深度就增加,对烧结是有利的。

(5)点火废气的含氧量。这是一个很重要的点火参数,对大型烧结机尤其如此。因为,若废气中含氧量不足,就会导致料层中碳燃烧的速度降低,以致使燃烧速度落后于传热速度,燃烧层温度降低。同时,C 还可能与 CO_2 及 H_2O 反应吸收热量,使上层温度进一步降低,影响点火效果。根据日本实验结果,通常燃料燃烧必须保证其含氧量达到12%,否则,固体燃料将不会燃烧,而只能达到灼热状态,要到离开点火器之后,燃烧反应才能进行。这实际上就降低了有效烧结面积。

废气中氧量的高低,取决于使用的固体燃料量和点火煤气的发热值。固体燃料配比越高,要求废气含氧量越高;点火煤气发热值愈高,达到规定的燃烧温度时,允许较大的过剩空气系数,因而废气中氧的浓度愈高。当使用低发热值煤气时,可通过预热助燃空气来提高燃烧温度,从而为增大过剩空气系数,提高废气含氧量创造条件。采用富氧燃烧,效果更好。

(6)点火真空度。点火真空度指点火器下风箱内的负压。点火器下抽风箱的真空度必须能灵活调节控制,使抽力与点火废气量基本保持平衡。若真空度过高,炉膛处于较高的负压状态,会造成冷空气自点火器四周的下沿大量吸入而降低点火温度,引起料面点火不均,以至台车两侧点不着;同时,使松动的料层突然被抽风压紧,透气性降低。此外,过高的真空度还会增加煤气消耗量。但真空度过低,又不能保证把燃烧产生的废气全部抽入料层,炉膛呈现较高正压状态,火焰外喷,既浪费热量,又容易使台车侧栏板变形和烧坏,增大有害漏风,降低使用寿命。一般点火真空度控制在 6000Pa 左右为宜,这样可使点火器与台车间的压力维持在 0~30Pa 左右的水平。

307. 什么叫烧结机真空度(负压)?

答:烧结机真空度就是台车下部风箱内的负压力,即大气压力与风箱内实际压力的差值。由于抽风机的作用,风箱内形成小于大气压力的负压,抽风机能力越大,风箱内压力越小,与大气压力的差值越大,即真空度越大。

烧结过程中,由于料层阻力的变化,真空度和风量也在不断地变化。

点火后的一段时间内,由于抽风机使料层压紧,料层表面产生高温层和液相,以及下层出现过湿层,抽风阻力增加,风量下降;随后,由于烧结过程的向下推移,烧结矿层增加,透气性变好。真空度下降、风量又逐渐上升。烧结终了以后,真空度和风量不再发生变化。

308. 影响烧结负压的因素有哪些?如何控制?

答:在料层透气性和有害漏风一定的情况下,抽风箱内真空度高,抽过料层的风量就大,对烧结是有利的。所以,为强化烧结过程,都选配较大风量和较高负压风机。

真空度大小决定于风机的能力、抽风系统的阻力、料层的透气性及漏风损失的情况。当风机能力确定后,真空度的变化是判断烧结过程的一种依据。正常情况下,各风箱有一个相适应的真空度,如真空度出现反常情况,则表明烧结抽风系统出现了问题。当真空度反常地下降时,可能发生了跑料、漏料、漏风现象,或者风机转子被严重磨损,管道被堵塞等；当真空度反常地上升时，可能是返矿质量变差、混合料粒度变小、烧结料压得过紧、含碳含水波动、点火温度过高以致表层过熔等。据此可进一步检查证实，采取相应措施进行调整，以保证烧结过程的正常进行。

（1）影响烧结负压变化的因素主要有以下方面：

1）水分过大或过小时，烧结料透气性变坏，风箱与总管负压均上升；

2）燃料配比过高，负压升高；

3）系统漏风严重，负压降低；

4）烧结"终点"提前，负压降低；

5）风箱堵塞或台车箅条缝隙堵塞严重，负压升高；

6）风机转子磨损严重，负压降低；

7）风箱闸门关小，风箱负压降低，总管负压降低；

8）除尘器堵塞总管负压降低。

（2）烧结过程中负压的控制。烧结过程中料层的透气性和物料状态不断变化，对各风箱风量的控制也是不一样的。如1号、2号风箱处于点火燃烧部位，需要风量较少，一般1号风箱为6000~7000Pa，2号风箱为7000~8000Pa，3号风箱以后至尾部风箱部位烧结过程激烈进行，要求大风量，高真空度。但是，尾部1~2个风箱处烧结过程将结束，料层透气性变好，相应减少风量和真空度，防止烧结矿急冷而变脆。

309. 点火器下风箱的负压过大或过小有什么弊端？

答：点火真空度指点火器下风箱内的负压。

（1）抽风负压过大。

1）会把刚铺到台车上的松散混合料抽得过紧，降低了透气性；

2）未燃烧的可燃成分与废气一道过早的被吸入料层，降低热利用率；

3）使冷空气从点火器下面大量吸入，导致点火温度降低和料面点火不均匀，降低炉膛温度。

（2）抽风负压过低。抽力不足，又会使点火器内燃烧产物向外喷出，不能全部抽入料层，造成热量损失，并降低台车寿命。

在正常生产中，点火器下面风箱的负压控制在6000~7000Pa，既保证火焰既不向外喷出，又不能全部抽入料层为宜。

310. 为什么生产上常采用零负压和微负压点火？

答：所谓零压点火指火焰既不外扑也不内收，静压为零。若静压保持微负压称为微负压点火。

负压若过高，将冷空气从点火器四周吸入，造成点火器温度分布不均，而且会使进入集气管的灰量大大增加。风箱负压太低，点火的火舌向台车外扩散，浪费能源，且造成台车栏板烧损。

台车边缘若点不着火从四个方面调整：

（1）适当提高料层厚度；

（2）适当关小点火器下面的风箱阀门；

（3）适当加大点火器两旁烧嘴的煤气和空气量；

（4）台车两边缘各加 3~4 根盲箅条。

311. 什么是空气过剩系数？如何控制？

答：烧结过程中固体碳的燃烧是在碳量少和分布稀疏的情况下进行的。通常烧结料中含碳量只有 4%~6% 小颗粒固体碳分布在矿粉之间，碳与空气接触困难。为增加空气与燃料的接触，保证燃料完全燃烧，供给的实际空气量要大于理论空气量，实际空气量与理论空气量的比值，称为空气过剩系数。

在正常点火操作条件下，为了确保完全燃烧，需要有充足的氧气，也就是助燃空气量。实践证明，实际的点火空气量要比理论计算的空气量大一些，即过剩空气系数要永远大于 1。

一般情况下，高炉煤气与空气比例为 1：（1.2~1.5）；焦炉煤气与空气比例为 1：（4.5~5.1）。

312. 什么是烧结点火的最佳状态？如何获得？

答：点火的目的是把台车上的混合料加热到半熔状态，把混合料中的固体燃料点着，使它在抽风的作用下能自上而下地进行烧结，因而点火的最佳状态应该是：

（1）整个点火面积温度分布均匀，炉膛火色赤红略白，点火喷嘴的火焰或高温的燃烧产物能顺利地被抽入料层，炉膛呈零压或微负压。

（2）点火温度在 1050~1150℃ 之间，一般来说不宜超过 1200℃。

（3）点火后的料面呈半熔状态，即不欠熔也不过熔结壳，离开点火器后，红色的表面很快消退，呈暗黑色，表层烧结矿 FeO 不超过 15%。

（4）点火时间约 1min。点火操作处于最佳状态时，生产过程的垂直烧结速度快、产量高、点火热耗低。

为了获得最佳的点火状态，必须：

（1）稳定混合料水分，碳含量，料面布平；

（2）合适的空气、煤气比（一般为高炉煤气与空气比 1：（1.2~1.5））；

（3）正确调整机速和炉膛压力。

点火温度与料面颜色关系见表 6-14。

表 6-14 点火温度与料面颜色关系

点火温度/℃	<1000	1050±30	1100±30	1200±20
料面颜色	大面积黄色	通体青色、夹杂黄色斑点	青黑色	青黑色、有金属光泽、局部熔融
评 价	不 好	优	良	不 好

313. 在节能的前提下，如何有效地提高点火温度？

答：点火器炉膛的温度是燃料燃烧时放出的热量全部被炉膛内燃烧产物吸收后所能达到的温度。

燃烧温度既与点火燃料的品质有关，又受外部燃烧条件的影响。

为了强化点火，在既定的点火燃料的情况下，可用以下措施来提高点火温度：

（1）实现完全燃烧。采用合理的燃烧技术，提高混合效率。加快燃烧速度，实现快速完全燃烧。煤气在与氧混合不均匀或过剩空气不足的情况下，将出现化学性不完全燃烧，被抽入料层中的废气含有较高的 CO、H_2 等可燃物。为了减少这种损失，应设计理想的烧嘴，并提供足够空气量。

（2）预热煤气和助燃空气。对煤气和助燃空气进行预热，可增加活性核心的动能，也可增加炉膛的物理热，是提高燃烧温度和节能燃料的有效措施。

（3）在保证完全燃烧的前提下，尽量降低过剩空气系数，减少燃烧产物的体积，提高燃烧产物的温度。

（4）采用富氧助燃。富氧助燃可在减少空气体积的情况下提高氧的浓度，降低氮的含量，减少燃烧产物的数量。但此方法，使成本升高。

314. 为什么点火温度不宜过高，点火时间不宜过长？

答：点火是为了把混合料中的煤或焦粉点燃，并使表层混合料加热到半熔状态。这样点火的目的即已达到。在铁矿石烧结情况下，点火温度 1050～1150℃，时间 60s 左右，即可达到此目的。如果点火温度过高，持续时间过长，势必使表层混合料产生过熔现象，其后果是：

（1）冷却后形成一层致密的表层硬壳，恶化了料层的透气性，使烧结过程减慢，降低生产率；

（2）增加不必要的点火热耗；

（3）表层烧结矿 FeO 升高。

生产实践表明：当点火温度为 1080℃，点火时间 42s 时表层烧结矿 FeO 含量为 15.5%，温度上升到 1210℃，点火时间 58s 时，表层烧结矿 FeO 升到 27.4%。所以，提高点火温度，延长点火时间来增加表层烧结矿强度，降低返矿量的做法，弊多利少，得不偿失。

315. 如何进行煤气点火操作？

答：用煤气点火时，由于煤气混入一定比例的空气会发生爆炸，煤气还会使人中毒窒息，因此必须严格遵守安全操作规程。

（1）点火前要做好的准备工作有：

1）检查所有闸阀是否灵活好用。

2）关闭煤气头道阀、空气闸阀以及所有烧嘴的煤气闸阀，打开煤气旁通阀。

3）检查冷却水箱冷却水流是否畅通，水压最小在 0.2MPa 以上。

4）由主控与仪表工联系，做好点火前的仪表准备工作。检查煤气和空气仪表的阀门是否关闭。

5）向煤气管道通氮气或蒸汽，打开放散管阀门，并打开煤气的放水阀进行放水，待无水（含旁通管）时，立即关闭放水阀；关闭 1 号、2 号风箱，然后启动助燃风机，空气压力要大于 2500Pa。

6）由主控工与煤气混合站联系，做好送煤气的准备，并通知调度叫煤气防护站做爆发试验，煤气压力要大于 3000Pa。

（2）点火程序为：

1）点火准备完毕后，发现点火器末端放散管处冒出大量蒸汽或氮气时，即可打开头道阀了，关闭蒸汽或氮气阀门。

2）通知仪表工把煤气、空气仪表阀门打开。

3）末端放散管放散煤气 10min。

4）在点火器煤气管道末端取样做爆发试验，合格后即可关闭放散管，否则要继续放散，重做爆发试验，直至合格为止。

5）确认能安全使用煤气后，关闭放散阀。

6）准备好点火棒，并用胶管与煤气主管连接；将煤气主管上的阀门与点火棒上的煤气小阀打开，点燃点火棒，并调整火焰大小；确认点火棒火焰稳定燃烧。

7）打开空气总阀，并将烧嘴上的空气手动阀适度打开。

8）将点火棒通过观察孔，放进点火器内需要点火的烧嘴下方，开启该烧嘴的煤气阀门，把烧嘴点着（如果有两排烧嘴，先点其中一排，待点着后再点下一排）；若煤气点火不着，或点燃后又熄灭时，应立即关闭煤气阀，检查原因并确认问题排除后再行点火。

9）确认全部烧嘴点燃后，调节空气、煤气电动调节阀进行温度调节、火焰长度调节；达到点火要求后，即可投入生产。

10）点火棒放在炉内待生产正常后方可退出熄火。

316. 如何进行点火器停炉操作？

答：点火器的停炉分为短期和长期（大、中修）两种情况。当点火器短期停炉时，通过保留 2～3 个烧嘴或减少煤气来控制炉内的温度即可。长期停炉时应先关闭烧嘴上的阀门和总阀门，并通蒸汽或氮气，堵盲板。助燃风机当熄火后应继续送风一段时间，点火器熄火 2h 后才能停止冷却水。

点火炉停机灭火程序（含堵盲板）：

（1）关小煤气管道流量调节阀，使之达到最小流量，然后逐一关闭点火器烧嘴的煤气阀门。

（2）打开煤气放散阀进行放散，通知仪表工关闭仪表阀门。

（3）确认炉内无火焰，关闭煤气头道阀。

（4）手动打开煤气切断阀。

（5）打开蒸汽阀门通入蒸汽驱赶残余煤气，残余煤气驱赶完后，关闭蒸汽阀、调节阀。

（6）关闭空气管道上的空气调节阀，停止助燃风机送风。

（7）若检查点火器或处理点火器的其他设备需要动火时，应事先办动火手续及堵好盲板。

（8）堵盲板顺序：确认残余煤气赶尽；关闭蒸汽阀门。经化验合格后，关闭眼镜阀。

317. 烧结点火应注意哪些事项？

答：（1）点火时应保证沿台车宽度的料面要均匀一致。

（2）当燃料配比低、烧结料水分高、料温低或转速快时，点火温度应掌握在上限；反之则掌握在下限。

（3）点火时间最低不得低于1min。

（4）点火面要均匀，不得有发黑的地方，如有发黑，应调整对应位置的火焰。一般情况下，台车边缘的各火嘴煤气量应大于中部各火嘴煤气量。点火后料面应有适当的熔化，一般熔化面应占1/3左右，不允许料面有生料及浮灰。

（5）对于烧结机来说，台车出点火器后3~4m，料面仍应保持红色，以后变黑；如达不到时，应提高点火温度或减慢机速；如超过6m应降低点火温度或加快机速，保证在一定风箱处结成坚硬烧结矿。

（6）为充分利用点火热量，增加点火深度，既保证台车边沿点着火，又不能使火焰外喷，就必须合理控制点火器下部的风箱负压，其负压大小通过调节风箱闸门实现。

（7）点火器停水后送水，应慢慢开水门，防止水箱炸裂。

（8）点火器灭火后，务必将烧嘴的煤气与空气闸门关严，以防点火时发生爆炸。

（9）如果台车边缘点不着火，可适当关小点火器下部的风箱闸门或适当提高料层厚度；或适当加大点火器两旁烧嘴的煤气与空气量。

（10）要求煤气压力不低于2000Pa、空气压力不低于4000Pa。

318. 如何改善烧结料层的透气性？

答： 加强原料、燃料、熔剂准备，减少烧结料层各带的气流阻力，改进烧结设备减少漏风和提高风机能力等是改善烧结料层透气的主要措施。

（1）加强烧结料准备，配加富矿粉、返矿等粗粒度原料。随着矿石粒度的增加，透气性显著改善，而且这种改善随抽风能力增加而加强。因此，选用适当粗粒度矿石烧结，以增加物料的空隙率，是改善透气性的重要措施。

（2）增加混合机长度，延长混合时间，加强操作，掌握最佳水分，提高制粒的效果，改善烧结料粒度组成。

实验证明，混合料3~0mm粒度增加，垂直烧结速度降低，烧结生产率降低，烧结矿强度也下降。研究表明，成球效果最好的烧结料粒度组成，应是3~0mm粒级含量小于15%，3~5mm含量不小于30%，大于10mm的不超过10%。总之较好的粒度组成，尽量减小3~0mm粒级及大于10mm粒级的颗粒，增加3~5mm粒级的含量。

（3）适宜的混合料水分。水分对烧结料层透气性的影响主要取决于原料的成球性，水有对气流通过的润滑作用和原料对水分的储存能力。为此必须经过加水润湿的混合料，由于颗粒表面为一层水分子所覆盖，此时水起到了一种类似润湿作用，气流通过颗粒孔隙时，所需克服的阻力减小，从而改善了烧结料层的透气性。此外，烧结料中水分的存在，可以限制燃烧带在比较狭窄的区间内，这对改善烧结过程的透气性和保证燃烧达到必要的高温，也有促进作用。

（4）添加生石灰、皂土、水玻璃、亚硫酸盐溶液、氯化钠、氯化钙及丙烯酸酯等有机黏结物质，对改善混合料的透气性有良好的作用。这些微粒添加物是一种表面活性物质，可以提高混合料的亲水性，在许多场合下都具有胶凝性能。因此混合料的成球性可借此类添加物的作用而大大提高。

（5）提高混合料温度。由于料温的提高，可使烧结过程水气冷凝大大减少，减少过湿现象，从而提高了料层的透气性。

（6）生产熔剂性烧结矿。在添加熔剂生产熔剂性烧结矿时，更易生成熔点低、流动性好，易凝结的液相，它可以降低烧结带的温度和厚度，从而提高烧结速度。

（7）选择符合具体条件的料层厚度保证料层的最佳透气性。

（8）改善布料条件和增加通过烧结料层的有效风量。

319. 在烧结过程中如何控制风量？

答：单位烧结面积的风量大小，是决定产量高低的主要因素。当其他条件一定时，烧结机的产量与垂直烧结速度成正比，而通过料层的风量越大则烧结速度越快。所以产量随风量的增加而提高，见表6-15。

表6-15 风量与烧结过程的关系

风量 /m³·(m²·min)⁻¹	抽风机前压力 /Pa	垂直烧结速度 /mm·min⁻¹	利用系数 /t·(m²·h)⁻¹
80	8190	23.2	1.42
100	11480	30.4	1.90

但是风量过大，烧结速度过快，将降低烧结矿的成品率。这是因为风量过大，造成燃烧层的快速推移，混合料各组分没有足够时间互相黏结在一起，往往只是表面的黏结，生产量很高时，甚至有部分矿石其原始矿物组成也没有改变，结果烧结矿强度降低，细粒级增多。另外，由于风量增加，冷却速度加快也会引起烧结矿强度降低。

生产中常用的加大料层风量的方法有三种：改善烧结混合料透气性；提高抽风机能力，即增加单位面积的抽风量；改善烧结机及其抽风系统的密封性，减少有害漏风和采取其他技术措施。

改善烧结料的透气性，减少料层阻力损失，在不提高风机能力的情况下，可以达到增产的目的；同时，烧结生产的单位电耗降低。因为这种措施使通过料层的风量相对增加，而有害风量相对减少，提高了风的利用率，这种方法是合理的。

目前，平均每吨烧结矿需要风量为3200m³，而按烧结面积来计算为 $70 \sim 90m^3/(m^2 \cdot min)$。现有的配套烧结设备中，风量由于漏风率（40%~60%）的增高，风量往往不需控制使用，反而要千方百计地通过各种途径来增加风量。

320. 提高料层厚度对烧结过程有什么好处？

答：提高料层厚度有利于提高烧结矿强度、降低固体燃耗、改善烧结矿的粒度组成和还原性。

一般来说，料层薄，机速快，生产率高。但表层强度差的烧结矿数量相对增加，使烧结矿的平均强度降低，成品率低。采用厚料层操作时，烧结过程热量利用较好，可以减少燃料用量，降低烧结矿 FeO 含量，改善还原性。同时，强度差的表层矿数量相对减少，利于提高烧结矿的平均强度和成品率。但随着料层厚度增加，料层阻力增大，烧结速度有所降低，产量有所下降。

实践表明，采用厚料层、高负压、大风量三结合的操作方法，是实现高产优质的有效措施。

国内烧结厂对磁铁矿、赤铁矿烧结料一般采用500~800mm厚的料层操作，个别厂达到800mm以上。国外趋于增厚料层，通常高于我国料层厚度。

321. 为什么提高料层厚度能降低燃料消耗？

答：这主要是由于"料层的自动蓄热"的结果，在一般情况下，自动蓄热作用能提高燃烧层所需热量的40%左右。其次，由于低碳操作，料层氧化气氛较强，料层温度不会过高，可增加低价铁氧化物的氧化作用，又能减少高价铁氧化物的分解热耗，有利于生产低熔点黏结相，这些都可促使燃料用量降低。

我国主要钢铁企业烧结生产统计表明，烧结料层每提高10mm，燃料可降低1~3kg/t。

322. 在烧结过程中如何控制机速？

答：在烧结过程中，机速对烧结矿的产量和质量影响很大。机速过快，烧结时间过短，导致烧结料不能完全烧结，返矿增多，烧结矿强度变差，成品率降低。机速过慢，则不能充分发挥烧结机的生产能力，并使料层表面过熔，烧结矿FeO含量增高，还原性变差。为此，应根据料层的透气性选择合适的机速。

影响机速的因素很多，如混合料粒度变细，水分过高或过低，返矿数量减少及质量变坏，混合料成球性差，点火煤气不足，漏风损失增大等，就需要降低机速、延长点火时间来保证烧结矿在预定终点烧好。在实际生产操作中，机速一般控制在1.5~4m/min为宜。为了稳定烧结操作，要求间隔时间不能低于10min，每次机速调整的范围不能高于±0.5 m/min。

323. 烧结过程中燃料用量和粒度变化如何判断和调整？

答：燃料的判断是看火工的基本操作技能，可以从点火器处和机尾矿层断面判断，也可以从仪表上反映，如废气温度、主管负压。

（1）燃料用量偏多时：

1）点火器处：台车移动出点火器后，表面保持红色的台车数比正常时增多。即使点火温度正常时，料面也会过熔发亮。

2）机尾断面：红层厚占全部料层的1/2以上，熔化厉害，使垂直烧结速度降低，烧结终点推迟，燃烧带往往达不到算条，机尾卸矿时矿层断面冒火苗，高碱度烧结矿会出现强劲的蓝色火苗，烧结矿呈大孔薄壁结构，出现夹生矿或黏车严重。

3）仪表反映：最后风箱温度和主管温度高出正常水平，总管负压也升高。

措施：在降低燃料配比的同时，可采取降低点火温度，减薄料层，加快机速等措施。黏车严重时，可以关小或关闭风机风门。

（2）燃料用量偏少时：

1）点火器处：台车出点火器表面发暗，不出现红色料层。表面有浮灰、不结块或结块一捅就碎。

2）机尾断面：断面呈暗红色。且红层薄，断面松散孔小，卸矿灰尘大，严重时有花脸，烧结矿 FeO 降低。

3）仪表反映：废气温度下降，总管负压变化不大或下降。

措施：在增加燃料配比的同时，可采取提高点火温度，增加料层厚度，减慢机速等措施。

（3）燃料粒度大时。点火不均匀，机尾断面冒火苗，局部过熔，断面呈"花脸"，有黏台车现象。

措施：及时与配料室联系，在提高燃料加工粒度的同时，可采取适当减少配碳量，提高料层或加快机速等措施。

（4）混合料固定碳应控制在 2.8% ~3.2% 左右，烧结矿 FeO 控制在 10% 以下。

燃料用量及生产中常见的异常现象见表 6-16。

表 6-16 燃料用量及生产中常见的异常现象

燃料用量	点火与料面	机尾断面	废气温度	主管负压	FeO 含量
偏 高	离点火器台车的红料面向机尾延长，料面过熔并结壳	红层厚、熔化厉害有大孔、冒火苗	上 升	上 升	升 高
偏 低	离点火器台车的红料面比常时缩短，料面欠熔、有粉尘	红层薄、火色发暗严重时，有花脸	降 低	降 低	降 低

324. 烧结过程中混合料水分变化如何判断和调整？

答：混合料水分变化可从机头布料、点火处直接观察，也可通过检测仪表和机尾断面反映出来。水分过大或过小，都会使料层透气性变差，真空度增加，造成点火器下火焰不往下抽，而向四周喷射；料层表面有"黑点"，机尾烧结矿层有夹生料，断面出现"花脸"烧不透，底层有黑料，且废气温度降低。

（1）烧结料水分的判断：

1）不同原料结构，其适宜的水分值不同。原料细、亲水性好的原料要求水分高些；而原料粗、疏水性的原料，适宜的水分低些。

2）水分适宜的烧结料，台车料面平整，点火火焰不外喷，机尾断面整齐。

3）水分过大时，下料不畅，布料器下的料面出现鱼鳞片状。台车料面不平整，料层自动减薄，严重时点火火焰外喷，出点火器后料面点火不好，总管负压升高，有时急剧升高，总管废气温度急剧下降，机尾断面松散，有窝料"花脸"，出现潮湿层。

4）水分过小时，台车料面光，料层自动加厚，点火火焰外扑，料面溅小火星，出点火器后的料面有浮灰，烧结过程下移缓慢，总管负压升高，废气温度下降，机尾呈"花脸"，粉尘飞扬。

5）水分不均时，点火不匀，机尾有"花脸"。

（2）烧结料水分的调整。发现烧结料水分异常，烧结工要及时与二次混合工联系，并针对情况采取相应的措施。一般应采取固定料层、调整机速的方法，水分偏大时减轻压料，适当提高点火温度和配碳量或降低机速，只有在万不得已的情况下，才允许减薄料层厚度。

混合料水分对生产过程的影响见表 6-17。

表 6-17 混合料水分对生产过程的影响

水分情况	点火与料面	机尾断面	废气温度	主管负压
偏 大	火焰外喷；料面有黑印；点火温度下降；垂直烧结速度下降	发红；花脸；有夹生料、出现潮湿层	急剧下降	上升，有时急剧上升
偏 低	外喷火焰；料面崩火星；给料量大、料层自动加厚	呈花脸；粉尘飞扬		

325. 烧结过程中水、碳适当时，点火器处、机尾断面有何反应？

答：当水分、碳量适当时，点火火焰可以顺利抽入料层，台车离开点火器后，表层红至 4~5 号风箱。机尾矿层断面整齐，气孔均匀，无夹生料，赤红层约占断面的二分之一，台车卸料顺利，不粘料，矿块强度好，粉末少。在料层厚度稳定的情况下，垂直烧结速度、风箱总管废气温度、负压只在很窄的范围内波动，烧结终点稳定。

326. 燃料用量对烧结矿质量有何影响？

答：烧结过程中，铁氧化物的再结晶、高价氧化物的分解和还原、液相生成数量、烧结矿的矿相组成、烧结矿的宏观与微观结构等均与烧结燃料用量有关。如燃料用量过少，则达不到必要的烧结温度，烧结矿强度下降；若燃料用量过多，则烧结温度过高，还原气氛强，烧结矿过熔，FeO 升高，还原性下降。

（1）烧结料含碳量对烧结矿矿物组成有直接影响，含碳量低时，磁铁矿的结晶程度差，主要黏结相为玻璃质，孔洞多，还原性好，但强度差。随着含碳量的增加，磁铁矿结晶程度提高，黏结相以钙铁橄榄石为主，孔洞少，强度好，但还原性有所下降。

（2）燃料用量对烧结矿结构的影响是：含碳低时，烧结矿的微孔结构发达，随着含碳量的增加，烧结矿逐渐发展为薄壁结构；而且沿料层高度也有变化，上部微孔多，下部则大孔薄壁多。

（3）燃料用量影响烧结矿含硫量。燃料用量多，则燃料带入的硫量增加，并且料层内的还原性气氛增强，恶化了脱硫条件，使含硫升高。

（4）燃料用量还影响垂直烧结速度，从而影响产量。燃料用量过多，则烧结温度高，燃烧带变宽，气流阻力增加，垂直烧结速度下降，产量降低。

适宜的燃料用量应保证烧结矿具有足够的强度和良好的还原性。

327. 烧结矿中 FeO 为什么难还原？如何目测烧结矿 FeO 高低？

答：实践表明：烧结矿 FeO 低易还原，高难还原，因此，生产上常用 FeO 的高低来评价烧结矿还原性的好坏。因为游离的 FeO 易还原，但烧结矿中 FeO 不是以游离状态存在，而都是与 SiO_2、CaO、Fe_3O_4 等生成化合物或固溶体，如铁橄榄石、富氏体等。这些物质还原性能差，因此，FeO 越高，生成这些难还原物质就多，还原性能就越差。

烧结矿 FeO 含量可以从烧结矿熔化的程度来判断，正常的烧结矿很像小气孔发达的海绵。在烧熔的烧结矿中，其组织为熔化的大气孔状，随着熔化程度的增加，FeO 含量也随之升高。

从颜色来判断，有金属光泽的 FeO 含量低，呈瓦灰色的 FeO 含量高。

从强度来看，FeO 含量适中，强度好；FeO 含量过高，强度差，发脆。

328. 降低 FeO 对提高烧结矿产质量和高炉生产有何影响？

答：烧结矿中 FeO 不是单独存在的，由于燃烧层高温的作用，使很大一部分 FeO 与 SiO_2 和 CaO 结合生成铁橄榄石和钙铁橄榄石。此物质较多的烧结矿呈多孔蜂窝状，具有一定的强度，但发脆，此种物质还原性很差。该物质生成温度高，需配碳也多，也使烧结燃烧带变宽，阻力增大，影响烧结机台时产量提高。同时由于生成温度高，因而燃料消耗也多，据日本试验和生产的经验数据统计，烧结矿 FeO 增减 1%，影响固体燃料消耗增减 2~5kg/t。对高炉的影响也是很大的，根据生产统计数据和经验数据表明，FeO 波动 1%，影响高炉焦比 1%~1.5%，影响产量 1%~1.5%。因此在保证烧结矿强度的情况下，应尽量降低烧结矿 FeO。

现在我国重点厂烧结矿 FeO 在 10% 左右，有个别厂达到 7%。

329. 什么是返矿平衡？

答：所谓返矿平衡就是烧结矿筛分后所得的返矿（用 RA 表示）与加入到烧结混合料中的返矿（用 RE 表示），返矿保持平衡（用 B 表示）。即：$B = RA/RE = 1$。

这种平衡是烧结生产得以正常进行的必要条件。烧结投产后，需经过一段时间，才能达到平衡（$B = 1$）。如果返矿槽的料位增加，即 $B > 1$，则应增加烧结料中燃料量以提高烧结矿的强度，使其达到平衡；若得到的返矿量减少，即返矿槽料位下降 $B < 1$ 时，则应降低混合料配碳量，即返矿量增加一些。烧结生产一般应维持在大致相当于达到平衡时的强度，若相当长时间仍未达到返矿平衡时的要求，则可考虑可变参数与操作参数之间的关系是否协调。

研究和生产证明，在烧结矿机械强度一定，燃料用量不变时，中等返矿量可达到最高烧结生产率的目的。但是这一结论必须以返矿平衡为前提。

目前，烧结工作者对返矿平衡十分重视，生产中不考虑返矿平衡，则很难实现高产、优质、低耗，同时会给生产管理带来更大困难。因为返矿的波动会造成烧结混合料中水碳及化学成分的波动，同时使料层透气性、烧结矿中 FeO 含量及成品烧结矿小于 5mm 数量急剧变化，使烧结过程难以控制。因此，必须稳定返矿量。

330. 返矿在烧结生产中起什么作用？

答：返矿是由小颗粒的烧结矿和少部分未烧透的夹生料所组成。烧结料中加入一定数量的返矿（包括热返矿和冷返矿）对烧结过程很有利的，所起的作用是：

（1）热返矿可以提高料温，有利于消除料层的过湿现象，在北方烧结厂的冬季生产，更是重要。

（2）返矿粒度较大，具有疏松多孔结构，可以成为混合料的成球"核心"，改善混合料粒度组成，可以提高混合料透气性。

（3）返矿中含有已经烧结的低熔点化合物，有助于形成液相，提高烧结矿的强度。

（4）返矿中较大的固体颗粒，在料层中起骨架作用，防止料层在抽风作用下过分压紧，并且布料时可以偏析形成自然铺底料。

331. 返矿粒度过大、过小对烧结过程有什么影响?

答：粒度过大，冷却和润湿较困难，影响烧结料的造球；同时，由于烧结过程高温持续的时间短，粗粒来不及熔化，达不到烧结的目的，使烧结矿组织不均匀，强度变差。

粒度过小，$0 \sim 1mm$ 的比例增多，含有大量生料，不仅降低烧结料的透气性，达不到促进低熔点液相生成的目的。

正常生产过程中，要求各类返矿粒度不大于6mm，具体使用返矿情况如下：

高炉槽下返矿粒度不大于5.5mm；

球团热返矿粒度不大于6mm；

烧结热返矿粒度不大于6mm；

烧结冷返矿粒度不大于6mm。

一般说来，返矿中 $1 \sim 0mm$ 的粒级应小于20%，小于2mm的应在10%以下，粒度上限不超过10mm。实践证明，将返矿粒度由 $20 \sim 0mm$ 降至 $10 \sim 0mm$ 时，烧结矿产量增加21%。

332. 返矿数量对烧结过程有什么影响?

答：由于返矿粒度粗、疏松多孔、含有低熔点化合物等，合理添加可提高烧结矿的产量和品质。一般来说，以细磨精矿为主要的原料时，返矿量可多些，可达30%~40%；以粗粒富矿粉为主要的原料时，返矿量可少些，一般返矿加入量小于30%。

表6-18列出了烧结料中返矿对烧结矿的影响。

表6-18 烧结料中返矿对烧结矿的影响

返矿用量 /%	混合料水分 /%	垂直烧结速度 /mm·min^{-1}	成品率 (>25mm)/%	返矿率 (<25mm)/%	利用系数 /m²·h^{-1}
20	9.7	26	60.2	31.6	1.49
25	9.6	27	61.5	30.6	1.55
30	9.8	27.8	59	33	1.55
35	9.4	29	58	35.5	1.60
40	9.2	29	57	37.6	1.57

从表6-18可以看出，虽然返矿具有改善烧结生产的作用，但用量过多，反而使烧结指标变坏。这是因为返矿用量过多，烧结料的混匀与成球效果变差，透气过好而达不到所需的烧结温度，使烧结成型条件变坏，成品率下降。

333. 带式抽风烧结机的启动和停车操作步骤有哪些?

答：在烧结机的电气系统中，考虑到生产工艺的要求，烧结机之前与配料室、皮带运输系统、返矿给料圆盘、一次混合、混合料矿槽给料圆盘、二次混合、梭式布料器、给料圆辊；烧结机之后与成品破碎机、筛分机、冷却机等工序成联锁控制。

工艺要求的起动顺序是：冷却机→破碎机→烧结机→给料圆辊→梭式布料器→二次混

合机→圆盘给料机→一次混合机→配料皮带。停车顺序恰恰与起动相反。中途某一设备突然因故停车时，该设备顺流水线上的设备继续运转，但逆流水线上的设备全部停止运转。这种联锁起动的操作制度，可以保证上料畅通以及一旦某一设备停车不致发生堆料、跑料，压住设备等事故。

烧结机上料前，应预先起动抽风机，然后才能起动烧结机和上料系统。当料铺到点火器下的台车时，停烧结机和上料系统，进行点火操作，在风箱阀门全都关闭的情况下，逐步打开抽风机阀门，将点火器下的风箱阀门适度打开，调整点火温度，随着上料台车向前移动，逐个打开上料台车下的风箱阀门，待烧结机所有的风箱阀门打开后，通知抽风机将阀门打开到正常工作位置。

烧结机停车操作分两种情况，一种是事故停车，一种是计划停车。烧结机事故停车时，首先停止烧结机至混合料给料圆盘的联锁系统，及时停止往烧结机给料，减少煤气流量，控制温度在 700~900℃。如停车时间不超过 10min，抽风机不必关风门，但停车时间较长，应关闭抽风机阀门。凡是超过 2h 以上的计划停车，应提前停止向混合料矿槽上料，矿槽混合料完全倒空后，依次停止混合料给料圆盘、二次混合机、梭式布料器。待烧结机小矿槽倒空后，再停烧结机。减少点火器煤气，只维持烘炉温度，待负压降至 5000Pa（500mm H_2O）时，关闭抽风机阀门，然后停抽风机。若烧结机需卸空检修，应随料尾台车的移动依次关闭风箱阀门。如点火器也需检修或停车 8h 以上，点火器也应熄火，切断煤气。

334. 烧结机操作时应注意哪些问题？

答：（1）必须保证沿台车宽度上的点火均匀、沿烧结机宽度和长度的料层厚度一致，从而保证混合料的透气性和质量均匀。

（2）烧结机机速的调整应缓慢，不得过急。

（3）随时注意烧结过程各主要参数（点火温度、废气负压、温度等）的仪表反映是否正常，发现问题及时处理。

（4）每班必须活动风箱闸门，特别是点火器下的风箱闸门。

（5）经常检查烧结机运行情况。比如，台车上箅条是否完整，如有短缺应及时补齐；台车有无挂料现象，如有应及时清理；风箱闸门开闭是否灵活，风箱堵塞要及时处理等。

（6）加强设备点巡检、润滑和维护，出现设备故障及时处理。常见的台车故障原因及处理方法见表 6-19。

表 6-19　烧结台车在生产过程中常见的故障及处理方法

台车故障	故障现象	故障原因	处 理 方 法
台车栏板卡反射板或点火器	机头台车拉缝；烧结机自动停	栏板螺栓脱落	立即停车，倒转，拧紧栏板螺丝或更换栏板
换台车时新台车放不进去	新台车放不进去	要更换的台车吊起后，其余台车位	将机尾摆动架固定，倒转至机头反射板或辊式布料器前，用两根 1.05~1.10m 道木顶住台车，打正转，转到起重机下，更换新台车

台车故障	故障现象	故障原因	处 理 方 法
台车上回车道	台车轮上回车轨道；电流升高、波动大；有异响	台车跑偏	立即停车，倒车退回，先固定上回车道的后一块台车，盘车出现 200mm 间隙后，用起重机吊起
台车轱辘卡弯道	烧结机自动停；电流升高	台车轱辘脱落；台车烧损、塌腰变形	倒车将轱辘顶出；塌腰台车吊起更换
台车塌腰卡风箱隔板	两台车之间拉开间缝；烧结机自动停	台车塌腰卡后尾箱隔板	塌腰台车吊起更换
台车脱轨	烧结机自动停；电流升高	台车塌腰，在运行中偏离轨道	与台车上回车道的处理方法相同；更换新台车
台车在轨道上蠕动	台车在轨道两边蠕动，前进轨迹不成匀速运动	润滑不良；安装误差；轨道两边膨胀不均匀	加强润滑；找准烧结机中心线

335. 烧结生产出现事故如何处理？

答：（1）点火器停水。

1）发现点火器冷却水出口冒汽，应立即检查水阀门是否全部打开和水压大小，如水压不低，应敲打水管，敲打无效或水压低时，立即通知作业长和主控。

2）与水泵房联系并查明停水原因，并将事故水阀门打开补上，若仍无水则应切断煤气，把未点燃的原料推到点火器下，再把烧结机停下。

3）断水后关闭各进水阀门，送水后要缓慢打开进水阀门，不得急速送水。

4）助燃风机继续送风，抽风机关小闸门待水压恢复正常后，按点火步骤重就点火。

（2）停电。人工切断煤气，关闭头道闸门及点火器的烧嘴闸门，关闭仪表的煤气管阀门，同时通入蒸汽或氮气，开启点火器旁的放散管。

（3）煤气压力低于规定值时，管道压力下降时，则应：

1）停止烧结机系统运转，关小抽风机闸门。

2）关闭点火器的煤气和空气阀门，关闭煤气管道上的头道阀门。

3）通知仪表工关闭仪表煤气管阀门，打开切断阀通入蒸汽或氮气，同时打开点火器旁的放散管。

4）关闭空气管道的风门和停止助燃风机。

5）停空气时则应开动备用风机，若备用风机开不起来或管道有问题则应按停煤气的方法进行处理。

6）煤气空气恢复正常后，通知相关人员进行检查，并按点火步骤重新点火，即可进行生产。

336. 生产高碱度烧结矿应注意哪些问题？

答：（1）真空度要适当低一些。因为，高碱度烧结矿中添加的熔剂数量较多，烧结矿的熔点低，料层温度低，透气性改善，烧结速度快，冷却速度也快，影响烧结强度。所以，真空度要低一些，以控制适当的垂直烧结速度。

（2）原料粒度和返矿粒度要小一些。因为，高碱度烧结矿生产升温速度快，高温保持时间短，大粒度熔剂难完全分解和矿化，形成游离 CaO，大粒度返矿难完全熔化，起不到液相核心作用，大粒度燃料易形成局部亚铁，影响还原性。

（3）为使熔剂充分分解和矿化，燃料用量适当高一些，但不宜过多，因为高碱度烧结矿本身有利于生成低熔点化合物。

（4）选用低硫、低硅的原料和燃料。

337. 为什么用消石灰代替石灰石能强化烧结过程？

答：烧结过程中用消石灰代替石灰石，有利于强化烧结过程，因为：

（1）消石灰粒度很细、亲水性强，而且有黏结性，大大改善了烧结料的成球性能，提高小球强度。

（2）消石灰的表面积很大，可以吸附大量的水分子而不失松散性和透气性，增大混合料的最大湿容量。

（3）含有消石灰胶体颗粒的料球，干燥时收缩，使颗粒之间进一步靠近，产生分子聚结力，强度有所提高。

（4）由于消石灰胶体颗粒持有水分的能力强，受热时水分蒸发不十分强烈，料球的热稳定性好。

（5）粒度细微的消石灰颗粒更容易生成低熔点化合物，液相的流动性好、凝结快，从而降低燃料用量和燃烧带阻力。

338. 为什么用生石灰强化烧结过程的能力更强？

答：生石灰较消石灰更能强化烧结过程，因为生石灰除了具有消石灰的良好作用外，还能消化放热，$1kg$ CaO 可消化放热 $988kJ$，若以 $100kg$ 混合料配加 $5kg$ 含 CaO 为 85% 的生石灰，消化可放热 $4187kJ$，如能全部利用，在理论上能将温度升高 $40℃$ 左右。不过生产中使用生石灰时需要加水消化，热量损失，所以在正常情况下，料温一般提高 $10℃$ 左右。这样，有利于减轻过湿层，减少料层阻力。

实践表明，当生石灰用量为 $4\% \sim 5\%$ 时，可增加产量 $30\% \sim 35\%$，可节约燃料 0.5% 以上。

339. 为什么加热水更能提高生石灰的活性度？

答：适当的水量是生石灰充分消化的前提，一般的加水量为 $0.3 \sim 0.35t/t$ 生石灰，大部分水应加在配料点。日本的研究结果表明，水温由 $20℃$ 提高到 $100℃$，生石灰活性度由 $210mL$ 提高到 $380mL$，生石灰单独消化时，不同水温与消化时间的关系见表 6-20。

表 6-20　生石灰消化时间与水温的关系

水温/℃	20	50	60	70	80
消化时间/min	6	3.5	2.5	1.75	0.83

340. 使用生石灰应注意哪些问题?

答:（1）生石灰用量不宜过多。因为生石灰用量过多。烧结料会过分疏松，生球强度变坏，使烧结速度过快，返矿量增加，所以应该增加厚料层和压料，以改善下层和表层烧结矿的强度。

（2）烧结前必须使生石灰充分消化。

（3）生石灰粒度应保持在 3mm 以下。

（4）配用生石灰的混合料不能贮存过久，否则因生石灰的继续消化，而破坏已生成的小球和使混合料矿槽悬仓。

（5）在生石灰配料皮带上，应有足够的精矿作垫底料，料面上划沟，均匀加水 2~3 次，以达到生石灰颗粒均匀湿透，充分消化，以减少黏皮带现象。

（6）用生石灰必须妥善解决运输、贮存、防雨、防尘问题。

341. 影响烧结固体燃料消耗的因素有哪些?

答:（1）热返矿的影响。稳定混合料水分、固定碳以及稳定热返矿，对烧结生产的进行具有十分重要的意义。三稳定中稳定热返矿显得更为重要，因为热返矿的波动不仅会造成混合料中水分和成分的不稳定，而且还会影响混合料碳和温度的稳定。研究和生产证明：在烧结矿机械强度一定，燃料用量不变时，中等返矿量可达到提高烧结生产率的目的。

（2）电除尘灰的影响。电除尘平均含碳为 3%，且粒度细，排放不均匀，会使除尘灰与混合料混不匀，造成燃耗升高，产量降低。经生产测定影响固体燃料消耗 2~3kg/t，产量平均降低 5%。目前的措施就是要最大限度地做到细水长流、均匀排放。从长远来说，要参加配料室前一次混匀配料，效果更好。没有一次混匀的企业，可以将除尘灰提前加水润湿、混匀，然后与其他工厂废料进行混合，集中使用。

（3）坚持"厚料、低碳、烧透"的技术操作方针。厚料是相对的，要根据具体情况而定，不是说越厚越好，适宜的料层厚度不仅不会降低产量、质量，相反地在大量降低煤耗的情况下还提高。"厚料、低碳、烧透"的技术操作方针是长期生产实践的经验总结，厚料是愿望，低碳是目的，烧透是前提。要积极采取措施，提高料层透气性，增加料层厚度，但是一定要保证烧透。烧不透不能盲目地提高料层厚度，否则也达不到降低煤耗的目的。

（4）适宜的燃料粒度和水分。研究表明，燃料最适宜的粒度为 0.5~3mm，但在实际生产的条件下，仅可保证其上限，下限很难保证，因为在生产过程中要筛除 0.5~0mm 级别是难以达到的。所以一般均控制其粒度上限，即燃料粒度采用小于 3mm，但 0.5~0mm 要尽量控制小于 25%，使其不要过分碎。对于各种粒度的烧结料，燃料的影响也不同。当烧结细磨精矿时，燃料粒度的增大对烧结矿的产率及强度显著的降低。当烧结 8~0mm 的富矿时，适当增大燃料的粒度对烧结矿的产率及强度有所提高。

（5）提高生石灰活性度。鞍钢试验，生石灰活性度每提高 10mL 可降低煤耗 1.5kg/t，提高产量 1%。

（6）稳定轧钢氧化铁皮添加量。经计算，烧结生产每用 1kg 铁鳞，可节省 0.2kg 无烟煤。但是当添加铁鳞极不均匀时，会给烧结矿的质量带来不必要的波动。

（7）减少漏风，提高烧结机有效抽风量。根据很多厂家生产实践表明：每提高有效抽风量1%，除可提高产量0.4%～0.7%外，还可大幅度降低电耗和煤耗。因此，减少漏风，提高烧结机有效抽风量已成为当今烧结工作者主攻方向之一。

（8）综合矿粉中配加高炉重力灰。高炉重力灰含有大量的碳，若按10%计，综合矿粉中配加10%重力灰，则综合矿含碳量可增加1%。另外需要重力灰吸水性极差，要提前加水润湿、混匀，然后集中单独分仓按3%～5%左右进行配比较好，以减少混合料含碳量的波动。

6.4 烧结工序节能减排

342. 我国2010年重点企业烧结工序能耗及降耗措施？

答：2010年重点钢铁企业烧结工序能耗为52.65kg/t，比2009年下降1.287kg/t。

表6-21为2010年烧结工序能耗较低的企业。表6-22为2010年烧结固体燃料较低的企业。

表6-21 2010年烧结工序能耗（标煤）较低的企业 （kg/t）

企业名称	工序能耗	企业名称	工序能耗	企业名称	工序能耗
太 钢	45.56	新 余	43.737	石 钢	47.21
新疆八一	39.42	三 明	45.33	柳 钢	49.00
宣 钢	43.07	青 钢	47.95	武 钢	49.26
凌 钢	45.94	日 照	45.56		
杭 钢	49.86	攀成钢	47.44		

表6-22 2010年烧结固体燃耗较低的企业 （kg/t）

企业名称	固体燃耗	企业名称	固体燃耗	企业名称	固体燃耗
太 钢	47	新 余	46	成都无缝	45
永 钢	42	三 明	43	济 源	46
江阴兴澄	43	青 钢	43	柳 钢	48
凌 钢	46	合 钢	44	苏 钢	47
杭 钢	44	首 钢	46	南 京	49

烧结固体燃耗占烧结工序总能耗的75%～80%，电力消耗占13%～20%，点火燃耗占5%～10%。所以说，降低烧结工序能耗的重点工作是要努力降低烧结固体燃耗。

我国烧结厂生产技术发展不平衡，处于先进技术经济指标与落后技术经济指标共存。烧结工序能耗最高的企业能耗（标煤）达66.91kg/t。

目前，我国拥有1200多台烧结机。重点钢铁企业拥有610台烧结机，其中大于130m²以上烧结机有149台，90～129m²烧结机有88台。总体评述，我国烧结机平均容量偏小。大型现代化烧结机生产既节能，烧结矿质量也好。一台500m²烧结机的能耗要比两台250m²的烧结机节能20%以上。首钢京唐钢铁联公司投产了550m²现代化大型烧结机，现在，太钢在建660m²现代化大型烧结机。近年来，我国加快了烧结机大型化的步伐，并且采用了一系列先进的烧结生产技术。

（1）降低烧结固体燃耗的技术措施有：

1）提高一混、二混料温，每提高 10℃，固态燃耗减少 2kg/t。

2）生石灰活性度每提高 10mL，可降低燃耗 1.5kg/t，提高产量 1%。

3）配加轧钢氧化铁皮 1kg/t，可降燃耗 0.2kg/t。

4）优化配矿，减少赤铁矿、褐铁矿等含结晶水的矿物的用量，可降低固体燃耗。

5）提高烧结矿成品率，减少返矿量 1.5% ~3%，可降低燃耗 0.6kg/t。

6）烧结矿含 FeO 量降低 1%，节能（标煤）0.68kg/t。

7）热返矿量在 30% 左右，固体燃耗可降低 10.4kg/t。

8）烧结配加 5% 左右的钢渣，可降低燃耗约 3kg/t。

9）低温烧结：烧结温度由 1300℃ 降至 1150 ~1250℃，可降固体燃耗 7% ~8%。

10）对精矿粉，进行小球烧结、厚料层（650mm 左右），可减少燃耗 15 ~20kg/t。

11）固体燃料最佳粒度范围是 0.5 ~3.0mm，减少 0 ~0.5mm 粒级燃料（增多会导致料层透气性变差，燃速减慢，燃烧不完全），会使燃料消耗减少 15%。

12）使用助燃添加剂（不含 K、Na），可降低固体燃耗 13% 左右，增产 5%。

13）配加白云石粉 37kg，可减少碳酸盐分解热，节约燃耗折 2.57kg/t。

14）配加高炉除尘灰（含碳在 14% 以上），可降烧结燃耗。

15）采用铺底料工艺，可提高料层透气性，使混合料固定碳下降 0.73%。

16）采用能稳定料流的筒式给料机（包括磁力筒式给料机）往台车上布料，可降燃耗 3% ~5%。

（2）采用新型节能点火保温炉，降低煤气消耗。点火保温炉应具备的条件：

1）采用直接点火，烧嘴火焰适中，燃烧完全，高效低耗。

2）高温火焰带宽适中，温度均匀，高温持续时间能与烧结机速匹配，烧结表层点火质量好。

3）耐火材料采用耐热锚固件结构组成整体的复合耐火内衬，砌体严密，散热少，寿命长。

4）点火炉烧嘴不易堵塞，作业率高。

5）点火炉的燃烧烟气有比较合适的含氧量，能满足烧结工艺的要求。

6）采用高热值煤气与低热值煤气配合使用时，可分别进入烧嘴混合的两用型烧嘴，煤气压力波动时不影响点火炉自动控制，节约了煤气混合站的投资。

（3）要控制冷热返矿的粒度。烧结热矿筛整粒筛分的最后一段筛的筛孔一般均为 5mm，磨损快，规定要定期更换。振动筛孔每小 1mm，烧结成品量可提高 5% ~6%，降低烧结工序能耗。

（4）降低烧结机漏风率，可有效地降低烧结电耗。我国烧结机漏风率一般在 55% ~60%。烧结机主要漏风点为机尾风箱与台车底部接触处和两侧。烧结机头尾采用杠杆重锤式软连接密封装置。宝钢 2 号烧结机改为转架支板等代替杠杆支撑，去掉软连接，密封效果好，寿命长。台车与固定滑道的密封采用弹簧密封装置。烧结系统漏风率降至 20% 以下。

烧结机头机尾密封装置：高负压接触密封装置，自调式柔性密封装置，全金属柔磁性密封装置，弹簧密封装置等。

（5）采用变频调速技术控制电机，有节电效果。

343. 烧结工序用能分析有哪些项目？

答：在钢铁联合企业之中，高炉炼铁工序能耗占总能耗的第一位，焦化工序能耗占第二位，烧结工序能耗居第三位，约占联合企业总能耗的10%左右。

（1）烧结生产过程中所用能量的来源有：

1）固体燃料；

2）点火煤气；

3）点火助燃空气显热；

4）高炉灰（泥），返矿残碳；

5）混合料化学热和显热；

6）铺底料带入显热。

（2）烧结生产过程的热量输出：

1）烧结矿显热。约占烧结总热耗的50%（其中可余热回收32%，废气带走12%，产品显热6%），烧结矿冷却机高温段废气温度在350~420℃。

2）烧结烟气。烧结烟气平均温度在110~170℃，因其量在4000~6000m³，含SO_2量1000~3000mg/t，所带走的显热达总能耗的14%~25%，机尾风箱排除烟气温度在250~400℃。

3）原料水分蒸发热占约15%；石灰石分解热占约16%；其他热损失3.3%。

（3）烧结余热回收技术。烧结生产过程可被回收利用的热量是烧结烟气显热和热烧结矿冷却机废气显热（450℃），约占烧结总能耗的一半左右。烧结余热利用的方案有下列三种方法：

1）300℃以上高温区热量可用换热法进行回收，余热锅炉→蒸汽→发电。目前，已有19台烧结机（鞍钢、沙钢、济钢、马钢、南钢、邯钢、湘钢、安阳、重钢、迁钢和三明等）有余热回收装置，在建的有60多套。已投产的大多数发电没达到设计能力。主要是烧结机的烟气温度和风量不稳定，使发电机发挥不出最佳能力。这里也有提供的烧结机的烟气温度和风量数值偏高，使发电机选型偏大的问题。现在，设计时已开始采取补气工艺（用转炉回收的蒸汽），使发电机可以在最佳工况条件下运行。

2）带冷机中部的200~300℃的中温余热不宜采用换热法回收余热，可将高含氧量的热废气作为烧结点火助燃空气和热风烧结直接利用方式加以回收。

3）对于中温段后部低于200℃的热废气，无法采用换热法回收或用于助燃，可用作工艺温度要求相对较低的料矿预热和原料解冻。

（4）烧结工序单位产品能源消耗限额应符合 GB 21257—2007 要求（见表6-23）。

表6-23　烧结工序单位产品能源消耗（标煤）限额　　　　　　　　　　（kg/t）

项　目	现有企业限额值	新建企业限额值	限额先进值
烧结工序能耗	≤65	≤60	≤55

（5）清洁生产标准——钢铁行业（烧结），应符合 HJ/T 426—2008 要求（见表6-24）。

表 6-24　钢铁行业（烧结）清洁生产指标要求（摘录）

清洁生产指标等级	一　级	二　级	三　级
工序能耗(标煤)/kg·t^{-1}	≤47	≤51	≤55
固体燃料能耗/kg·t^{-1}	≤40	≤43	≤47
生产取水量/m^3·t^{-1}	≤0.25	≤0.30	≤0.35
烧结矿返矿率/%	≤8	≤10	≤15
水重复利用率/%	≥95	≥93	≥90

注：一级、二级为国际清洁生产先进水平；三级为国内生产基本水平。

344. 为什么使用高炉除尘灰和铁屑轧钢皮可以节省固体燃料？

答： 高炉重力除尘灰含碳量 14% 以上，7~8kg 高炉尘相当于 1kg 焦粉的含碳量。

铁屑和轧钢的氧化铁皮含铁 69%~75%，FeO 含量为 60% 左右，在烧结生产中被氧化放热，理论计算加 1kg 轧钢皮可以节省 0.20kg 白煤。

345. 加入生石灰对烧结能耗有什么影响？

答： 当每吨烧结矿用生石灰 50kg 左右时，可减少石灰石分解热，相当于 4.5~5.0kg 燃料，生石灰遇水消化放出热量相当于 0.3~0.5kg 燃料，它可以提高混合料温度有利于成球，并改善料球的质量和混合料的透气性，为提高料层厚度，提高烧结过程的热物用率创造条件，从而节省燃料。同时 CaO 对碳的燃烧有催化作用，改善碳粒的燃烧性，促进烧结生产率的提高。

346. 热风烧结为什么能节省固体燃料？

答： 所谓热风烧结，是在烧结机前段约占烧结机长度 1/3 的有效烧结面积上，将热废气或热空气抽入烧结料层，用其物理热代替部分固体燃料的烧结方法。热废气温度可高达 600~900℃，也有使用 200~300℃ 的低温热风烧结。此种方法对于提高烧结矿的强度和还原性非常有效。

热风烧结使上层烧结料热吸收量增加，高温带增宽，上层冷却速度慢。有利于液相生成和矿物结晶，供热合理，提高上层烧结矿强度。增加了成品率，从而提高烧结生产率。

热风烧结对强化烧结生产，特别是对高碱度烧结和改善表层烧结矿强度有明显效果。首钢烧结厂在点火器后第三风箱使用 500~600℃ 的热风进行烧结，燃料消耗降低 25.7%，烧结矿中小于 5mm 的粉末减少了三分之一。国外某厂采用燃烧高炉煤气预热空气到 840℃，产量提高了 36.4%，返矿率由 35%~40% 降低到 20% 左右，固体燃料减少了 25%。

347. 如何确定有利于烧结节能的适宜燃料粒度？

答： 燃料粒度组成的改善是影响烧结过程燃料消耗量重要因素，不同粒度燃料其燃烧速度不同，理想的粒度组成能保证烧结混合料料层内燃烧放热以及烧结过程的均匀性。

燃料粒度组成与烧结热温度的关系为：

1~2mm	热温度最高为1400℃
5~6mm	热温度最高为1250℃
0.06mm	热温度最高为1260℃

使用焦粉作燃料最适宜的粒度为 0.5~3mm，实际生产中要求小于 0.5mm 粒级小于28%。烧结磁铁精矿时，焦粉粒度小于 3mm 粒级达到 90% 时，各项指标均较好。

无烟煤粉的粒级中小于 0.5mm 的愈少愈好。

348. 烧结配入白云石和石灰石固体燃料消耗为何升高？

答：由于白云石和石灰石在烧结过程中碳酸盐分解耗热，需用固体燃料补充。经验表明：配加白云石粉或石灰石粉 1%，混合料焦粉配比增加 0.1%。

349. 采用铺底料工艺为何可以节能？

答：抽风烧结过程中，风机的压力损失大部分消耗在混合料的料层上，料层的阻力损失一般占风机压力的 75% 以上。采用铺底料后，避免算条被湿混合料堵塞以及烧结矿黏算条，从而减少阻力损失。可见，铺底料能改善料层透气性，减少废气含尘量。保证烧透，为增加料层厚度，提高成品率，减少燃料用量和减轻废气系统磨损创造了条件。

350. 厚料层烧结为何可以节能？

答：（1）因为厚料层烧结时，高温带宽度相应地增加，烧结速度减慢，矿物结晶条件变好，结晶度提高，烧结矿强度上升，成品率增加。

（2）料层升高，料层蓄热量增加，降低燃料用量。

（3）低碳厚料层烧结时，氧化气氛增强，料层中的温度分布均匀，低价氧化物氧化放热量增加，从而减少了烧结燃料用量。

实践表明：料层每升高 10mm，节省燃料 1.7kg/t 左右，FeO 下降 0.2%~0.5%、产量提高 1.8%。

351. 合理布料对节省燃料有何影响？

答：烧结混合料往台车上布料时，上层与中层的粒度组成相差不多，但下层大颗粒将会增加。这样下层含碳量也会增高，造成不必要的热能损失，导致燃料消耗升高。所以，要求布料工艺合理，使碳量分布均匀，提高燃料利用率，节省固体燃料用量。

352. 热风助燃对点火节能有何影响？

答：燃料能充分燃烧是由于有助燃空气的帮忙，空气助燃作用主要是供氧。

为了活化燃烧过程，利用热风助燃是行之有效的措施。同时，热风还可以为炉膛提供一定数量的物理热，升高炉温。

353. 为什么保持平整的料面也会降低点火热耗？

答：平整的料面，表明料厚一致。料层的透气性相同，点火时，整个料面压力均衡，燃烧温度分布均匀，这样更有效地利用点火提供的热量。

如果料面高低不平或出现拉沟现象，上述的均匀性就消失。在拉沟或坑洼的地方，抽力大，部分可燃物和燃烧产物就容易集中于此而进入料层被抽入风箱，使温度分布不均，若料层出现孔洞，被抽走的可燃物就更多。煤气热利用差，消耗自然升高。

354. 烧结生产过程有哪些耗水环节？节约用水途径是什么？

答： 烧结生产过程的耗水量很大，主要耗水环节有：

（1）混合料润湿成球加水；

（2）返矿润湿加水；

（3）设备冷却用水，主要有抽风机，点火器，单辊破碎设备等；

（4）生石灰消化加水；

（5）冲洗地面用水；

（6）水封拉链和除尘设备用水；

（7）生活用水。

节能途径主要分为用水管理措施和节水技术措施两部分。

（1）用水管理措施。即对用水进行控制与管理，将用水设备的水量和水压合理控制。实行班组用水考核，改装卫生设备的冲洗方式，加强水管检漏。

（2）节水技术措施。采取循环用水系统，生产用水外排控制到零。

6.5　烧结新技术

355. 什么是燃料分加烧结？

答： 燃料分加就是将配入烧结混合料中的燃料分两次加入。一部分燃料在配料室加入，与铁料、熔剂在一次混合机内混匀，再运送到二次混合机内造球；另一部分燃料则在混合料基本成球后再加入，以减少燃料颗粒为核心的外裹矿物的数量及深层嵌埋于矿粉黏附层里的燃料数量，使大多数燃料附着在球粒表面，甚至暴露于外，使之赋存于料球表面这叫外配燃料。这样做既可改善燃料的燃烧条件，又可减少燃料与铁料接触还原而造成的燃料损失。同时，由于燃料的密度小，在布料过程中可增加上层的燃料量而形成燃料的合理偏析。

在燃料分加时，应根据混合料的性质，选择合适的内、外燃料配比，并根据料层中燃料燃烧的特性来选择内配或外配燃料的性质（包括粒度、成球性和反应性能等）。一般说来，燃烧或反应性能较差、粒度较粗的燃料适宜作为外配燃料。

可采用风力分级的办法将燃料分成粗细两部分，分别作为外配与内配燃料，而直接将燃料分成两部分加入也可获得较好的效果。

攀钢生产实验表明在二混分加 50% 的燃料，在现有条件下，利用系数提高 7%，每吨矿能耗下降 0.5kg(标煤)。采用燃料分加后，转鼓指数提高 2%，烧结矿粒度级增加 5%。

356. 什么是双层烧结？

答： 在一般烧结时，烧结矿层沿机尾移动方向逐渐增厚，料层透气性逐渐增强，风量分布不均，风的利用率低。

所谓双层烧结即是将混合料分两次铺到烧结机上，当第一层混合料的烧结过程进行到一定程度时（料层阻力显著下降时），再铺上一层混合料于第一层上，并进行第二次点火，这样，在同一横断面上有两个燃烧层同时向下移动。

试验表明，与单层烧结相比，垂直烧结速度提高23%，烧结时间缩短了38.4%，烧结矿强度和粒度均匀性有所改善，烧结废气中 CO_2 含量提高6%左右，说明空气利用率提高了，节省燃料15%左右，但是，双层烧结工艺复杂，设备较难布置，需要两套布料和点火设备、限制了它的扩大使用。

357. 什么是小球烧结？

答：小球烧结是近年来提出的一种强化烧结过程的措施，是把混合料全部制成上限为 $6 \sim 8mm$，下限为 $1.5 \sim 2mm$ 的小球进行烧结的方法。

与一般烧结方法的不同点在于基本上消灭了混合料中 $0 \sim 1.5mm$ 的粉料，全部制成小球；与球团矿的不同点在于上限为 $6 \sim 8mm$，没有大于8mm的大球，在烧结机上靠液相固结成烧结矿，而不是固结成球团矿。

研究表明，小球烧结可提高产量10% ~50%，烧结厂用于实际生产的混合料进行小球烧结试验，与普通料相比，产量提高30%。小球烧结给生产带来了良好的效果，其主要原因是：

（1）小球料粒度组成理想，细粒部分少，粒度均匀，强度较好，使单位时间内抽过单位料层的气体量增加（其透气性高于普通料30%左右）。

（2）使废气中水蒸气的浓度相对降低，水汽分压低，故露点降低，可减少料层下部冷凝水量，能有效地防止过湿层形成。

（3）由于小球料孔隙大，比表面积小，摩擦力小，这不仅有利于改善透气性，同时也改善了水分蒸发的条件。导致干燥带厚度减小。

由于上述原因，使整个料层中冷凝带和干燥带的总阻力明显地小于普通料的这两个带的总阻力。虽然燃烧带、软化带和冷却带的阻力高于普通料较多，但综合起来，小球料层的总阻力仍比普通料有明显的降低。

小球烧结的特点：

（1）对小球粒度有要求。小球烧结的产品并不是球团矿，而是烧结矿，造小球的目的是以改善料层透气性为主，而且希望小球料在烧结过程中形成质量良好的烧结矿。因此，对小球的粒度应有一定的要求，其中 $6 \sim 8mm$ 应占绝大部分。

（2）小球烧结受水分波动的影响较小。试验表明，当水分由7.75%增至9.61%时，其冷凝带的单位阻力仅从4.6Pa增至5.1Pa。

（3）小球烧结有可能取消小球料的预热。小球烧结时，即使料层下部有过湿层存在，但料仍然具有透气性良好，单位阻力低的特性，故预热的作用不大。

（4）小球烧结矿不易冷却。由于小球料堆密度大，烧结矿的结构均匀致密，大孔的数量和尺寸比普通烧结矿小，这样的烧结矿不易冷却。

（5）较理想的工艺是将精矿和熔剂制造小球后再与固体燃料、返矿等其他组分混合，组成最终的小球料。

由于需要把全部烧结料制成小球，必须强化造球过程，采用特殊的有机电解质润湿剂或对水和混合料进行磁场处理等办法，提高混合料的成球性能，并使用高效率的成球设备（如球盘）等。

试验表明，小球烧结可以提高产量 10% ~ 50%，另外小球烧结还有以下好处：

（1）小球料的冷凝带和干燥带阻力较普通料小。

（2）小球烧结的气流分布合理。

（3）小球料是有良好的透气性，可在较小的负压和较厚的料层条件下生产，有利于降低烧结成本。

358. 什么是低温烧结？

答：目前一般认为烧结温度大于 1300℃ 的为高熔融型烧结；烧结温度低于 1300℃ 即可生成理想的黏结液相，一般控制在 1150 ~ 1250℃ 之间，故将这种烧结过程称为低温烧结。低温烧结法是目前世界上烧结工艺中一项先进技术，它具有节能和改善烧结矿性能两大优点。天津铁厂与北京钢铁研究总院采取合理配料、混合料整粒、缩小石灰石粒度、添加消石灰（或生石灰）、稳定混合料水分、强化造球、提高料层等一系列措施后，减少燃料用量，实行低温烧结，取得了显著的节能效果。烧结固体燃料消耗降低了 7.8 ~ 8.8kg/t 左右，烧结矿质量改善，高炉产量提高 4% ~ 9%，焦比降低 6 ~ 15kg/t。

低温烧结具有如下特点：

（1）烧结温度低，高温持续时间长。所谓低温烧结法，就是以较低的烧结温度，使烧结混合料中部分矿粉起反应，产生一种强度好、还原性好的理想的矿物——针状铁酸钙，并以此来黏结、包裹那些未起反应的残存矿石（或叫未熔矿石），使其生成一种钙铝硅铁碳酸钙（SFCA），这种烧结法叫低温烧结法。

当烧结温度为 1250 ~ 1280℃ 时，有 30% ~ 40% 的 SFCA 生成，成交织结构，强度最好；当烧结温度为 1280 ~ 1300℃ 时，有 10% ~ 30% 的 SFCA 生成，SFCA 下降，针状变板状，强度升高，还原性下降，所以适宜的烧结温度是低温烧结的关键。

其高温保持时间都在 5 ~ 8min，比熔融型烧结矿要长 1 ~ 3min，这对针状铁酸钙的形成、发育十分有利。

（2）黏结相为针状铁酸钙。低温烧结矿的主要黏结相是针状铁酸钙，其数量为 30% ~ 40%，而高温熔融烧结矿由于烧结温度高于 1300℃ 以后，铁酸钙分解，数量大大降低。

（3）显微结构为交织残余结构。低温烧结是部分熔化物去黏结部分未熔化矿物的工艺。在国外，烧结料主要是赤铁矿粉，因此，其残余结构主要是赤铁矿，我国以磁铁矿为主，因此，反应残余结构以磁铁矿为主，致使我国低温还原粉化指标比国外要低。

（4）要有适宜的碱度和铝硅比。我国铁精矿绝大多数为酸性矿，为要获得针状铁酸钙，必须添加适量的石灰石等，使其达到一定的碱度，根据北京科技大学的研究，以符山磁精矿为主要原料的烧结矿，碱度 1.5 以上时，即有大量铁酸钙出现，但以碱度 1.7 ~ 1.8 强度为最好。

至于 Al_2O_3 的含量，日本、澳大利亚的学者十分强调它的作用。据北京科技大学的试验，在混合料中添加高岭土，铝硅比为 0.1 ~ 0.3 时，烧结矿质量无明显变化，只有针状铁酸钙比较发育，分布较均匀，所以我们认为铝硅比对以磁铁矿为主要原料的低温烧结矿的作用，不是十分明显的。

（5）要有合理的工艺操作制度。如要重视原料整粒，加强混合制粒和合理的烧结制度。

359. 低温烧结应满足哪些技术条件？

答：（1）采用高品位，低硅的含铁物料。

（2）物料应充分混匀，以减少波动，稳定成分。

（3）熔剂、燃料粒度要细，小于3mm粒级要大于85%，燃料的固定碳含量要高，大于80%。

（4）烧结矿的碱度要在1.8~2.0范围内。

（5）采用低温低负压点火，点火负压应控制在5000~6000Pa。

（6）混合料的成球率要高，料层透气性要好。

（7）混合料中的 SiO_2、Al_2O_3、MgO 含量应控制在 SiO_2 为 4%~8%，$w(Al_2O_3)/w(SiO_2)$ 为 0.1~0.2。

（8）为保证烧结温度在1250℃左右维持2~3min，防止急冷，机尾须设置保温段。

360. 富氧点火对强化烧结有什么意义？

答：富氧点火在前苏联曾是强化烧结，提高生产的一项措施。富氧点火可使点火区表层烧结料的固体燃料充分燃烧，减少固体燃料消耗并增加炉膛内的氧化气氛，有利于烧结过程的氧化反应，改善烧结矿的机械强度，提高生产率，进而达到节能与改善质量的目的。

卢森堡阿贝德公司埃施-贝尔瓦尔烧结厂曾在300m²和400m²的烧结机上做过富氧点火和富氧保温工业试验。当助燃空气的含氧由21%增加到30.6%（每吨烧结矿的耗氧量6.5m³）时，固体燃料单耗下降3.1kg干煤，但生产率增加不大，只提高0.5t/(m²·h)；如果将富氧供入保温炉，使保温炉的含氧量达到30.2%（每吨烧结矿的耗氧量6.3m³）时，可节省固体燃料8.2kg/t，转鼓指数（+6.3mm）提高1.8~2.25，烧结矿FeO降低0.5%~0.6%，烧结矿的平均粒度增加1.7~2.0mm。

361. 什么是热风烧结和富氧热风烧结？

答：将预先加热的空气或冷却机的热废气抽入料层进行烧结的方法，称为热风烧结，有以下好处：

（1）由于热风带入部分物理热，可大幅度节约固体燃料，通常可节约20%~30%。

（2）烧结料层的温度分布均匀，克服了上层热量不足，冷却快、烧结矿强度差和下层温度高、FeO含量过高，还原性差的缺点，减少了上下层烧结矿质量的差别。

（3）由于固体燃料用量减少，烧结气氛得到改善，还原区相对减少，FeO降低，还原性提高。

（4）由于抽入热风，料层受高温作用的时间较长和冷却速度缓慢，有利于液相的生成和液相数量的增加，有利于晶体的析出和长大，各种矿物结晶较完全，减少急冷而引起的内应力，烧结矿结构均匀，从而烧结矿的强度提高。

热风烧结时，由于抽入的是热风，降低了空气密度，增加了抽风负荷，气流的含氧量也相对降低，使烧结速度受到一定影响，为此需采取改善混合料的透气性、适当增加真空度等措施加以弥补，以保持较高的生产率。

而富氧热风烧结是往热废气或热空气中加入一定数量的氧气，然后用于烧结。

它不仅具有热废气烧结明显改善烧结矿质量的优点，而且由于热风含氧浓度高，加快烧结速度，提高产量。一般情况下，热风富氧浓度不超过 25%，垂直烧结速度比热废气烧结提高 10% ~15%，并且烧结矿强度好，还原性增加。

攀钢曾进行富氧烧结，每富氧 1%，可增产 8.45%。

362. 什么是烧结矿的热处理?

答：烧结矿热处理是在一定温度下对烧结进行表层再加热的退火处理，以提高烧结矿的机械强度。

实验表明，促使烧结矿玻璃体迅速再结晶的温度为 1050 ~1100℃，因此使用 1000 ~1100℃ 的高温对已冷却的烧结表层再度加热，它可以使烧结矿黏结相中的玻璃体大大减少，还可以消除表层烧结因急冷而产生的内应力和裂纹，从而提高烧结矿的强度。国外有的厂对烧结矿热处理 2 ~3min 后，粉末减少 5% ~6%。

在空气及氧化气氛中对烧结矿进行热处理，可使 FeO 降低，气孔度增加，改善还原性。

热处理还能去除 40% 的硫和提高烧结矿的软化温度（因为玻璃质减少）。

但是热处理能促使正硅酸钙发生相变，引起粉化。因此热处理适用于正硅酸钙生成数量少的烧结矿。

363. 什么是双球烧结?

答：双球烧结就是将铁精粉与不同的细磨熔剂混合，分别用造球机制造成两种碱度的小球然后按比例配合，并与燃料和返矿混合，在低温、低负压下烧结的一种新工艺。

双球烧结矿为自熔性烧结矿，但具有高碱度低温烧结矿的特点。高氧化镁酸性小球的固结类似球团矿的固结方式，它被易熔的高碱度小球黏结，因而烧结矿 FeO 含量低并含有大量铁酸钙，强度、还原度和低温还原粉化率等冶金性能均优良，有利于高炉增产和降焦。由于：

（1）高碱度小球在烧结过程中能生成大量的低熔点液相。

（2）燃料外配，有利于燃料的合理分布与燃烧。

（3）双球混合料透气性好，可实现低负压厚料层烧结，因而可大幅度降低烧结矿热能与电能消耗。

双球烧结需具备以下条件：

（1）细精矿的水分较低且成球性好。

（2）石灰石粉和白云石粉需细磨至 0.5mm 以下。

（3）有两个配料—混合—造球系统，有高效的造球设备，小球的适宜粒度下限为 3mm，适宜上限为 8mm。

（4）应保证小球在运输、贮存、配料、混合和布料过程中的损坏率最低。

364. 什么是煤气无焰烧结?

答: 在烧结过程中,将煤气和空气的混合物抽入料层,经烧结矿层的预热,至着火温度开始无焰燃烧,燃烧是在料层中进行的。燃烧后的热废气又同烧结料中的固体燃料继续燃烧,可以使煤气燃烧的热量集中于料层的中下层,而不全集中于上层,从而可以在大幅度降低固体燃料的条件下,仍可使中下层具有足够的热量和温度,上下烧结矿层质量较均匀,FeO 和硫含量降低。

鞍钢曾采用空气和 15% 煤气烧结试验,结果表明,节省固体燃料 33%,总热耗降低 15.4%,FeO 下降 6%~8%,强度不变,而产量有所降低。

值得一提的是,由于混合气体着火问题尚未很好解决,生产中应谨慎使用。

365. 什么是烧结矿喷洒氯化物防止低温还原粉化技术?

答: 根据国内外一些资料说明,在烧结矿表面喷洒一定量的氯化物,如 $CaCl_2$、KCl、$MgCl_2$、NaCl 以及卤水等,能够部分有效的抑制烧结矿的低温还原粉化现象,因而改善了烧结矿在高炉内下降过程的粒度组成,进而改善了料柱的透气性,非常有利于高炉顺行,使增产降耗取得良好效果。

为避免钾、钠这些易挥发物在高炉内循环富集造成破坏,建议尽量采用 $CaCl_2$、$MgCl_2$,而且每吨烧结矿的喷洒量应控制在 40~50g/t 入炉料以内。

氯化物多为纯的粉末,按要求配加于水溶液中,用机械喷雾器均匀喷洒在烧结矿表面,使其能完全充分吸收。这些氯化物由于蒸气压高,故进入高炉后在 600℃ 以上就挥发进入煤气从炉顶排出,并且有可能一部分成为 NH_4Cl 随煤气排出,不存在腐蚀问题。

韶钢烧结矿喷洒 $CaCl_2$ 溶液工业试验表明:在高炉矿槽下进行喷洒 $CaCl_2$ 溶液浓度 3% 的溶液为 1%(1% 为 $CaCl_2$ 量溶液重量与烧结矿重量之比)时,效果较好,高炉可增产 3.2%、降低焦比 1.5%。

366. 褐铁矿高配比时烧结生产有哪些技术措施?

答: 随着世界上的富矿资源越来越少,开发低价褐铁矿的烧结技术成为各大钢铁企业的共识。日本和韩国从 1992 年开始一直大力开发褐铁矿烧结技术,其配比已达 30% 以上。目前,国内使用的主要褐铁矿品种为澳大利亚的扬迪矿、罗布河矿和 FMG 矿。

(1) 主要特性。褐铁矿是含结晶水的三氧化二铁,无磁性,它可由其他铁矿石风化形成,化学式常用 $mFe_2O_3 \cdot nH_2O$ 来表示。按结晶水含量多少,褐铁矿的理论铁含量可从 55.2% 增加到 66.1%,其中大部分含铁矿物以 $2Fe_2O_3 \cdot 3H_2O$ 形式存在。这种矿的脉石常为矿质黏土,矿石中 SiO_2、Al_2O_3 及 S、P、As 等有害杂质含量较高。褐铁矿一般粒度较粗,疏松多孔,还原性好,熔化温度低,易同化,堆密度小。

一般企业配比在 10%~20%,比例进一步配高后,会出现烧结速度慢、烧结利用系数低、烧结饼结构疏松强度差、成品率低及燃耗高等情况。

(2) 对烧结生产的影响。

1) 褐铁矿熔化温度低,易同化,液相流动性相当好,大大超过其他矿石。因此褐铁矿烧结时,增加了烧结料燃烧带的厚度,同时受其热爆裂性的影响,烧结时制粒小球很快就粉碎，原有的料层骨架完全被破坏，从而恶化了燃烧带的透气性，致使成品率下降。

2）从图6-48可以看出，由于褐铁矿中的结晶水的分解气化和褐铁矿的高同化性和流动性，造成烧结矿易形成薄壁大孔结构，使烧结矿整体变脆，强度和成品率降低。

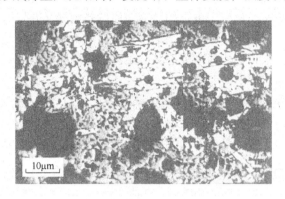

图6-48　褐铁矿烧结矿微观显微照片

3）褐铁矿的黏结相强度是最差的，褐铁矿的自身连晶能力最差，液相固结强度和连晶强度比赤铁矿低很多，所以褐铁矿的烧结矿强度低。

4）褐铁矿与赤铁矿一样是靠再结晶连接，但是其结晶水的分解和黏土矿物的作用大大降低了褐铁矿的连晶能力，所以用褐铁矿烧结的烧结矿强度较差。

5）褐铁矿生成铁酸钙能力最大，比其他矿石高20%，这与褐铁矿同化性强有关，说明使用褐铁矿生产烧结矿有利于铁酸钙的生成，烧结矿的还原性好。

（3）提高褐铁矿烧结比例的技术措施。宝钢在1999年经过多次工业试验，总结出了厚料层适宜机速下配入大比例低价褐铁矿30%以上的烧结技术。

1）混合料水分控制技术。褐铁矿的脉石成分主要是泥质矿物，其含铁矿物主要是针铁矿类型的胶状环带鲕粒结构矿物。它要求的造球适宜水分较高，造球性及成球指数处于中等水平。在制粒造球的过程中，其疏松多孔的结构要吸收较多的物理水。当添加足够的物理水后，褐铁矿中的泥质矿物将起到类似于黏结剂的作用，能很好地促进混合料的制粒效果。换句话说，当褐铁矿配比较高时，只要能掌握好一次混合机和两次混合机的添加水量，可以保证混合料的原始透气性指数满足烧结过程的要求。

根据以上分析，褐铁矿配比大于23%时混合料实测水分率要增加0.1%，以后褐铁矿配比每上升3%，水分率增加0.1%。当褐铁矿配比达到30%以上时，水分率增加速率应放慢，大体可控制在每上升5%，水分率增加0.1%的水平。同时一次混合机和两次混合机的添加水量比例控制应由原来的4∶1左右调整为3∶1左右。褐铁矿配比越高，二次混合机的添加水量要大，但褐铁矿最大配比最好不要超过35%。

2）点火保温炉热量投入控制技术。褐铁矿是一种高结晶水、低熔点、结构疏松的铁矿石，当骤然承受高温时，其内含的大量结晶水激烈蒸发，引起体积急剧膨胀而导致料层内制粒小球产生爆裂粉碎，严重影响料层透气性，降低点火温度可部分缓解爆裂现象的影响。另外，过高的点火强度使低熔点的褐铁矿快速融化，而其疏松的结构和料层表面的过快冷却必然导致表层强度下降，最终引起产质量的下降。

所以，烧结高褐铁矿配比的混合料时，点火炉的点火温度要降低，保温炉的热量投入要提高。

点火温度控制的原则为：以表面点着即可，温度越低越好，不必追求高强度的表面质量。宝钢三烧结大体可以按以下范围进行控制：在抽风制度没有大的改变的条件下，褐铁矿配比在23%～26%之间时，点火炉点火温度控制在1100～1150℃之间；褐铁矿配比在26%～30%之间时，点火炉点火温度控制在1050～1100℃之间；褐铁矿配比大于30%时，点火温度控制在1020～1060℃之间。

在高褐铁矿配比条件下，保温炉的热量投入要加大，一是补充由于点火炉点火温度下降引起的热量损失；二是增加热废气的温度，利用保温炉较长的特点，使料层内褐铁矿的结晶水尽早地、缓慢地蒸发，维持料层的透气性。

3）固体燃料破碎控制技术。烧结高褐铁矿配比的混合料时，固体燃料中大于2.83mm部分的比例要增加，固体燃料的平均粒度要适当提高。控制上限的原则以检测焦粉平均粒度为主，使焦粉平均粒度最高不超过1.9mm。

4）固体燃料配比控制技术。褐铁矿高配条件下，应比褐铁矿低配时略为降低固体燃料配比，但不能大幅降低，总体保持中等偏上水平的配比控制（但由于成品率会适当下降，因此总体的焦粉单耗可能会略微增加或持平）。

一般而言，褐铁矿配比越高，固体燃料的配比相应越低。生产中其配比的掌握原则为：首先满足料层总体热收入的需要，其次达到良好的热态透气性（即减薄红火层的厚度）。在配碳上能实现以上两条可保证较理想的强度指标。这两条实现的好坏需要依靠经验在烧结机机尾判断，以机尾红火层厚度占料层的三分之一到五分之三，亮度略为刺眼为佳。

5）"慢烧"过程控制技术。褐铁矿高配条件下，烧结时间要比褐铁矿低配时适当延长，过程的重点控制参数由温度改为压力。

由于褐铁矿属于易熔、易过湿矿石，在烧结料层中易形成中部过熔、下部过湿现象，厚料层高机速下尤为明显。因此采取"慢烧"方法延长烧结过程，使过湿层提前1～2个风箱位置消失，能有效地将过湿层与高温层隔离开，可明显改善中部过熔、下部过湿现象。

打开并调节保温炉末端风箱支管闸门（宝钢三烧结为5号和4号风箱），其开度视褐铁矿配比高低决定，褐铁矿配比越高，其开度应越大；同时提高并调节余热空气的流量至每小时50000m³左右，保持点火炉内炉压在零压水平。一般而言，指导性的开度为：5号为30%～60%，4号为15%～30%，5号与4号的开度比例约为2∶1左右。"慢烧"过程控制的关键控制参数由大烟道的废气温度曲线改为大烟道内气体的平均压力（负压），必须保持在16.5kPa以下，负压越高，风箱支管闸门开度应越大。

上述5项技术相互独立，在烧结高褐铁矿配比烧结料时采用其中任何一项均可局部改善烧结矿质量。全部采用时可以承受高达30%以上的褐铁矿配比，且不会对烧结矿产质量指标产生重大影响。

7 成品工操作技能

本章节适用于烧结矿破碎、冷却、筛分、整粒等岗位的设备性能及操作技能，并且简要介绍成品物理检验等知识。

7.1 基础知识

367. 烧结矿化学成分与高炉冶炼有哪些关系？

答：（1）入炉烧结矿品位高、脉石少、冶炼时渣量就少，炉料在高炉中下降就顺利，炉渣带出的热量也就少，这就有利于提高产量、降低焦比。生产实践证明：入炉烧结矿含铁品位每增加1%，焦比降低2%，产量提高3%。

（2）烧结矿中有害杂质（硫、磷、锌、铅等）在高炉冶炼时有的进入生铁中，会影响生铁的品质，影响钢的性能，有的进入炉渣、有的变成气态，都会使高炉设备受到侵蚀或结瘤。

（3）烧结矿化学成分波动大，就会引起高炉炉况波动，增加燃料消耗，影响产量。生产实践证明：含铁品位波动由1%降到0.5%时，焦比可降低1%、产量可提高2%。

（4）碱度波动会引起造渣的波动，降低脱硫能力，在一般情况下，碱度波动从0.05%降到0.025%时，高炉产量可提高0.5%，焦比降低0.3%。

（5）亚铁（FeO）一般用作衡量烧结矿还原性的指标，在保证强度的条件下，我们不希望它过高，同时希望它稳定，否则也会引起热度的波动。实践证明：FeO下降1%，焦比下降1.5%，产量提高1.5%。

368. 烧结矿物理性能与高炉冶炼有哪些关系？

答：强度好、粉末少、粒度均匀是对烧结矿物理性能最主要的要求。因为，强度不够，必然会产生较多的粉末，给高炉冶炼带来以下影响：

（1）恶化料柱透气性，炉矿失常、冶炼强度降低，恶化冶炼指标，导致炉尘吹出量增加，复杂了煤气净化系统。

（2）烧结矿粒度均匀，可以增加料柱的孔隙度，提高透气性和改善气流分布，有利于高炉冶炼增产节焦。

实践证明：入炉矿中小于5mm的粉末每降低10%，可使高炉增产6%～8%；烧结矿6～50mm的粒度每增加1%，焦比可降低1.8%。

烧结矿强度低，粉末就多，使高炉炉尘吹出量增加，增加了炼铁的原料消耗，浪费了资源。一个年产500万吨生铁的炼铁厂，若每吨生铁炉尘量增加50kg，则一年多吹走的炉尘量就达25万吨，相当于浪费了年产50万吨精粉的采选能力。

369. 烧结矿的还原性与高炉冶炼有哪些关系？

答：烧结矿的还原性与其物理、化学性质有关。首先，与它的气孔度和熔化程度有关。熔化程度越大，气孔度越小。因为，烧结矿过熔就会出现薄壁大孔现象，煤气就难以向里渗透，煤气与矿石接触面就少，还原性就低，反之形成微孔、气孔度就高，还原性能就好，一般认为入炉矿还原度提高 10%，焦比可降低 8% ~9%。

因测定还原性方法需要投入设备和比较复杂，生产上习惯用烧结矿的 FeO 含量来表示还原性的好坏。生产实践经验是：当烧结矿中 FeO 含量升高 1%，焦比升高 1.5%，产量下降 1.5%。一般认为，FeO 含量升高表明烧结矿中难还原的 $2FeO \cdot SiO_2$ 或较难还原的钙铁橄榄石数量增加，烧结矿熔融程度较高，故还原性变差。但是烧结矿的物理结构和矿物组成均影响其还原性能，因此用 FeO 含量作为鉴定烧结矿还原性的唯一指标是不尽全面的。由于条件不同，各厂烧结矿的 FeO 指标也不宜强求一致。应当指出，在条件相同时，烧结矿强度同 FeO 含量成正比，而与还原性成反比。因此，牺牲强度追求低的 FeO 指标，不可能降低焦比，因为烧结矿强度差，高炉合理的煤气分布遭到破坏，炉况不顺，对降低焦比更加不利。

370. 低温还原粉化性与高炉冶炼有哪些关系？

答：低温还原粉化性指的是在高炉上部 450 ~550℃ 低温时，烧结矿中的再生的 Fe_2O_3，由 α-Fe_2O_3 还原成 γ-Fe_2O_3，在还原气体的作用下发生了晶格转变，导致在机械作用下严重的碎裂粉化。若粉化达到一定程度，就会影响高炉内块状带的透气性，致使高炉技术经济指标变坏。如烧结矿在高炉中粉化使小于 5mm 的粉末增加 1%，则每吨生铁需要增加 4 ~7kg 焦炭。

现在大部分企业将低温还原粉化率作为评价烧结矿的质量之一，简称 LTD%。

371. 烧结矿的高温性能与高炉冶炼有哪些关系？

答：烧结矿的高温性能通常指在温度 1000℃ 以上时，烧结矿的还原性和软熔性（也称荷重软化和熔融滴落性能或软化性）。

烧结矿在高炉内下降过程中温度不断地上升，同时在还原气体的作用下不断地被还原，当它们达到一定温度时，烧结矿开始软化、滴落，最后以铁水和炉渣状态积存于炉缸内。将软化开始及终了时的温度叫软化开始和终了温度，差值叫软化区间。

一般地说，烧结矿的开始软化温度在 700 ~1200℃ 之间。

高炉冶炼对烧结矿的软化性能要求表现在两个方面：一是开始软化温度；二是软化温度区间。

实践证明：烧结矿的软熔性对高炉软熔带的位置形状和厚薄有决定性的作用。例如：软化温度高而熔滴性能好的烧结矿石使软熔带下移，软化区间变窄、软熔带变薄、增加透气性。相反，软熔温度低，软熔区间宽的烧结矿下部阻力大，并容易引起高炉结瘤。

7.2　烧结矿整粒工艺

372. 烧结矿处理流程有哪些?

答: 从烧结机上卸下的烧结饼都夹带有未烧好的矿粉,且烧结饼块度大,部分大块甚至超过 200mm。温度高达 600~1000℃,对运输、储存及高炉生产都有不良的影响。因此,需进一步破碎、冷却、筛分和整粒。

烧结矿整粒指烧结矿冷却后进行筛分或兼有冷破碎设施,分出高炉要求粒度范围的成品烧结矿、烧结用的铺底料以及返矿的过程。

处理流程有热矿和冷矿两种,如图 7-1 所示。热矿流程已很少采用了。烧结厂大都采用冷矿流程,包括破碎、冷却、筛分和整粒。

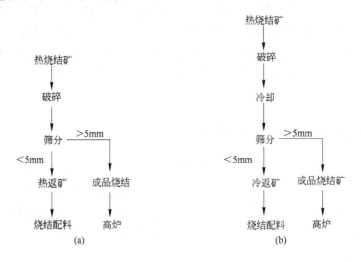

图 7-1　烧结矿处理流程
(a) 热矿处理法;(b) 冷矿处理法

(1) 取消热筛有如下优点:

1) 取消了热振筛,减少了设备事故;

2) 没有热返矿,省去了昂贵的链板运输机;

3) 减少了热振筛处的扬尘点,有利于环境保护;

4) 降低了厂房和设备投资。

(2) 采用冷矿流程有如下缺点:

1) 冷却机面积相对增大 10%~15%;

2) 没有热返矿,混合料温度降低;

3) 烧结矿细粒粉末影响冷却料柱透气性,冷却风压相对增加 147Pa 左右,致使电耗增加;

4) 冷却废气含尘量增多,回收、除尘负荷增大;

5) 冷却机布料粒度偏析,需设置特殊漏斗装置。

373. 烧结矿的破碎、冷却和筛分目的有哪些?

答: (1) 烧结矿破碎就是将机尾卸下的大块进行处理,避免大块烧结矿在料槽内卡塞和损坏运输皮带，为高炉冶炼创造条件。生产实践证明，大块烧结矿不仅卡塞矿槽，影响高炉布料，并且大块烧结矿在高炉上、中部未能充分还原便进入炉缸，破坏了炉缸的热工制度，造成焦比升高。

目前，我国烧结厂普遍采用剪切式单辊破碎机。

（2）烧结矿冷却就是将机尾卸下的炽热烧结矿700~800℃冷却至100~150℃，目的有：

1）冷烧结矿便于整粒，为高炉冶炼提供粒度均匀的产品，可以强化高炉冶炼，降低焦比，增加产量。

2）冷矿可用胶带机运输和上料，使炼铁厂运输更加合理，适应高炉大型化发展的要求。

3）可提高高炉炉顶压力，延长烧结矿矿仓和高炉炉顶设备的使用寿命，减少高炉上料系统的维修量。

4）采用鼓风冷却时，有利于冷却废气的余热利用；并有利于改善烧结厂和炼铁厂的厂区环境。

（3）筛分的目的是筛除未烧好的和破碎后的粉末，提高烧结矿入炉的透气性。生产实践表明，粉末进入高炉内会恶化料柱透气性，引起煤气分布炉况不顺，风压升高，悬料、崩料，高炉产量下降。据统计，烧结矿中的粉末每增加1%，高炉产量下降6%~8%，焦比升高，大量炉尘吹出会加速炉顶设备的磨损和恶化劳动条件。据安钢经验，烧结矿小于5mm的粉末减少10%，可降低焦比1.60%，产量增加7.6%。

374. 烧结矿的冷却方法有哪些?

答：目前烧结矿冷却方式主要有抽风冷却、鼓风冷却和机上冷却几种。

（1）抽风冷却采用薄料层（$H < 500$mm），所需风压相对要低（600~750Pa），冷却机的密封回路简单，而且风机功率小，可以用大风量进行热交换，缩短冷却时间，一般经过20~30min烧结矿可冷却到100℃左右。抽风冷却的缺点是风机在含尘量较大、气体温度较高的条件下工作，叶片寿命短，且所需冷却面积大，一般冷却面积与烧结面积比为1.25~1.50，不能适应烧结设备大型化的要求。另外，抽风冷却第一段废气温度较低（约150~200℃），不便于废热回收利用。

（2）鼓风冷却采用厚料层（$H = 1500$mm），低转速，冷却时间长，约60min。优点是冷却面积相对较小，冷却面积与烧结面积比为0.9~1.2。冷却后热废气温度为300~400℃，可以进行废气回收利用。鼓风冷却的缺点是所需风压较高，一般为2000~5000Pa，因此必须选用密封性能好的密封装置。

带式冷却机和环式冷却机是比较成熟的冷却设备，它们都有较好的冷却效果，两者比较，环式冷却机具有占地面积较小、厂房布置紧凑的优点。带式冷却机则在冷却过程中能同时起到运输作用，对于多于两台烧结机的厂房，工艺便于布置，而且布料较均匀，密封结构简单，冷却效果好。

（3）机上冷却是将烧结机延长后，烧结矿直接在烧结机的后半部进行冷却的工艺。其优点是单辊破碎机工作温度低，不需热矿振动筛和单独的冷却机，可以提高设备作业率，降低设备维修费，便于冷却系统和环境的除尘。国内首钢、武钢烧结厂等已有机上冷却的成功经验。

375. 烧结矿整粒的目的和意义有哪些?

答: (1) 使供给高炉的成品烧结矿粉末量降到最低限度。一般情况下整粒后的烧结矿小于5mm粒级含量小于5%。

(2) 消除大块烧结矿,烧结矿各级含量趋于合理。一般整粒流程中首先将烧结矿进行一次冷破碎,控制烧结矿的上限不大于50mm,这样就消除了烧结矿中的过大块(100 ~ 150mm粒级),使成品烧结矿各级粒度趋于合理。经过整粒后烧结矿中级粒度(40 ~ 10mm或50 ~ 10mm)占很大部分(55% ~ 70%)。

(3) 可得到满意的铺底料。合适的铺底料粒度经实践证明是20 ~ 10mm或25 ~ 10mm。

(4) 使烧结矿强度提高。整粒后大块烧结矿经破碎筛分及多次落差转运,已磨掉和筛除了大块中未黏结好的颗粒,因整粒后烧结矿的转鼓强度、筛分指数都有所提高。武钢三烧在实现整粒后烧结矿转鼓指数提高了2.3%,小于5mm的粉末减少了2%。

(5) 高炉获得利益。由于整粒后烧结矿粒度均匀,粉末减少,平均粒度增加,使高炉料柱透气性大为改善,有利于高炉顺行,焦比降低,产量上升。武钢高炉使用整粒后的烧结矿,比使用未整粒的烧结矿利用系数提高5.5%,综合焦比降低7.31kg。

整粒后烧结矿粒度组成见表7-1。

表7-1　整粒后烧结矿粒度组成

厂　名	粒度组成/%			
	>40mm	40 ~ 10mm	10 ~ 5mm	<5mm
武　钢	22.4	59.7	13.9	4.0
广　钢	3.6	71.1	21.1	4.2

376. 确定整粒流程的原则有哪些?

答: (1) 有条件时,整粒系统应布置为双系列,尽量减少对烧结主机作业率的影响。

(2) 整粒流程应尽量设置冷破碎,冷破碎多为开路流程。

(3) 当设置冷破碎时,一次筛分多为固定条筛。

(4) 为了分出适宜粒级的铺底料,一般设四段筛分。

(5) 当两次筛分配置在一个厂房内时,需设置必要的检修设施。

(6) 当整粒系统只能设置单系列时,宜有旁通设施,以便整粒系统停机时,烧结矿可直接送高炉系统,并应适当增大铺底料仓容积,以保证铺底料的供应。

烧结整粒系统为双系列时,其系统生产能力的确定有三种形式:

(1) 每个系列的能力为总能力的50%,设置有可移动的备用振动筛作整体更换,以保证系统的作业率。

(2) 每个系列的能力为总能力的100%,一个系列生产,一个系列备用。

(3) 每个系列能力为总生产能力的70% ~ 75%,不设置整体更换备用筛分机。当一个系列发生故障时,只能以70% ~ 75%能力维持生产。

一般大中型烧结厂大多采用第一种形式。从基建投资方面来看,如果以第一种形式的投资费用为100,则第二、第三种形式分别为90和70。

377. 烧结矿的整粒有哪些流程？

答：烧结矿在热破碎、热筛分和冷却的基础上，还应再进行冷破碎和数次冷筛分，一般烧结矿的整粒流程常见的有下列四种：

（1）一段冷破碎四段冷筛分流程（如图 7-2 所示）。冷破碎前采用固定筛预先筛分，然后用单层振动筛分段进行二、三、四次筛分，每层振动筛又分出一个粒级的成品烧结矿和铺底料。这是一种较完善的流程，它能合理控制烧结矿的上、下限粒度和铺底料粒度，成品和铺底料含粉末少，但投资略高。

（2）采用双层筛的一段冷破碎、三段四次冷筛分流程（如图 7-3 所示）。冷破碎前采用固定筛预先筛分，用双层筛在第二段作二、三次筛分，用单层筛在第三段作四次筛分。这样的流程减少了运转次数，节省了一台筛分设备，因而投资较低，但双层筛结构复杂，检修困难。

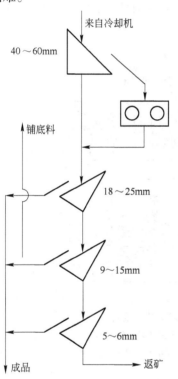

图 7-2 固定筛和单层振动筛组合的四段筛分流程图

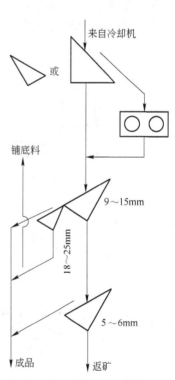

图 7-3 双层振动筛组合的三段筛分流程图

（3）采用单层筛的一段冷破碎、三段四次冷筛分流程。这种流程与(2)类似，不同的是用两段筛孔的单筛作第二段筛分或第三段筛分。该流程可省一台筛子，工厂总图布置较紧凑，而基本能满足烧结矿和铺底料的要求，但两段筛孔的单层筛尺寸比较庞大，设备费用较高。

（4）采用两段筛孔固定筛的一段冷破碎、三段四次冷筛分流程。该流程的特点是将用作预先筛分的固定筛延长，做成两种不同的筛孔，第二段筛孔筛下物连同冷破碎后的产物一起进入成品而不筛除返矿，这种流程的投资较低，但由于采用开路破碎，用固定筛筛分效率低，因而混入成品中的粉末量较多，是一种不理想的流程。

7.3　设备性能及维护

378. 剪切式单辊破碎机有哪些性能？

答： 烧结机卸下的烧结饼需破碎到 150mm 以下，才能进入热烧结矿的筛分及冷却设备。烧结矿破碎设备有单齿辊破碎机、双齿辊破碎机和波纹辊式破碎机等。

目前我国普遍采用的剪切式单辊破碎机如图 7-4 所示。它主要是由齿辊、主轴、水管、固定算及传动减速机构组成，算板是固定的，设在破碎机的下面，齿辊在算条之间的间隙内转动。破碎齿冠由耐热耐磨材料堆焊或镶块而成。破碎齿的形状不一，有三齿的也有四齿的，一般以四齿的为多。主轴两端轴承设水冷装置，齿辊的驱动端设有保险装置（保险销或液力偶合器），当过负荷时，保险销被剪断或液力偶合器作用，使设备停止运转，以保护减速机和单辊破碎机。

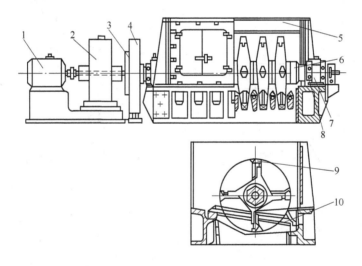

图 7-4　ϕ1500×2800 剪切式单辊破碎机示意图

1—电动机；2—减速机；3—保险装置；4—开式齿轮；5—箱体；
6—齿辊；7—冷却水管；8—轴承座；9—破碎齿；10—算板

单辊破碎机的规格与烧结机相适应，主要取决于烧结台车的宽度。设备的规格用齿辊的直径和长度来表示。如 ϕ1600×3000 表示单辊破碎齿辊直径为 1600mm，长度为 3000mm。表 7-2 列出了不同烧结机台车宽度的单辊破碎机规格。

表 7-2　常见单辊破碎机规格

台车宽度/m	单辊直径/m	单辊齿片数/个	算板算条数/个	齿片中心距/mm	电机功率/kW
3.0	1.6	11	12	270	55
4.0	2.0	14	15	290	110
5.0	2.4	16	17	320	150

该设备齿冠有时断裂，一般采用堆焊的办法进行修复。

新建烧结厂有的采用水冷式单辊破碎机。根据测定，水冷式单辊在停机后10min，齿冠温度仅为65℃，算板温度56℃（水冷算板）。水冷式破碎机的优点是：

（1）由于采用堆焊式水冷齿辊及算板，可提高寿命（齿辊提高5~6倍；算板提高2~4倍）。

（2）堆焊整体锤头代替螺栓连接锤头，避免锤头掉落。

（3）齿辊、算板的检修方便，缩短检修时间，保证操作安全，改善了劳动条件。

其缺点是焊接复杂，对冷却水水质有一定要求。

379. 耐热矿筛分设备的性能和工作原理有哪些？

答：（1）耐热振动筛的结构。耐热矿筛分设备由筛箱、振动器、中间联轴节、挠性联轴节、减振底架、电动机等部分组成，如图7-5所示。

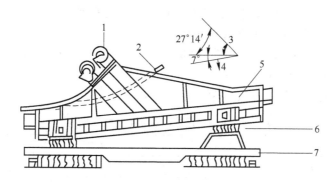

图7-5 耐热振动筛构造示意图

1—振动器；2—隔热水包；3—振动方向；4—物料运动方向；
5—筛箱；6—弹簧；7—底架

1）筛箱。筛箱是筛子的运动部件。它由筛框、筛算板、算板固定装置及挡板组成。筛框是筛箱的承力骨架，由于要承受交变冲击载荷，故采用以铆接为主的结构形式。横梁是矩形截面，由钢板焊接而成。工作时，筛框要受高温物料的烘烤，因此，侧梁和横梁均采用合金钢板制成。侧梁下部有铸钢安装座，上部为铆接成的振动器安装座。设计时，要使振动器的惯性力的合力通过侧板中心。这样就使连接铆钉处于双面受剪的状态。为了防止铆钉孔锐利的边缘剪断铆钉，铆钉孔组扩孔后，采用磨削方法，将铆钉孔边缘磨钝。筛算板与高温物料直接接触，要求有较好的耐热和耐磨性能，故采用耐热合金钢板制成。

2）振动器。振动器是产生激振力的部件。它是由一对速比为1∶1的渐开线齿形的人字齿轮和箱体、传动轴、偏心块和轴承组成。通过调整偏心块上的调节柱销的数量和安装位置，可以调节振动器所产生的激振力大小。

3）中间联轴节。两个振动器通过中间联轴节获得同步运转。中间联轴节由中间轴、刚性联轴器连接法兰和半齿轮联轴器等组成。

4）挠性联轴节。挠性联轴节是将电动机功率传递给振动器的连接部件，是由两个橡胶挠性盘和中间的花键轴套组成。

5) 减振底架。热矿筛是安装在烧结机尾的主厂房楼板上,为减轻筛子传给厂房的动负荷,振动筛一般采用减振底座。

减振底座是由钢板焊接和由铸铁或混凝土制成的配重块组成。整个筛箱和振动器通过四组弹簧支撑于减振底座上,而减振底座与主厂房平台之间也通过四组弹簧来缓冲。

(2) 热振筛的工作原理。振动器上的两对偏心块在电机带动下,作高速相反方向旋转,产生定向惯性力传给筛箱,与筛箱振动时所产生的惯性力相平衡,从而使筛箱产生具有一定振幅的直线往复运动。筛面上的物料,在筛面的抛掷作用下,以抛物线运动轨迹向前移动和翻滚,从而达到筛分的目的。

(3) 检修安装时应注意:

1) 挠性联轴节是电动机与传动器连接的部分,它除了传递电动机功率外,同时具有角度和长度的补偿机构,满足了筛子工作时,由于电动机不与筛子作相同振动的要求。

2) 物料在筛面上的运动轨迹为抛物线,因此筛面可 0° 或 5° 安装,为了减少筛子在工作中传给基础的支负荷,设有二次减振底架。

3) 漏斗、风罩和隔热装置等部件,均不得固定在筛子本体上,并要求与筛子运动部分之间的间隙不得小于 50mm。

表 7-3 列出了我国常用热矿振动筛的技术性能。

表 7-3　我国常用热矿振动筛的技术性能

型号规格	SZR1545	SZR2575	SZR3175
筛面尺寸(长×宽)/mm×mm	1500×4500	2500×7500	3100×7500
筛孔尺寸/mm	6×33	6×33	6×33
振动频率/次·min^{-1}	735	735	735
筛面倾角/(°)	5	5	5
处理能力/t·h^{-1}	250	450	600
双振幅/mm	8~10	8~10	8~10
电机功率/kW	7.5×2	18.5×2	18.5×2
重量/t	11	25	30

目前,大型烧结厂取消热矿筛分系统,主要原因设备维护困难和热返矿对混合料水分、制粒影响较大。

380. 鼓风环式冷却机有哪些工作特点?

答:环式冷却机是目前应用最广泛的一种冷却设备。早期的环式冷却机是抽风的,而现在大部分是鼓风式的,简称鼓风环冷机。新型环冷机立体示意图如图 7-6 所示。

鼓风环冷机是由抽风环冷机发展而来的。其结构形式采用了抽风环冷机的优点。在冷却台车的下面,将风箱固定在支架上,把水平的冷却面积分成几段,一般几个风箱共用一台风机。冷却完了的台车在曲轨处倾斜卸矿。这种冷却机料层厚、占地面积小,冷却风机的叶轮不易磨损。它的冷却效果好,在 20~30min 内烧结矿温度可降到 100~150℃。台车无空载运行,提高了冷却效率且运行平稳,在料层冷却过程中烧结矿不受机械破坏,粉碎

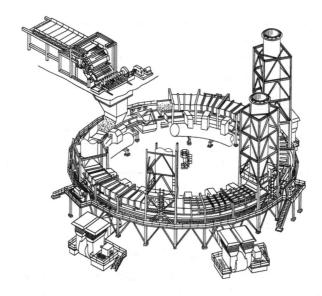

图 7-6 新型环冷机立体示意图

少。环式冷却机结构简单，维修费用低。

日本是采用鼓风环式冷却机最多的国家，而且规格也大。例如日本日立造船是世界上生产鲁奇式烧结设备的最主要厂家之一，他们研制出的新型环冷机既节能省工又降低造价和便于操作维护，主要特点如下：

（1）取消了原环冷机下部的双重阀和散料输送机。新型环冷机在台车下部设置一整体的风箱，该风箱除用于通过冷风冷却烧结矿外，同时用以接收和输送从冷却机台车通气板上落下的烧结矿散料，并在排料端与冷却后的烧结矿一起排出。

（2）取消地坑并降低了支撑骨架。由于取消了散料输送机和风箱结构的变化，新型环冷机的骨架仅用以支撑台车和罩子，因此比原环冷机的骨架结构高度显著降低，结构件重量减少。

（3）改进了设备的密封结构。取消了运动台车和固定风箱之间的滑动密封；风箱支管与进风通道间采用了水封结构。

（4）新型环冷机密封结构的改进，使环冷机的漏风率显著降低，同等规格的环冷机在相同的工况条件下，新型环冷机所需要的送风量比原环冷机减少 1/3。如原使用三台风机的现可配置二台（风机参数相同），节约了动力费用。同时使烧结厂的日常维护和定期检修工作量减少。良好的密封装置使环境污染减少，改善了工作条件。

表 7-4 列出了鼓风环式冷却机的技术参数。

表 7-4 鼓风环式冷却机技术参数

规 格	生产能力 /t·h⁻¹	中径/m	冷却时间 /min	功率/kW	台 车		
					宽度/m	栏板高度/m	料层厚度/m
110m²	235	21	50~80	11	2.2	1.3	1.2
120m²	250	22	50~160	11	2.3	1.5	1.4
130m²	260	26	48~144	11	2.6	1.5	1.4

续表7-4

规 格	生产能力 /t·h⁻¹	中径/m	冷却时间 /min	功率/kW	台 车		
					宽度/m	栏板高度/m	料层厚度/m
140m²	302	22	48~144	11	2.8	1.5	1.4
170m²	380	24.5	50~120	11	2.6	1.5	1.4
235m²	460	30	60~120	11	3	1.5	1.4
280m²	565	33	43~130	15	3.2	1.5	1.4
415m²	800	44	48~144	15	3.5	1.6	1.5

注：本表是唐山华通机械制造有限公司实际产品型号。

381. 鼓风带式冷却机有哪些工作特点？

答：带式冷却机是目前又一比较普遍使用的烧结矿冷却设备，它是一种带有百叶窗式通风孔的金属板式运输机，如图7-7所示。带式机由许多个台车组成，台车两端固定在链板上，构成一条封闭链带，由电动机经减速机传动。工作面的台车上都有密封罩，密封罩上设有抽风（或排气）的烟囱。

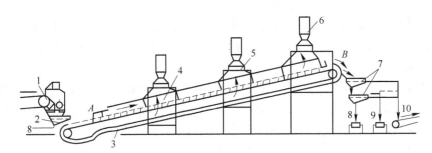

图7-7 带式鼓式冷却示意图

1—烧结机；2—热矿筛；3—冷却机；4—排烟罩；5—冷却风机；6—烟囱；
7—冷矿筛；8—返矿；9—铺底料；10—成品烧结矿

早先一般采用抽风冷却，近年来发展了鼓风冷却。烧结面积和冷却面积之比一般为1~1.5。带式冷却机的工作原理是热烧结矿自烧结机尾端加入台车，靠卸料端链轮传动，台车向前缓慢的移动，借助台车下部鼓风冷却，冷却后的烧结矿用胶带运输机运走。

带式冷却机除了设备可靠外，具有以下优点：

（1）布料均匀。由于带冷机台车是矩形的，并且沿直线运行，因而烧结矿能够均匀地布到台车上，不易产生布料偏析和短路漏风的现象。

（2）设备制造比环冷机简单，且在运转过程中不易出现跑偏、变形等问题，因而设备的密封性能好。

（3）带冷机呈狭长条形，适宜在狭长的地带配置，而且可在同一厂房内实行平行配置，因此尤其适合与安装有多台烧结机的厂房相配套。

（4）带冷机可安装成一定的倾角，可兼作运输设备，把冷却的烧结矿运至缓冲矿槽。

（5）带冷机算条不易堵塞。由于带冷机卸矿时翻转180°，细粒烧结矿一般能掉下来，所以算条不易堵塞，冷却效果较好。

其主要缺点是设备重，由于带冷机的回车道是空载的，设备重量较相同处理能力的环冷机要重约1/4。

表7-5列出了常见鼓风带式冷却机的技术参数。

表7-5 常见鼓风带式冷却机技术参数

规格	总重量 /t	生产能力 /t·h⁻¹	运行速度 /r·min⁻¹	倾角 /(°)	冷却时间 /min	功率 /kW	台 车		
							有效宽度 /m	数量 /个	栏板高度 /m
30m²	167	50 ~ 80	0.25 ~ 2.2	10	50 ~ 70	18.5	1.5	84	1.15
36m²	105	70	1.17 ~ 2.42	9	17 ~ 21	22	1.0	210	0.35
45m²	163	90 ~ 140	0.29 ~ 1.46	10	45 ~ 55	22	1.5	190	0.55
50m²	175	100 ~ 140	0.7 ~ 1.67	9	30 ~ 65	30	1.5	200	0.55
60m²	308	140	0 ~ 1.4	5.7	50 ~ 70	30	1.5	141	1.15
75.6m²	363	133 ~ 172	0.6 ~ 1.09	12	40 ~ 70	30	1.8	130	1.25
90m²	662	200	0.34 ~ 1.01	5	50 ~ 90	30	2.5	101	1.5
110m²	831	190 ~ 245	0.39 ~ 0.77	10	50 ~ 100	18.5	3.0	129	1.6
120m²	946	210	0.3 ~ 0.9	4.96	70.18	22	3.0	136	1.396

注：本表是唐山华通机械制造有限公司实际产品型号。

382. 如何确定带冷（环冷）机的有效面积？

答：带冷（环冷）机有效冷却面积$A_{效}$按以下公式计算：

$$A_{效} = Qt/60h\gamma$$

式中 $A_{效}$——冷却机的有效面积，m^2；

Q——冷却机的设计生产能力，t/h；

t——冷却时间，抽风冷却约为30min，鼓风冷却约为60min；

h——冷却机料层高度，抽风冷却时$h = (1.4 \pm 0.1)m$，鼓风冷却时$h = (0.3 \pm 0.1)m$；

γ——烧结矿堆积密度，$\gamma = (1.7 \pm 0.1)t/m^3$。

如果设计热矿筛，冷却机台车宽度要根据热矿筛的宽度而定，否则根据烧结机台车宽度而定。冷却机的有效面积还可以根据烧结机的有效面积按经验确定：

抽风冷却机，冷烧比 1.25 ~ 1.50

鼓风冷却机，冷烧比 0.9 ~ 1.10

383. 烧结机上冷却系统有哪些工作特点？

答：机上冷却不需单独配置冷却机，只是将烧结机延长，前段台车用作烧结，后段台车用作冷却，分别叫烧结段和冷却段。两段各有独立的抽风系统，中间用隔板分开，防止互相窜风。强制送入的冷风穿过料层，进行热交换。冷却后的烧结矿从机尾卸下，热废气经除尘后从烟道排出。

机上冷却方式于 20 世纪 60 年代末获得成功并开始应用。70 年代以来发展很快。机上冷却与机外冷却相比，各有长短。

机上冷却的优点是：工艺流程简单，布置紧凑。因冷却过程中烧结矿自行破碎，可以取消热矿破碎机、热矿振动筛（热振筛为普通振动筛取代）和单独的冷却机等几项重要的设备，减少了环节，减少了事故，降低了维修费用，提高了作业率。同时减少了产生灰尘污染环境的来源地，冷却系统的环境得到改善；烧结矿自行破碎后，透气性好，冷却速度快；另外，机上冷却产品中残碳量较低，成品率较高，返矿量减少，固体燃料消耗降低，冷却过程中氧化条件充分，烧结矿中的 FeO 含量降低，还原性得到改善。

存在的主要问题是台车受高温作用时间长，容易断裂损坏，使用寿命降低或者需要增加费用；同一烧结机上，烧结和冷却相互制约，尤其在原燃料条件和操作条件波动较大时，为了保证冷却效果，只得减慢机速，因而烧结机利用系数比机外冷却的要低；烧结矿细粒粉末影响冷却料层的透气性，致使冷却风压比机外冷却高得多，电耗也增加且无热返矿，需另外考虑预热措施，如加生石灰或蒸汽等。

384. 成品烧结矿的贮存有哪些方法？有何要求？

答： 储矿仓的选择。由于炼铁和烧结生产的不平衡，设备作业率的差异以及与高炉上料系统的不协调，有必要设置烧结矿成品贮存设施。

成品矿仓容积大小应满足生产需要并同时考虑经济效果，一般以贮存 8 ~ 12h 为宜。成品矿仓一般用移动漏矿车进料，用电机振动给料机、槽式给矿机或电磁振动给料机排料。正常生产时，烧结矿应直接输送至高炉矿仓，只有在需要时烧结矿才进成品矿仓或落地露天储存。

成品矿仓可设计成钢结构，或上部垂直段为钢筋混凝土结构，下部锥体为钢结构。为防磨损，仓壁料流部分须设衬板。下部仓壁倾角不小于 45°。

露天贮存。从表 7-6 可知，烧结矿料场露天贮存一段时间后，大粒级含量显著减少，小于 5mm 粉末增加。因此尽可能避免或减少露天贮存烧结矿。

表 7-6 露天贮存烧结矿粒度及含粉率变化

项 目	粒度组成/%				
	>40mm	40 ~ 25mm	25 ~ 10mm	10 ~ 5mm	5 ~ 0mm
成品烧结矿	23.51	15.04	33.83	19.38	8.24
露天贮存两个月后平均	2.83	7.22	36.56	35.82	17.57
比 较	-20.68	-7.82	+2.73	+16.54	+9.33

385. 成品矿仓配置注意哪些事项？

答：（1）成品矿仓进料皮带机应与矿仓长度方向相一致配置，仅情况特殊时，方可垂直配置。

（2）皮机进料端需多设一跨，其作用是在此跨内设梯子间及安装孔，以及作为移动漏矿车向进料端第一格矿仓卸料用场地。

（3）矿仓进料、排料处需考虑密封除尘。成品矿仓配置图见图 7-8。

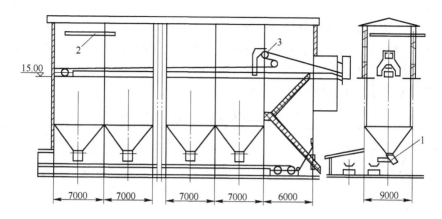

图 7-8　成品矿仓配置图（大型厂用）

1—电机振动给矿机；2—电葫芦；3—移动漏矿车

7.4　成品工实操技能

386　单辊破碎机操作时有哪些注意事项？

答：（1）要经常保持烧结机尾部马鞍漏斗、头部漏斗的畅通；小格上台车返回时掉下来的料要及时清理，杜绝集中打料。

（2）保证单辊破碎机空心轴和轴瓦冷却水畅通。

（3）严禁往小格里打水或水门常开。

（4）当单辊卡矿严重，单辊销子断，堆矿过多时，要立即通知主控及烧结机工进行停机处理。

（5）在机尾捅烧结矿时应站在算子外边，不得站在台车下工作。

（6）捅马鞍漏斗时，人应站在料流侧面，工具要握紧，以防被烧结矿烧伤或工具掉落。

（7）齿冠、衬板、安全销、清扫器如有松动、折断、严重变形或脱落情况，立即通知主控停机处理。

（8）及时将烧结矿的好坏，风箱跑风，台车运行及车轮、摩擦板是否完好等情况通知烧结机工。

单辊破碎机破碎的是温度为 800℃ 左右的烧结矿（机上冷却工艺除外），由于齿辊保护圈、衬板等部件会受到高温烧结矿的冲击和磨损，因此在运转过程中要注意检查和维护。

387. 单辊破碎机检查维护及注意事项有哪些？

答：（1）要严格控制烧结终点温度，不许烧成熔融烧结矿，以免与齿辊及算板产生严重黏结形成卡料事故。

（2）保证冷却水不断供应，定期检查并清除水冷轴承的通水管中的水垢。

（3）经常检查衬板、齿冠与刮刀的松动变形或磨损情况，严重时，立即停车更换处理，以免卡料。

（4）更换衬板后应检查螺钉是否拧紧，算板上是否有异物留下，如有则不准开车。

（5）发现烧结矿粉末过多或固定碳过高应向看火工及时反映。发现马鞍漏斗、单辊箱内堵塞后，要用工具捅，不要打水，以免变形。

单辊破碎机常见故障及处理方法见表7-7。

表 7-7 单辊破碎机常见故障及处理方法

部 位	故 障	原 因	处 理 方 法
电动机	外壳温度升高	超负荷、电压低	减少机械摩擦
	轴承温度高，有杂音	轴承坏，轴承缺油或油过多	更换轴承，加减油量
	运转有噪声	定子松动，风叶松动，轴承间隙大	检修、更换
	振动	中心不正，螺丝松动	调整中心，紧固螺丝
减速机	漏油	油面过高或箱体密封不良	调整油位，处理密封
	振动	中心不正，螺丝松动	调整中心，紧固螺丝
	摆动	开式齿轮啮合不正	开式齿轮重新找正或找平
	发热及异常	齿轮啮合不好，打齿、轴弯或轴承坏，轴承油杂物，油量过多或过少，油质不清洁	检查处理，更换新件，清洗轴承加油，调整油位、换油
保险销	保险销断	齿冠松动偏斜断裂	紧固或更换齿冠
		铁块卡住单辊或烧结矿堆积过多	处理障碍物
		衬板断裂而偏斜	更换衬板
单 辊	单辊轴瓦温度高	轴瓦缺油	检查瓦孔油路，加油
		进杂物	清洗轴承，加强密封
		冷却水流量小或断水	检查水门、管路，坏的更换
		负荷不均，不水平；止推轴瓦失效	检查轴的水平，更换轴瓦
	单辊窜动严重	前后壁变形	更换螺栓，检查箱体前后壁
		窜轴齿冠、算板螺丝松动	紧固螺丝
	单辊箱体连接螺栓断，齿冠和算板刮料刀磨损严重	碰撞间隙大	调整间隙
	马鞍漏斗堵塞	马鞍漏斗衬板变形	处理变形
		大块卡死过烧、粘炉算子	勤捅漏斗、控制好终点
	机尾簸箕堆料	清扫器磨损	检查补焊或更换
		未及的处理积料	及时清理

388. 振动筛的操作步骤有哪些？

答：（1）开车前的准备：

1）检查设备螺栓的紧固情况，特别是检查振动器与筛体的连接螺栓是否紧固可靠，筛体侧板及大小梁有无断裂现象。

2）挠性联轴节的空间位置在静止时中心线应基本处于水平位置，即电机轴，挠性联轴节、振动器轴三条轴中心线保持在一条直线上。

3）检查筛筛板螺栓有无松动，发现松动及时汇报。通过处理使筛板牢固可靠。

4）检查筛面是否平整，不得因弹簧受力不均而发生任何位置的偏斜，筛板应无大的孔洞。

5）检查振动器的安装质量，并用手盘动偏心轴，应保证偏心轴转动时灵活轻便，不得有阻力过大或卡死现象；基础螺栓无松动和丢失。

6）检查油路是否畅通无阻，轴承箱是否有足够的润滑。

7）检查设备转动部分有无障碍物。

8）上、下漏斗应无堵塞，漏斗的衬板应保持无翘头及脱落。

9）待检查完毕后，确认无问题，合上事故开关，通知主控启动。

（2）开停车操作程序：

1）联锁起动时，听到预告声音50s后，设备即随系统启动。

2）非联锁起动时，首先通知主控由电工将电磁站选择开关打到手动位置，然后将机旁操作箱上的事故开关合上，最后按起动按钮，设备即可启动运转。

3）联锁停车时由主控操作统一停车；非联锁停车可按停止按钮或切断事故开关。

4）无论联锁与非联锁停机后，都要切断事故开关，以防联系失误和下次启动发生事故。

389. 振动筛操作和维护应注意哪些事项？

答：（1）热矿振动筛应在没有负荷的情况下开机，等筛子运转平稳后才能给料，停机时应待筛子排完烧结矿后再停机。

（2）经常检查振动器、锁紧装置、浮动轴、挠性联轴节、电机的声响和温度，检查隔热水箱通水是否畅通，漏斗及筛网有无堵塞现象等，如不正常及时汇报中控处理。

（3）热矿筛座弹簧应保持清洁干净，不应有堆料现象。热状态下，禁止用水冲筛板与其他部件，以免变形或产生裂痕。

（4）设备在运转中发现问题，无论是设备问题还是生产工艺问题，应及时向烧结中控室汇报，便于统一安排处理，不经许可，不得擅自停车（紧急情况例外）。

（5）按规定进行自动加油，经常检查油脂质量，定期清理油箱。

（6）安装两振动器之间的中间联轴节时，应严格按制造厂所作的标记对连接法兰进行安装，保证两振动器的偏心块相对位置一致。

（7）一般在检修后初次使用时，筛板等各部螺栓因受热的影响有松动的可能，故在开车投产后6~8h，应将筛板等部位螺栓再拧紧1~2次。

（8）筛板出现裂口焊补时，应先将焊件预热到150~200℃后，用506焊条焊接。

（9）料流冲击的地方筛板最易磨损，最好在这里铺上一层钢板加以保护，加钢板最好采用焊接与螺栓两种方法结合。

（10）振动器检修完若时间超过6个月，则安装前必须将各零件拆洗干净，轴承和槽内应注入适量的二硫化钼润滑脂。

（11）电动机电控调整，两电动机开启时间间隔调整到0.5~1.5s，停机时两电动机同时切断电源（上方应先启动）。

热振筛常见故障及处理方法见表 7-8。

表 7-8　热振筛常见故障及处理方法

部　位	故　障	原　因	处 理 方 法
热振筛	算板不平、跳动（有敲打声）	紧锁装置松动 筛板的地脚开焊	紧固螺丝 加焊
	筛体振动不正常	（1）振动器与联轴节法兰间弹簧片坏 （2）振动器地脚螺丝松动 （3）底架支承弹簧积料	（1）紧固螺丝，更换连接装置的零件 （2）紧固或更换地脚螺栓 （3）清除弹簧处的积料
	算板变形或开裂	（1）高温后受急冷 （2）算板不宜在高温下操作 （3）安装质量差 （4）算板跳动引起断裂	（1）变形严重应更换 （2）材料不合格时应更换 （3）紧固算板锁紧螺丝，更换算板 （4）重新按规定安装
	返矿出现大块运转后下料少	算板断裂、算板窜动角度不合适	补焊或更换、紧固算板调整角度
振动机	轴瓦温度高或抱轮振幅偏小，不规则振动	润滑油太少，轴承装备太紧振动器不均衡，底座螺丝松动	加强润滑，调整或更换轴承紧固螺丝，调整振动器振幅

390. 影响冷却效果的因素有哪些？

答：（1）风量的影响。风量越大，冷却效果越好，但风量过大将引起电耗增加，同时风量大，风速高，将导致气流含尘量增加，使风机叶片磨损加剧。

（2）风压的影响。一般来说如果风压低，阻力大，通过料层的风速将达不到额定值，冷却效果将降低。

（3）冷却时间的影响。冷却时间短，将达不到预期的冷却效果，但过长的冷却时间将降低冷却机的处理能力。

（4）料层厚度的影响。在冷却机面积一定时，选择较厚的料层可使冷却时间延长，有利于大块热矿的冷却。但料层增厚，阻力变大，相应提高风压，动力消耗增大。料层太薄，容易造成铺料不平，透气性不均，并且加快了机速，冷却时间短，影响冷却效果。

（5）铺料的影响。铺料要求均匀，当铺料不均时，料层薄处的气流阻力小，冷空气势必在此大量通过，降低了冷却效果。热矿的粒度大小对冷却效果的影响也是很大的。因此要求操作人员要根据料层厚度、粒度大小等情况，调整机速或料层厚度，使冷却效果达到最佳值。

（6）筛分效率影响。筛分效率低时，会使大量的粉尘或小粒级矿料进入冷却机，堵塞料块之间和台车的网眼，从而增大抽风阻力，降低冷却效果。

（7）烧结工艺制度的影响。烧结过程燃料的粒度与用量直接影响冷却效果，所以焦粉或煤粉的粒度与用量应严格控制在规定的范围内，严格控制烧结终点，否则，残碳较高的烧结矿在冷却机内将继续燃烧，不仅降低冷却效果，严重时会烧坏冷却机。此外冷却机本身的漏风也会降低冷却效果。

391. 烧结矿冷却机操作要点有哪些？

答：（1）冷却机在生产时的技术操作要点是：

1）开车前要检查螺丝螺栓的紧固情况，摩擦轮压紧弹簧的使用情况，各润滑点的给油情况，各种信号仪表的灵敏情况，各部件的风冷、水冷情况等。

2）正常操作由烧结集中控制室统一操作，机旁操作是在集中操作系统发生故障或试车时使用。

3）风机必须在得到调度室和变电站的允许下，才可以起动。

4）布料要铺平铺满，控制好料层的厚度。

5）要勤观察冷却情况，发现问题及时查找原因，采取措施。

6）检修停机时，鼓风机不能与烧结机同步停机，必须将料冷却到要求范围内方可停鼓风机。

7）经冷却后的烧结矿温度应在100℃以下，直观不烧皮带；出料口废气温度不得大于120℃。

（2）判断烧结矿达到冷却要求的经验：

1）冷却后的烧结矿表面温度应在100℃以下，小块能用手摸，直观不烧皮带。

2）出料口废气温度一般小于100℃，料口料层静压应控制在一定范围。

392. 冷却机维护和保养应注意哪些事项？

答：（1）冷却机的起动必须等风机启动完毕后进行；风机停转，冷却机应立即停止生产；冷却机后面的设备发生故障时，冷却机应立即停转，而风机可继续运行，直至冷却机内热烧结矿温度降低到150℃为止；冷却机前面的设备发生故障时，冷却机可继续运转直到机内物料全部运完为止；冷却机短期停机，一般不停风机，需长时间停机，可按正常停机处理。

（2）冷却机应保持料层厚度相对稳定，保证料铺平铺匀，以充分提高冷却效果。冷却机的机速应根据烧结机机速快慢变化，及时作相应调整，尽量避免跑空台车或台车布料过厚，影响冷却效果。当冷却机的来料过小时，应减慢冷却机的运行速度；反之则应增加，以充分利用冷风，提高冷却效果，避免烧坏皮带；当透气不好时，应加快冷却机运行速度。

（3）当运行皮带严重损坏时，必须停冷却机进行检查处理。

（4）要经常检查卸料漏斗、卸料弯道、空心轴销子、台车轮，出现问题及时处理。

（5）要经常检查风机有无不正常的振动，各部机械是否有不正常的噪声，当抽风机突然发生很大振动时，必须停车检查。

（6）手动操作时，如果冷却机内有料，必须经主控允许，待机下一道工序运转正常，方可运转。

（7）出现冷筛皮带严重损坏，或其他不利于设备安全运转等情况时，必须停冷却机进行检查。

环式冷却机常见故障及处理方法见表7-9。带式冷却机常见故障及处理方法见表7-10。

表7-9 环式冷却机常见故障及处理方法

故　障	原　因	处理方法
烧结矿顶台车	下料嘴堵	捅开料嘴、打倒车
台车跑偏	(1) 台车轮子不转 (2) 传动环与挡轮之间间隙过大使传动环径向位移过大	(1) 更换车轮 (2) 调整挡轮与摩擦板之间的间隙
台车转动不灵活、掉轮	(1) 轴承坏 (2) 挡圈脱落，珠粒磨损松动 (3) 间隙没有达到要求	(1) 更换轴承和更换车轮 (2) 更换挡圈和更换轴承 (3) 调整间隙
摩擦轮与摩擦板打滑	(1) 摩擦轮对摩擦板压力不够 (2) 摩擦轮与摩擦板之间有杂物 (3) 冬天停车有水结冰 (4) 扇形台车卡道	(1) 调整弹簧，增大压力 (2) 装好清扫器，清除杂物 (3) 除冰层 (4) 处理卡道台车
台车卡弯道	(1) 台车轮子不转或脱落 (2) 弯道、曲轨变形或损坏 (3) 台车轮轴销子脱落	(1) 打倒车、挂倒链、更换轮子 (2) 处理弯道 (3) 上销子
风机振动	(1) 风机叶轮失去平衡 (2) 轴承坏	(1) 处理更换叶轮 (2) 处理更换轴承
台车内布料不均匀	(1) 给矿漏斗结构有问题 (2) 烧结矿料下偏	(1) 修正漏斗及结构 (2) 在漏斗底板上安装分料器
台车冷空气进不去	箅条变形或间隙有阻碍物	清除卡杂物，更换箅条
冷却效果差	(1) 风机叶片装置不当，风量不够 (2) 台车钢丝网堵塞 (3) 密封不好，有害漏风增加 (4) 布料厚度不适应 (5) 烧结矿筛分效果差	(1) 调整风机叶片 (2) 清理钢丝网 (3) 修理密封装置 (4) 调整机速 (5) 加强筛分

表7-10 带式冷却机常见故障及处理方法

故　障	原　因	处理方法
台车跑偏	(1) 对称两辊轴心线与机体纵中心线不垂直，误差大 (2) 头部链轮轴心线与机体纵中心线不垂直，误差大 (3) 机尾链轮不正 (4) 头尾部链轮一左一右窜动轮	(1) 调整托辊找正中心 (2) 检查调整头部链 (3) 调整尾部拉紧重锤底重量 (4) 检查头尾部链轮窜动间隙，按要求调整
台车掉大块冷却效果差	(1) 箅条变形，间隙大 (2) 筛网堵塞	(1) 修理或更换箅条重新排列 (2) 清除堵塞物
电动机振动过大	(1) 电机轴承坏 (2) 电机与减速机快速轴不同心	(1) 更换轴承 (2) 检查重新找正
减速机及轴承发热	(1) 减速机油量不足 (2) 轴承间隙过小 (3) 轴承有杂物或损坏 (4) 透气孔堵塞	(1) 加油 (2) 调整轴承间隙 (3) 清洗轴承更换轴承 (4) 勤捅透气孔

7.5 烧结矿检验

393. 烧结矿检验的质量标准有哪些?

答: 2005 年我国重新颁布了冶金行业标准《铁烧结矿》(YB/T 421—2005) 优质烧结矿的技术指标和普通铁烧结矿的冶金行业技术指标。优质铁烧结矿技术指标见表 7-11, 铁烧结矿技术指标见表 7-12。

表 7-11 优质铁烧结矿技术指标 (YB/T 421—2005)

项目名称	化学成分(质量分数)				物理性能/%			冶金性能/%	
	TFe/%	CaO/SiO$_2$	FeO/%	S/%	转鼓指数 +6.3mm	筛分指数 −5mm	抗磨指数 −0.5mm	低温还原粉化指数 (RDI) +3.15mm	还原度指数 (RI)
指 标	≥57	≥1.70	≤9	≤0.03	≥72	≤6	≤7	≥72	≥78
允许波动范围	±0.4	±0.05	±0.5	—					

注: TFe 和 CaO/SiO$_2$ 的基数由企业自定。

表 7-12 铁烧结矿技术指标 (YB/T 421—2005)

碱度	品级	化学成分 (质量分数)				物理性能/%			冶金性能/%	
		TFe/%	CaO/SiO$_2$	FeO/%	S/%	转鼓指数 +6.3mm	筛分指数 −5mm	抗磨指数 −0.5mm	低温还原粉化指数 (RDI) +3.15mm	还原度指数(RI)
		允许波动		不大于						
1.5~2.5	一级	±0.5	±0.08	11	0.06	≥68	≤7	≤7	≥72	≥78
	二级	±1.0	±0.12	12	0.08	≥65	≤9	≤8	≥70	≥75
1.0~1.5	一级	±0.5	±0.05	12	0.04	≥64	≤9	≤8	≥74	≥74
	二级	±1.0	±0.10	13	0.08	≥61	≤11	≤9	≥72	≥72

注: TFe 和 CaO/SiO$_2$ 的基数由企业自定。

394. 成品烧结矿的检验分析项目及流程有哪些?

答: (1) 成品烧结矿的检验项目有以下几项:

1) 化学组成的分析;

2) 筛分指数、粒度组成的测定;

3) 转鼓指数的测定;

4) 落下强度的试验;

5) 密度和气孔度的测定;

6) 软化温度的测定;

7) 还原性能的测定;

8) 低温还原强度试验;

9) 矿物组成矿相结构的鉴定。

以上9项测定方法，前4项一般企业都应具备，并且要定期检验，但后5项要到专业实验室测定。成品烧结矿检验分析项目列于表7-13。

表7-13　成品烧结矿检验分析项目

项　目	目　的	检验分析内容
成分分析	操作管理，质量管理	$TFe/FeO/SiO_2/CaO/Al_2O_3/MgO/MnO/TiO_2/S/P$
粒度组成	操作管理，质量管理	$+40mm/40 \sim 25mm/25 \sim 10mm/10 \sim 5mm/5 \sim 0mm$
冷态转鼓强度	操作管理，质量管理	经标准转鼓试验后 +6.3mm 的百分含量
冷态抗磨强度	操作管理，质量管理	经标准转鼓试验后 0.5 ~ 0mm 的百分含量
还原性	操作管理，质量管理	按标准检验方法还原后测定还原度
低温还原粉化性能	操作管理，质量管理	按标准检验方法检验后 +3.15mm 的百分含量

注：1. 根据原料成分的不同，成分分析项目需相应有所增减，如有害元素砷、锡、铅、锌等视原料情况确定是否进行分析；

　　2. 中、小型厂分析的项目、内容、成分可适当减少。

（2）成品烧结矿的检验流程，如图7-9所示。

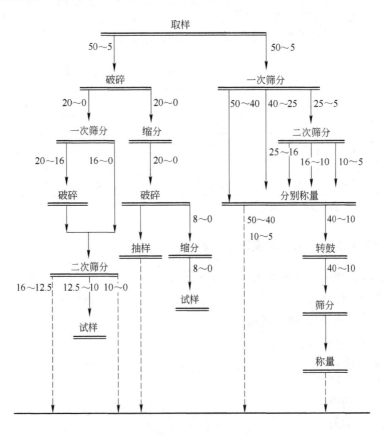

图 7-9　成品检验流程（按国家标准设计）

（图中单位均为 mm）

395. 如何对烧结矿进行取样、制样？

答：（1）取样：上仓烧结矿在皮带头轮处接取下料柱全宽全厚，均衡取样；落地烧结矿按大堆分层取样；进厂烧结矿按系统取样法、分层取样法、货车取样法取样。取样时间不得低于 10min，取样量（缩分完毕）化学成分试样不得低于 10kg，筛分试样不得低于 70kg，每个综合样不可少于 20 个份样，烧结矿份样为 1kg（球团 1kg、粉料 0.5kg、焦炭 2kg）。如含水分试样需测水分，采取后立即放入密封的容器中。

（2）制样：制样前先用该料洗刷工具（破碎机、磨样机、样筛）两次以上，然后将试样团堆平铺两次，四分法取角线 10kg 装入破碎机至 20mm 以上，再四分法取 5kg 装入中破碎机至 10mm 以下，缩分到 1.25kg，再装入磨矿机磨至 0.833mm（20 目），制成 60g 试样一式两份，一份留底样，一份送化验室。

396. 烧结矿的冷态转鼓强度如何检测？

答：冷态转鼓强度检验是指测定烧结矿的冷态转鼓强度和抗磨强度。

烧结矿的强度是指它抵抗各种机械负荷的能力。它是烧结矿经受压力、落下（卸料）碰撞或者摩擦负荷后粒度组成发生变化的一个特性指数。因此，大多数强度检验方法都是测定经受机械负荷后粒度组成的变化，并用作表示强度的指标，因检测强度的设备叫转鼓，所以称烧结矿的机械强度为转鼓指数。

用来测定烧结矿强度的方法有多种，这些方法根据检验的强度不同（抗压、耐磨、抗摔或耐冲击的能力）而彼此不同。目前世界各国测定烧结矿转鼓强度的方法尚不统一，现在大部分企业用国际标准（ISO）转鼓检测。但是，也有一些工厂选择了不同的试验条件，例如米库姆转鼓，其长度缩短了 1/2～1/4；有的也用美国（ASTM）标准转鼓，ASTM 转鼓和 ISO 转鼓不同点在于：装入鼓内的烧结矿为 23kg。

我国常用转鼓检测操作规程为：

由于国际标准（ISO 3271—77）获得广泛采用，我国根据 ISO 国际标准，制定了国家标准，现执行标准为 GB/T 24531—2009（等同于 ISO 3271：2007）。

取粒度为 10～40mm 的烧结矿 60kg，通过 25mm、16mm 和 10mm 的筛子筛分，根据 3 个筛上物各自所占的比例取其相应质量组成（15±0.15）kg 的试验样，至少 4 份，记录每份试验样的质量和编号。随机抽取一份试样，并记录它的质量（m_0）装入国际标准（ISO）转鼓机，以每分钟（25±1）r/min 的恒定旋转速度旋转 200 转，并且在一圈内能停止。转鼓停止转动后，在密封状态下静置 2min，打开盖板，让粉尘沉淀下来。

转鼓测定前后，鼓内外必须清扫干净。经过转鼓试验后的物料用 6.3mm 和 0.5mm 的筛子筛分。给料量不大于 15kg，使用机械摇动筛往复 30 次。记录 6.3mm（m_1）和 0.5mm（m_2）每段筛上物的质量精确到 1g。筛分过程中试样的损失量应该计入到 -0.5mm 的质量中。

试样的初始质量与出鼓后各粒级质量的总和之差不得超过 1.0%，如果超过则该次试验无效。烧结矿取样后，超过 4h，试样作废。各项筛分均不可用力过猛，防止粒度破碎。

转鼓指数（TI）用大于 6.3mm 部分的比例表示，而耐磨指数（AI）则用小于 0.5mm 部分的比例表示。均取两位小数，要求 TI≥70.00%，AI≤5.00%。试验共做两次，允许的最大偏差为 2% 。如果重复试验仍超过允许偏差时，还要进行两次试验，使四个数值都接近于平均值。

在实验条件下，烧结矿不足 15kg 时，可采用 1/2 或 1/5GB（国标）转鼓，其装料相对减少为 7.5kg 和 3kg。

397. 国际标准（ISO）转鼓机结构有哪些？

答：国际标准（ISO）转鼓机内径为 1000mm，内宽 500mm，钢板厚度不小于 5mm，如果任何部位的厚度已磨损至 3mm，应更换新的鼓体。鼓内有两个对称的提升板用 50mm×50mm×5mm，长 500mm 的等边角钢焊在转鼓内侧，其中一个焊在卸料口盖板内侧，另一个焊在其对面的转鼓内侧，二者成 180°角配置，角钢的长度方向与转鼓轴平行。角钢如磨损至 47mm 时，应予以更换。

卸料口盖板内侧应与转鼓内侧组成一个完整的平滑的表面。盖板应有良好的密封。以避免试样损失。

转鼓轴不通过转鼓内部，应用法兰盘连接，焊在鼓体两侧，以保证转鼓两内侧面光滑平整。

电机功率不小于 1.5kW，以保证转速均匀，并且在电机停转后，转鼓必须在一圈内能停止，转鼓应配备计数器和自动控制装置。规定转数为 (25 ± 1) r/min。

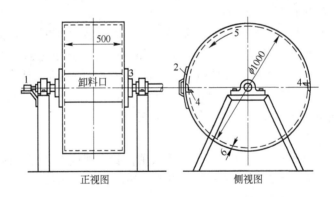

图 7-10　转鼓机示意图

1—转数计数器；2—装料门；3—短轴（不穿过鼓腔）；

4—两个提料板（50mm×50mm×5mm）；5—旋转方向；6—鼓壁（5mm）

398. 转鼓强度检验操作规程有哪些？

答：（1）试验工器具。

1）筛板的配备：筛板规格按"检验铁矿石（包括烧结矿、球团矿）的冷态和高温性能所使用的冲孔板筛的技术规范"制备。一般使用孔径为 40mm、25mm、16mm、10mm、6.3mm 的冲制方孔筛及孔径为 2.0、1.0 和 0.5 的金属网筛。

2）鼓前筛分：鼓前筛分使用振动分级筛。它是由两个分级筛组成的。一个安装有40mm×40mm 及 25mm×25mm 两级筛板；另一个安装有 16mm×16mm 及 10mm×10mm 两级筛板。筛分产品分为 +40mm、 -40 ~ +25mm、 -25 ~ +16mm、 -16 ~ +10mm 及

−10mm 等五级。进行筛分时，每次给料量以 15kg 为准，最大不超过 15kg。

3）鼓后筛分：鼓后筛分使用机械摇筛或手工筛。机械摇筛主要参数规定为：筛子（6.3mm）横向往复筛分，最大倾角为 45°，往复速度 20 次/min，筛分时间 1.5min，使用计数器控制筛分 30 个往复，筛框为木质，其尺寸为 800mm×500mm×150mm。

如果使用手工筛，主要参数规定如下：水平往复，往复次数约 20/min，筛 30 个往复，往复行程约 100~150mm，筛框为 800mm×500mm×100mm 或 600mm×400mm×100mm 木质。筛分后 +6.3mm 的粒级称量为 m_1。

4）粒级筛分：这一粒级的筛分使用 ϕ200mm 的手工分析筛，先将小于 6.3mm 的试样用筛孔为 1~2mm 的筛子粗筛一次，然后将筛下部分的试样分两至三次放入 0.5mm 筛进行筛分，每次加入量最多不能大于 300g。筛分频率约 120 次/min，行程 70mm，当筛下物在 1min 内不超过试样重量的 0.1% 时，即为筛分终点。将各次所得的 0.5mm 及 1~2mm 的筛上物合并称重为 m_2，小于 0.5mm 粒级部分集中起来称重为 m_3。

5）称量装置：使用 100kg、50kg、1kg 三级秤，感量为 1%。

（2）试样制备。冷烧结矿在成品带式输送机上取样，热烧结矿在车皮上取样。带式输送机上取样应均匀全断面截取，车皮取样应按取样规定进行。应逐步实现机械化取样。

经喷水的烧结矿或露天存放过的烧结矿应在（105±5）℃烘干后才能进行转鼓检验。热烧结矿取样后应在颚式破碎机进行一次破碎，破碎机出口宽 50mm，破碎后的分级和试样配制同冷烧结矿。

烧结矿转鼓试样的重量每次应保证 10~40mm 粒级部分有 60kg 以上，这批试样应作 40mm，25mm，16mm，10mm 四级筛分、称重，并算出百分比。

所有试样在采集后，4h 内必须进行转鼓试验，否则应重新取样。

（3）检验程序：

1）每次转鼓检验应做两个平行样，但企业自产自用的烧结矿可只做一个单试样。

2）每个检验的试样重量为（15±0.15）kg。烧结矿转鼓试样由 40~25mm，25~16mm，16~10mm 三级按筛分比例配制而成。

实例，110kg 烧结矿试样，通过鼓前筛分，结果见表 7-14。

表 7-14 转鼓鼓前筛分结果

粒级/mm	+40	−40~+25	−25~+16	−16~+10	−10	合　计
重量/kg	26.4	24.42	31.35	17.27	10.56	110
百分比/%	24.0	22.2	28.5	15.7	9.0	100

配制转鼓试样 15kg，其中：

① −40~+25mm 部分重量 $= 15 \times \dfrac{22.2}{22.2+28.5+15.7} = 5.02\text{kg}$

② −25~+16mm 部分重量 $= 15 \times \dfrac{28.5}{22.2+28.5+15.7} = 6.44\text{kg}$

③ −16~+10mm 部分重量 $= 15 \times \dfrac{15.7}{22.2+28.5+15.7} = 3.55\text{kg}$

3）试样放入转鼓后，盖好卸料口盖板，在转速（25±1）r/min 下转动 200 转，然后卸下盖板，放出试样。

4）用上述机械摇筛或手工筛将鼓后试样进行 6.3mm 和 0.5mm 粒级筛分，筛分方法见前。

5）将上述各粒级的筛分物归结为 +6.3mm、-6.3 ~ +0.5mm、-0.5mm ~ 0 三部分试样进行称量，分别记为 m_1、m_2、m_3。

（4）检验结果计算：

1）转鼓指数

$$TI = \frac{m_1}{m_0} \times 100\%$$

2）抗磨指数

$$AI = \frac{m_0 - (m_1 + m_2)}{m_0} \times 100\%$$

式中 m_0——入鼓试样质量，kg；

m_1——转鼓后大于 6.3mm 部分质量，kg；

m_2——转鼓后大于 0.5mm 小于 6.3mm 部分质量，kg。

每一次计算结果保留一位小数。

（5）误差要求：

1）入鼓试样质量 m_0 和转鼓后筛分总质量（$m_1 + m_2 + m_3$）之差不能大于 1.0%。

2）每次平行的两个试样其转鼓强度差值 ΔTI 和抗磨强度差值 ΔAI 均在允许误差范围内，检验操作合格，取其平均值（精确至 1%）发出报告。

转鼓强度允许差值 $\Delta TI = TI_1 - TI_2 \leq 1.4\%$（绝对值）；

抗磨强度允许差值 $\Delta AI = AI_1 - AI_2 \leq 0.8\%$（绝对值）。

如果 ΔTI、ΔAI 其中之一超出允许误差值时，则应再做两个平行样，这两个补充试样的 ΔTI、ΔAI 如符合上述规定，则以这两个试样的平均值（精确至 0.1%）发出报告。

实例：$TI_1 = 75.57\%$　$TI_2 = 74.56\%$；$AI_1 = 4.12\%$　$AI_2 = 5.04\%$，则

$\Delta TI = TI_1 - TI_2 = 75.57 - 74.56 = 1.01\%$（其绝对值 1.01 < 2%）；

$\Delta AI = AI_1 - AI_2 = 4.12 - 5.04 = -0.92\%$（其绝对值为 0.92 < 1%）。

发出报告结果：

$TI = (75.57 + 74.56) \div 2 = 75.065 \approx 75.1\%$；

$AI = (4.12 + 5.04) \div 2 = 4.58 \approx 4.6\%$。

如补充试样 ΔTI、ΔAI 仍有不合格者，则用前后四个数据的平均值发出报告。

399. 我国老式转鼓机和新式转鼓机有何区别？

答：几十年来各国转鼓机结构和测定方法均不统一，我国也先后出现两种转鼓机和标准，现在大部分企业均使用《高炉和直接还原用铁矿石转鼓和耐磨指数的测定》（GB/T 24531—2009/ISO 3271：2007）。

老式转鼓机内径为 1000mm，内宽 650mm，用厚度 10mm 钢板焊制的。内侧有 3 块高度 25mm，互成 120° 角的提升板，装料 15kg，转速 25r/min，转 200 转，用 6.3mm × 6.3mm 筛孔的机械摇动筛，往复 30 次，大于 6.3mm 的粒级表示转鼓强度。测得的转鼓强

度大于75%为合格。

经过科研单位实验数据显示，新旧转鼓机测得的结果有以下关系：

$$新转鼓指数 = 1.24 \times 旧转鼓指数 - 32.74$$

例如：用旧转鼓机测得转鼓指数为81%，则新转鼓指数 $= 1.24 \times 81 - 32.74 = 67.7\%$

400. 粒度检验筛有哪些规格和型号？

答：（1）检验筛的筛板与筛孔排列。检验筛筛板为冲制方孔或圆孔，其筛孔排列规则及基本特征分别见图7-11和图7-12。方筛孔成"井"字形排列，筛孔为正方形，圆筛孔成梅花格排列。

方筛孔四角的圆角半径 r(mm)规定为：$r = 0.05\omega + 0.3$

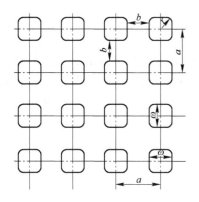

图7-11 冲制方孔筛筛孔排列图
a—方孔间中心距；b—桥宽；ω—方孔
尺寸（边长）；r—圆角半径

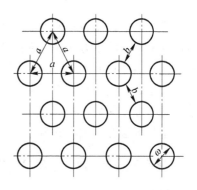

图7-12 冲制圆孔筛筛孔排列图
a—圆孔间中心距；b—桥宽；
ω—圆孔尺寸（直径）

（2）板筛系列。

方孔、圆孔板筛系列如下（以mm计）：

方孔筛：(100)，(80)，40，25，16，10，6.3，5；

圆孔筛：40，25，(20)，16，10，6.3，(5)，3.15，2.0，(1.0)。

凡带括号者不是必备筛，可自行决定是否制备。3.15mm，2.0mm，1.0mm和0.5mm方孔筛均规定为金属网筛。圆孔筛系列中的0.5mm级亦采用金属网筛。

（3）筛框及筛板尺寸。

方孔板筛筛框分为800mm×500mm×150mm及600mm×400mm×150mm（内长×内宽×高）两种。

圆孔板筛筛框可采用ϕ300mm×75mm圆形筛框或300mm×300mm×75mm（内长×内宽×高）的方形筛框。

401. 成品检验设备筛分机工作原理？

答：成品检验与制样设备中的筛分设备有一次筛分机和二次筛分机。由于工艺线路的原因，一次筛分机和二次筛分机除在结构尺寸上略有差异外，其工作原理完全一致。设备结构与工作原理如下：

它主要由电动机 → 带轮 → 齿轮 → 两偏心轴 → 筛箱弹簧等组成。

筛箱主要由侧板、筛板架、筛板及接料斗组成，筛板架、接料斗等将两侧板连接为一整体即筛箱，筛板依靠接料斗、侧板、筛板架等固定。

筛箱振动所需动力是由两个偏心轴产生的。两偏心轴在电动机、带轮的带动下，作高速相反方向旋转，产生定向惯性力，传给筛箱，与筛箱振动时产生的惯性力相平衡，从而使筛箱产生具有一定振幅的直线往复运动。

筛面上的物料，在筛面抛掷作用下，以抛物线运动轨迹向前跳动和翻滚，从而达到筛分的目的。

402. 如何做落下强度的试验？

答：落下强度也是检验烧结矿抗压、耐磨、抗摔或耐冲击能力的一种方法，即产品耐转运的能力，测定方法是取粒度 10～40mm 的成品烧结矿 (20 ± 0.2) kg，放入上下移动的铁箱内，然后提升到 2m 高度，打开料箱底门，使烧结矿落到大于 20mm 厚钢板上，再将烧结矿全部收集起来，重复 4 次试验，最后筛出大于 10mm 粒度部分的重量百分比当做烧结矿落下强度指数，用 F 表示，一般要求大于 80%。

这种方法在意大利和日本工厂中被采用。

403. 烧结矿筛分指数、粒度组成如何测定？

答：筛分指数是表示转运和贮存过程中烧结矿粉碎程度的指标。此测定是把出厂和入炉前的烧结矿进行筛分，取样时注意代表性。

筛分设备：用 40mm，25mm，10mm，5mm 方孔筛，筛子的长、宽、高要一致，一般长×宽×高为 800mm×500mm×100mm。

取样量为 100kg。

筛分方法：将 100kg 试样分五次筛完，每次 20kg，筛子按孔径由大到小依次使用，往复摇动 10 次，利用每粒级重量算出每次筛分平均粒度组成，五次筛分的平均值即为烧结矿粒度组成。

筛分指数表示方法：筛下 5～0mm 粒级的重量与原试样重量的百分比即为筛分指数，越小越好。

我国要求烧结矿筛分指数 $C \leqslant 6.0\%$，球团矿 $C \leqslant 5.0\%$。

目前我国对高炉炉料的粒度组成检测尚未标准化，推荐采用方孔筛为：5mm×5mm、6.3mm×6.3mm、10mm×10mm、16mm×16mm、25mm×25mm、40mm×40mm 六个级别必用筛，使用摇动筛分级，粒度组成按各粒级的出量用质量分数（%）表示。

404. 如何测定烧结矿低温还原粉化性？

答：铁矿石进入高炉炉身上部大约在 500～600℃ 的低温区时，由于热冲击及铁矿石中 Fe_2O_3，还原（$Fe_2O_3 \rightarrow Fe_3O_4 \rightarrow FeO$）发生晶形转变等因素，导致块状含铁物料的粉化，这将直接影响高炉炉料顺行和炉内气流分布。低温还原粉化性的测定是在模拟高炉上部条件进行的。

低温还原粉化性能测定有静态法和动态法两种。《铁矿石低温粉化试验 静态还原后使用冷转鼓机的方法》（GB 13242—1991）。《高炉炉料用铁矿石 低温还原粉化率的测定动态试验法》（GB/T 24204—2009）。

（1）静态法测定法（GB 13242—1991）。

1）还原试验：把 10.0 ~ 12.5mm 的试样(500 ± 0.1)g，放在还原管中铺平。封闭还原管的顶部，将惰性气体（或 N_2）通入还原管，标态流量为 5L/min，然后把还原管放入还原炉中。放入还原管时的炉内温度不得大于 200℃。

放入还原管后，还原炉开始加热，升温速度不得大于 10℃/min。当试样接近 500℃时，增大惰性气体标态流量到 15L/min，在 500℃恒温 30min，使温度恒定在（500 ± 10）℃之间。

通入标态流量 15L/min 的还原气体（CO 20%、CO_2 20%、N_2 58%、H_2 2%），代替惰性气体，连续还原 1h。

还原 1h 后，停止通还原气体，并向还原管中通入惰性气体，标态流量为 5L/min，然后将还原管提出炉外进行冷却，将试样冷却到 100℃以下。

2）转鼓试验：转鼓是一个内直径 130mm、内长 200mm 的钢质容器，器壁厚度不小于 5mm。鼓内壁有两块沿轴向对称配置的钢质提料板，其长 200mm、宽 20mm、厚 2mm。

从还原管中取出全部试样（m_{D0}），装入转鼓转 300 转后取出，用 6.3mm × 6.3mm、3.15mm × 3.15mm、0.5mm × 0.5mm 的方孔筛分级，分别计算各粒级出量。

3）试验结果表示：还原粉化指数（RDI）表示还原后的铁矿石通过转鼓试验后的粉化程度。分别用转鼓试验后筛分得到的大于 $RDI_{+6.3}$、$RDI_{+3.15}$ 由、$RDI_{-0.5}$ 表示。试验结果评定以 $RDI_{+3.15}$ 的结果为考核指标，$RDI_{+6.3}$、$RDI_{-0.5}$ 只作参考指标。

$$RDI_{+6.3} = \frac{m_{D1}}{m_{D0}} \times 100 \tag{1}$$

$$RDI_{+3.15} = \frac{m_{D1} + m_{D2}}{m_{D0}} \times 100 \tag{2}$$

$$RDI_{-0.5} = \frac{m_{D0} - (m_{D1} + m_{D2} + m_{D3})}{m_{D0}} \times 100 \tag{3}$$

式中　m_{D0}——还原后转鼓前的试样质量，g；

　　　m_{D1}——转鼓后留在 6.3mm 筛上的试样质量，g；

　　　m_{D2}——转鼓后留在 3.15mm 筛上的试样质量，g；

　　　m_{D3}——转鼓后留在 0.5mm 筛上的试样质量，g。

（2）动态法测定法 GB/T 24204—2009。

1）还原试验：把 10.0 ~ 12.5mm 的试样(500 ± 0.1)g，放入还原反应管中。将还原反应管插入加热炉中，连接热电偶。使氮气通过还原反应管，流量 20L/min。开始加热，45min 内加热到 500℃，并且在接下来的 15min 内使温度稳定。

用 20L/min 的还原气体（CO 20%、CO_2 20%、N_2 58%、H_2 2%），代替氮气，连续还原 1h。

当 1h 还原结束后时,停止旋转及还原气体流通。用 20L/min 的氮气代替还原气体,冷却至 100℃ 以下。

2)筛分试验:从还原管中小心取出全部试样(m_0),用 6.3mm、3.15mm、0.5mm 筛子筛分,记录筛上各部分的质量,用 m_1、m_2、m_3 表示。

3)试验结果表示:以质量分数表示的低温还原粉化率(LTD),即 $LTD_{+6.3}$、$LTD_{-3.15}$ 由、$LTD_{-0.5}$ 表示。试验结果评定以 $LTD_{-3.15}$ 的结果为考核指标,$LTD_{+6.3}$、$LTD_{-0.5}$ 只作参考指标。

$$LTD_{+6.3} = \frac{m_1}{m_0} \times 100 \qquad (4)$$

$$LTD_{-3.15} = \frac{m_0 - (m_1 + m_2)}{m_0} \times 100 \qquad (5)$$

$$LTD_{-0.5} = \frac{m_0 - (m_1 + m_2 + m_3)}{m_0} \times 100 \qquad (6)$$

式中　m_0——还原后所有试样(包括从吸尘器中收集的灰尘)质量,g;

　　　m_1——6.3mm 筛上的试样质量,g;

　　　m_2——3.15mm 筛上的试样质量,g;

　　　m_3——0.5mm 筛上的试样质量,g。

计算结果保留一位小数。

405. 烧结矿气孔度如何检测?

答:所谓气孔度是指烧结矿中空隙体积占烧结矿总体积的百分数,其中包括全部各种形状的空隙和裂缝。检验气孔度就要测出试样的空隙体积和总体积。最常用的方法是按下面公式确定气孔度:

$$气孔度(\%) = \left(1 - \frac{外表密度}{真密度}\right) \times 100\%$$

真比重用比重瓶测定。瓶中装入磨细的烧结矿,用酒精或苯作为排挤液体。外表比重(假比重)则由称量一定大小烧结矿块状试样来确定。

还原性良好的烧结矿具有很高的微细孔度(20% ~25%),相当于球团矿的微细孔度。过熔的烧结矿相反,只有很少的微气孔度,例如 5% 左右。

406. 什么是烧结矿氧化度?

答:所谓氧化度是指矿石中与铁结合的氧量与假定全部铁均为三价氧化铁时结合的氧量的比值。因此三价氧化铁的氧化度为 100%,$FeO \cdot Fe_2O_3$ 的氧化度为 88.9%,FeO 的氧化度为 66.7%。

烧结过程中,氧化铁被部分还原。此外 Fe_2O_3 能分解为 Fe_3O_4。在随后的冷却过程中,烧结矿又发生部分再氧化。烧结矿的氧化度因此具有不同的数值。

烧结矿的氧化度和还原性有密切关系。而氧化度更容易测定,它比还原性首先更适合于用来观察和调节烧结生产。因此,烧结矿的氧化度表现为一个很重要的特性指数。

由于一个烧结车间铁矿石的总含铁量大多数只在极小范围内变化，这就只需测定亚铁（二价铁）含量就行，和其他特性指数相比，测定烧结矿的氧化度或二价铁，总的说有很好的重现性。

为了经常测定烧结矿的氧化度，需要研究测定它的导磁性，而导磁性又与二价与三价氧化铁的含量有关。

为了保证烧结矿较好的还原性，尽可能高的氧化度是有利的。但是烧结矿的强度又与氧化度有矛盾，因此必须注意使烧结矿具有足够的强度。从这个角度出发，常常采取保持烧结矿的氧化度或二价铁含量在某个水平上，以全面满足不同的要求地操作方法。

烧结液相中 Fe^{3+}/Fe^{2+} 的比值随着氧的浓度升高而增大，但随温度升高而降低，因为 Fe^{2+} 氧化为 Fe^{3+} 强烈放热。此外，随着 BaO、CaO、MgO 和 MnO 浓度升高，Fe^{3+}/Fe^{2+} 比值也升高，氧化物的顺序也就是影响大小的顺序；相反，随着 Al_2O_3、TiO_2、SiO_2 和 P_2O_5 浓度的增加，比值要降低。

烧结矿的氧化度随着混合料碱度提高而改善。此外，它还与混合料的铁矿石的氧化度及含碳量有关。含碳量愈低，混合料的氧化度愈高，得到的烧结矿氧化度也愈高，混合料中的含碳量所起作用最大。关于烧结矿氧化度与铁矿石氧化度的关系要求保持烧结矿中各种组分不变。

407. 烧结矿还原性如何检测？

答：烧结矿还原性是模拟炉料自高炉上部进入高温区的条件，用还原气体从烧结矿中排除与铁结合氧的难易程度的一种度量。它是评价烧结矿冶金性能的主要质量标准。

最早提出模拟高炉还原过程测定含铁矿物还原性的是 R·林德（Linder），后来日本、前苏联、德国也制定了本国标准方法。国际标准化组织（ISO）于 1984 年和 1985 年拟订出铁矿石还原性试验的国际标准方法（ISO 4695—84、ISO 7215—85），我国参照国际标准制定出《铁矿石还原性的测定方法》（GB/T 13241—1991）国家标准试验方法。《铁矿石还原性的测定方法》（GB/T 13241—1991）国家标准方法规定如下。

（1）试验条件：

反应罐：将试样放入双壁内径 ϕ75mm 的特制还原管中；

试样：粒度为 10.0～12.5mm，500g；

还原气体：CO 30%、N_2 70%（H_2 < 0.2%、CO_2 < 0.2%、H_2O < 0.2%、O_2 < 0.1%）；

还原温度：(900 ± 10)℃；

气体流量（标态）：15L/min；

还原时间：180min。

（2）还原度计算：

还原度计算式为：

$$R_t = \left(\frac{0.111w_1}{0.430w_2} + \frac{m_1 - m_t}{m_0 \times 0.430w_2} \times 100 \right) \times 100\%$$

式中 R_t——还原 t min 的还原度；

m_0——试样质量，g；

m_1——还原开始前试样质量，g；

m_t——还原 t min 后试样质量，g；

w_1——试验前试样中 FeO 的质量分数,%；

w_2——试验前试样中全铁的质量分数,%；

0.111——FeO 氧化成 Fe_2O_3 时必需的相应氧量的换算系数；

0.430——TFe 全部氧化成 Fe_2O_3 时需氧量的换算系数。

《铁矿石　还原性的测定方法》（GB/T 13241—1991）规定，以 180min 的还原度指数作为考核指标，用 RI 表示。

（3）还原速率指数计算。根据试验数据作还原度 R_t 与还原时间 t 的关系曲线，从曲线读出还原达到 30% 和 60% 时相对应的还原时间。

还原速率指数（RVI）用 O/Fe 摩尔比达到 0.9（相当于还原度为 40%）时的还原速率表示，单位为%/min，计算公式为：

$$RVI = \left(\frac{dR_t}{dt}\right)_{40} = \frac{33.6}{t_{60} - t_{30}}$$

式中　t_{60}——还原度达到 60% 时所需时间，min；

t_{30}——还原度达到 30% 时所需时间，min；

33.6——常数。

《铁矿石　还原性的测定方法》（GB/T 13241—1991）规定：以 3h 的还原度指数 RI 作为考核用指标，还原速率指数 RVI 作为参考指标。

408. 高温软化与熔滴特性如何测定?

答：高炉内软化熔融带的形成及其位置主要取决于高炉操作条件和炉料的高温性能。而软化熔融带的特性对炉料还原过程和炉料透气性将产生明显的影响。因此，许多国家对铁矿石软熔性的试验方法进行了广泛深入的研究。但是，到目前为止，其试验装置、操作方法和评价指标都不尽相同。一般以软化温度及软化区间、熔融带透气性、熔融滴下物的性状作为评价指标。它是模拟高炉内的高温软熔带。在 1050℃下，向试验床施加荷重和通入 CO、H_2、N_2 的混合还原气体，按一定的升温速度，还原气体自下而上穿过试样层，以试样在加热过程中某收缩值的温度表示起始软化温度和软化区间，以气体通过料层的压差变化表示软熔带对透气性的影响。当温度升高到 1400 ~ 1500℃时，炉料熔化后滴落在下部接收试样盒内，冷却后，熔化物经破碎分离出金属和熔渣，测定其相应的回收率和化学成分，以此作为评价熔滴特性的指标。

目前我国软化性能测定尚无统一标准，一般采用升温法，荷重在 0.05 ~ 0.1MPa 之间，在 CO 30%、N_2 70% 的气流中还原 150 ~ 240min（或还原度达到 80%）。

8 辅助工技能知识

本章节适用岗位范围：水泵工、余热锅炉工、换热站工、除尘工、风机工、气力输送工、脱硫工等。

8.1 风机知识

409. 风机的定义如何描述？

答：风机是依靠输入的机械能，提高气体压力并排送气体的机械，它是一种从动的流体机械。

风机是我国对气体压缩和气体输送机械的习惯简称，通常所说的风机包括通风机、鼓风机、压缩机以及罗茨鼓风机、离心式风机、回转式风机、水环式风机，但是不包括活塞压缩机等容积式鼓风机和压缩机。所以说，风机是输送压缩空气及其他气体的机械设备，它可以将电动机的能量转变为气体的压力能和动能。

抽风机是烧结生产的重要配套设备，我国烧结生产用的主要是离心式抽风机。

410. 离心风机主要组成和工作原理？

答：离心式风机主要由带叶轮的转子、机壳、联轴节、轴承、风扇、润滑系统、电机、空冷系统等组成。

机壳进风为双吸式或单吸式，焊接结构或铸件，内衬为钢板。转子的轴为实心结构，叶片多为后弯形。联轴节为齿形联轴器。支撑轴承为滑动轴承，轴端设有止推轴承，轴头设齿轮油泵，转子与机壳的密封设有大小气封。润滑系统设有电动油泵、油箱、高位油箱、油冷却器。电机降温设置有空冷却器。

当电动机带动叶轮旋转时，空气从两侧进风口进入，随叶轮旋转，在离心力的作用下，从叶轮中心被甩向边缘，以较高速度流入蜗壳，并由蜗壳导流向排风口流出，此时风机在进风口处形成一定的真空度（负压），使空气经台车上的料面、风箱、除尘管、除尘器而进入风机。由于叶轮的不断旋转，进风口的烟气不断地经叶片间的流道蜗壳向排风管流出，使烧结过程得以进行。

411. 烧结抽风机应具备哪些特性？

答：抽风机是烧结生产的"心脏"，它直接影响着烧结机的产质量和消耗。在选择风机风量和风压时，既要满足工艺要求，又要考虑建设投资和能耗，盲目追求大风量、高负压，势必造成不应有的浪费。事实上，在一定的风机条件下，通过加强工艺操作和管理，努力改善料层透气性和抽风系统的密封性，是可以不断强化生产过程的，这样既可增产，又可节约。因此，烧结抽风机必须具备下列特性：

（1）要有效率高，运转稳定等特性。

（2）具有高度的耐磨和耐热性能，要经得起长时间的连续运转，要有高度的可靠性。

（3）容量要大，风机叶轮要有足够的转速，在设计和制造上要留有充分的备用能力；要防止风机由于运转产生振动，因此要做严格的动平衡和静平衡试验，要防止轴承过热。

（4）由于叶轮的各部件要在高温和高压下连续运转，必须特别注意材料的选择、热处理和焊接工艺过程，不允许由于制造上的疏忽，而造成重大事故。

（5）要有防噪声措施，防止产生过大的噪声。

412. 风机主要部件的作用有哪些？

答：（1）膨胀节的作用：消除设备、管道等因温度变化而产生的伸缩量，保护设备及设施不被损坏。

（2）风机调节风门的作用：调节风门的作用是控制进风量。由电动执行器进行操作。电动执行器有手动装置，遇有仪电故障，可手动操作，操作时必须断电，并将电机后手柄打到"手动"位置，在操作盘和机旁分别设有风门开度指示。

（3）进风口的作用：进风口也叫集流器或进风锥。作用是使气流稳定均匀地进入叶轮。

（4）排风轮的作用：一般风机进气温度80℃条件下风机配装排风轮，以阻隔机体热量向轴承传导。

（5）轴承的作用：采用滑动轴承，后轴承为支撑轴承，前轴承为止推轴承。

（6）消声器作用：消除风机出口气流时管道冲击振动而发出的尖锐刺耳的声音。

413. 风机吸入烟尘允许含尘量是多少？

答：烧结烟气引风机为离心风机，所输送的气体在进入风机前经过除尘，气体含尘量一般要求不大于 $150mg/m^3$，工作环境在室内。

414. 抽风机润滑系统的组成和主要部件的作用有哪些？

答：（1）抽风机润滑系统由油箱、油泵与辅助油泵、滤油器、油冷却器、安全阀、单向阀、逆止阀、油压替换器、油位表、压力表、温度计、高位油箱组成。

（2）油站主要部件及作用：

1）辅助油泵：风机启动前的润滑及风机正常运转中主油泵供油压力不足时自动启动，与主油泵同时供油，达到一定供油压力后自动停机。

2）滤油器：采用的是双筒网片式滤油器，作用是润滑油在供给润滑点润滑前，过滤掉润滑油中的杂质。优点：净化油脂；单筒工作，可直接换向到另一筒工作，不用停机，对清洗和更换网片非常方便。

3）油冷却器：采用的都是列管式冷油器。作用是：通过调整冷却水量控制供油温度。优点是：换热效率高。

4）调节阀：作用是调整供油压力。

5）高位油箱：高位油箱的安装高度距机组中心线为5m，高位油箱作用是突然断电时能保证转子因惯性而继续转动时轴承得到足够的润滑，防止轴承损坏。

415. 风机冷油器的安装有什么要求?

答:(1)冷油器必须安装在滤油器的后面。因为油在滤油器中的通过能力与油液的黏度有关,黏度大,通过能力差,而油的黏度与温度有关,温度高,黏度下降,通过能力好,过滤的效果也好,所以,滤油器要安装在冷油器的前面。

(2)油压必须大于水压。因为冷油器管内是水,管外是油,当水压超过油压时易使焊接管头破裂和管头松动,水渗入润滑油使润滑油变质乳化。

(3)冷油器冷却水要使用分水缸。因为风机冷油器是两台并联的,油泵供出的油压是相同的,为了不使水压高于油压,并且便于调整水压,所以要使用具有稳定供水压力的分水缸向冷油器供水。

416. 风机供油压力怎样调节?

答:当风机启动后,要对供油压力进行调整以达到正常工作压力,主要通过安全阀、旋塞、调压阀和旁通阀进行调整。

在润滑油管中,若压力表的指数大于 0.098MPa(1kg/cm²),可将安全阀螺盖拧下,用扳手来调整弹簧杆使弹簧放松,降低管路中的油压;若低 0.0686MPa(0.7kg/cm²)时,转动顶杆压紧弹簧,使弹簧缩短,增加油压。通过上述两种方法,使调节的正常油压保持在 0.098 ~ 0.0686MPa(1 ~ 0.7kg/cm²)之间。

417. 为什么要求废气温度大于75℃和低于150℃?

答:废气温度低于露点温度容易堵塞除尘器,降低除尘效率,同时还会使风机转子叶片挂泥,引起风机振动,因而废气温度要超过露点温度,达到 75℃,但是温度不能太高,因为风机设计是按150℃设计的,若超过150℃就会使风机发生故障或事故。

418. 风机的油温、油压运转参数是如何规定的?

答:风机是烧结生产的主要设备,由于运转速度极快,对润滑要求比较精密,所以操作过程中要严格按规定做好监控和维护。风机油温、油压参数值见表8-1。

表8-1 风机油温、油压参数值

运行参数	规定值	运行参数	规定值
正常供油温度/℃	25 ~ 40,最好 30 ~ 40	正常工作压力/MPa	0.10 ~ 0.18(0.15最佳)
开始加热温度/℃	≤20	报警压力/MPa	≤0.08
停止加热温度/℃	≥35	联锁停机压力/MPa	≤0.05
开始通水冷却温度/℃	≥38		

419. 风机仪表控制保护值是如何规定的?

答:(1)风机轴承温度报警、联锁:
1)轴承温度大于等于60℃时,设声光报警;
2)轴承温度大于等于65℃时,联锁主电机停车。

（2）润滑油油压报警、联锁：

1）允许启动主电机油压不小于 0.10MPa；

2）正常工作油压 0.12 ~ 0.18MPa；

3）报警油压不大于 0.08MPa，同时联锁启动辅助油泵；

4）联锁主电机停机油压不大于 0.05MPa；

5）油压不大于 0.10MPa 时，主电机不得启动；

6）油站的油箱液位应设置报警。

（3）为防止信号失真，一般要求延时 3 ~ 5s 再停机，防止误动作停机影响生产。

420. 检修后风机启动前应做哪些检查工作？

答：（1）在运转前应检查所有的螺丝是否紧固，并确信一切均正常。

（2）检查电动机和引风机旋转方向是否符合规定。

（3）检查油箱中的油位是否符合要求，引风机启动前油箱中油量不少于油箱容积的 2/3，且油面应低于油箱顶部 30 ~ 50mm。

（4）检查冷却水流动是否畅通及冷却系统是否完好。

（5）检查所有测量仪表的灵敏性及安装情况。

（6）启动电动油泵，检查油泵运转方向、润滑管道的安装的正确性及回流情况，并校正安全阀。

（7）润滑系统采用 20 号汽轮机油（20 号透平油），并检查润滑油的油温不得低于 20℃，不高于 40℃。

（8）检查冷油器的冷却水压应低于油压，否则当冷却管破裂或管头松动时，水渗入使润滑油变质。

（9）开车前详细检查联系信号、电气开关、安全装置是否正常。

（10）检查电机、轴瓦、油泵、闸门是否正常。

（11）检查仪表、压力计、温度计、流量计是否正常，冷却水管、油管是否畅通。

（12）检查风机进口调节阀是否灵活好用，并把阀门关闭到零位。

（13）通知控制室、烧结工把所有的风箱阀门全部关闭，并检查大烟道及人孔是否都关严。

（14）检查空冷器、水压是否正常，一般不大于 0.25MPa（2.5kg/cm^2）。

（15）进行空投，即不合隔离开关（KG），进行真空开关（K）的合闸操作，试验各继电保护是否好用。

421. 风机正常启动前应做哪些检查工作？

答：（1）检查油压表低位接点不得低于 0.3MPa（3kg/cm^2）。

（2）检查油箱内的油量，不应少于油箱容积的 2/3，油温不低于 20℃，不高于 40℃，润滑油在进入轴承前的压力不得低于 0.0686MPa（0.7kg/cm^2）。

（3）检查高位油箱上，油管阀门是否处于常开状态，跑气孔是否畅通，并在开车前 20 分钟开动油泵。

（4）检查并打开空冷器水门，水压不得高于 0.3MPa（3kg/cm^2），水温不得高于

30℃，关闭冷却器室门。

(5) 电机进风温度不低于5℃，不高于35℃。

(6) 检查冷油器的冷却水压应低于油压，否则当冷却管破裂或管头松动时，水渗入润滑油使润滑油变质。

(7) 开车前详细检查联系信号、电气开关、安全装置是否正常。

(8) 检查马达、轴瓦、油泵、闸门是否正常。

(9) 检查仪表、压力计、温度计、流量计是否正常，冷却水管、油管是否畅通。

(10) 检查风机进口调节阀是否灵活好用，并把阀门关闭到零位。

(11) 通知控制室、烧结工把所有的风箱全部关闭，并检查大烟道及人孔是否都关严。

(12) 检查并关严进口烟道阀门，阀门指示灯应亮。

(13) 对机组进行盘车，无刮磨现象。

422. 风机启动时有哪些注意事项？

答：(1) 启动主油泵，检查润滑系统是否畅通，并校正安全阀，使油压正常。

(2) 启动时的油温必须达到20℃以上。

(3) 检查通过风机各轴承的油量是否正常（启动时油压必须达到0.12MPa以上，不得高于0.15MPa，高位油箱必须回油）。

(4) 启动风机风门要求开5%。

(5) 风机工、机电工检查确认无误后签字，得到变电站调度同意，一起启动风机，同时注意观察各种仪表指示情况。

(6) 机组运行中，要仔细听测机体内部响声，发现异常，立即采取措施排除。

(7) 当冷却器出口油温达到38℃时，接通冷却油温，低于20℃时，应接通蒸汽予以加热，当油温达到35℃时，停止加热，正常油温控制在30~40℃，冷却器的水压应低于油压。

(8) 风机在常温下只能连续启动两次，热态下启动一次，若需再启动，时间间隔必须大于30min。

(9) 风机运转正常后，根据主控要求调节进风阀门，正常工况阀门开度大于30%。

(10) 电机定子温度小于85℃，电机轴瓦油压小于0.05MPa。

423. 为什么风机在启车前进行盘车和关风门？

答：(1) 因为转数高的轴、瓦传动一般采用稀油润滑，在轴、瓦之间形成油膜，而较长时间停机后，轴、瓦间的油膜会自行消失，这样在再次启机前必须在开启润滑油泵后进行盘车，以形成润滑油膜，保证轴和轴承不被损坏。

(2) 为了减小电动机启动负荷，保证启动电流和启动转矩正常，确保电机正常转起来，避免事故，延长设备寿命，启动前必须关风门。

424. 抽风机叶轮报废更换的最大限度是多少？

答：(1) 叶轮进口处叶片厚度小于6mm。

(2) 叶片与中间盘和侧盘的焊肉磨去1/2。

（3）振动振幅超过 0.1mm。

425. 为什么要在大烟道外面加保温层?

答：防止废气温度急剧下降，影响除尘器和风机叶片挂泥，导致风机振动和叶轮使用寿命缩短。一般要求大烟道废气温度必须达到 120~150℃。

426. 风机在运行中应注意哪些事项?

答：（1）电机的使用电流不得高于电机的额定电流。

（2）电机风机的瓦温不得高于65℃。

（3）润滑油的进口温度不能高于45℃，水压要低于油压。

（4）运行中的各轴承和瓦的振动不能大于6mm/s。

（5）风机出现以下异常情况应马上停机：

1）风机发生强烈振动，轴承箱振动速度大于6.2mm/s时；

2）电机发生强烈振动；

3）风机各大部件及配套件内发生异常响声；

4）供油压力不大于0.08MPa辅助泵启动仍无效果，压力降至0.05MPa；

5）轴承或密封处，主轴气封处，电机轴封出现烟雾时；

6）轴承温度大于等于65℃采取措施，仍无效果，温度继续上升70℃时；

7）风机或电机某零件发生紧急情况时；

8）电机定子温度超限时；

9）油位下降最低油位线，虽能继续添加，但仍然未能制止时。

427. 风机的停机作业内容有哪些?

答：（1）风机所在工艺系统应减热，并作停机准备。

（2）逐渐关闭风机进气调节阀门。

（3）启动电动油泵，油压达到规定值后。当电流中断时，由高位油箱保证轴承润滑。

（4）关闭电动机，注意油压不得低于49.0kPa。

（5）电机完全停转30min后，轴承出油温应低于45℃，再停止电动油泵。

（6）关闭冷却阀门，放掉冷油器及管路中的积水。

428. 风机停机检查维护内容有哪些?

答：（1）机体及进风口：

1）各法兰间的密封石棉绳是否破损脱落；

2）紧固螺栓是否松动；

3）进风口与叶轮的间隙；

4）壳体内的积灰；

5）机壳磨损情况，特别是上机壳衬板及支撑管。

（2）叶轮：

1）轮毂销螺栓是否松动或冲刷毁坏，磨损长度不超原长度的30%；

2）叶片磨损及腐蚀；

3）粘灰情况；

4）叶片堆焊层磨损情况。

（3）主轴：轴颈部位表面有无损伤和锈蚀。

（4）调节门：

1）阀板磨损情况；

2）阀板开关是否灵活；

3）执行器工作是否正常；

4）轴承润滑脂。

（5）检查油箱的油位高低，如果油量较少应加入适量的补充油（20 号透平油）。

（6）检查地脚、轴承座、齿接手等的螺丝有无松动，如发现松动应及时紧固。

（7）停机期间电气部分的维护检修工作由电工负责，按电工规程有关部分执行。

（8）除按交接班搞好卫生外，在停机时要集中精力彻底搞好设备和工作区的卫生。

429. 风机常见故障及处理办法有哪些？

答：（1）振动。

1）振动值判定界限：以振动速度进行判定。前轴承侧三个方向振动，以最大读数为度量值。

① 振动速度值≤2.8mm/s 为最佳状态；

② 振动速度值 >2.8 ~4.0mm/s 为良好状态；

③ 振动速度值 >4.0 ~6.3mm/s 为需要进行调整的状态；

④ 振动速度值 >6.3mm/s 需停机检查。

2）振动原因：基础螺栓松动；转子不平衡；联轴器同心度超差；轴承装配过盈量不够；喘振、涡流、转子热变形、电源不稳定、基础强度不够等。

3）处理方法：对松动的螺栓进行紧固，其他由专业技术人员处理。

（2）轴承温度高。

1）原因：供油量不足或油温高，轴承窜动变位。

2）处理方法：疏通管道，调整供油压力，调整冷却水；轴承窜动变位要视轴承温升速度及时停机，联系相应人员处理。

（3）油泵不排油或排量与压力不足。

1）原因：

①泵密封不良，连续进气；

②泵件磨损，内泄漏增大；

③泵盖松动，内泄漏增大；

④泵体内存有空气；

⑤油泵反转；

⑥ 滤油器堵塞，压差过大。

2）处理方法：

①紧固连接件或更换密封件；

②对磨损件进行修复，达到规定间隙；

③适当紧固；

④排除空气（向泵内注油）；

⑤倒成正转；

⑥清洗滤油器或更换网片。

（4）备用泵反转。

1）原因：单向阀阀芯密封不良或夹渣。

2）处理方法：清洗研磨阀芯，使之密封良好或更换单向阀。

（5）油泵噪声大。

1）原因：

①电机与油泵不同心；

②油的黏度过大；

③油泵进空气。

2）处理方法：

①调整同心度；

②降低油黏度；

③ 紧固有关接头。

（6）供油温度过高。

1）原因：

① 冷油器堵塞，冷却效果差；

② 冷油器进水温度过高。

2）处理方法：

① 清洗疏通冷油器中换热管；

② 降低冷却水温度。

（7）系统压力波动。

1）原因：

①油中带有气体；

②调压溢流阀阀芯弹簧不能维持稳定的工作压力；

③油液污染。

2）处理方法：

①补充油量，并对进气部位进行紧固密封；

②更换合适压力级弹簧或整阀更换；

③更换油液。

（8）油箱中油水混合。

1）原因：

①接口密封不良；

②冷油器管破裂；

③冷油器密封件损坏；

④冷油器管胀接处松动。

2）处理方法：

①进行紧固或更换密封件；

②更换换热管；

③更换密封件；

④重新胀接。

430. 提高风机转子寿命的主要措施有哪些？

答： 烧结抽风机处在温度高、含尘量大的恶劣条件下工作，叶轮磨损相当严重。这对稳定正常生产和提高转子寿命都极为不利。提高转子寿命的主要措施是：

（1）提高抽风除尘效率。废气的除尘效率越低，转子的寿命就越短。

（2）改进烧结工艺操作，减少原始粉尘量。改善混合料制粒；完善铺底料工艺；保证布料均匀；实行厚料层操作；稳定烧结操作制度；加强烧结机漏风部位的密封，防止大量粉尘抽入废气中。此外要合理选择和布置除尘设备，改进放灰清灰方式，严格控制烟气温度不低于露点，以防止除尘设备堵塞和风机叶片挂泥。

（3）改善转子材质。制造叶轮时，采用强度与耐磨性高的材质，或在叶片与叶轮易磨损处镶焊硬质合金（如碳化钨），提高其耐磨性。在动力消耗允许的条件下，适当增加叶片厚度，特别是易磨损部位的厚度，对提高转子寿命是有利的。

431. 发现油温高于规定值时应采取哪些措施？

答： （1）立即调整油冷器供水量，但水压不能高于油压。

（2）检查油箱内的油是否进水。

（3）向油箱内加油达上限，但不能影响回油油路。

432. 风机系统出现生产事故如何处理？

答：（1）停电。风机停转，电动油泵不能工作，立即把高位油箱的油输入，待转子停转后，轴瓦温度稳定不回升为止。

（2）停水。突然停水，但轴瓦温度或电机温度不超过规定温度时，应尽快联系供水，如轴瓦或电机温度超过规定，应立即停机。

（3）主轴油泵油压下降到低压 0.029MPa（0.3kg/cm²）时，主动油泵不能自动投入运转，立即用高位油箱供油，并汇报停机处理。

433. 风机振动的主要原因有哪些？

答： 风机在运转过程中常常由于各种原因引起振动，严重时可能影响风机的安全运转。但是振动产生的原因却是非常复杂的，下面将常见的原因加以归纳。

（1）机械方面的原因：

1）叶轮本身不平衡，叶轮的重心偏离回转轴的中心线时，便会产生叶轮轴在运转时的振动。造成叶轮重心偏离轴中心线的原因可能由于叶轮本身材质不均匀，制造精度不高，铆钉松动或开焊，叶轮变形，灰尘进入机翼空心叶片，叶轮的不均匀磨损，叶轮轴弯曲等诸因素造成。

2）风机轴和电机轴不同心。由于安装和检修时中心未找好，造成电机轴和风机不同心，会产生附加不平衡。

3）风机轴在安装时不水平。因为风机叶轮直径大，重量大，支点远，有自然挠度存在，用水平仪测量时，叶轮中心较两端为低。因此应使其数值相等，方向相反，否则将产生振动。

4）轴瓦和轴承座之间缺少预紧力。轴瓦在轴承座中呈自由状态，振动加重，并伴有敲击声，所以在轴瓦和轴承座之间保持 0.03 ~ 0.05m 的预紧力是必要的。

（2）操作方面的原因：

1）风机叶轮挂泥。正常操作时要进入风机的废气温度必须是 120 ~ 150℃ 范围内。而实际生产中，由于季节气候原因或者某些操作原因，有时废气温度低 100℃，因而含尘的废气中的水蒸气和粉尘就会粘在叶轮上，引起叶轮不平衡振动。出现这种现象时必须停机检查，将挂泥清除后仍可继续运转。

2）风机叶轮的急剧磨损。由于除尘设备维护不当，放灰不正常，使得大烟道漏风或多管除尘器旋风子堵塞，破坏了正常废气的流动，促使风机除尘效率下降，废气中大颗粒粉尘大大增加，引起风机叶轮急剧不均匀磨损，因而失去平衡运转。

3）烧结机不正常布料。当烧结机布料不平、拉沟、掉炉算子、跑空台车时都会引起风机的振动。上述现象消除后振动即可结束。

（3）其他振动原因：

1）风机在不稳定区工作，往往会出现"飞动"现象。

2）电机引起的振动。由于驱动风机的电机本身的特点，也会引起风机振动。譬如，电动机由于电磁力不平衡而使定子受到变化的电磁力作用产生周期性的振动，它的振动频率等于转速与极数的乘积的倍数。如果它的频率与电动机机座固有频率相一致，则振动将增加，风机也会受影响而振动。

434. 烧结风机种类、叶片形状有哪些？转子旋转方向如何确定？

答：烧结生产采用的离心风机，按吸入形式分为单吸入式和双吸入式，大型风机多为双吸入式的，小型风机多为单吸入式。若按叶轮叶片的形式可分为径向型和后弯型。其中径向型分为径向直叶片和径向曲叶片两种，后弯型分为后直叶片、后弯曲叶片和翼型叶片三种。叶片形状如图 8-1 所示。

叶片的形状决定进入风机的气体流线形状和叶片进出口压力损失的大小，因此，叶片的形状与风机效率关系很大。径向叶片风机效率一般较低，只有 71%；后弯叶片风机效率比径向叶片高 5% ~ 11%；翼型叶片风机效率较高为 85%。我国烧结厂较多使用后弯叶片。

从电机端正视风机转子，顺时针旋转为"右旋"，逆时针旋转为"左旋"。

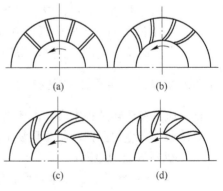

图 8-1　风机叶片形状
（a）径向直叶片；（b）径向曲叶片；
（c）后弯曲叶片；（d）后翼形叶片

435. 风机长时间停用或备用转子在现场存放如何维护?

答: 风机在热态状态下停机,停稳后,在最短时间,用附盘设备盘车,一直到转子温度达到自然温度停止。停止后,每隔 1~2h 用附盘设备盘车 1/4 圈。

备用转子需要 10~15 天盘车一次,1/4 圈。风机转子在安装前必须做静、动平衡试验,在自由状态下转子动平衡水平振动双振幅要小于 0.05mm。

备用转子支撑架支撑点距叶轮不得超过 200mm。

436. 为什么说抽风机空转浪费电能十分惊人?

答: 在生产中遇到计划检修的准备工作和处理事故,而忘记了按有关规定及时停转抽风机。检修后,为了稳妥常常把抽风机早早转起来,待认为风机运转正常时才起动皮带系统。上述情况,造成抽风机几十分钟,甚至是几小时空转,浪费大量电能。

实际上主抽风机是大容量的重要设备,都有较好的保护措施,只要对设备认真检查并做好与上级变电所的联系。提前 10min 左右起动抽风机就可以满足生产。

例如:主风机电机额定功率 4200kW,空转负荷率 K_f 为 30%,电机效率 η_d 取 90%,则每小时电耗为:

$$W = \frac{P_H}{\eta_d} \times K_f \times t = \frac{4200}{0.9} \times 0.3 \times 1 = 1400\text{kW} \cdot \text{h}$$

8.2 除尘器知识

437. 为什么烧结废气必须经过除尘处理?

答: 进入抽风系统的废气,含有大量的粉尘,必须有效的捕集和处理,否则,管路系统将会堵塞,风机转子磨损,严重影响烧结生产的正常进行,降低设备使用寿命,污染环境,造成资源浪费。

烧结厂是钢铁企业产生粉尘最多的地方。这些粉尘主要来自烧结中主烟道废气含尘,其次机尾卸矿、破碎和筛分、返矿运输及冷却机排气都产生一定的粉尘。烧结抽风系统废气中的粉尘含量可达 $2 \sim 6\text{g/m}^3$,数量大(1t 烧结矿为 $8 \sim 36\text{kg}$)且粒度组成不均匀。因而,采用一次除尘或单一的除尘方式,均达不到废气允许排放标准(不大于 100mg/m^3)。一般都采用两段除尘方式,第一段为降尘管即大烟道,第二段采用除尘器,主要是静电除尘器,也有用多管除尘器的。

438. 大烟道除尘的工作原理是什么?

答: 大烟道是连接风箱和抽风机的降尘管,它有集气和除尘的作用。是由钢板焊制成的圆形管道,内有钢丝固定的耐热、耐磨保温材料充填的内衬,以防止灰尘磨损和废气降温过多。降尘管中的废气温度应保持 120~150℃以防水汽冷凝而腐蚀管道。为了提高除尘效果,风箱的导风管从切线方向与之连接。

降尘管属于重力惯性除尘装置。废气进入降尘管流速降低,并且流动方向改变,大颗粒粉尘借重力和惯性的作用从废气中分离出来。进入尘降管中,再经水封拉链机或放灰阀排走。粉尘在降尘管中的沉降与粒度和密度有关。在密度相同的情况下，粉尘的颗粒越大沉降速度越快。粉尘颗粒粒度相同而密度不同时，密度大的颗粒沉降速度快，密度小的沉降慢。为此，一般情况下，要求把大烟道直径扩大，以降低气流速度，但直径过大不仅造价高，而且配置困难。大烟道截面积以能保持废气流速在 $9 \sim 12\,\mathrm{m/s}$ 为宜。

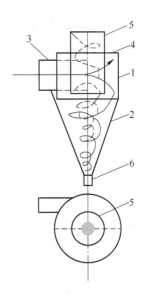

图 8-2　旋风除尘器简图
1—垂直圆筒壳；2—圆锥部分；
3—废气进入口；4—除尘器顶盖；
5—中央排气孔；6—灰尘卸出口

大烟道正是利用这个原理构制的，大烟道除尘具有设备简单、投资少、容易维护、阻力损失小的优点。缺点是设备庞大、占地多，只能脱除 $50\,\mu\mathrm{m}$ 以上的尘粒，而且除尘效率低仅 50% 左右。

439. 旋风除尘器的工作原理是什么？

答：旋风除尘器主要由进气管、圆柱体、圆锥体、排气管和排灰口组成，如图 8-2 所示。当含尘废气由切线方向引入除尘器后，沿筒体向下作旋转运动，尘粒受离心力作用抛向筒壁失去动能，沿锥壁下落到集灰斗；旋转气流运动到锥体底部受阻，再从中心返回上部，由中央排气孔导出，达到两者分离的目的。

影响旋风除尘器除尘的因素有：

（1）进入除尘器的气流速度增大，能够增加灰尘颗粒在运动中所受的离心力，灰尘颗粒易于沉降从而提高除尘效率。但是，气流的速度增加到一定程度，除尘效率的提高逐渐减慢。当达到某一数值后，已沉降的灰尘反而容易被重新卷起。实践证明：气流速度不能低于 $10\,\mathrm{m/s}$，也不能高于 $25\,\mathrm{m/s}$。

（2）在气流不变的情况下，减少旋风器直径可以增加灰尘颗粒在运动中的离心力，从而提高除尘效率。

（3）灰尘的颗粒和密度愈大，愈容易沉降，因而用旋风除尘器处理粒度大、密度大的灰尘可以提高效率。

（4）旋风除尘器的漏风可能扰乱气流的旋转运动，会严重影响除尘效率。例如排灰口漏风 1%，除尘效率降低 $5\% \sim 10\%$；漏风 5%，降低约一半；漏风 15%，除尘效率将趋近于零。

（5）旋风除尘器的下部圆锥部分的斜坡不应小 $60°$，否则灰尘容易在其中沉积，从而使已堆积的灰尘再次被扬起来，降低除尘效率。

旋风除尘器的效率通常为 80% 左右，阻力损失 $700 \sim 1000\,\mathrm{Pa}$。除尘器直径减小，虽对提高除尘效果有利，但处理废气的能力太小，不能适应大量废气的处理。

440. 多管除尘器的工作原理是什么？

答：多管除尘器由一组并联除尘管（即旋风子）组成，如图 8-3 所示，其除尘原理与旋风除尘器基本相同，废气经除尘器侧壁上的进气口进入，然后分别进入各个旋风子，流经导向螺旋（或导向叶片），产生旋转，除掉灰尘。多管除尘器与旋风除尘器主要不同之处在于产生废气旋转的方式不同。

国内各厂多管除尘器旋风子直径一般为250mm 或 254mm，每个旋风子每小时处理废气量以 650～750m³ 为宜，多管除尘器阻力损失通常为 900～1200Pa，除尘效率在 70% 左右。

影响除尘效率的因素有：

（1）气流分布的均匀性。含尘废气从断面较小的大烟道集气管突然进入断面较大的除尘器，必然引起气流分布不均匀，造成部分气流集中，降低除尘效率，一般在除尘器入口处安装导流板，可使各区域气流分布均匀。

（2）提高除尘器的密封性，防止漏风。若漏入的风量占总烟气量 3%，除尘效率会下降 50%，若漏风量为总烟气量的 8% 时，则除尘效率为零。所以必须检查多管除尘器的漏风情况。

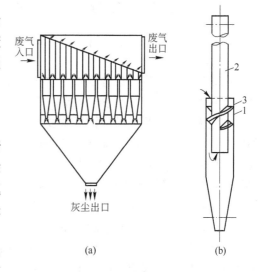

图 8-3　多管除尘器图

（a）多管除尘器总图；（b）单旋风子；
1—圆锥管；2—内圆筒；3—导气螺旋

（3）排尘系统堵塞，不能及时将已沉下的灰尘放出，这些灰尘堵塞气流通道，在气流通过时重新把它们抽起带走不仅降低了除尘效率，而且还会影响抽风机寿命。

（4）保证多管除尘器安装正确。包括旋风管支撑架的平整性、旋风管与导气管的同心度、垂直度及上下花板填料的密实度等。它们影响进气的均匀性和管子磨损的均匀性，进而影响除尘效率，故应保证安装质量。

（5）导向器类型。导气管上导流器的类型有螺旋形和花瓣形两种，前者由两块螺旋板组成，它与导气管成 25°角。后者由八瓣叶片组成，它与导气管成 25°或 30°角。花瓣形的净化程度较高，故烧结厂多选用这种类型。

441. 布袋除尘器的工作原理是什么?

答：（1）过滤原理：含尘气体由进风口进入，经过灰斗时，气体中部分大颗粒粉尘受惯性力和重力作用被分离出来，直接落入灰斗底部。含尘气体通过灰斗后进入中箱体的滤袋过滤区，气体穿过滤袋，粉尘被阻留在滤袋外表面，净化后的气体经滤袋口进入上箱体后，再由出风口排出。

（2）清灰原理：随着过滤时间的延长，滤袋上的粉尘层不断积厚，除尘设备的阻力不断上升，当设备阻力上升到设定值时，清灰装置开始进行清灰。首先，一个分室提升阀关闭，将过滤气流截断，然后电磁脉冲阀开启，压缩空气以极短促的时间在上箱体内迅速膨胀，涌入滤袋，使滤袋膨胀变形产生振动，并在逆向气流冲刷的作用下，附着在滤袋外表面上的粉尘被剥离落入灰斗中。清灰完毕后，电磁脉冲阀关闭，提升阀打开，该室又恢复过滤状态。清灰各室依次进行，从第一室清灰开始至下一次清灰开始为一个清灰周期。

（3）粉尘收集：经过过滤和清灰工作被截留下来的粉尘落入灰斗，再由灰斗口的卸灰装置集中排出。

442. 电除尘器的工作原理是什么？如何选型？

答：电除尘器是一种高效除尘设备。其除尘效率可达97%。被除去的灰尘粒度可小至 $1 \sim 0.1 \mu m$。

电除尘器由电极、振打装置、放灰系统、外壳和供电系统组成。负电极为放电极，用钢丝、扁钢等制作成芒刺形、星形、菱形等尖头状，组成框架结构，接高压电源；正极接地为收尘极，用钢管或异型钢板制成，吊于框架上。电除尘器有管式、板式、湿式、干式和立式、卧式之分。对于烧结废气的除尘，以板式、干式和卧式更为适宜。因为板式与管式（指阳极板的形状）电除尘器相比，前者制造、检修、振打都比后者方便；干式与湿式（指电极上灰尘清除的方式）比，不存在污水处理问题，且对金属构件的腐蚀性小；卧式与立式（按气流通过电场的方向分）比，在相同的条件下，卧式比立式除尘效率高，并可按除尘效果的要求设置几个除尘室和电场。卧式电除尘器如图8-4所示。

电除尘器的除尘原理（图8-5）为：在负极加以数万伏的高压直流电，正负两极间产生强电场，并在负极附近产生电晕放电。当含尘气体通过此电场时，气体电离形成正、负离子，附着于灰尘粒子表面，使尘粒带电，由于电场力的作用，荷电尘粒向电性相反的电极运动，接触电极时放出电荷，沉积在电极上，使粉尘与气体分离。

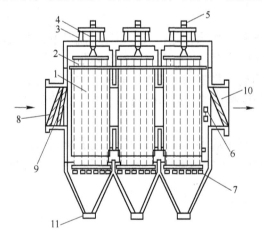

图 8-4 卧式电除尘器

1—电极板；2—电晕线；3—瓷绝缘支座；4—石英绝缘管；
5—电晕线振打装置；6—阳极板振打装置；7—电晕线吊锤；
8—进口第一块分流板；9—进口第二块分流板；
10—出口分流板；11—排灰装置

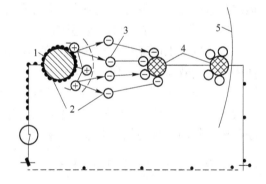

图 8-5 电除尘工作原理图

1—电晕线；2—电子；3—离子；
4—粉尘颗粒；5—阳极板

由于气体是在负极附近电离，电离产生的负离子在飞向正极时，距离较长，与尘粒碰撞机会多，荷电的尘粒多，因而收尘极上沉积的灰尘就多；相反，飞向负极的正离子经过的路程短，附着的灰尘就少。所以，灰尘主要靠正极收集。定时振打收尘极，灰尘便落入集灰斗中。

概括起来，电除尘的过程分为以下四个步骤：

（1）高压电场作用使气体电离而产生离子；

（2）粉尘得离子而带电；

（3）带电粉尘在各种力（抽力、重力、电风力、电场力等）的作用下移向收尘极；

（4）电粉尘到达收尘极而放电。经过振打装置而得到回收。

电除尘选型首先必须确定抽风机的风量和负压，其次选定风在电除尘内的流速（设计要求电除尘内风的流速为 0.8～1.2m/s），电除尘的型号代表每秒钟通过风量的有效截面积。

例如：抽风机每分钟流量12000m³，则每秒钟风的流量为200m³，如果电除尘内风的流速每秒钟选择1m，那么需要电除尘的截面积为200m²，也就是说选择200m²电除尘即可，电除尘抗压强度要根据风机负压确定。

443. 影响电除尘器除尘效率的因素有哪些？

答：（1）粉尘的导电性，即粉尘电阻的大小对电除尘工作影响很大。因为电阻过小，尘粒在沉积板上很快失去电荷，再次落入气流中，引起二次飞扬。电阻过大，则尘粒覆盖住积尘极使极板绝缘，会导致火花放电。

（2）气流速度及其分布。气体流速一般在 1～1.3m/s，流速过大时，除尘效率降低。气体在电场内的停留时间为 5～7s。干燥、较轻、极细的尘粒所需的时间较短，较大的尘粒或液滴状尘粒，所需的时间较长。除尘效率高低还取决于气流中灰尘分布是否均匀，是否能够避免在气流中某一部分集中过量的灰尘和是否气流速度过大，为了保证除尘系统气流分布均匀，在除尘器的入口和出口端常常安装气流分布格板。

（3）烟气的温度。烟气的温度主要影响粉尘的比电阻。粉尘的比电阻通常随温度升高而增加，在达到某一限制后，又逐渐降低。这是因为在温度较低时烟气中粉尘的导电主要是通过其表面上的导电薄膜（主要是水汽）进行的表面导电，随着温度升高，这层薄膜的导电作用越来越小。为了使电除尘器处于最有利的工作条件，应该尽可能使烟气的温度处于低电阻范围内，因而常常采用降低烟气温度的方法来改善除尘效率。但除尘器烟气温度不能太低，应较其露点高20℃。

（4）进口含尘浓度。电除尘器用于处理含尘较高的烟气，最高含尘量可达60g/m³以下。当进口含尘浓度高时，相应的效率也将有所增加。但是当进口含尘浓度过大时，电除尘器的工作会发生电晕封闭现象（即在灰尘浓度太大时，由电晕区表的离子都沉积到灰尘颗粒上，离子活动度达到最小值，而电流趋于零的现象）。为了防止这种现象，必须把进口含尘浓度限制在一定范围。

（5）电流和电压。要使电除尘效果好，必须正确选择电流和电压。一般来说，在不超过击穿电压的条件下，电压越高，则电流强度越大。带电粉尘粒的运动速度愈大，因而除尘效率就越高。

（6）电极的形状和尺寸。电除尘器的基本形式有板式和管式两类。管式与板式相比，由于制造、检修、更换和振打等方面较板式困难，在生产上应用受到限制。

阳极板（收尘板）。C 型板配单芒刺电晕线使用效果较好，而且重量轻，材料较省，缺点是防风钩与电晕线的距离近，电晕线与底板壁距离远，以致防风钩附近电力线密度大，底板附近电力线密度反而减少。Z 型板与 C 型板相比，其电晕线与防风钩和底板的距离比较合理，但对防止二次抽尘措施不利。

对于电晕线（放电电极）要求放电均匀，起晕电压低。一般多用星形线、菱形线和芒刺线，应用圆形线的很少。

444. 电除尘工安全操作注意事项有哪些?

答:（1）上班前必须将劳保用品穿戴齐全，进入电场必须戴防尘口罩。

（2）开机前检查安全防护装置是否齐全有效，接地线是否良好。

（3）禁止用湿手操作、用湿布擦拭、用水冲刷电器，以防触电。

（4）开、停机时必须保证两人以上，并且必须站在绝缘板上。

（5）电场运行中严禁打开电场检查门，严禁操作高压隔离开关。

（6）进入电场时必须停机，开关打到"零"位，高压隔离开关打到"接地"位置。验电、放电后方可进入电场，必须至少要两个人。操作柜上必须挂上"设备检修，禁止合闸"的警示牌。

（7）检修完毕，必须清点人数和工具，无误后，关闭检查门，待令开机。

（8）非本岗位人员不得进入电场上部，高空作业要系好安全带，防止坠落。

（9）处理故障和检修时，严格执行停电挂牌制度，谁挂牌、谁摘牌。

445. 电除尘启动前的检查项目有哪些?

答:为防止启动时因烟气中水汽结露和设备故障未检查到而造成损坏，需进行以下检查：

（1）检查电场、通道、灰斗内是否留有工具和铁丝、焊条、螺栓等杂物。

（2）确认所有设备处于完好状态，检修过的设备经过验收。

（3）检查各绝缘套管、磁转轴、高压穿墙套管等绝缘件表面是否干净有无裂纹。

（4）检查各电加热器是否完好，温度继电器是否动作，同时调整好上下限。

（5）检查变压器是否漏油，是否按规定可靠接地，接地电阻应小于4Ω。

（6）确认所有检修人员都已经从电除尘器内出来，人孔密封好。

（7）检查电压是否正常，仪表显示正常，各阀门手电动灵活。

446. 电除尘岗位技术操作规程有哪些?

答:（1）高低压柜启、停操作。

低压柜启动操作：

1）启动前的准备：

①把就地操作箱（阴极振打、阳极振打、仓壁振动）转换开关打到"自动"位置；

②把安全联锁箱转换开关打到"1"位置；

③检查确认输灰仓泵气源支路总阀和分支阀是否打开，手动插板阀是否打开（采用刮板机卸灰，只需打开手动插板阀即可）。

2）低压柜的启动操作：

①合上1号低压柜"QF"空气开关；

②合上PLC电源和安全联锁箱电源；

③合上1号低压柜三排（阴极振打、阳极振打、仓壁振打、灰斗加热、瓷套加热、瓷轴加热）开关；

④把低压柜左上角阴极振打、阳极振打、瓷套加热、瓷轴加热打到"自动"位置，仓壁振打、灰斗加热打到"手动"位置；

⑤按低压柜面上启动按钮。

3）2号低压柜启动顺序同上。

高压柜启动操作（送高压电前，提前6h加热瓷套、瓷轴）：

1）启动前的准备。把隔离开关柜（电除尘顶部）打到电源位置。

2）高压柜的启动操作：

①合上控制回路空气开关"QF_2"电源；

②合上主回路"QF_1"电源；

③按柜面上运行按钮；

④按照上述操作步骤依次启动其他高压控制柜。

3）2号高压控制柜操作程序同上。

（2）运行过程控制及技术要求：

1）待电压、电流指针上升之后，根据电场放电情况，按降压键，把电压降到指针不摆动位置；

2）检修复产空负荷运转期间，可以把电压升到不放电为止；

3）观察控制柜上的磁套加热器温度是否正常（80～100℃）；

4）观察整流柜上的数据显示是否正常；

5）电机温度是否过高，温度不得超过65℃；

6）各电场振打卸灰情况是否正常；

7）排灰口的排灰情况是否良好无堵塞现象，发现跑气漏灰及时找维修人员处理；

8）灰箱及箱顶入口应密封良好无漏风现象；

9）当控制柜发生故障要及时停机或通知电工修理；

10）灰斗加热时间要求间断开启（开1h，停3h）；

11）阴极、阳极振打时间设定为（可根据实际情况调整）：

①1号电场2.5min、2号电场5min、3号电场7.55min、4号电场12.5min；

②间隔时间为2.5min。

12）与气力输送控制室及时沟通，保证卸灰系统正常运行。

（3）高压柜断电操作：

1）按柜面上停止按钮；

2）断开主回路"QF_1"电源；

3）断开控制回路空气开关"QF_2"电源；

4）如检修，还需把顶部隔离开关柜打到接地位置。

（4）低压柜断电操作：

1）按柜面上停止按钮；

2）断开PLC电源和安全联锁箱电源；

3）断开控制回路空气开关"QF"电源。

（5）常见故障及处理办法见表8-2。

表 8-2 除尘器常见故障

类 别	系统提示	原因分析	处理办法
除尘器故障	电场开路或短路	二次输出未进电场； 电厂内部问题	停机处理
设备故障	设备过流	高压柜过流	停机处理
变压器故障	油温高（75℃）； 油温过高（80℃）	油位高； 变压器损坏	停机处理
低压系统故障	灯闪	线路或元件问题	找电工处理

447. 电除尘日常巡视检查项目有哪些?

答：（1）观察控制柜上的料位指示灯加热器温度是否正常。

（2）观察整流柜上的数据显示是否正常。

（3）电机温度是否过高，温度不得超过 65℃。

（4）各电场振打卸灰情况是否正常。

（5）减速机内油位应位于油标中间，并检查是否有渗漏现象。

（6）地脚螺栓连接是否松动无缺损。

（7）排灰口的排灰情况是否良好无堵塞现象。

（8）灰箱及箱顶入口应密封良好无漏风现象。

（9）当控制柜及控制器发生故障要及时停机或通知维修工修理。

（10）设备运行时不能进入高压隔离室。严禁带电进入电场。

448. 如何确定电除尘小修、中修、大修时间?

答：（1）小修：每运行三个月小修一次，时间 4~8h。检修内容为清扫电场内积灰，特别要用压缩空气吹扫两极系统上的积灰；检查并调整内外运转机构；检查和调整振打锤；检查并调整阴阳极的平直度和极间距；擦净绝缘套管、瓷轴；检查分布板及其他部件消除不正常现象。

（2）中修：运行一年左右，时间 1~3 天。检修内容为检查各电场电晕及沉淀极位置，使其误差不超过规定值；清除电晕及沉淀极上的积灰；检查振打锤撞击位置是否偏移；检查振打轴、轴承、振打锤磨损情况，并更换；检查排灰系统，并更换；检查保温箱，擦拭更换绝缘套；清除走道及其他部位积灰。

（3）大修：一般运行 5 年大修一次，时间 5~15 天。除上述内容外，还应检查有无损坏锈蚀腐烂的零部件，应根据情况更换或补焊。

449. 布袋除尘器滤袋损坏的因素有哪些?

答：（1）过滤风速：布袋除尘器的过滤风速过高，是除尘滤袋损坏的主要原因。

（2）使用温度：正确选用适合相应粉尘温度的除尘滤袋，是滤袋的关键。如果温度过高，所选用的除尘滤袋以超出正常使用温度，滤袋轻则缩短使用寿命，严重的会在短时间内烧毁。

（3）粉尘介质性质：除尘器布袋布料的选择决定于粉尘的粉尘性质，要考虑到粉尘中是否含有酸、碱或腐蚀性较强的物质。根据粉尘性质选用适合它的滤料，这样就能使滤袋能够正常的吸附粉尘，且不影响其使用寿命。

（4）产品质量：布袋的加工尤为重要，布袋尺寸稍小虽然也可以使用，但在吸附比重较大的粉尘后，使用一段时间便会出现掉袋现象。

450. 布袋除尘滤袋堵塞事故处理应注意哪些事项？

答： 发现除尘滤袋堵塞后，须立即更换除尘滤袋，更换注意事项如下：

（1）选取直径、长度与更换的旧滤袋规格相同的新滤袋。

（2）检查新滤袋和橡胶卡圈无破损、裂纹、硬度适中。

（3）检查新袋笼无开焊，与滤袋接触处无毛刺，准备更换滤袋工具。

（4）先抽出旧袋笼，再用起子将橡胶卡圈与箱体剥离；整箱体更换滤袋时，旧滤袋可直接脱落到灰仓内，集中清除利于现场清洁，个体滤袋更换时注意，在卡圈脱离后将滤袋固定好，取滤袋时不得强行撕拉，防其掉入灰仓。

（5）旧滤袋清出后，将风室和灰仓清扫干净，在装新滤袋。

（6）装新滤袋时注意，橡胶卡圈与箱体接触必须可靠，完全进入卡槽内才可将袋笼装入，袋笼必须安装到位。

（7）更换滤袋完毕后，封闭仓盖时注意密封条完好，封闭严密无泄漏。

451. 进入除尘系统检修应注意哪些事项？

答：（1）凡有两人以上同时参加检修项目，必须指定一人负责安全工作。

（2）检修人员必须穿戴好工作服、安全帽等劳动保护用品，不准穿凉鞋、钉子鞋。在施工中，必须严格遵守检修规程和本工种的安全技术规程。

（3）检修中必须严格明火管理，如要动火须按程序办理《动火证》。

（4）在易燃、易爆区域内检修，不得使用能产生火花的工具敲打、拆卸设备，临时用电设施或照明，必须符合电气防爆安全技术要求。

（5）凡进入有毒、有害部位（包括进入容器、设备内、下地槽、进下水道内）作业，必须按进塔入罐规定办证，在采取了有效防护措施后，方可作业。

（6）电气设备检修必须严格执行电气安全技术规程和有关的其他规定。

8.3 水泵知识

452. 离心水泵的工作原理是什么？

答： 离心泵一般由电动机带动，在启动泵前，泵体及吸入管路内充满液体。当叶轮高速旋转时，叶轮带动叶片间的液体一道旋转，由于离心力的作用，液体从叶轮中心被甩向叶轮外缘（流速可增大至 $15 \sim 25m/s$），动能也随之增加。当液体进入泵壳后，由于蜗壳形泵壳中的流道逐渐扩大，液体流速逐渐降低，一部分动能转变为静压能，于是液体以较高的压强沿排出口流出。与此同时，叶轮中心处由于液体被甩出而形成一定的真空，而液面处的压强比叶轮中心处要高，因此，吸入管路的液体在压差作用下进入泵内。叶轮不停旋转，液体也连续不断的被吸入和压出。由于离心泵之所以能够输送液体，主要靠离心力的作用，故称为离心泵。

离心泵的主要过流部件有吸水室、叶轮和压水室。

吸水室位于叶轮的前面，其作用是把液体引向叶轮，有直锥形、弯管形和螺旋形三种形式。压水室主要有螺旋形水室、导叶和空间导叶三种形式，另外还有一种环形压水室，主要用于泥浆泵、污水泵等抽送悬浮的泵。

叶轮是泵的最重要的工作元件，是过流部件的心脏。叶轮由盖板和中间的叶片组成。

压水室位于叶轮外围，其作用是将叶轮中流出的液体收集起来，并送往压力管路或下一级叶轮的输入口中。

453. 水泵型号（MD580-70×8 为例）中每一部分代表什么？

答：型号　MD580-70×8

MD—表示耐磨多级离心泵；

580—表示水泵设计流量为 $580m^3/h$；

70—表示水泵设计单级扬程为 70m；

8—表示水泵的级数，即泵的叶轮数为 8 个。

454. 以 MD580-70×8 泵为例说明离心泵都有哪些部件？

答：（1）泵壳体部分主要由吸入段、中段、导叶、吐出段等零件用穿杠将前段、轴承体、吐出段、填料函体用螺栓联成一体。

（2）转子部分主要由轴及安装在轴上的叶轮、叶轮挡套、轴套、轴承挡套及平衡盘等零件组成，轴上零件用平键和轴套螺母坚固使之与轴成为一体。整个转子由两端轴承支承在泵壳体上，转子部分中叶轮数目是根据泵的级数而定。转子用联轴器与电动机直接连接。

（3）平衡装置。水泵采用能完全且自动平衡轴向力的平衡盘水力平衡装置。该装置由平衡环、平衡盘、平衡盘衬环和平衡套四个零件组成。平衡泄漏水返回吸入段。

（4）轴承部分。泵转子由两个圆柱滚子轴承来支承，轴承采用脂润滑。轴承不承受轴向力，泵在运行中允许转子部分在泵壳体中轴向游动。

（5）泵的密封。泵的吸入段、中段、吐出段之间密封面均采用二硫化钼润滑脂密封，转子部分与固定部分之间靠密封环、导叶套、填料等密封。

（6）泵的旋转方向。本型号泵的旋转方向，从电机端往泵看，泵为顺时针方向旋转。

455. 水泵的技术操作内容有哪些？

答：（1）开机前的准备：

1）检查岗位安全装置、岗位照明是否齐全完好。

2）检查设备周围有无非本岗人员和障碍物。

3）检查设备、设施是否完好，润滑是否正常。

4）检查水池水位是否正常。

5）与各用水岗位联系接到允许起泵的通知后方可起泵。

6）关闭水泵的出口阀门，打开进水管道阀门。

7）打开液力自动阀上的 3 个球阀，检查重锤角度是否在 225°位置上。

8）把过滤器控制箱工作制开关打到自动位置。

9）打开水泵排气阀，把水泵内的空气排出，关闭排气阀。

10）检查水泵密封盘根处是否有漏水，如果漏水严重，要把盘根的压盖螺丝紧好，如需更换盘根应立即更换。

11）打开压力表截止阀。

（2）开机操作：

1）接到启泵指令后，按动启动按钮，待水泵运转正常后将水泵出水阀门慢慢打开至正常为止。

2）启泵后，观察水压，电流是否在规定范围之内。

3）与各用水岗位联系，确认送水是否正常。

4）正常生产中，如果水泵发生故障应立即开启备用泵。

5）普压泵、低压泵、上塔泵启泵步骤相同。

6）水泵电机启动不得连续超过三次，如再次启动，一定查明原因，避免因电流过大或温度过高而烧毁电机。

（3）停机操作：

1）接到停泵通知后，按动停机按钮，停转水泵。

2）将水泵出口阀门关闭。

3）长时间停机一定要切断电源。

4）普压泵和低压泵、上塔泵停泵步骤相同。

（4）倒泵操作：

1）将备用泵入口阀打开，出口阀关闭。

2）打开水泵排气阀，把水泵内的空气排出，关闭排气阀。

3）启动备用泵后，逐渐打开备用泵的出口阀门。

4）观察压力正常后，再停工作泵，关闭工作泵出口阀门。

5）普压泵和低压泵、上塔泵倒泵步骤相同。

6）水泵连续运行时间不超过 30 天，要定期倒泵。

（5）技术操作及维护要求：

1）试车时，管道过滤器、灭菌灵等设备不投入使用，走旁通管道，正常生产后切换到正常位置。

2）循环冷却水供水温度大于 30℃，应立即补充新水降温。

3）经常检查水位，不正常时，及时补充新水（先开进水阀门），补水完毕后，关闭进水阀门。

4）正常情况下：普压净循环给水管道压力控制在 0.7MPa 左右，低压净循环给水管道压力控制 0.45～0.5MPa；上塔泵给水管道压力控制在 0.2～0.25MPa 左右，出口总管开口度控制在 20% 以下（根据电流控制），使用消防泵时，消防给水管道压力控制在 0.7MPa 左右，出口总管开口度控制在 15% 以下。

5）生产用水不能中断，当运转机组发生故障或需要停机时，启动备用泵运转，并报告烧结主控室。

6）定时检查设备运行状况，并与用水岗位联络，查问水流、水压情况，根据需求及时调整。

7）过滤器压差达到 0.025MPa 报警，0.045MPa 不能使用需清垢，并走旁路。

8）回水池温度如在 25℃ 以下，可停止冷却塔。高于 25℃ 开启冷却塔。

9）贮水池应在检修停泵时定期清除下部的污水与淤泥。

（6）水泵日常维护要求：

1）检查水泵和电机的温度、声音、振动是否正常，温度不高于 65℃。

2）检查一次各阀门、仪表、水压是否正常，各部位是否有跑、冒、滴、漏。

3）没压力表或压力表失灵，水泵不准使用。

（7）水泵常见故障及处理方法见表 8-3。

表 8-3　水泵常见故障及处理措施

原　因	处 理 措 施
蓄水池水位低	及时补水
叶轮松动或有杂物	及时倒泵操作并安排检修
水泵进出水节门不在指定位置	手动操作打到指定位置
水泵反转	停泵处理
密封盘根处漏水严重	及时倒泵操作并安排检修
水泵积气	及时排空进水管及泵内积气
进水管和法兰处漏水	及时倒泵操作并安排检修

456. 烧结水泵房布置基本情况有哪些？

答：烧结水泵房主要包括高压泵、普压泵、上塔泵、消防泵等主机和备用机，冷却塔、循环冷水水池、循环热水水池。

高压泵供水范围主要包括烧结机隔热水箱循环用水、单辊循环用水、岗位通廊生活用水，出水压力一般在 0.7MPa 左右。

普压泵供水范围主要包括烧结其他岗位设备循环用水，配料、混料、制粒岗位生产用水、厂区绿化用水，出水压力一般在 0.4MPa 左右。

上塔循环泵主要作用是将热水水池水循环到冷却塔然后进入冷水水池，保证循环冷水出水温度不大于 30℃，出水压力一般在 0.4MPa 左右，冬季温度低，当回水温度低于 30℃，上塔循环泵可不用启机。

457. 水泵进出口工艺保证措施有哪些？

答：（1）管道进口为防止杂物进入，一般均增设过滤网。

（2）管道出口为防止压力波动损害管道，均设置液力自动阀。

（3）管道出口为方便检测，均设置压力表、流量计。

（4）管道出口为防止杂物堵塞，一般均设置过滤器和旁路管道。

（5）上塔循环泵出口水温高，为防止浮游生物繁殖，增设灭菌灵设备。

458. 冬季生产防冻措施有哪些?

答:(1)水泵房必须接通暖气,防止冻坏设备。

(2)停产检修时配料和混料、制粒岗位生产用水保持长流水。

(3)室外管道做好保温。

(4)循环水泵长期运行。

(5)水池补水需微开,并保证水池正常溢流。

459. 水泵系统为什么必须保证两路电源?

答:主要是从生产安全角度考虑,尤其是雷雨天突然停电时或主机突发故障期间,有备用电源可以迅速开启备用泵,保证水系统畅通无阻。

8.4 工业锅炉

460. 工业锅炉都有哪些参数?

答:锅炉参数是指锅炉容量、工作压力、工质温度。

蒸汽锅炉用额定蒸发量表征其容量的大小。所谓额定蒸发量是指蒸汽锅炉在额定压力温度(出口蒸汽温度与进口水温度)和使用设计燃料,保证达到规定的热效率指标条件下,每小时连续最大的蒸汽产量。锅炉铭牌上所标蒸汽产量即为该锅炉的额定蒸发量。蒸发量用符号"D"表示。单位为 t/h。

运行中的蒸汽锅炉,可以直接通过蒸汽流量计、压力表、温度计等测量仪表来检测其参数。

热水锅炉则用额定热功率表征其容量的大小。所谓额定热功率是指热水锅炉在额定压力、温度(出口水温度与进口水温度)和保证达到规定热效率指标条件下,每小时连续最大的热产量,锅炉铭牌上所标热功率即为额定热功率。热功率用符号"Q"表示,单位为 MW。

额定工作压力即设计工作压力,单位为兆帕(MPa)。

461. 工业锅炉的技术经济指标如何表示?

答:(1)受热面蒸发率。锅炉受热面是指"锅"与烟气接触的金属表面积,即烟气与工质进行热交换的金属表面积。受热面的大小,工程上一般以烟气侧的放热面积计算,用符号"A"表示,单位为 m^2。

蒸汽锅炉 $1m^2$ 受热面每小时产生的蒸汽量称为受热面蒸发率,用符号"D/A"表示,单位为 $kg/(m^2 \cdot h)$。

由于烟气在流动过程中不断放热,烟气温度逐渐降低,致使各受热面处的烟气温度水平不同,其受热面蒸发率有很多的差异。如炉内辐射受热面蒸发率可达 $80kg/(m^2 \cdot h)$,而对流受热面蒸发率只有 $20 \sim 30kg/(m^2 \cdot h)$。因此对整台锅炉而言,受热面蒸发率只是一个平均指标,一般蒸汽锅炉的受热面蒸发率 $D/A = 30 \sim 40kg/(m^2 \cdot h)$。

鉴于各种型号工业锅炉的工质参数不尽相同,为便于比较,引入标准蒸汽的概念,标准蒸汽是指压力（绝对大气压）为 $1.013 \times 10^5 Pa$ 的干饱和蒸汽，其焓值为 2676kJ/kg。将锅炉的实际蒸发量 D 折算为标准蒸发量 D_{bz}，这样受热面蒸发率就以 D_{bz}/A 表示，其换算公式为：

$$D_{bz}/A = 103D(H_q - H_{gs})/2676A$$

式中　D_{bz}/A——受热蒸发率，$kg/(m^2 \cdot h)$；

　　　　A——受热面积，m^2；

　　　　H_q——蒸汽的质量比焓，kJ/kg；

　　　　H_{gs}——锅炉给水质量比焓，kJ/kg。

（2）受热面热功率。热水锅炉每平方米受热面每小时产生的热量，称为受热面功率，用符号 Q/A 表示，单位为 MW/m^2 或者 $kJ/(m^2 \cdot h)$。与蒸汽锅炉一样，热水锅炉受热面功率也是一个平均值概念，一般热水锅炉受热面热功率 $Q/A < 0.02325 MW/m^2$ 或者 $Q/A < 83700 kJ/(m^2 \cdot h)$。

462. 余热利用包括哪些形式？

答：（1）将各种生产过程的余热用来产生蒸汽的装置称为余热锅炉。

（2）可利用的余热按余热性质分为：

1）高温烟气余热。

2）高温炉渣和高温产品的余热。

3）可燃废气、废液的热能。

4）化学反应余热。

5）冷却水和冷却蒸汽的余热。

6）废气、废水的余热。

余热利用可以节省大量的燃料，提高生产过程的系统总效率。减少大气污染，变废为宝，对国民经济具有非常重要的作用。

463. 换热站工作原理及烧结机换热设备有哪些？

答：一次热源通过管道送到换热站，并进入换热器内，通过换热器的换热，将一次热源交换到二次供热管道内，二次供热管道引出至热用户。

换热站设备主要组成有：双螺旋波节管换热器、循环水泵、变频补水泵、定压罐、除污器、凝结水泵、控制器、分水器、集水器、补水箱、凝结水箱、蒸汽管网安全阀、回水管安全阀、电磁阀、控制器、连接管道、排水沟等。

464. 汽包的作用是什么？

答：汽包是自然循环锅炉和辅助循环锅炉的重要部件，它的作用有三方面：

（1）储存一定的水量，增加蒸发系统的水容积，以确保水循环的安全。

（2）进行汽水分离和炉内化学处理。汽包内装有汽水分离和加药、排污设备等装置，可有效地将上升管引入的汽水混合物分离为蒸汽和水，以及有效地进行蒸汽清洗、连续排污、加药等过程，以保证输出合格的蒸汽品质，并通过汽包对炉水进行化学处理。

（3）用来连接省煤器、过热器和蒸发受热面的降水管，上升管。保证给水输入、蒸汽输出和蒸发受热面的水循环能连续进行。

465. 余热锅炉的开停炉技术操作要点有哪些？

答：（1）上水前的准备：

1）检查各水泵、水箱、管路、阀门是否完好无损；

2）检查各阀门是否在指定位置；

3）检查设备地脚螺栓紧固件是否紧固；

4）检查软化水是否合格（因硬水在高温情况下容易结垢，降低锅炉使用寿命，同时降低锅炉运行安全系数）；

5）检查余热锅炉自动上水系统是否完好。

（2）上水操作步骤：

1）打开软水上水阀门，通知能源中心软水站开泵送水；

2）打开除氧给水泵进口阀门并排气（关闭备用泵出口阀门），待软水箱水位达到半箱以上开启软水给水泵，渐开出口阀门，往除氧器补水；

3）待除氧器压力阀自动打开后，渐开排污阀进行排污，直到出清水时关闭排污阀，打开上水阀门往除氧水箱补水；

4）直到除氧水箱达到正常水位通知能源中心停泵（冬季期间，能源中心补水泵需常开，通过岗位阀门控制给水量，防止管道冻死）；

5）每班对除氧器进行反洗一次。

（3）锅炉操作要点：

1）运行前的准备。

①关闭两烟道大阀门；

②检查汽包本体压力表、水位计、温度计及连接管是否齐全，开关是否在指定位置；

③检查蒸汽发生器的蒸汽管道、给水管道以及水预热器进出水管道和排污管道应畅通，各管道的支架、保温材质良好，阀门开关灵活。

2）锅炉系统上水。

①打开除氧水泵进口阀门并排气（关闭备用泵出口阀门），启动除氧水泵后渐开出口阀门，调节变频速度，往预热器、汽包补水；

②在上水的过程中，应检查汽包放散阀是否排气，汽包、集管的孔门及各部的阀门、法兰、堵头等处是否有漏水现象；

③当汽包水位上至最低安全水位时停止上水，对水系统进行检查，发现漏水立即处理；

④每8h对除氧罐进行反洗一次（因水中杂物沉淀，长时间会导致海绵铁粘连，影响补水水量，故需定时反洗，尤其是应及时补充硬水时，一般8h反洗一次即可）。

3）锅炉升压步骤：

①为确保汽包不致产生过大的温度应力，蒸汽发生器从常温状态点火升温至工作压力应有一定的时间，通常不小于3h（通过调整烟气进口两阀门开度大小控制）；

②待从汽包排气阀排出的完全是蒸汽时，关闭排气阀，开启汽包主蒸汽阀使蒸汽进入管网和分汽缸；蒸汽进入管网和分汽缸前需检查确认外网蒸汽是否关闭；

③分汽缸操作步骤：

送汽：

打开分汽缸疏水器前阀门、泄水阀阀门，将分汽缸和管内冷凝水排出；

缓缓打开进汽阀门，缓慢向分汽缸供汽；

待冷凝水排净后，关闭泄水阀门，将蒸汽压力调至正常；

向分支供汽时，要先打开分支管路泄水阀缓慢开启分支阀门，当凝结水泄净后关闭分支泄水阀，将分支蒸汽流量调至正常。

停汽：

当停汽时，要关闭分汽缸进汽阀门，同时关闭各分支阀门，打开泄水阀；

站内停汽而外网正常供汽时，应关闭分汽缸进汽阀门，打开分汽缸出口分支阀门。

④压力升到 0.05MPa～0.1MPa 表压力时，冲洗水位计（打开水位计下部排气孔）；

⑤压力升到 0.1MPa～0.15MPa 表压力时，冲洗压力表弯管；

⑥压力升到约 0.3MPa 表压力时，检查各连接处有无泄漏现象，对人孔、手控检修时拆卸过的法兰螺栓进行热紧。此时，应保持气压稳定，气压升高后，不可再次拧紧螺栓；

⑦压力升到约 0.35MPa 时再进行一次排污，并注意保持水位；

⑧升压过程中要注意保持汽包水位；水位过高时用汽包放水方法使其降低；水位过低则补水；

⑨升压过程中应保持蒸汽发生器出口水温低于饱和水温（184℃）；

⑩蒸汽管路上的阀门开启后，为防止受热膨胀后卡住，应在全开后再回关半圈。

466. 余热锅炉正常运行时，调节操作有哪些？

答：烟气进口温度在 100℃ 以上，并且比较稳定情况下为正常运行，具体操作有以下方面：

（1）水位控制：

1）汽包给水应经常维持在水位计的正常范围内；

2）汽包给水应按水位计的指示进行调整（自动补水时，只需手动开泵，然后自动调节）；

3）运行中应做到给水平稳、均匀；

4）在进口烟气温度较高时，应密切注意水位是否正常。

（2）蒸汽压力调节。

1）汽包设安全阀两只，可防止超压；

2）安全阀失效后，可采用加强给水同时排污的方法降压；

3）安全阀的起跳压力为 1.2MPa。

（3）排污操作要求：

1）排污要在烟气温度较低时进行，且应短促间断进行；

2）排污前要将汽包水位调整接近正常水位上线，排污时要严密监视水位，防止汽包缺水；

3）夏季每隔 8h 必须排污一次，冬季每隔 1h 必须排污一次，停产期间每隔 0.5h 必须排污一次；排污顺序：汽包→预热器→蒸汽发生器，每点排污时间不超过 0.5min；

4）排污操作结束，将排污阀关闭后，并检查排污管道出口确认无泄漏。

（4）锅炉、除氧给水泵。

1）水泵启动后，应检查水泵的运行是否正常；

2）水泵不能开启或停止工作后，应进行倒泵操作；

3）水泵运行中遇到下列情况，应立即停机倒泵：

①滚动轴承温度超过65℃或轴承冒烟；

②电机冒烟；

③发生强烈振动或有较大的碰撞声；

④电流值突然变大。

（5）每小时记录进口温度、上水数量、汽包压力、汽包温度一次。

467. 余热锅炉非正常运行时，调节操作有哪些？

答：针对冬季期间，烟气进口温度低于100℃以下，并且波动情况下，为正常运行，具体操作有以下几方面：

（1）当烟气进口温度低于100℃以下，岗位需一级预警并通知主控，随时观察参数变化，尤其是冬季生产期间。

（2）当烟气温度低于50℃以下，岗位需二级预警并通知主控关闭环冷一段风机风门。

（3）如环冷一段风机风门关闭后，进口烟气温度继续下降到20℃则立即停泵，打开汽包放散阀，关闭外网输出阀门，并按下列顺序对锅炉放水：

1）打开两锅炉预热器排污阀门；

2）打开两锅炉蒸发器1号、2号、3号、4号排污阀门；

3）打开汽包两排污阀门；

4）待水排空后，打开上水管排水阀门将残余水排净；

5）最后将汽包上水管逆止阀上端盖打开将存水放净。

（4）关闭两烟道大阀门。

468. 余热锅炉停炉操作有哪些？

答：（1）停炉操作。

1）夏季正常停炉操作为停止引风，降低压力，保持水位，待冷却（以不产蒸汽为准）后再关闭给水泵、软水泵，关闭主气阀，打开放散阀；如本体需检修将锅炉水排空。

2）冬季停炉操作为停止引风，降低压力，保持水位，待冷却（以不产蒸汽为准）后再关闭给水泵、软水泵，关闭主气阀，打开放散阀；将锅炉水排空。

3）打开人孔，将积尘清理干净。

4）关闭两烟道大阀门。

（2）紧急停炉操作。遇下列情况之一时按紧急停炉处理：

1）锅炉严重缺水时。

2）受热面受破坏使蒸汽、水大量外泄时。

3）汽包压力超过额定压力时虽经加强给水、排污和打开放散阀放空而压力继续上升不能制止时。

4）严重满水，虽经排污，关闭进水阀仍不能制止水位继续上升时。

5）所有水位计全部失效时。

6）全部压力表安全阀全部失效时。

7）所有给水设备出现故障或损坏无法向汽包供水时。

8）排污阀损坏使水位迅速下降时。

9）出现其他危及人身设备安全的特殊事故时。

（3）紧急停机程序处理。

1）立即打开放散阀降低压力，关闭外网输出阀，关闭烟气进口阀门（2个）。

2）立即向主控室汇报事故情况，采取临时应急措施。

3）如遇严重缺水而紧急停炉时，切忌向炉内供水，防止汽包受到急剧压力变化而扩大事故（待烟气温度低于200℃时方可补水）。

4）紧急停炉时应严格遵守操作规程，首先要及时排除对人身、设备安全有威胁的故障，然后采取其他措施。

5）对紧急停炉事故要把发生时间、原因、处理过程作详细记录。

（4）技术要求：

1）汽包压力正常不超过1.0MPa。

2）蒸汽温度要求不超过184℃。

3）软水硬度要求不大于0.03g/m³。

4）汽包水位应控制在液位计-3～+3cm之间。

5）除氧水箱水位应控制在中位以上。

6）海绵铁（粒度1～8mm）每2～3个月加250kg，标准以不超过人孔为准。

469. 换热站管网技术操作规程有哪些？

答：（1）开机前准备：

1）检查换热器、电机、泵、安全泄放装置、过滤装置、定压罐及部件、各种阀、各类仪器仪表等是否完好无损，连接是否正确。

2）管路管件是否紧固。

3）打开电磁阀（循环泵出口位置）两端的阀门、各类仪表的悬塞阀全部处于打开状态。

（2）开、停机操作：

1）初始运行时，打开冷水进水阀门将补水箱注满水并冲洗水箱。

2）打开采暖热水系统供、回水主管路的阀门，通知采暖岗位检查确认暖气进、出口阀门及各系统供、回水阀门是否打开。

3）手动启动补水泵，将水箱内的水注入二次管网系统（从回水方向注入），流量通过出口阀门开度控制，注水的同时将二次管网系统放气阀（特别是最高点的排气阀）打开，排除系统内的空气，以免空气带入换热系统中，并查看系统是否有跑冒地漏。

4）系统注满水后（以循环泵开启后，采暖管网进出口压力稳定为准），启动循环泵。首先打开换热器蒸汽管道出口、进口阀门，最后打开换热器蒸汽进口总阀门。观察供回水温度表及压力表的数值，手动调整蒸汽总阀的开度，直至达到工作需求。

5）正常工作时，循环泵和补水泵打到自动位置（主泵和备用泵根据设定时间自动切换，初步设定时间为1周）。

6）冷凝水箱水位满后，开启冷凝水泵；水位低于1/3，停冷凝水泵。

7）正常停蒸汽时，关闭蒸汽进口总阀门，循环泵继续运转，防止管道冻裂。

8）突然停电时，立即关闭换热器蒸汽进口总阀门，将循环泵和补水泵转换开关打到手动，按下管道循环泵和补水泵停止按钮，来电后启动管道循环泵和补水泵，打开蒸汽进口总阀门，并将开关打到自动位置。

9）停用后再次启动，按上述步骤进行操作。

10）长时间停电时（超过8h），需对暖气管网进行排水，防止管道冻裂。

11）手动换泵操作步骤：先停主泵，再启动备用泵。

（3）技术要求：

1）采暖管网初次投入运行后，要根据各点暖气温度平衡系统热值（通过调整各系统分支阀门），满足总体取暖需求。

2）换热器供水温度控制在80℃以下、回水温度50℃以下，进口蒸汽压力不超过0.99MPa。

3）补水箱水位控制在满箱水位。

4）每8h对换热器系统各排污点排污一次，一次仪表表弯每月冲洗一次。

5）每个冬季对回水管路过滤器清理一次。

6）手动操作时：主泵出现故障，先停主泵，再启动备用泵。

7）长时间不用，二次管网需充满水，再次恢复使用时，需将水放掉从新注满水。换热站管网故障原因及排除方法见表8-4。

表8-4 换热站管网故障原因及排除方法

现　象	产　生　原　因	排　除　方　法
水泵杂音振动	管路支撑不稳	稳固管路
	液体混有气体	提高吸入压力排气
	产生气蚀	降低真空度
	轴承损坏	更换轴承
	电机超载发热运行	调整阀门开度
电机发热	流量过大，超载运行	关小出口阀
	碰　擦	检查排除
	电机轴承损坏	更换轴承
	电压不足	稳　压
水泵漏水	机械密封磨损	更　换
	密封面不平整	修　整
	安装螺栓松懈	紧　固
备用泵出口压力表有压力数值，关闭其进出口阀门，放掉液体，压力表数值为零	该泵管路的止回阀损坏或有杂物堵塞阀门关闭不严	更换或拆卸清洗
电磁阀不动作	电磁阀损坏或堵塞	更换或清洗
	压力传感装置损坏	更　换
	控制系统故障	检查修理
补水泵不动或不变频	压力传感装置损坏	更　换
	控制系统故障	检查修理

8.5　气力输送

470. 为什么必须保证气力输送气源压力？

答: 输送粉料期间,气源压力如果波动,容易造成输送能力下降甚至堵管,影响生产。具体措施气源压力要求充足,必要时更换大型储气罐。

471. 气力输送系统安装应注意哪些问题？

答: (1) 气力输送助吹管安装角度不能高于30°,因助吹管压力较大,长时间对接口部位冲刷造成管道损坏,降低管道使用寿命影响正常生产。

(2) 气力输送管道间隔20m设置一个排堵阀,主要方便处理堵管,避免拆卸管道延长检修时间。

(3) 气力输送储气罐必须安装放水阀,并需要定时放水,因压缩空气中含有微量水分,长时间积累会影响输灰工艺,因此定时排水可满足生产需求,一般夏季每4h排水一次即可,冬季为防止冻结需每小时排水一次。

(4) 气力输送管道弯头使用耐磨陶瓷弯头,主要因为弯头阻力大冲刷严重,时间一长容易变薄漏灰,所以使用耐磨陶瓷弯头。

472. 灰尘气力输送技术操作规程有哪些？

答: (1) 正常输送压力控制在0~0.35MPa,瞬间最高不超过0.4MPa;如果瞬间压力超过0.4MPa,立即停止该路电场输灰,按照处理办法第一条处理。

(2) 当输送压力最高值小于0.05MPa时,可停止该路管道输送;但每隔半小时需输送1~2次,防止灰尘板结。

(3) 经常与配料岗位联系,避免仓满堵管。

(4) 在处理漏气过程中,把现场支路总阀或支路阀门关闭。

(5) 每小时对本岗位设备巡检一次,发现问题及时找相关人员处理,并向烧结主控汇报。

(6) 与相关岗位随时联系确认机旁是否有漏气跑灰现象,如有则停止该电场灰尘输送,及时找维修人员处理,并向烧结主控汇报。

(7) 生产停产后,机头和机尾电场选择忽略料位输送方式,继续工作一段时间,当电脑压力曲线趋于0时即可停止输送。

(8) 储气罐定时排水(冬季每2h排水一次,夏季每4h排水一次,并根据实际情况调整)。

(9) 流化管使用注意事项:复产后8h打开1电场,12h打开2电场,16h打开3电场,20h打开4电场;生产过程中通过总阀微开控制即可,停产时需关闭。

(10) 灰斗振打定时开启。

473. 输送管道堵塞处理办法有哪些？

答: (1) 堵塞原因:

1）气源压力不够；

2）配料输灰仓已满；

3）管道有杂物；

4）灰源堆比重变大；

5）灰源粒度改变或水分增加。

（2）处理办法：

1）当系统压力大于0.4MPa并且持续不变，需现场手动打开排堵阀，待压力下降到0.15MPa时，关闭手动排堵阀，系统手动充压，如果连续大于0.35MPa，再打开排堵阀，循环往复，直到管道疏通（标准：系统压力等于空管压力）；

2）检查气源压力是否满足工艺要求，如低于最低标准，暂时停止输送；

3）如上述方法均不能解决，则找维修人员清理管道，先检查仓泵出口弯头部分，然后往下游依次检查处理。

8.6 烟气脱硫

474. 烧结烟气中都含有哪些污染物？

答： 传统钢铁冶金工业工序多，工艺流程长，和化工、轻工等并称为环境污染的"大户"，而铁前系统的能源消耗大约占58%左右。另外，铁前系统一般使用的是一次能源或以一次能源为原料（如煤炭），因此，SO_2、NO_x、二噁英（Dioxin）等污染物主要产生在铁前系统。根据资料计算得出，在我国钢铁工业SO_2排放量中，焦化工序所占比例最大，占34.4%，其次为烧结工序，占33.26%，两项之和为67.66%。

烧结废气中硫的来源主要是铁矿石中的FeS_2或FeS和燃料中的硫（有机硫、FeS_2或FeS）与氧反应，生成的SO_2在烧结过程中可能与原料中的CaO、MgO反应，尤其是CaO有强烈的吸硫作用。据有关资料报道，燃煤锅炉中CaO脱硫的最佳温度是$800 \sim 850 \, ^\circ\!C$，当温度大于$1200 \, ^\circ\!C$时，已生成的$CaSO_2$会分解成$SO_2$。在实际生产中，$1000 \, ^\circ\!C$时，当CaO加入量与$SO_2$摩尔数比为$1 \sim 4$时，脱$SO_2$率可以从40%左右上升到近80%。而在烧结过程，一般认为硫生成SO_2的比率可以达到$85\% \sim 95\%$。

烧结废气中NO_x来自燃料或空气中的氧与氮的反应。其中，空气中的氮气在高温下氧化而生成的称为热力型NO_x；燃料中含有的氮化合物在燃烧过程中热分解接着又氧化而生成的称为燃料型NO_x；燃烧时空气中的氮和燃料中的碳氢离子团（如CH）等反应生成的称为快速型NO_x。同时如果存在还原性气氛及适当的催化剂作用时，有的NO_x可能被还原成N_2或低价的NO_x。

二噁英属于氯化环芳烃类化合物（氯化苯并二噁英和氯化二苯并呋喃），是目前已知化合物中毒性最大的物质之一，进入人体后不能降解和排出。不仅是致癌物质，而且具有生物毒性、免疫毒性和内分泌毒性。

475. 国家标准规定的烟气排放浓度是多少？

答： 我国2007年10月15日颁布的《钢铁工业大气污染物排放标准烧结（球团）》，明确规定了烧结厂污染物排放限制。表8-5为新的《钢铁工业污染物排放标准》要求现有企业自 2008 年 7 月 1 日起必须执行的排放限值。表 8-6 规定了现有企业自 2010 年 7 月 1 日起，新建企业自标准实施之日起必须执行的排放限值。

表 8-5   现有企业大气污染物排放限制

污染源	污染物	最高允许排放浓度（标态）/mg·m^{-3}	吨产品排放限制/kg·t^{-1}
烧结、球团设备	颗粒物	90	0.50
	SO$_2$	600	2.00
	NO$_x$	500	1.40
	HF	5.00	0.016
	二噁英	1.0ngI-TEQ/m^3	—
其他设备	颗粒物	70	0.50

表 8-6   新建企业大气污染物排放限制

污染源	污染物	最高允许排放浓度（标态）/mg·m^{-3}	吨产品排放限制/kg·t^{-1}
烧结、球团设备	颗粒物	50	0.25
	SO$_2$	100	0.35
	NO$_x$	300	0.80
	HF	3.50	0.011
	二噁英	0.5ngI-TEQ/m^3	—
其他设备	颗粒物	30	0.25

由此可见，国家已经从排放总量与排放浓度两个方面对烧结烟气各排放物进行了限制，标准非常严格；无论是现有企业还是新建企业都应建设烟气脱硫装置，这样才能达到 SO$_2$ 排放国家标准，同时应考虑其他污染物的综合减排。

生产每吨烧结矿要排出 140~180m^3 烟气，1m^2 烧结机每分钟产生 80m^3 烟气（折合标况 52m^3），平均 SO$_2$ 浓度为 1000mg/m^3。我国烧结机烟气治理可追溯到 20 世纪 50 年代。但真正意义上的烧结机脱硫始于 2005 年，虽比日本晚 30 年，但发展速度惊人，不完全统计，2010 年我国已投产和在建的烧结烟气脱硫装置有 220 套，均为大于 90m^2 的烧结机。

476. 烟气脱硫采取哪些方式？

答：烟气脱硫（FGD）是目前世界上已经大规模应用的脱硫方式，是控制 SO$_2$ 排放的有效手段。常用的烟气脱硫技术有 20 余种，按工艺特点可分为湿法、半干法和干法 3 类。湿法脱硫技术包括：石灰-石膏法、氨-硫酸铵法、Mg(OH)$_2$ 法、海水法、双碱法、钢渣石膏法、有机胺法、离子液循环吸收法等。半干法脱硫技术包括：密相塔法、循环流化床法、MEROS 法、NID 法、ENS 法、LEC 法、电子束照射法（EBA）、喷雾干燥法等。干法脱硫技术包括：活性炭法等。

下面介绍 6 种典型的烧结烟气脱硫技术：

（1）石灰-石膏法。石灰-石膏法（见图 8-6）是一种典型的湿法脱硫技术，其原理是烧结烟气首先利用冷却塔进行冷却增湿，然后进入吸收塔与石灰浆液进行脱硫反应，同时向吸收塔中的浆液鼓入空气，氧化后的浆液再经浓缩、脱水，生成纯度为90%以上的石膏。石灰-石膏法技术成熟，脱硫效率高，副产物也可利用。

（2）氨-硫酸铵法。氨-硫酸铵法是一种湿法脱硫技术，是把烧结厂的烟气脱硫与焦化厂的煤气脱氨相结合的一种"化害为利"的综合处理工艺。其原理是用亚硫酸铵制成的吸收液与烧结烟气中的 SO_2 反应，生成亚硫酸氢氨。再与氨气反应，生成亚硫酸铵溶液，以此溶液为吸收液再与 SO_2 反应。往复循环，亚硫酸铵溶液浓度逐渐增高，达到一定浓度后，将部分溶液提取出来，使之氧化，浓缩成为硫酸铵被收回。该法脱硫效率高，副产物可利用。

图8-6 石灰-石膏法脱硫示意图

（3）密相塔法。密相塔法是一种典型的半干法脱硫技术，其原理是利用干粉状的钙基脱硫剂，与布袋除尘器排下的大量循环灰一起进入加湿器进行增湿消化，使混合灰的水分含量保持在3%~5%，然后循环灰由密相塔上部进料口进入反应塔内。大量循环灰进入塔后，与由塔上部进入的含 SO_2 烟气进行反应。含水分的循环灰有极好的反应活性和流动性，另外塔内设有搅拌器，不仅克服了黏壁问题，而且增强了传质，使脱硫效率可达90%以上。脱硫剂不断循环使用，有效利用率达98%以上。最终脱硫产物由灰仓排出循环系统，通过气力输送装置送入存储仓。

（4）循环流化床法。循环流化床法是一种半干法脱硫技术，其原理是将生石灰消化后引入脱硫塔内，在流化状态下与通入的烟气进行脱硫反应，烟气脱硫后进入布袋除尘器除尘，再由引风机经烟囱排出，布袋除尘器排下的物料大部分经吸收剂循环输送槽返回流化床循环使。由于循环流化使脱硫剂整体形成较大反应表面，脱硫剂与烟气中的 SO_2 充分接触，脱硫效率较高。

（5）MEROS法。MEROS法是一种半干法脱硫技术，其原理是将添加剂均匀、高速并逆流喷射到烧结烟气中，然后利用调节反应器中的高效双流（水/压缩空气）喷嘴加湿冷却烧结烟气。离开调节反应器之后，含尘烟气通过脉冲袋滤器去除烟气中的粉尘颗粒。为了提高气体净化效率和降低添加剂费用，滤袋除尘器中的大多数分离粉尘循环到调节反应器之后的气流中。其中，部分粉尘离开系统输送到中间存储筒仓。MEROS法集脱硫、脱 HCl 和脱 HF 于一身，并可以使 VOC（挥发性有机化合物）可冷凝部分几乎全部去除，运行结果表明：喷消石灰脱硫效率为80%，喷 $NaHCO_3$ 脱硫效率大于90%。

（6）活性炭法。活性炭法是一种集除尘、脱硫、脱硝与脱除二噁英4种功能于一体的干法脱硫技术。典型的活性炭法有日本新日铁于1987年在名古屋钢铁厂3号烧结机设置的一套利用活性炭吸附烧结烟气脱硫、脱硝装置，处理烟气量为 $9\times10^5 m^3/h$。

9 指标计算

9.1 烧结矿产量指标

477. 烧结矿产量计算方法有哪些?

答: 烧结矿产量是指由烧结厂在特定时期内生产的全部烧结矿量。包括检验量（合格品量与出格品量）和未检验量。已出厂的烧结矿经转运及槽下筛分后筛出的粉末亦应计入产量,烧结生产中的内循环返矿不计入产量。

因各厂的实际情况不同,为了使烧结矿的产量计算具有较高的准确性和相对的可比性,烧结矿产量计算应使用科学、统一的方法。

有实物计量设备的烧结厂以出厂时的成品计量数据为准,其产量指标以计量部门开具的磅单所列数字为计算依据;无实物计量或计量误差较大的烧结厂,可分别采用理论推算（按配料量）、定容计量（按装车数）、金属平衡（出铁量）、物料平衡（入炉量）等方法。

按配料量理论推算烧结矿产量时,应以计量管理部门认可的烧结厂作业日志中原始记录的配料量及配料时间为依据,并应定期测定、校正出矿率。

按装车数定容计量统计烧结矿产量时,应以装车记录和单车容重为依据。

采用金属平衡或物料平衡方法计算烧结矿产量时,应考虑途耗和入炉前筛分损失,出铁量和炉料入炉量应以计量管理部门认可的数据为准。

478. 烧结矿日产量如何计算?

答: （1）实物计量法。按当日出厂的烧结矿计量原始记录（磅单）累计得出。即烧结矿日产量（t）等于当日计量原始记录（磅单）所列数之和（t）。

（2）理论推算法。根据当日原料配料总量（干基）与该配料比的出矿率计算得出日产量。

$$烧结矿日产量(t) = 当日原料配料总量(干基,t) \times 该配料比的出矿率(\%)$$

计算说明:

1）原料配料总量（干基）是指扣除水分后的各种原料配料量之和。

$$原料配料总量(t) = 配料皮带总载运料量(kg/m) \times 0.001 \times$$
$$皮带速度(m/min) \times 皮带运料时间(min)$$

2）出矿率是指单位配料量经过烧结后,所得到的成品量与配料量之比（%）。它包括生产中的物理损耗。

（3）定容计量法。按当日装车数和经测定得到的单车容量统计得出日产量。

$$烧结矿日产量(t) = 每车装载量(吨/车) \times 装载车次(车)$$

计算说明：对每车装载量应定期测定，同规格车可用平均装载量，对不同规格车辆应分别测出装载量。

479. 烧结矿月产量如何计算？

答：（1）逐日累计法。按实物计量或理论推算的日产量累计得出月产量，即：烧结矿月产量（t）等于当月日产量逐日累计之和（t）。

（2）物料平衡法。按高炉入炉量并考虑贮存差额及各种损耗后平衡得出月产量。即：

$$烧结矿月产量(t) = 高炉入炉净矿(t) + 入炉前高炉矿槽筛下粉末量 \times A\%(t) \pm$$
$$矿槽及料场月初月末贮存差额(t) + 烧结矿外销量(t) \pm$$
$$上料称量车磅差或电子秤误差的绝对量(t)$$

计算说明：

1）入炉净矿按实际计量数据。

2）称量误差由计量部门定期校验，按校验情况调整。

3）入炉前筛下粉末量以实际过磅计量数量为准，这部分粉末一般为5mm以下，称为高炉槽下返矿，企业根据实际情况确定考核比例，一般为8%~12%，即超出规定比例部分不计入产量。

4）烧结矿外销量以实际过磅计量数量为准。

5）筛下总返矿中烧结矿和球团矿的所占比率分别为A%与B%，按实际构成权重确定固定比率（扣除外购矿或球的筛下因素）。

6）烧结矿生产中的内循环返矿（也称自返）不计入产量。

（3）金属平衡法。根据月生铁总产量中金属（铁）量平衡得出的烧结矿月耗用量，并考虑贮存差额及各种损耗，计算烧结矿月产量。即：

$$烧结矿月产量(t) = 烧结矿月耗用量(t) + 高炉入炉前筛除的粉末量(t) +$$
$$矿槽及料场月初月末贮存差额(t) + 运输途耗量(t)$$

其中：

$$烧结矿月耗用量(t) = \frac{月生铁总产量(t) + 炉尘及渣铁损失的铁量(t) - 非烧结矿带入的铁量(t)}{烧结矿月平均品位(\%)}$$

计算说明：

1）月生铁总产量包括合格铁和出格铁。

2）非烧结矿带入的铁量指除烧结矿以外的矿石、金属附加物、焦炭灰分中带入的铁量。

对于一个烧结厂来说，产量指标应固定选用一种计算方法，以保持指标的相对可比性。

人造块矿日产量指标的取值位数为小数点后两位，月产量指标为整数（t）。有效位数后的第一位数按规定修约。

480. 利用系数和台时产量含义，如何计算？

答：利用系数是指烧结机单位时间内每平方米有效烧结面积的产量，用烧结机台时产量和有效烧结面积的比值来表示，单位为$t/(m^2 \cdot h)$。它是衡量烧结机生产效率的指标，与烧结机有效面积大小无关。

计算说明：有效面积是指烧结机实际抽风焙烧面积，不包括机上冷却面积。

$$利用系数[t/(m^2 \cdot h)] = \frac{台时产量(t/h)}{有效抽风面积(m^2)}$$

台时产量是指每台烧结机单位时间内的产量，这个指标体现烧结机能力的大小，它与烧结机有效抽风面积有关。

$$台时产量(t/h) = \frac{烧结机生产总量(t)}{实际运行时间(h)}$$

481. 什么是烧结矿的出矿率？

答：出矿率是指烧结矿总产量占原料配料量（干基）的百分比。其计算公式为：

$$出矿率(\%) = \frac{成品烧结矿总量(t)}{原料配料总量(干基,t)} \times 100\%$$

482. 返矿率如何计算？

答：返矿量与烧结饼经破碎筛分进入高炉矿槽的成品烧结矿量之比为返矿率。返矿粒度控制在 5mm 以下。其计算公式为：

$$返矿率(\%) = \frac{返矿量(t)}{入炉净矿(t) + 返矿量(t)} \times 100\%$$

计算说明：返矿量由计量测定，包括成品仓至高炉入炉时的全部筛下物，但不包括烧结内循环返矿。

9.2 烧结矿工艺参数

483. 什么是料层厚度？如何计算？

答：料层厚度是指铺在烧结机台车上的铺底料和混合料的平均厚度。粒层厚度与产品的产量、质量和燃料的消耗有密切关系。该数值通过测尺测定得到。其计算公式为：

$$料层厚度(mm) = \frac{各次测量的铺底料和混合料厚度之和(mm)}{测定次数}$$

484. 混合料温度如何测定？

答：混合料温度是指混合料经过加入热返矿、添加生石灰或通入蒸汽预热后，铺到台车上时测定的料温，数据由测量得出，其计算公式为：

$$混合料温度(℃) = \frac{每次测量值之和(℃)}{测定次数(次)}$$

485. 混合料水分如何测定？

答：为改善烧结的透气性，在混合料的混匀造球过程中，需要调整水分，否则，水分过高或过低都对烧结产生不利影响。混合料水分是指混合料在进入烧结布料前的含水量（百分比）。其计算公式为：

$$混合料水分(\%) = \frac{试样重量(kg) - 烘干后试样重量(kg)}{试样重量(kg)} \times 100\%$$

486. 混合料固定碳含量如何测定？

答：混合料固定碳含量是指混合料中固定碳含量占混合料量（干基）的百分比，它的高低决定于配碳量大小，根据原料特性进行调节，数据由化验分析得到。其计算公式为：

$$混合料固定碳含量(\%) = \frac{各次化验分析值之和(\%)}{化验次数(次)}$$

487. 混合料烧损率如何测定？

答：烧损率是指混合料在烧结过程中，先后失去了结晶水，以及有机化合物的燃料、矿物质的还原和分解及氧化等各种原因的失重总量占混合料量的百分比。其计算公式为：

$$烧损率(\%) = \frac{混合料量(干基,kg) - 烧结矿量(kg) - 返矿总量(kg) - 除尘灰(kg)}{混合料量(干基,kg)} \times 100\%$$

计算说明：
（1）烧结矿量指成品烧结矿量。
（2）返矿总量包括热返、自循环返矿和高炉矿槽返矿。

9.3 烧结矿主要质量指标

488. 烧结矿合格率如何计算？

答：烧结矿合格率是指被检验的烧结矿中，其化学成分和物理性能指标全部符合国标（部标）或有关规定中的产量占检验总量的百分比。其计算公式为：

$$合格率(\%) = \frac{产品检验合格量(t)}{检验总量(h)} \times 100\%$$

计算说明：
（1）综合合格率是检验烧结矿合格量的质量标准，按《铁烧结矿》（YB/T 421—2005）规定执行。
（2）各项规定指标中有一项或一项以上不符时，即为不合格。
（3）当物理性能检验缺项时，即使化学成分合格，此批烧结矿为未检验品，不参加合格率计算。
（4）实验品不参加合格率计算。

489. 烧结矿一级品率如何计算？

答：烧结矿一级品率是指被检验的矿中，其化学成分和物理性能全部符合国标（部标）或有关规定中的一级品标准的产量占合格品量的百分比。其计算公式为：

$$一级品率(\%) = \frac{产品一级品量(t)}{产品检验合格量(h)} \times 100\%$$

计算说明：

（1）产品一级品量指被检验的烧结矿中，其化学成分和物理性能全部符号规定中的一级品。

（2）烧结矿检验合格量的质量标准按《铁烧结矿》（YB/T 421—2005）规定执行。

490. 烧结矿金属收得率如何计算？

答：烧结矿金属收得率是从投入产出角度计算的生产工作质量指标，科学性强，有重要作用。其计算公式为：

$$金属收得率(\%) = \frac{烧结矿产量(t) \times 品位(\%)}{\sum 实耗铁矿石量(t) \times 矿石品位(\%) + 其他含铁料含铁量(t)} \times 100\%$$

计算说明：

（1）烧结矿的质量标准应按《铁烧结矿》（YB/T 421—2005）或有关新规定执行。

（2）各项规定指标中有一项或一项以上不符合时，即为不符合该级产品要求。

（3）实耗铁矿石量包括厂内的库耗和运输途耗量。

（4）当物理性能检验缺项时，首先看化学成分是否合格，如合格时为未检验品；如不合格时为检验品。因为判定标准以化学成分为先，当化学成分不合格时，物理性能即使合格，此批人造块矿也为不合格品。当化学成分合格时，再判定物理性能，如物理性能缺项，此批烧结矿才按未检品处理，不参加合格率和一级品率计算。

（5）各项指标值在统计中应按有效数字修约规定进行。

（6）由于烧结矿的碱度高低相差直接影响碱度指标，为保持碱度考核的合理性，烧结矿碱度按《铁烧结矿》（YB/T 421—2005）进行测定。

（7）试验品不参加质量指标的计算。

9.4 烧结矿常规理化指标

491. 烧结矿品位如何计算？

答：烧结矿品位即烧结矿含铁量，主要取决于原料本身的品位，也受碱度控制（熔剂的添加量）的影响，烧结矿品位作为平均指标以现场取样化验得出的数值为依据，并以各样品所代表的产量求得含铁总量后计算得出。其计算公式为：

$$含铁量(\%) = \frac{\sum 每个试样所代表的烧结矿产量(t) \times 该试样化验含铁量(\%)}{烧结矿产量(t)} \times 100\%$$

由于烧结矿的碱度不同，CaO、MgO 含量不一，为使烧结矿品位指标更具可比性，一些企业还采取计算扣除 CaO、MgO 后的含量来计算烧结矿的含铁量，也称"去碱品位"。其计算公式为：

$$去碱品位(\%) = \frac{\sum 烧结矿含铁总量(t)}{烧结矿总产量(t) - 烧结矿中氧化钙量(t) - 烧结矿中氧化镁量(t)} \times 100\%$$

492. 烧结矿品位稳定率如何计算？

答：按《钢铁企业工序分档晋等标准（草案）》规定，应对烧结矿品位稳定率进行考核。其计算公式为：

$$品位稳定率(\%) = \frac{品位波动符合标准的烧结矿量(t)}{烧结矿检验总量(t)} \times 100\%$$

493. 烧结矿碱度稳定率如何计算?

答：按《钢铁企业工序分档晋等标准（草案)》规定，应对人造块矿碱度稳定率进行考核。其计算公式为：

$$碱度稳定率(\%) = \frac{碱度波动符合标准的烧结矿量(t)}{烧结矿检验总量(t)} \times 100\%$$

计算说明：烧结矿品位稳定率和人造块矿碱度稳定率不能用企业内部考核的单项一级品率代替。对单机或同机型生产的企业，允许以检验次数为依据进行统计。其计算公式为：

$$品位(碱度)稳定率(\%) = \frac{品位(碱度)波动符合标准的检验次数}{检验总次数} \times 100\%$$

494. 烧结矿转鼓指数如何计算?

答：烧结矿转鼓指数是反映烧结矿机械强度的物理性能指标。转鼓指数越大，耐磨、抗碎强度越高。测定转鼓指数的方法是按国家标准规定的方法进行的。单次测定值是以试样在专用的转鼓内进行测试后，所得粒度大于规定标准的试样重量占试样总重量的百分比，烧结矿转鼓指数的计算公式为：

$$转鼓指数(\%) = \frac{检测后粒度大于规定标准的重量总和(kg)}{试样重量总和(kg)} \times 100\%$$

计算说明：

(1) 烧结矿的磨损指数为转鼓指数的补数，即磨损指数 = 1 - 转鼓指数。

(2) 日、月（季)、年转鼓指数，可分别按当日各次测定值，当月逐日指标，当季（年）逐月指标统计得出。

495. 烧结矿筛分指数如何计算?

答：烧结矿筛分指数是指烧结矿成品中粒度小于标准规定部分的重量百分比，即含粉率。该指标对高炉冶炼的透气性影响很大，要求越低越好，筛分指数的单次测定值是通过成品取样并按部颁标准规定的筛分方法得出的。其计算公式为：

$$筛分指数(\%) = \frac{试样筛分后粒度小于规定标准的重量总和(kg)}{试样重量总和(kg)} \times 100\%$$

计算说明：日、月（季)、年筛分指数可分别按当日各次测定值，当月逐日指标，当（季）年逐月指标统计得出。

496. 烧结矿粒度组成及平均粒径如何计算?

答：烧结矿平均粒径是指筛除粉末（＜5mm）后的成品粒度平均值，是衡量比较烧结矿机械强度和整粒工作的指标之一。烧结矿的平均粒径是在测定其粒度组成的基础上，按各级粒度（中值）所占的比例加权平均得出的。计算公式为：

$$平均粒径(mm) = \frac{各次测得的烧结矿粒径之和(mm)}{测定次数} \times 100\%$$

一般烧结矿粒度组成测量 + 40mm、40 ~ 25mm、25 ~ 10mm、10 ~ 5mm、5 ~ 0mm 级别。

497. 烧结矿氧化亚铁含量如何计算？

答： 烧结矿氧化亚铁（FeO）含量与原料性质、燃料用量和焙烧过程中的温度气氛、控制及成品碱度有关，它的高低影响到烧结矿的还原性和机械强度。通常要求烧结矿的 FeO 含量应低一些，以利于其还原性的改善。烧结矿 FeO 含量通过化验分析得到，日常统计以化验分析记录数据为准，其计算公式为：

$$FeO 含量(\%) = \frac{烧结矿中 FeO 总量(t)}{烧结矿总产量(t)} \times 100\%$$

或

$$FeO 含量(\%) = \frac{各次检验 FeO 含量之和(\%)}{检验次数(次)} \times 100\%$$

498. 烧结矿含硫量如何计算？

答： 烧结矿含硫量与使用的原燃料含硫量、焙烧工艺完善程度、操作技术、碱度等因素有关。硫属有害杂质，它使冶炼中熔剂量增加并影响钢铁产品质量，因此在生产过程中必须尽量控制其含量。烧结矿含硫量由化验分析得到。其计算公式为：

$$含硫量(\%) = \frac{烧结矿中含硫总量(t)}{烧结矿总产量(t)} \times 100\%$$

或

$$含硫量(\%) = \frac{各次检验硫含量之和(\%)}{检验次数(次)} \times 100\%$$

499. 烧结过程中的三碳指什么？烧结矿残碳量如何计算？

答： 三碳是指返矿残碳、烧结矿残碳及混合料固定碳。返矿残碳要求小于 1%，烧结矿残碳要求小于 0.4%，混合料固定碳一般在 3% 左右。

烧结矿残碳量是指经过烧结后的烧结矿成品中残剩的含碳量，该指标反映烧结中燃料的氧化反应充分程度，配碳量和终点控制的合理性。烧结矿残碳量由取样分析得出。其计算公式为：

$$残碳量(\%) = \frac{烧结矿中残碳总量(t)}{烧结矿总产量(t)} \times 100\%$$

或

$$残碳量(\%) = \frac{各次检验残碳量之和(\%)}{检验次数(次)} \times 100\%$$

9.5 烧结矿能源消耗指标

500. 烧结矿燃料消耗量如何计算?

答：烧结矿使用的燃料有固体燃料（煤粉、焦粉）、液体燃料（燃油等）、气体燃料（高炉煤气、焦炉煤气、混合煤气等）三大类，固体燃料一般直接加入烧结矿的混合料中，基本上参与烧结的全过程，液体和气体燃料用于点火，各种燃料的消耗量应分别统计。其计算公式分别为：

$$固体燃料消耗量(kg/t) = \frac{烧结矿固体燃料耗用总量(kg)}{烧结矿总产量(t)}$$

若同时使用两种固体燃料量，则应将各种固体燃料按规定折合成标煤后再计算其消耗量。其计算公式为：

$$固体燃料折标煤消耗量(kg/t) = \frac{烧结矿各种固体燃料折合标煤后耗用总量(kg)}{烧结矿总产量(t)}$$

烧结矿非固体燃料（煤气或燃油）消耗量计算单位分别为 m^3/t、kg/t、kJ/t。

计算说明：烧结矿的原料、固体燃料计算中均以干基为准，其水分化验应由质检部门核准或认可，企业按实际情况可对实物消耗量分别计算毛耗（包括各种损耗及计量溢损）和净耗。

501. 烧结矿动力消耗量如何计算?

答：烧结矿动力消耗指标是指生产单位烧结矿成品所消耗的动力能源数量，它是一个厂工艺、操作技术、装备、管理等综合水平的重要指标。动力消耗包括电、水、蒸汽、压缩空气、外部供风等。其计算公式分别为：

$$电力消耗(kW \cdot h/t) = \frac{烧结矿耗电总量(kW \cdot h)}{烧结矿总产量(t)}$$

$$水量消耗(t/t) = \frac{烧结矿耗水总量(t)}{烧结矿总产量(t)}$$

计算说明：烧结矿水量消耗分为工业新水、循环水、自来水消耗等。

502. 烧结矿工序单位能源消耗量如何计算?

答：烧结工序能耗是指生产系统（从熔剂、燃料破碎开始到成品烧结矿进入炼铁为止的各生产环节），辅助生产系统（机修、化验、计量、环保等）以及直接为生产服务的附属系统（厂内食堂，浴池等）所消耗各种能源的总和。即指生产 1t 烧结矿所消耗的各种能源的总和。单位为（标煤）kg/t。

计算烧结矿的能耗指标时，应把烧结矿生产中各种能源按规定的标准统一折算成标煤总量。它包括配料中用的焦粉、煤粉、点火煤气和生产中电力等一切动力消耗。其计算公式为：

$$\frac{工序单位能耗}{折标煤量(kg/t)} = \frac{烧结矿燃料、动力等能耗总量(kg) - 余热回收外供量(kg)}{烧结矿总产量(t)}$$

计算说明：

（1）各种能源消耗计量，均应由计量部门核准，并应有原始记录和计量磅单。

（2）能源种类包括：燃烧煤、电、汽柴油、新水、压缩空气。

（3）能源种类折合标煤系数。

9.6 烧结机设备指标

503. 烧结机设备日历作业率如何计算？

答：烧结机设备日历作业率是指烧结机的作业时间占日历生产时间的百分比。它反映烧结机的生产利用程度，其计算公式为：

$$烧结机日历作业率(\%) = \frac{实际作业时间(台·时)}{日历时间(台·时)} \times 100\%$$

计算说明：企业内部可计算日历生产时间作业率，即每项用扣除大修、中修或计划封存的设备时间后的日历生产时间计算。

504. 烧结机外因停机率如何计算？

答：烧结机外因停机率是指所有外部原因（如待料、等电、待水、待煤气、高炉矿仓满等）造成的停产时间占日历时间的百分比，其计算公式为：

$$外因停机率(\%) = \frac{外因停机时间(台·时)}{日历时间(台·时)} \times 100\%$$

505. 烧结机内因停机率如何计算？

答：烧结机内因停机率是指除有计划的大、中修以外的所有内因停产时间（如机电设备、皮带、生产操作故障以及各项小修）占日历时间的百分比，它反映一个厂设备维护管理和操作水平，其计算公式为：

$$内因停机率(\%) = \frac{内因停机时间(台·时)}{日历时间(台·时)} \times 100\%$$

506. 烧结机有效作业率（即扣除外因日历作业率）如何计算？

答：有效作业率是指烧结机实际作业时间占扣除外因停机时间的日历时间的百分比。其计算公式为：

$$有效作业率(\%) = \frac{实际作业时间(台·时)}{日历时间(台·时) - 外因停产时间(台·时)} \times 100\%$$

计算说明：

（1）烧结机日历作业率、外因停机率、内因停机率、计划大中修停机率相加之和为100%。

（2）日历时间是指报告期内的日历台时（日历台时－日历天数×24×台数），企业可用日历生产时间（即不包括大、中修和封存设备时间）进行计算。

（3）停机原因划分（大、中修除外）：

1）外部原因：待料、待电、待煤气、停水、成品仓满等其他原因。

2）内部原因：小修、机械故障、电器故障，以及皮带、给料、转运等故障，还包括因操作和生产故障引起的停电、停水、停煤气等停机事故。

9.7 烧结矿工人实物劳动生产率

507. 烧结矿工人实物劳动生产率如何计算？

答：烧结矿工人实物劳动生产率是指在报告期内直接从事烧结矿生产的每个工人（含学徒）的烧结矿产量，企业还可按全员人数计算全员实物劳动生产率。其计算公式为：

$$劳动生产率[吨／人·月(季,年)] = \frac{报告期烧结矿总产量(t)}{报告期工人平均人数[人·月(季,年)]}$$

参 考 文 献

[1] 中南矿冶学院团矿教研室编. 铁矿粉造块[M]. 北京：冶金工业出版社，1978.

[2] 长沙黑色冶金矿山设计研究院编. 烧结设计手册[M]. 北京：冶金工业出版社，1990.

[3] 周取定，孔令坛. 铁矿石造块理论及工艺[M]. 北京：冶金工业出版社，1989.

[4] 王筱留. 钢铁冶金学（炼铁部分）[M]. 北京：冶金工业出版社，2006.

[5] 王悦祥. 球团矿与烧结矿生产[M]. 北京：冶金工业出版社，2010.

[6] 薛俊虎. 烧结生产技能知识问答[M]. 北京：冶金工业出版社，2003.

[7] 龙红明. 铁矿粉烧结原理与工艺[M]. 北京：冶金工业出版社，2010.

[8] 邓秋明，韩宏亮，吴胜利. 基于烧结优化配矿的减配巴西矿粉试验研究[C]//第十二届全国炼铁原料学术会议论文集. 银川：2011.

[9] 王维兴. 烧结工序节能减排技术述评[C]//第十二届全国炼铁原料学术会议论文集. 银川：2011.

[10] 王维兴. 高炉炼铁对原燃料质量的要求和影响[C]//第十二届全国炼铁原料学术会议论文集. 银川：2011.

[11] 中国冶金建设协会. GB 50408—2007 烧结厂设计规范[S]. 北京：中国计划出版社，2007.

[12] GB/T 13242—1991 铁矿石 低温粉化试验 静态还原后使用冷转鼓的方法[S]. 北京：中国标准出版社，1992.

[13] YB/T 421—2005 铁烧结矿[S]. 北京：冶金工业出版社，2005.

[14] GB/T 13241—1991 铁矿石还原性的测定方法[S]. 北京：中国标准出版社，1992.

[15] GB 10122—1988 铁矿石（烧结矿、球团矿）物理试验用试样的取样和制样方法[S]. 北京：中国标准出版社，1988.

[16] YB/T 073—1995 烧结台车技术条件[S]. 北京：中国标准出版社，1996.

[17] JB/T 2397—2010 带式烧结机[S]. 北京：机械工业出版社，2010.

[18] GB/T 24537—2009 高炉和直接还原用铁矿石转鼓和耐磨指数的测定[S]. 北京：中国标准出版社，2010.

[19] MT/T 1030—2006 烧结矿用煤技术条件[S]. 北京：煤炭工业出版社，2006.

[20] GB/T 24204—2009 高炉炉料用铁矿石 低温还原粉化率的测定 动态试验法[S]. 北京：中国标准出版社，2009.